Red Hat Enterprise Linux 7 高薪运维入门

·孙亚南　李　勇　编著·

清华大学出版社
北京

内 容 简 介

Red Hat Enterprise Linux 7 发布已经超过 1 年时间了，不同于以往的版本，红帽公司在新版本上进行了大刀阔斧的改革，包括系统架构、防火墙管理工具等核心部件都已经发生了改变。本书就是立足于 Red Hat Enterprise Linux 7 版本，带领读者学会最基本的 Linux 系统管理和网络管理。

本书分为 3 部分：第 1 部分是 Linux 入门，包括必须掌握的 Linux 基础、Red Hat Enterprise Linux 的安装、图形界面、命令行界面；第 2 部分是 Linux 系统管理入门，包括 Red Hat Enterprise Linux 7 新架构、日志系统、用户和组、应用程序的管理、系统启动控制与进程管理；第 3 部分是高级运维，包括 Linux 网络管理、网络文件共享、搭建 MySQL 服务、配置 Oracle 数据库、LAMP、NAT 上网、集群负载均衡 LVS、集群技术与双机热备、Linux 防火墙管理、KVM 虚似化、安装 OpenStack、Hadoop 和 Spark 部署。

本书示例丰富、代码实用，是广大 Linux 系统管理员入门必看书籍，也可作为各大 Linux 培训学校的企业级 Linux 培训教程。

本书封面贴有清华大学出版社防伪标签，无标签者不得销售
版权所有，侵权必究。侵权举报电话：010-62782989　13701121933

图书在版编目（CIP）数据

Red Hat Enterprise Linux 7 高薪运维入门 / 孙亚南，李勇编著. —北京：清华大学出版社，2016
（2019.1 重印）
ISBN 978-7-302-45277-5

Ⅰ. ①R… Ⅱ. ①孙… ②李… Ⅲ. ①Linux 操作系统 Ⅳ. ①TP316.89

中国版本图书馆 CIP 数据核字（2016）第 248327 号

责任编辑：夏毓彦
封面设计：王　翔
责任校对：闫秀华
责任印制：刘海龙

出版发行：清华大学出版社
网　　址：http://www.tup.com.cn，http://www.wqbook.com
地　　址：北京清华大学学研大厦 A 座　　邮　　编：100084
社　总　机：010-62770175　　邮　　购：010-62786544
投稿与读者服务：010-62776969，c-service@tup.tsinghua.edu.cn
质量反馈：010-62772015，zhiliang@tup.tsinghua.edu.cn

印 装 者：三河市龙大印装有限公司
经　　销：全国新华书店
开　　本：190mm×260mm　　印　张：34.75　　字　数：890 千字
版　　次：2016 年 12 月第 1 版　　印　次：2019 年 1 月第 2 次印刷
定　　价：89.00 元

产品编号：070025-01

前 言

学习 Linux 系统管理最好的方法，不是看懂一本书，而是学会一个操作。这个操作可以是一个命令、一个 Shell 程序、一个配置，甚至是一个集群的搭建。要学会一个操作，就要按照详细的步骤去动手演练。本书提供的就是这些详细的步骤，读者要学的就是阅读本书并亲自动手实践。目前市场上很多相关图书对于系统管理内容都是泛泛而谈，没有具体的技术点，没有详细的过程，而本书正弥补了这一不足。

与之前的版本更新不同，Red Hat Enterprise Linux 7 是一个全新的设计。红帽公司这次更换了新的构架，包括 Sys V 和 iptables 在内的核心部件被更换，以换取更好的性能、更简单的配置以及核心资源的优化设计。可以预见在不久的将来，Red Hat Enterprise Linux 7 必将被广泛使用。

本书特色

- 知识体系涵盖 Linux 系统管理应掌握的各个方面，覆盖了系统管理员应具备的各方面知识和技能。
- 注重实践和应用，从 Linux 入门、系统管理入门、网络管理入门到 Linux 系统的高级运维等重要方面都做了详尽的描述。
- 写作过程中提供大量的系统管理技巧和示例，使读者在实际应用时能快速上手，并且在遇到问题时能够在本书中获得有益的参考。
- 实例详尽、图文并茂、示例清晰，且所有案例均在实践环境中经过检验。
- 既适合院校教学过程，也适合读者自学掌握。每节均配有相关习题，可帮助读者全面掌握相关知识点。

内容安排

本书共 24 章，目录体系涵盖 Linux 系统管理员需要掌握的各个方面，首先教会入门读者如何安装和使用 Linux，然后介绍一些常用的 Linux 系统管理命令，最后教会读者如何在 Linux 上进行运维部署。本书的主要内容包括：

- Linux 基础
- Red Hat Enterprise Linux 的安装
- Red Hat Enterprise Linux 的图形界面
- Red Hat Enterprise Linux 的命令行界面
- Linux 文件管理与磁盘管理

- Linux 日志系统
- 用户和组
- 应用程序的管理
- 系统启动控制与进程管理
- Linux 网络管理
- 网络文件共享 NFS、Samba 和 FTP
- 搭建 MySQL 服务
- 安装和配置 Oracle 数据库管理系统
- Apache 服务和 LAMP
- Linux 路由
- 配置 NAT 上网
- Linux 性能检测与优化
- 集群负载均衡 LVS
- 集群技术与双机热备软件
- Linux 防火墙管理
- KVM 虚拟化
- 安装 OpenStack
- 配置 Hadoop
- Spark on Yarn 平台安装

本书内容安排由浅入深，内容精炼，技术体系全面详尽。

面向读者

- Linux 开发人员
- Linux 爱好者
- Linux 系统管理员
- 网络管理工程师
- 专业 Linux 培训机构的学员
- 需要一本系统管理查询手册的人员

本书由平顶山学院网络管理中心的孙亚南和李勇主笔，其中第 1~15 章由孙亚南编写，第 16~24 章由李勇编写。参与本书创作的还有王立平、刘祥淼、彭霁、樊爱宛、张泽娜、曹卉、林江闽、沈超、李阳、李雷霆、韩广义、杨旺功、熊伟，在此表示感谢。由于编者水平有限，书中不足之外在所难免，欢迎广大读者批评指正。

编者
2016 年 6 月

目 录

第 1 章　必须掌握的 Linux 基础 1
　1.1　认识 Linux 1
　　　1.1.1　Windows 与 Linux 的区别 1
　　　1.1.2　UNIX 与 Linux 的区别 2
　1.2　GNU 公共许可证 2
　1.3　Linux 的内核版本 3
　1.4　Linux 的发行版本 3
　1.5　Red Hat Enterprise Linux 7 的新特性 3
　　　1.5.1　systemd 服务管理软件 4
　　　1.5.2　网络 4
　　　1.5.3　文件系统和存储 5
　　　1.5.4　虚拟化 6
　1.6　学习 Linux 的建议 6
　1.7　小结 7
　1.8　习题 7

第 2 章　Red Hat Enterprise Linux 的安装 8
　2.1　安装前的准备 8
　　　2.1.1　硬件准备 8
　　　2.1.2　选择安装方式 9
　2.2　在虚拟机上安装 Linux 10
　　　2.2.1　虚拟机简介 10
　　　2.2.2　安装 VMware 虚拟机 11
　　　2.2.3　创建虚拟机 13
　　　2.2.4　安装 Red Hat Enterprise Linux 15
　2.3　Linux 的第一次启动 25
　　　2.3.1　本地登录 25
　　　2.3.2　远程登录 26
　2.4　小结 28
　2.5　习题 29

| 第 3 章 | Red Hat Enterprise Linux 的图形界面 | 30 |

- 3.1 Linux 的桌面系统简介 30
  - 3.1.1 X Window 系统 30
  - 3.1.2 KDE 桌面环境 31
  - 3.1.3 GNOME 桌面环境 32
- 3.2 桌面系统的操作 32
  - 3.2.1 菜单管理 33
  - 3.2.2 设置输入法 33
  - 3.2.3 设置日期和时间 34
  - 3.2.4 配置网卡和有线 35
  - 3.2.5 使用 U 盘、光盘和移动硬盘 36
  - 3.2.6 注销和关机 37
- 3.3 小结 37
- 3.4 习题 38

| 第 4 章 | Red Hat Enterprise Linux 的命令行界面 | 39 |

- 4.1 认识 Linux 命令行模式 39
  - 4.1.1 为什么要先学习 Shell 40
  - 4.1.2 如何进入命令行 41
- 4.2 bash Shell 的使用 42
  - 4.2.1 别名的使用 42
  - 4.2.2 历史命令的使用 43
  - 4.2.3 命令补齐 44
  - 4.2.4 命令行编辑 44
  - 4.2.5 通配符 45
- 4.3 管道与重定向 46
  - 4.3.1 标准输入与输出 46
  - 4.3.2 输入重定向 47
  - 4.3.3 输出重定向 49
  - 4.3.4 错误输出重定向 50
  - 4.3.5 管道 51
- 4.4 Linux 的目录结构 51
- 4.5 常用运维命令 53
  - 4.5.1 过滤文本 grep 53
  - 4.5.2 文本操作 awk 和 sed 58
  - 4.5.3 打包或解包文件 tar 59
  - 4.5.4 压缩或解压缩文件和目录 zip/unzip 60
  - 4.5.5 查看系统负载 uptime 62
  - 4.5.6 显示系统内存状态 free 63

		4.5.7 单次任务 at 63

- 4.5.7 单次任务 at 63
- 4.5.8 周期任务 crond 64
- 4.5.9 使用 poweroff 终止系统运行 66
- 4.5.10 使用 init 命令改变系统运行级别 66

4.6 文本编辑器 vi 的使用 67
- 4.6.1 进入与退出 vi 67
- 4.6.2 移动光标 67
- 4.6.3 输入文本 68
- 4.6.4 复制与粘贴 68
- 4.6.5 删除与修改 69
- 4.6.6 查找与替换 69
- 4.6.7 执行 Shell 命令 69
- 4.6.8 保存文档 70

4.7 范例——用脚本备份重要文件和目录 70
4.8 小结 73
4.9 习题 73

第 5 章 Linux 文件管理与磁盘管理 75

5.1 认识 Linux 分区 75
5.2 Linux 中的文件管理 76
- 5.2.1 文件的类型 76
- 5.2.2 文件的属性与权限 78
- 5.2.3 改变文件所有权 79
- 5.2.4 改变文件权限 80

5.3 Linux 中的磁盘管理 82
- 5.3.1 查看磁盘空间占用情况 82
- 5.3.2 查看文件或目录所占用的空间 83
- 5.3.3 调整和查看文件系统参数 84
- 5.3.4 格式化文件系统 85
- 5.3.5 挂载/卸载文件系统 86
- 5.3.6 基本磁盘管理 88

5.4 交换空间管理 92
5.5 磁盘冗余阵列 RAID 93
5.6 范例——监控硬盘空间 94
5.7 小结 95
5.8 习题 95

第 6 章 Linux 日志系统 97

6.1 Linux 中常见的日志文件 97
6.2 Linux 日志系统 100

            6.2.1　rsyslog 日志系统简介 101
            6.2.2　rsyslog 配置文件及语法 101
    6.3　使用日志轮转 103
            6.3.1　logrotate 命令及配置文件参数说明 103
            6.3.2　利用 logrotate 轮转 Nginx 日志 105
    6.4　范例——利用系统日志定位问题 106
            6.4.1　查看系统登录日志 107
            6.4.2　查看历史命令 107
            6.4.3　查看系统日志 107
    6.5　小结 107
    6.6　习题 108

第 7 章　用户和组 109
    7.1　Linux 的用户管理 109
            7.1.1　Linux 用户登录过程 109
            7.1.2　Linux 的用户类型 110
    7.2　Linux 用户管理机制 111
            7.2.1　用户账号文件/etc/passwd 111
            7.2.2　用户密码文件/etc/shadow 112
            7.2.3　用户组文件/etc/group 113
    7.3　Linux 用户管理命令 113
            7.3.1　添加用户 113
            7.3.2　更改用户 115
            7.3.3　删除用户 116
            7.3.4　更改或设置用户密码 116
            7.3.5　su 切换用户 117
            7.3.6　sudo 普通用户获取超级权限 119
    7.4　用户组管理命令 120
            7.4.1　添加用户组 120
            7.4.2　删除用户组 121
            7.4.3　修改用户组 121
            7.4.4　查看用户所在的用户组 122
    7.5　范例——批量添加用户并设置密码 122
    7.6　小结 124
    7.7　习题 124

第 8 章　应用程序的管理 126
    8.1　软件包管理基础 126
            8.1.1　RPM 127
            8.1.2　DPKG 127

8.2 RPM 的使用 127
    8.2.1 安装软件包 127
    8.2.2 升级软件包 130
    8.2.3 查看已安装的软件包 131
    8.2.4 卸载软件包 131
    8.2.5 查看一个文件属于哪个 RPM 包 132
    8.2.6 获取 RPM 包的说明信息 132
8.3 从源代码安装软件 133
    8.3.1 软件配置 133
    8.3.2 编译软件 134
    8.3.3 软件安装 134
8.4 普通用户如何安装常用软件 138
8.5 Linux 函数库 140
8.6 范例——从源码安装 Web 服务软件 Nginx 141
8.7 小结 146
8.8 习题 147

第 9 章 系统启动控制与进程管理 148

9.1 启动管理 148
    9.1.1 Linux 系统的启动过程 148
    9.1.2 Linux 运行级别 149
    9.1.3 服务单元控制 150
9.2 Linux 进程管理 155
    9.2.1 进程的概念 155
    9.2.2 进程管理工具与常用命令 156
9.3 系统运维常见操作 163
    9.3.1 更改 Linux 的默认运行级别 163
    9.3.2 更改 sshd 默认端口 22 163
    9.3.3 查看某一个用户的所有进程 164
    9.3.4 确定占用内存比较高的程序 165
    9.3.5 终止进程 165
    9.3.6 终止属于某一个用户的所有进程 166
    9.3.7 根据端口号查找对应进程 166
9.4 范例——进程监控 166
9.5 小结 168
9.6 习题 168

第 10 章 Linux 网络管理 169

10.1 网络管理协议 169
    10.1.1 TCP/IP 协议简介 169

   10.1.2 UDP 与 ICMP 协议简介 171
  10.2 网络管理命令 172
   10.2.1 检查网络是否通畅或网络连接速度 ping 172
   10.2.2 配置网络或显示当前网络接口状态 ifconfig 174
   10.2.3 显示添加或修改路由表 route 177
   10.2.4 复制文件至其他系统 scp 177
   10.2.5 复制文件至其他系统 rsync 179
   10.2.6 显示网络连接、路由表或接口状态 netstat 181
   10.2.7 探测至目的地址的路由信息 traceroute 183
   10.2.8 测试、登录或控制远程主机 telnet 185
   10.2.9 下载网络文件 wget 186
  10.3 Linux 网络配置 187
   10.3.1 Linux 网络相关配置文件 188
   10.3.2 配置 Linux 系统的 IP 地址 188
   10.3.3 设置主机名 190
   10.3.4 设置默认网关 191
   10.3.5 设置 DNS 服务器 191
  10.4 动态主机配置协议 DHCP 192
   10.4.1 DHCP 的工作原理 192
   10.4.2 配置 DHCP 服务器 193
   10.4.3 配置 DHCP 客户端 194
  10.5 Linux 域名服务 DNS 195
   10.5.1 DNS 简介 196
   10.5.2 DNS 服务器配置 196
   10.5.3 DNS 服务测试 201
  10.6 范例——监控网卡流量 201
  10.7 小结 204
  10.8 习题 204

第 11 章 网络文件共享 NFS、Samba 和 FTP 205
  11.1 网络文件系统 NFS 205
   11.1.1 网络文件系统 NFS 简介 205
   11.1.2 配置 NFS 服务器 206
   11.1.3 配置 NFS 客户端 210
  11.2 文件服务器 Samba 211
   11.2.1 Samba 服务简介 211
   11.2.2 Samba 服务的安装与配置 211
  11.3 FTP 服务器 216
   11.3.1 FTP 服务概述 216

	11.3.2	vsftp 的安装与配置	217
	11.3.3	proftpd 的安装与配置	224
	11.3.4	如何设置 FTP 才能实现文件上传	229
11.4	小结		230
11.5	习题		230

第 12 章 搭建 MySQL 服务 231

12.1	MariaDB 简介		231
12.2	MariaDB 服务的安装与配置		232
	12.2.1	MariaDB 概述	232
	12.2.2	MariaDB rpm 包安装	232
	12.2.3	MariaDB 源码安装	235
	12.2.4	MariaDB 程序介绍	237
	12.2.5	MariaDB 配置文件介绍	237
	12.2.6	MariaDB 的启动与停止	239
12.3	MariaDB 基本管理		246
	12.3.1	使用本地 socket 方式登录 MariaDB 服务器	246
	12.3.2	使用 TCP 方式登录 MariaDB 服务器	247
	12.3.3	MariaDB 存储引擎	249
12.4	MariaDB 日常维护		252
	12.4.1	MariaDB 权限管理	252
	12.4.2	MariaDB 日志管理	257
	12.4.3	MariaDB 备份与恢复	262
	12.4.4	MariaDB 复制	269
	12.4.5	MariaDB 复制搭建过程	271
12.5	小结		276
12.6	习题		276

第 13 章 安装和配置 Oracle 数据库管理系统 278

13.1	Oracle 数据库管理系统简介		278
	13.1.1	Oracle 的版本命名机制	278
	13.1.2	Oracle 的版本选择	280
13.2	Oracle 数据库体系结构		281
	13.2.1	认识 Oracle 数据库管理系统	281
	13.2.2	物理存储结构	282
	13.2.3	逻辑存储结构	282
	13.2.4	数据库实例	283
13.3	安装 Oracle 数据库服务器		283
	13.3.1	检查软硬件环境	284
	13.3.2	下载 Oracle 安装包	285

13.3.3　依赖软件包安装 286
　　　13.3.4　创建 Oracle 用户组和用户 290
　　　13.3.5　修改内核参数 291
　　　13.3.6　修改用户限制 292
　　　13.3.7　修改用户配置文件 293
　　　13.3.8　准备安装目录和安装文件 293
　　　13.3.9　安装软件 294
　13.4　创建数据库 302
　　　13.4.1　用 DBCA 创建数据库 302
　　　13.4.2　手工创建数据库 305
　　　13.4.3　打开数据库 306
　　　13.4.4　关闭数据库 307
　13.5　小结 308
　13.6　习题 308

第 14 章　Apache 服务和 LAMP 309
　14.1　Apache HTTP 服务的安装与配置 309
　　　14.1.1　HTTP 协议简介 309
　　　14.1.2　Apache 服务的安装、配置与启动 311
　　　14.1.3　Apache 基于 IP 的虚拟主机配置 324
　　　14.1.4　Apache 基于端口的虚拟主机配置 327
　　　14.1.5　Apache 基于域名的虚拟主机配置 329
　　　14.1.6　Apache 安全控制与认证 332
　14.2　LAMP 集成的安装、配置与测试实战 337
　14.3　习题 342

第 15 章　Linux 路由 344
　15.1　认识 Linux 路由 344
　　　15.1.1　路由的基本概念 344
　　　15.1.2　路由的原理 345
　　　15.1.3　路由表 345
　　　15.1.4　静态路由和动态路由 346
　15.2　配置 Linux 静态路由 346
　　　15.2.1　配置网络接口地址 346
　　　15.2.2　测试网卡接口 IP 配置状况 350
　　　15.2.3　route 命令介绍 351
　　　15.2.4　普通客户机的路由设置 352
　　　15.2.5　Linux 路由器配置实例 352
　15.3　Linux 的策略路由 353
　　　15.3.1　策略路由的概念 353

	15.3.2	路由表的管理	354
	15.3.3	路由管理	355
	15.3.4	路由策略管理	356
	15.3.5	策略路由应用实例	358
15.4	小结		361
15.5	习题		361

第 16 章　配置 NAT 上网 ... 362

- 16.1 认识 NAT ... 362
  - 16.1.1 NAT 的类型 ... 362
  - 16.1.2 NAT 的功能 ... 363
- 16.2 Linux 下的 NAT 服务配置 ... 363
  - 16.2.1 Firewalld 简介 ... 364
  - 16.2.2 在 RHEL 上配置 NAT 服务 ... 364
  - 16.2.3 局域网通过配置 NAT 上网 ... 367
- 16.3 小结 ... 367
- 16.4 习题 ... 367

第 17 章　Linux 性能检测与优化 ... 368

- 17.1 Linux 性能评估与分析工具 ... 368
  - 17.1.1 CPU 相关 ... 369
  - 17.1.2 内存相关 ... 370
  - 17.1.3 硬盘 I/O 相关 ... 372
  - 17.1.4 网络性能评估 ... 373
- 17.2 Linux 内核编译与优化 ... 374
  - 17.2.1 编译并安装内核 ... 374
  - 17.2.2 常用内核参数的优化 ... 375
- 17.3 小结 ... 377
- 17.4 习题 ... 377

第 18 章　集群负载均衡 LVS ... 379

- 18.1 集群技术简介 ... 379
- 18.2 LVS 集群介绍 ... 380
  - 18.2.1 3 种负载均衡技术 ... 380
  - 18.2.2 负载均衡调度算法 ... 383
- 18.3 LVS 集群的体系结构 ... 384
- 18.4 LVS 负载均衡配置实例 ... 384
  - 18.4.1 基于 NAT 模式的 LVS 的安装与配置 ... 385
  - 18.4.2 基于 DR 模式的 LVS 的安装与配置 ... 388
  - 18.4.3 基于 IP 隧道模式的 LVS 的安装与配置 ... 391

18.5 小结 ... 393
18.6 习题 ... 393

第 19 章 集群技术与双机热备软件 ... 395
19.1 高可用性集群技术 ... 395
19.1.1 可用性和集群 ... 395
19.1.2 集群的分类 ... 396
19.2 双机热备开源软件 Pacemaker ... 396
19.2.1 Pacemaker 概述 ... 397
19.2.2 Pacemaker 的安装与配置 ... 397
19.2.3 Pacemaker 测试 ... 405
19.3 双机热备软件 keepalived ... 408
19.3.1 认识 keepalived ... 408
19.3.2 keepalived 的安装与配置 ... 409
19.3.3 keepalived 的启动与测试 ... 411
19.4 小结 ... 413
19.5 习题 ... 413

第 20 章 Linux 防火墙管理 ... 414
20.1 防火墙管理工具 Firewalld ... 414
20.1.1 Linux 内核防火墙的工作原理 ... 414
20.1.2 Linux 软件防火墙配置工具 Firewalld ... 417
20.1.3 Firewalld 配置实例 ... 418
20.2 Linux 高级网络配置工具 ... 422
20.2.1 高级网络管理工具 iproute2 ... 422
20.2.2 网络数据采集与分析工具 tcpdump ... 425
20.3 小结 ... 428
20.4 习题 ... 428

第 21 章 KVM 虚拟化 ... 429
21.1 KVM 虚拟化技术概述 ... 429
21.1.1 基本概念 ... 429
21.1.2 硬件要求 ... 430
21.2 安装虚拟化软件包 ... 431
21.2.1 通过 yum 命令安装虚拟化软件包 ... 431
21.2.2 以软件包组的方式安装虚拟化软件包 ... 432
21.3 安装虚拟机 ... 433
21.3.1 安装 Linux 虚拟机 ... 433
21.3.2 安装 Windows 虚拟机 ... 435
21.4 管理虚拟机 ... 437

- 21.4.1 虚拟机管理器简介 437
- 21.4.2 查询或者修改虚拟机硬件配置 439
- 21.4.3 管理虚拟网络 441
- 21.4.4 管理远程虚拟机 444
- 21.4.5 使用命令行执行高级管理 444
- 21.5 存储管理 447
  - 21.5.1 创建基于磁盘的存储池 448
  - 21.5.2 创建基于磁盘分区的存储池 449
  - 21.5.3 创建基于目录的存储池 449
  - 21.5.4 创建基于 LVM 的存储池 450
  - 21.5.5 创建基于 NFS 的存储池 451
- 21.6 KVM 安全管理 452
  - 21.6.1 SELinux 452
  - 21.6.2 防火墙 452
- 21.7 小结 453
- 21.8 习题 453

第 22 章 在 RHEL 7.2 上安装 OpenStack 454

- 22.1 OpenStack 概况 454
- 22.2 OpenStack 系统架构 455
  - 22.2.1 OpenStack 体系架构 455
  - 22.2.2 OpenStack 部署方式 456
  - 22.2.3 计算模块 Nova 458
  - 22.2.4 分布式对象存储模块 Swift 458
  - 22.2.5 虚拟机镜像管理模块 Glance 459
  - 22.2.6 身份认证模块 Keystone 459
  - 22.2.7 控制台 Horizon 460
- 22.3 Openstack 的主要部署工具 461
  - 22.3.1 Fuel 461
  - 22.3.2 TripleO 461
  - 22.3.3 RDO 462
  - 22.3.4 DevStack 462
- 22.4 通过 RDO 部署 OpenStack 462
  - 22.4.1 部署前的准备 462
  - 22.4.2 配置安装源 462
  - 22.4.3 安装 Packstack 463
  - 22.4.4 安装 OpenStack 463
- 22.5 管理 OpenStack 467
  - 22.5.1 登录控制台 468

22.5.2 用户设置 ... 469
22.5.3 管理用户 ... 470
22.5.4 管理镜像 ... 471
22.5.5 管理云主机类型 ... 474
22.5.6 管理网络 ... 476
22.5.7 管理实例 ... 483
22.6 小结 ... 491
22.7 习题 ... 492

第23章 配置Hadoop ... 493

23.1 认识大数据和Hadoop ... 493
　23.1.1 大数据时代 ... 493
　23.1.2 大数据时代的困境和思路 ... 494
　23.1.3 Hadoop简介 ... 495
23.2 Hadoop架构 ... 495
　23.2.1 分布式文件系统HDFS ... 496
　23.2.2 MapReduce计算框架 ... 497
　23.2.3 Hadoop架构特点 ... 499
23.3 安装Hadoop ... 500
　23.3.1 环境配置 ... 500
　23.3.2 安装JDK ... 504
　23.3.3 Hadoop配置 ... 507
　23.3.4 启动Hadoop ... 514
23.4 小结 ... 518
23.5 习题 ... 518

第24章 配置Spark ... 519

24.1 Spark基础知识 ... 519
　24.1.1 Spark概述 ... 519
　24.1.2 Spark、MapReduce运行框架 ... 520
　24.1.3 Spark的模式 ... 522
24.2 安装Spark ... 523
　24.2.1 环境准备 ... 523
　24.2.2 安装JDK和Scala ... 526
　24.2.3 安装配置Hadoop ... 528
　24.2.4 安装Spark ... 535
24.3 小结 ... 539
24.4 习题 ... 540

第 1 章
必须掌握的Linux基础

> Linux 是一款免费、开源的操作系统软件,是自由软件和开源软件的典型代表,很多大型公司或个人开发者都选择使用 Linux。Linux 的发行版很多,有适合个人开发者的操作系统,如 Ubuntu;也有适合企业的操作系统,如 Red Hat Enterprise Linux。本书主要介绍 Red Hat Enterprise Linux 系统。

本章主要涉及的知识点有:

- 认识 Linux
- Linux 的内核版本
- Linux 的发行版本
- 了解 Red Hat Enterprise Linux 以及 RHEL 7 的新特性

1.1 认识 Linux

本节主要帮助读者认识 Linux,了解 Linux 的日常操作与 Windows 有什么不同,了解 Linux 与 UNIX 的区别。

1.1.1 Windows 与 Linux 的区别

Windows 和 Linux 都是多任务操作系统,都适用于个人开发者或者服务器领域。Windows 的发行版有 Windows 98、Windows NT、Windows 2000、Windows 2003 Server、Window XP、Windows 7、Windows 8、Windows10 等。Linux 的发行版一般基于内核(最新版本 4.4),由于和内核版本配套的软件包不同,所以各个发行版之间存在比较大的差异。Windows 更适用于普通用户,其界面友好,易于控制,可以方便地完成日常的办公需求。Linux 更多用于服务器或者开发领域,它的图形界面与 Windows 相比可能比较原始,但随着各发行版的不断完善,Linux 提供的图形用户接口功能也在不断丰富。

由于两者对文件类型的识别机制不同,从而使 Linux 不容易受病毒的感染,这一点是 Windows

无法比拟的。对于初学者而言，由于已经习惯了 Windows 的图形界面操作，能否较快地熟练使用 Linux，取决于使用者能否快速地改变操作习惯和思维方式。

1.1.2 UNIX 与 Linux 的区别

UNIX 是一种多任务、多用户的操作系统，于 1969 年由美国 AT&T 公司的贝尔实验室开发。UNIX 最初是免费的，其安全高效、可移植的特点使其在服务器领域得到了广泛的应用。后来 UNIX 变为商业应用，很多大型数据中心的高端应用都使用 UNIX 系统。

UNIX 的系统结构由操作系统内核和系统的外壳构成。外壳是用户与操作系统交互操作的接口，称作 Shell，其界面简洁，通过它可以方便地控制操作系统，完成维护任务和一些比较复杂的需求。

UNIX 与 Linux 最大的不同在于 UNIX 是商业软件，对源代码实行知识产权保护，核心并不开放。Linux 是自由软件，其代码是免费和开放的。

两者都可以运行在多种平台之上，在对硬件的要求上，Linux 比 UNIX 要低。

UNIX 系统较多用做高端应用或服务器系统，因为它的网络管理机制和规则非常完善。Linux 则保持了这些出色的规则，同时还使网络的可配置能力更强，系统管理也更加灵活。

1.2 GNU 公共许可证

软件是程序员智慧的结晶，软件著作权用于保障开发者的利益。而 Linux 开放、自由的精神是一种反版权概念，GNU 就是 "GNU's Not UNIX"，任何遵循 GNU 通用公共许可证（GPL）的软件都可以自由地 "使用、复制、修改和发布"。任何对旧代码所做的修改都必须是公开的，并且不能用于商业用途，其分发版本必须遵守 GPL 协议。

GNU 计划是由 Richard Stallman 在 1983 年 9 月 27 日公开发起的，其目标是创建一套完全自由的操作系统。GNU 计划的形象照如图 1.1 所示，估计很多读者已经认识了。

图 1.1　GNU 计划的形象照

　GNU 在英文中的原意为非洲牛羚，发音与 new 相同。

1.3 Linux 的内核版本

Linux 内核由 C 语言编写，符合 POSIX 标准，但是 Linux 内核并不能称为操作系统，一个完整的 Linux 操作系统还需要用户操作接口、应用程序等。内核只提供基本的设备驱动、文件管理、资源管理等功能，是 Linux 操作系统的核心组件。Linux 内核可以被广泛移植，而且适用于多种硬件。

Linux 内核版本有稳定版和开发版两种。Linux 内核版本号一般由 3 组数字组成，比如 2.6.18 内核版本：第 1 组数字 2 表示目前发布的内核主版本；第 2 组数字 6 表示稳定版本，如为奇数则表示开发中版本；第 3 组数字 18 表示修改的次数。前两组数字用于描述内核系列，用户可以通过 Linux 提供的系统命令查看当前使用的内核版本。

1.4 Linux 的发行版本

Linux 有众多发行版，很多发行版还非常受欢迎，有非常活跃的论坛或邮件列表，许多问题都可以得到参与者快速解答。

（1）Ubuntu 发行版提供友好的桌面系统，用户通过简单地学习就可以熟练使用该系统。自 2004 年发布后，Ubuntu 为桌面操作系统做出了极大的努力和贡献。与之对应的 Slackware 和 FreeBSD 发行版则需要经过一定的学习才能有效地使用其系统特性。

（2）openSUSE 引入了另外一种包管理机制 YaST，Fedora 革命性的 RPM 包管理机制极大地促进了发行版的普及，Debian 则采用的是另外一种包管理机制 DPKG（Debian Package）。

（3）Red Hat 系列，包括 Red Hat Enterprise Linux（简称 RHEL，收费版本）、CentOS（RHEL 的社区重编译版本，免费，目前已被 Red Hat 公司收购）。Red Hat 可以说是在国内使用人群最多的 Linux 版本，资料非常多。Red Hat 系列的包管理方式采用的是基于 RPM 包的 YUM 包管理方式，包分发方式是编译好的二进制文件。RHEL 和 CentOS 的稳定性都非常好，适合服务器使用。

1.5 Red Hat Enterprise Linux 7 的新特性

2014 年 6 月份，红帽公司发布了 Red Hat Enterprise Linux 7（简称 RHEL 7）正式版。该版本有来自多个方面的新特性，包括扩展性、虚拟化、高性能等。按照红帽公司的惯例，RHEL7 发布之后，7.1 及 7.2 版主要针对之前版本存在的问题进行修复。本节参考发行主要对 RHEL7 的重大改变及新特性进行简单介绍。

1.5.1 systemd 服务管理软件

从管理角度来看，RHEL 7 最显著的变化是将原来的使用了许多个版本的 System V（许多书中也写作 SysV、SysV init 等）改变为 systemd。本小节简要介绍二者之间的区别。

一直以来 RHEL 发行版都使用 System V 作为服务管理软件。Linux 的启动大致流程是系统引导完成后，引导装载程序 Grub 会将操作系统的内核等基本环境载入，接下来操作系统会载入驱动程序构建最基础的运行环境，启动 init 进程，剩下的工作将由 System V 来完成。System V 接手后，先设置运行环境（主要是环境变量、驱动、主机名等），然后用脚本来启动需要启动的服务，这些服务会事先按不同的运行级别放置在不同的目录中，并标志启动时的优先级。

由于 System V 使用脚本控制，因此其原理简单、易于理解、服务脚本相对也比较简单，管理人员可以通过修改脚本轻易达到管理系统的目的。但缺点也比较明显，由于脚本只能顺序执行，所有的服务也只能顺序启动，启动过程相对较慢；另一个缺点是不能按需要启动服务，比如当即插即用设置接入系统后再启动相关服务等。

System V 的缺点在服务器上问题不大，但在如安卓系统等移动设备中令用户难以接受。为了解决这些问题，systemd 应运而生。为了解决 System V 的问题，systemd 的设计思路可以概括为尽量快速启动服务、高效管理服务及尽量减少系统资源占用。

在服务管理方面，启动时尽量并行启动服务。当服务之间存在依赖关系时，使用缓冲池的方法解决，例如某个服务在启动时请求 TCP 端口，但依赖的网络服务仍没有启动，就将请求缓存起来，当网络服务启动后再传递请求。

在设备管理方面，systemd 使用硬件服务单元配置文件来保持硬件设备的激活。当特定的硬件设备插入时，systemd 启动相应的支持，反之则关闭，从而达到节约系统资源的目的。在追求性能极致化的今天，systemd 无疑提供了一个较好的解决方案，这也是 RHEL 7 选择 systemd 的重要原因。

systemd 充分利用系统内核 API，并尝试在 Linux 系统中建立统一的配置环境，试图将 Linux 系统中的不同配置标准化。这样做牺牲了 systemd 的兼容性，但对于管理员来讲是好事情，因为只有标准化才能让运维工作更加简单、自动化。

除此之外，systemd 还有许多其他特性，本书不再一一赘述，感兴趣的读者可以参考相关文档了解。

1.5.2 网络

1．动态防火墙守护进程 firewalld 套件

RHEL 7 提供动态防火墙守护进程 firewalld，它可以提供一个动态管理的防火墙，并支持网络"区域"，以便为网络及相关链接和接口分配可信度。它还支持 IPv4 和 IPv6 防火墙设置。支持以太网桥接并有独立的运行和持久配置选项。它还有一个可直接添加防火墙规则的服务和应用程序接口。虽然 RHEL 7 提供了 firewalld 套件，但用户仍可以在 iptables 与 firewalld 之间选择。

2．chrony 套件

chrony 用于同步计算机时钟，实现 NTP 协议。与之前的版本中的时钟同步不同，chrony 可以在无持久网络连接的环境中保持计算机时间的准确性。此特性能更好的支持移动系统和虚拟系统。

3．OpenLMI

RHEL 7 中附带了 OpenLMI 项目，它为管理 Linux 系统提供常用的基础设施。OpenLMI 还可以让用户配置、管理并监控硬件、操作系统及系统服务，可以简化任务配置及产品服务器管理。

4．FreeRADIUS 3.0.1

RHEL 7 包含 FreeRADIUS 3.0.1，其包含了大量新功能：RadSec，用于使用 TCP 和 TLS 传输 RADIUS 数据包的协议；连接池在较大吞吐量的情况下仍能保持较低的资源需求；扩展服务器配置编程语言 unlang 语法；提高了 debug 功能，在详细输出结果中突出显示问题所在；生成 SNMP 陷阱等。

5．NetworkManager

对 NetworkManager 进行了大量改进，以让其更适合在服务器应用程序中使用。NetworkManager 不再默认查看配置文件更改，如由编辑器或开发工具更改的配置文件。管理员可以使用 nmcli connection reload 命令使其意识到外部修改。

1.5.3 文件系统和存储

RHEL 7 的文件系统和存储管理功能也得到了增强，主要表现在以下几个方面：

1．默认支持并使用 XFS 文件系统

使用 Anaconda 安装的 RHEL 7 使用的默认文件系统为 XFS，不再是第四代扩展文件系统（ext4），同时仍然支持 ext4 和 Btrfs（B-Tree，通常称为 Butter FS）文件系统。

XFS 是高度可扩展、高性能文件系统，引入的目的是为了支持更大的文件系统（最大文件系统 500TB，最大文件 16TB）。XFS 支持元数据日志，可以加快崩溃时的恢复速度；当挂载使用时仍可以进行清理碎片和扩展文件系统操作。

2．LIO 内核目标子系统

RHEL 7 使用 LIO 内核目标子系统，它是块存储的标准开源 SCSI 目标，可用的存储介质有：FcoE、iSCSI、iSER（Mellanox InfiniBand）、SRP（Mellanox InfiniBand）。

3．LVM 缓存

这个功能在 RHEL 7 时作为技术预览，从 7.1 开始完全支持。LVM 缓存允许用户创建逻辑卷（Logical Valumn，LV），以小型快速设备作为更大、速度更慢的设备的缓存。

4．新的 LVM/DM 缓存策略

RHEL 7.2 重新编写了 LVM/DM 缓存策略并作为缓存默认策略，在多数情况下此策略可以减少内存消耗并提高性能。

1.5.4　虚拟化

自 RHEL 6 版开始，红帽公司就在虚拟化方面进行了大刀阔斧的革新，以期给用户带来更好的体验。RHEL 7 也不例外，除在性能方面的改变外，RHEL 7 也带来了更多不同的技术变革。

1．KVM 的支持

（1）从 RHEL 7 开始，KVM 中将可以运行 Windows 8 和 Windows Server 2012 虚拟机。

（2）过去 KVM 只能在 AMD 64 和 Intel 64 上使用，现在 RHEL 7 提供了一个基于 POWER8 的解决方案，用于在 IBM Power 系统上实现 Red Hat Enterprise Virtualization。

（3）RHEL 7 的 KVM 中添加了多个微软 Hyper-V 功能，例如支持内存管理单元（MMU）和虚拟中断控制程序。微软虚拟机和主机之间提供半虚拟 API，通过主机使用某些功能可以提高 Windows 虚拟机的性能。

（4）RHEL 7 中的 QEMU 虚拟机代理支持 CPU（vCPU）热添加功能，可在虚拟机运行的过程中添加 CPU 以满足负荷要求。

（5）通过压缩虚拟机内存页减小迁移数据量的方法，缩短了 KVM 实时迁移所消耗的时间。

（6）在虚拟机关机过程中 qemu-kvm 中添加了跟踪事件功能，现在可以在命令 virsh shutdown 或 virt-manager 程序中获得关机事件的诊断信息。

2．对于 Hyper-V TRIM 的支持

该功能在 RHEL 7.2 中添加，现在使用 Microsoft Hyper-V 虚拟机并且虚拟磁盘使用 VHDX（Thin Provisioned Hyper-V virtual hard disk）时，可将虚拟磁盘文件缩小至实际使用大小而不是与虚拟磁盘容量相等（即按需分配）。

1.6　学习 Linux 的建议

学习 Linux，首先要选择合适的发行版，如 RedHat、CentOS、Fedora 等。这些发行版使用的人数最多，因此出现问题时可以从各类论坛等途径获得帮助。

其次要学习如何安装 Linux。采用虚拟机安装是一个不错的选择，虚拟机在一个密闭的虚拟环境中，对于虚拟机中的软件来说，虚拟机就是一个完整的计算机。基本的系统操作命令都可以在虚拟机中实践，一些破坏性的操作（如格式化硬盘）也可以在虚拟机中反复练习而不会导致物理计算机中重要数据的丢失，因为对于物理计算机而言，虚拟机只是运行在它上面的一个普通应用程序。

初学者使用 Linux 操作系统提供的 GUI 时，要学会去探究操作背后的原理。笔者推荐初学者通过终端来进行上机实践，在终端上练习常用命令的操作，可以更快地掌握 Linux 的精髓。

常备一本参考书在身旁是必要的，这样在遇到问题时可以快速查阅。同时 Linux 各种社区的活跃度也非常高，初学者有问题时可以选择一个社区去提问。网络中还有各种丰富的资源，初学者通过搜索引擎也可以快速地查找到所需要的知识点。

1.7 小结

Linux 是一款免费、开源的操作系统软件，是自由软件和开源软件的典型代表，很多大型公司或个人开发者都选择使用 Linux。Linux 在服务器领域也具有广泛的应用。本章主要介绍了 Linux 的特点、Linux 的应用范围及学习 Linux 的常见问题，其中还探讨了 Linux 的学习方法。

1.8 习题

一、填空题

1. Linux 内核版本号一般由 3 组数字组成，比如 2.6.18 内核版本：第 1 组数字 2 表示_____，第 2 组数字 6 表示_____，第 3 组数字 18 表示_____。

2. UNIX 与 Linux 最大的不同在于 UNIX 是_____，Linux 是_____。

二、选择题

1. Linux 内核版本有哪两种（　　）？

A. 稳定版和开发版。

B. 桌面版和服务器版。

C. Ubuntu 和 Red Hat。

2. 以下关于 Linux 的描述哪个是错误的（　　）？

A. Linux 可以运行在多种平台之上。

B. Linux 的代码是开源的。

C. Linux 没有桌面，只有命令行。

第 2 章
Red Hat Enterprise Linux的安装

> Linux 的安装有很多种方式，尤其是 Linux 系统对硬件的要求不高，所以我们可以通过虚拟机、光盘、U 盘等各种方式来安装。学习 Linux 系统，首先要学会使用虚拟机、安装 Linux 及登录 Linux。

本章主要涉及的知识点有：

- 了解安装 Linux 之前要做的准备
- 学习使用虚拟机
- 安装 Red Hat Enterprise Linux
- Linux 的启动与登录
- 初次使用命令行

2.1 安装前的准备

安装 Linux 之前要进行相应的准备，要选择适合自己的发行版，另外还需要准备相应的硬件资源并选择合适的安装方式。

2.1.1 硬件准备

安装 Linux 前先来了解一下它所需要的硬件。硬件的更新日新月异，这也带来了硬件与操作系统之间兼容性的问题。在安装 Linux 之前要确定计算机的硬件能不能被 Linux 发行版支持。

首先，所有的 CPU 处理器基本都可以被 Linux 发行版支持。经过多年的发展，Linux 内核不断完善，基本支持大部分主流厂商的硬件。Linux 操作系统下的其他硬件驱动也得到了广泛支持，对应 Linux 发行版的官方网站也提供了支持的硬件列表。具体来说 RHEL 7 支持的架构有 64-bit AMD、64-bit Intel、IBM POWER7、IBM POWER8 和 IBM System z（IBM zEnterprise 196 及更新的硬件版本）。需要注意的是，RHEL 7 只能使用 64 位硬件，但可以将 32 位操作系统作为虚拟机运行。

其次，Linux 系统运行对内存的要求比较低，128MB 内存即可支持。RHEL 7 建议最小使用 1GB 内存，同时还建议每逻辑 CPU 1GB 内存。

最后，硬盘空间是一个必须考虑的问题，计算机必须有足够大的分区供用户安装 Linux 系统，建议硬盘空闲空间在 20GB 以上。

 如果直接在硬盘上安装 Linux 而不使用虚拟机，就需要对重要数据进行备份，包含系统分区表及重要数据等。

2.1.2 选择安装方式

Linux 操作系统有多种安装方式，常见的有以下几种。

1．从光盘安装

这是比较简单方便的安装方法，Linux 发行版可以在对应的官方网站下载，下载完成后刻录成光盘，然后将计算机设置成光驱引导。把光盘放入光驱，重新引导系统，系统引导完成即进入图形化安装界面。Red Hat Enterprise Linux 安装界面如图 2.1 所示。

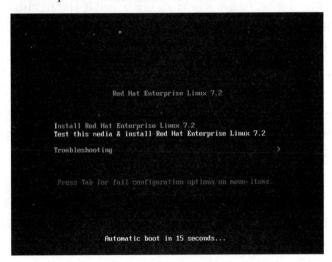

图 2.1　Linux 安装界面

2．从硬盘安装

Linux 发行版对应的官方网站下载的光盘映像文件可以直接从硬盘进行安装。通过特定的 ISO 文件读取软件可以将光盘解压到指定的目录待用，重新引导即可进入 Linux 的安装界面。这时安装程序就会提示你选择是用光盘安装还是从硬盘安装，选择从硬盘安装后，系统会提示输入安装文件所在的目录。

3．在虚拟机上安装

在虚拟机上安装，其实也分为光盘安装或 U 盘安装，因为虚拟机也具备这些虚拟端口。与其他方式不同的是，必须先安装一个虚拟机。本章主要以虚拟机上的光盘安装为例介绍 Linux 的安装过程。

4．其他安装方式

Linux 发行版可以通过 U 盘或网络进行安装，每种安装方法类似，区别在于安装过程中系统的引导方式。

Linux 安装程序引导完毕后的效果如图 2.1 所示。

2.2 在虚拟机上安装 Linux

采用虚拟机安装 Linux 是一个比较好的选择，虚拟机对于初学者来说很便利，如重装系统、硬盘分区，甚至可以进行病毒实验。如果不小心把虚拟机的系统折腾崩溃了，造成系统不能启动，只要物理机没有损坏，就可以虚拟出一台新的计算机重新进行实践，而不必担心计算机损坏。各个虚拟机可以安装不同版本的软件以便进行对比和实验。对于提供服务的公司而言，虚拟机可以充分利用软硬件资源，节省大量硬件采购成本，并方便组建自己的网络。常见的虚拟机软件有 VMWare 和 VirtualBox。本节首先介绍虚拟机，然后学习如何在虚拟机上安装 Linux。

2.2.1 虚拟机简介

虚拟机（Virtual Machine）通过特定的软件模拟现实中具有硬件系统功能的计算机系统，运行在一个完全隔离的环境中。真实的计算机称作"物理机"，而通过虚拟机软件虚拟出来的计算机称为"虚拟机"。虚拟机离不开虚拟机软件，常见的虚拟机软件有 VMware 系列和 VirtualBox 系列。

虚拟机软件可以在用户的操作系统（如 Windows XP）上虚拟出来若干台计算机，每台计算机都有自己的 CPU、硬盘、网卡等硬件设备，可以安装各种计算机软件。这些虚拟机共同使用计算机中的硬件，访问网络资源。每个虚拟机都可以安装独立的操作系统。

虚拟机可以安装 Windows 系列，也可以安装 Linux 的各个发行版，各个系统之间可以相互运行而互不干扰，如果单个系统崩溃并不会影响其他的系统。虚拟机可以方便地增删硬件，增加硬件不会增加用户的成本。虚拟机的使用方式和普通的计算机一样，真可谓一举多得。总之，虚拟机让普通用户可以拥有多台计算机，让一些有破坏性的实验可以很方便地进行，节省了大量成本。

虚拟机并不能虚拟出无限的资源，虚拟出来的计算机的硬件设备受限于物理机的各个硬件。各个虚拟机由于共享同样的硬件资源，所以虚拟机运行得越多，物理机的 CPU 和内存消耗也会相应增加。

虚拟机可以运行在 Windows 上，也可以运行在 Linux 上，甚至 Mac OS 上也支持虚拟机的运行。

虚拟机软件可以分为桌面虚拟环境和企业虚拟环境两类，其中桌面虚拟环境主要是针对桌面个人用户，软件相对比较简单。直接将软件安装到系统中就可以使用，虚拟机则直接使用操作系统中的硬盘、网络等，无须额外添加其他设备。常见的桌面虚拟环境有 VMware 公司的 Workstation、Sun Microsystem 公司的 Oracle VM VirtualBox 等。企业虚拟环境软件功能比较复杂，通常是一个可以装在如 U 盘等小存储上的操作系统，操作系统中只能进行一些比较简单的设置，如设备 IP 地址等，而如果要创建虚拟机等则需要通过专门的软件远程进行。使用企业虚拟环境通常还需要为其添加存储、专业交换设备等，创建虚拟机时需要为虚拟机指定存储、VLAN 等资源。一些生产环境甚至还需要安装多个虚拟操作系统以实现故障迁移等更为复杂的高级应用。常见的企业虚拟环境有 VMware 公司的 ESX Server（通常简称为 ESX）、Citrix（思杰）公司的 XenServer 等。

2.2.2　安装 VMware 虚拟机

学习 Linux 时使用的虚拟环境并不需要太复杂的功能，因此可以选择使用桌面虚拟环境。VMware 公司是虚拟化领域的领导厂商，本节以 VMware Workstation 12 Pro 为例说明软件的安装过程。需要特别说明的是 VMware Workstation 12 Pro（以下简称为 VMware 12）为收费软件，也可选择免费开源的 Oracle VM VirtualBOX。二者操作类似，感兴趣的读者可以自行参考相关文档了解，本书不做一一介绍。

步骤 01　在安装前需要注意，VMware 12 只能安装在 64 位系统中。双击下载的 VMware 12 安装程序，然后进入安装向导，如图 2.2 所示。

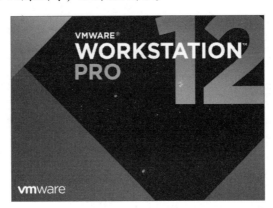

图 2.2　VMware 安装引导界面

步骤 02　等待安装引导程序完成，进入安装向导。此处不需要选择，直接单击【下一步】按钮进入下一个界面，安装程序会提示用户最终许可协议。选择【我接受许可协议中的条款（A）】单击【下一步】按钮，这里要选择安装位置和键盘驱动，如图 2.3 所示。如果不需要自定义路径可保持默认，建议安装【增强型键盘驱动】，这将方便之后虚拟机的操作。选择完成后单击【下一步】继续。

步骤 03　接下来安装程序会询问是否检查更新及改善 Workstation 产品选项，如图 2.4 所示，此处按需要选择即可。选择完成后单击【下一步】按钮进入下一个界面。

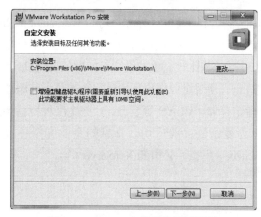 

图 2.3　VMware 安装路径设置界面　　　　图 2.4　用户体验设置界面

步骤 04　安装过程中会创建 VMware 的快捷方式（如图 2.5 所示），此处选择创建快捷方式的位置，单击【下一步】按钮继续安装。

步骤 05　接下来安装程序会提示所有安装选项都已选择可以开始安装，此时如果修改之前的选项，可以单击【上一步】按钮返回修改，否则可以单击【安装】按钮开始安装。

步骤 06　此时会显示如图 2.6 所示的界面，说明安装程序正在复制必要的文件、安装相应的驱动程序及完成系统设置。此步完成后，安装程序会提示用户输入购买的许可证密钥。输入许可证密钥后，软件安装完毕。

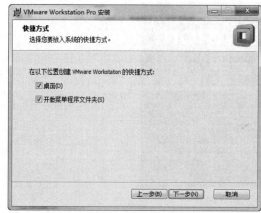 

图 2.5　创建快捷方式　　　　　　　　图 2.6　安装界面

安装完毕后桌面上会生成该软件的图标，如图 2.7 所示。双击该图标即可使用 VMware 软件。启动后的界面如图 2.8 所示。

在 VMware 12 的主页面中，列举出了用户常用的操作，如创建虚拟机、打开已存在的虚拟机、连接远程服务器（主要是 ESX 及其集中化扩展管理平台 vCenter）等。

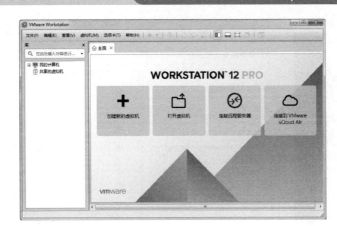

图 2.7　VMware 快捷方式　　　　图 2.8　VMware 12 界面

2.2.3　创建虚拟机

VMware 可以创建多个虚拟机，每个虚拟机上都可以安装各种类型的操作系统。下面来创建一个虚拟机，用来安装本书学习的 Red Hat Enterprise Linux。

步骤 01　打开 VMware 12 软件的主页，如图 2.9 所示，单击主页中的【创建新的虚拟机】选项，也可在文件菜单中选择【新建虚拟机】选项，开始创建虚拟机。

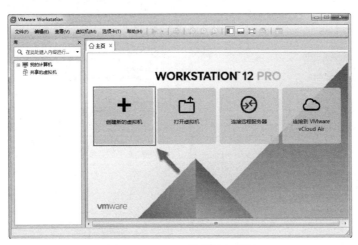

图 2.9　VMware 软件的主界面

步骤 02　开始安装后，出现如图 2.10 所示的新建虚拟机向导，选中【典型】单选按钮进行快速创建。

步骤 03　单击【下一步】按钮，打开如图 2.11 所示的对话框，选中最后一个单选按钮，表示稍后在此虚拟机上安装操作系统。

图 2.10　创建虚拟机的向导

图 2.11　是否需要安装操作系统

步骤 04　单击【下一步】按钮，打开如图 2.12 所示的对话框，选择我们要在虚拟机上安装的操作系统类型，这里选择【Linux】，然后在版本列表框中选择【Red Hat Enterprise Linux 7 64 位】。

步骤 05　单击【Next】按钮，出现如图 2.13 所示的对话框。这里需要给虚拟机命名，如果有多个 Linux 操作系统的虚拟机，此处还要明确 Linux 版本号，这里我们改为【Red Hat Enterprise Linux 7.2 64 位】。下面的位置选项中还要为虚拟机选择保存的路径，可以单击【浏览】按钮选择，此处按实际需要选择即可。

图 2.12　要安装的操作系统类型

图 2.13　为虚拟机命名

步骤 06　单击【下一步】按钮，出现如图 2.14 所示的对话框，这里要给虚拟机分配硬盘空间，因为将来在 Linux 中安装的文件肯定会越来越多，所以建议是默认的 20GB。在拆分选项中，通常建议选择【将虚拟磁盘拆分成多个文件】。如果有以后需要复制、移动或将此虚拟机的磁盘文件用作其他途径等情况，建议选择【将虚拟磁盘存储为单个文件】。

步骤 07　单击【下一步】按钮，出现如图 2.15 所示的对话框，这里会显示虚拟机的名称、空间大小等属性。如果需要修改虚拟机的硬件，此时可以单击【自定义硬件】按钮，添加或移除相关硬件，此处可按实际需要进行修改。最后单击【完成】按钮，向导就会创建虚拟机。

图 2.14　设置硬盘空间

图 2.15　安装完成界面

当虚拟机创建成功后，在 VMware 12 的主界面左侧，会列出我们刚创建好的虚拟机，右侧会显示刚刚创建的虚拟机，如图 2.16 所示。

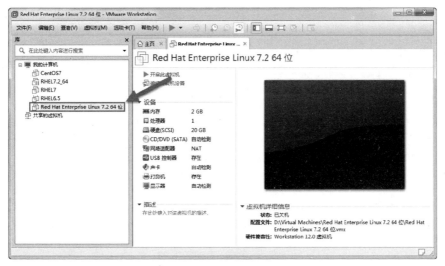

图 2.16　虚拟机列表

2.2.4　安装 Red Hat Enterprise Linux

Linux 的安装方法有很多种，本书以光盘安装为例介绍 Linux 的安装过程及相关的参数设置，详细步骤如下。

步骤 01　打开上一小节创建的虚拟机，单击【虚拟机】|【设置】菜单，如图 2.17 所示。

图 2.17　VMware 设置选择步骤

步骤 02　打开的【虚拟机设置】界面如图 2.18 所示。此步主要是让 VMware 12 将安装光盘的映像文件当成光驱使用，单击【CD/DVD（SATA）】选项，窗口右边显示光驱的连接方式。此处选中【使用 ISO 映像文件】单选按钮，然后单击【浏览】按钮，在弹出的文件选择窗口中选择 RHEL 7.2 的 ISO 文件，通过此步的设置 VMware 12 就会将选择的 ISO 文件当成光驱。单击【确定】按钮设置完毕。

图 2.18　VMware 光驱设置界面

步骤 03　通过以上步骤完成虚拟机的光驱设置，下一步启动虚拟机，如图 2.19 所示，单击菜单中的绿色箭头或虚拟机详细信息中的【开启此虚拟机】即可启动虚拟机。

图 2.19　VMware 启动界面

步骤 04　启动后耐心等待安装程序引导完毕，即可进入 Linux 的安装界面。Linux 的安装和 Windows 的安装类似，如图 2.20 所示。安装界面的第一个选项【Install Rad Hat Enterprise

Linux 7.2】表示立即开启安装进程,第二个选项【Test this media & Install Rad Hat Enterprise Linux 7.2】表示先测试安装介质是否有错误,然后再开启安装进程。如果确认光盘没有问题可使用第一个选项,否则建议使用第二个选项。

 虚拟机与物理机之间的键盘鼠标切换使用 **Ctrl+Alt** 组合键。

图 2.20 Linux 安装引导界面

步骤 05 此处选择第二项,使用键盘的上下方向键选中【Test this media & Install Rad Hat Enterprise Linux 7.2】,按 Enter 键,接下来等待安装程序的引导。引导完毕会提示是否开始安装进程,再次按下 Enter 键,安装进程会载入介质检查工具并检查安装光盘,如图 2.21 所示。

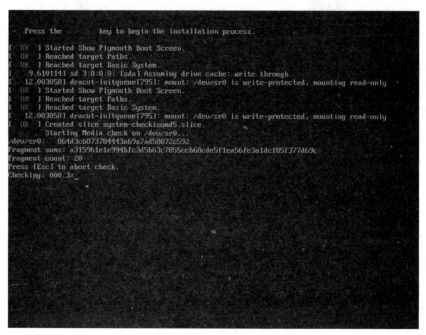

图 2.21 检测介质

步骤 06 待介质检查完毕或按 Esc 键中途取消检查介质,引导程序会加载安装程序,等待数秒会显示图形安装界面。图形安装程序会询问安装过程中使用的语言,如图 2.22 所示。此时可选择中文,在左侧选择【中文】,右侧选择【简体中文(中国)】,然后单击【继续】按钮继续安装。

步骤 07 接下来安装程序会显示【安装信息摘要】界面,如图 2.23 所示。在【安装信息摘要】界面中,安装程序会要求用户确认安装的各个细节设置,设置完成后才能继续安装。细节设置分为本地化、安全策略(SECURITY)、软件和系统 4 个部分。

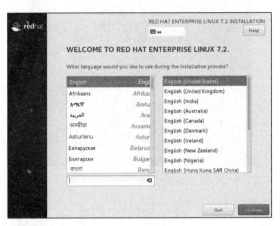

图 2.22　选择安装语言

图 2.23　【安装信息摘要】界面

步骤 08 首先设置的是本地化部分,由于此前的安装语言已选择包含地域信息,因此安装程序会将日期时间、键盘和语言选择为系统推荐的选项。一般情况下本地化中保持默认即可,也可以单击相关设置进行修改。在语言支持中需要特别注意的是如果此计算机确定需要在中国大陆地区使用,就需要安装【简体中文(中国)】支持,即使之后系统将采用英文作为默认语言也应安装。否则会出现系统中的中文文件名、中文文本等都会变为乱码的现象,操作非常不方便。

步骤 09 安全选项(SECURITY)用于定义系统默认的安全规则,默认情况下没有安全规则。学习 Linux 系统时,可以不必选择此项,保持默认即可。

步骤⑩ 接下来是软件设置，主要用来定制服务器角色。安装源是用来选择安装介质位置的选项，该选项在使用硬盘、网络等安装方法时使用，使用光盘时无意义，保持默认即可。软件选择可以定义服务器角色及软件包，如图 2.24 所示。如果是生产环境就可以按实际情况选择，此处为了全面学习 Linux，建议选择【带 GUI 的服务器】，选择完成后单击左上角的【完成】按钮即可返回。

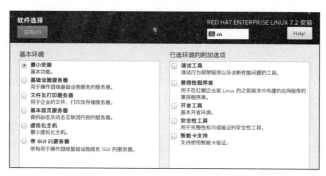

图 2.24 【软件选择】界面

返回【安装信息摘要】界面后，安装程序会计算所选服务器角色与需要安装软件之间的依赖关系，大约需要几秒钟时间，在此期间无法重新进入软件选择界面。

步骤⑪ 接下来就需要进行系统设置，首先需要选择安装位置，如图 2.25 所示。安装位置选择是安装过程中重要的一步。如果是全新的计算机，硬盘上没有任何操作系统或数据，可以选择"自动配置分区"功能。安装程序会自动根据磁盘以及内存的大小分配磁盘空间和 SWAP 空间，并建立合适的分区。安装程序已自动选择自动配置分区功能，直接按左上角的【完成】按钮即可。如果自动分区不能满足需求，也可选择手动分区，选择"我要配置分区"后单击左上角的【完成】按钮进入手动分区，如图 2.26 所示。

图 2.25 选择安装位置

图 2.26　手动分区界面

此步为自动将原先硬盘上的数据格式化成为 Linux 的分区文件系统，Linux 分区和 Windows 分区不能共用，此步是一个危险操作，请再次确认计算机上没有任何其他操作系统或是没有任何需要保留的数据。

如果不知该如何手动分区，此时可选择"点这里自动创建他们"让安装程序提供一个方案，然后在此方案的基础上进行修改。如果仍希望手动尝试分区，需要注意以下知识：

- 设备类型：默认已选择 LVM，这是一种可在线式扩展的分区技术，建议使用。关于 LVM 的具体情况可参考相关资源了解。
- 挂载点：指定该分区对应 Linux 文件系统的哪个目录，比如/usr/loca/或/data。Linux 允许将不同的物理磁盘上的分区映射到不同的目录，这样可以实现将不同的服务程序放在不同的物理磁盘上，当其中一个物理磁盘损坏时不会影响到其他物理磁盘上的数据。
- 文件系统类型：指定了该分区的文件系统类型，可选项有 EXT2、EXT3、EXT4、XFS、SWAP 等。RHEL 7.2 默认使用的是 XFS，关于 XFS 已在第一章中进行了介绍，此处不再赘述。Linux 的数据分区创建完毕后，有必要创建一个 SWAP 分区，SWAP 原理为用硬盘模拟的虚拟内存，当系统内存使用率比较高的时候，内核会自动使用 SWAP 分区来存取数据。
- 期望容量：指分区的大小，以 MB、GB 为单位，Linux 数据分区的大小可以根据用户的实际情况进行填写，而 SWAP 大小根据经验可以设为物理内存的两倍，如物理内存是 1GB，SWAP 分区大小可以设置为 2GB。安装程序可以识别简写，如 500M、4G 等，如果期望容量为空，安装程序默认使用所有空闲空间。

分区方案并不是一成不变的，需要视具体情况有所侧重。一个最简单的分区方案应该包括 3 个分区：引导分区主要用来存放引导文件、内核等，挂载点为/boot，分区大小建议为 500M，需要注意引导分区的设备类型只能是标准分区（即普通分区）；交换分区挂载点为 swap，通常建议为物理内存的 2 倍，生产环境中物理内存小于 4G 建议 2 倍，4~16G 建议等于物理内存，大于 16G 建议为物理内存的一半；根分区用于存放系统中的用户数据、配置文件等，建议剩余空间都分给根分区。在本例中一个简单的分区示例如图 2.27 所示。

图 2.27　分区方案示例

完成分区之后，按左上角的【完成】按钮，安装程序会弹出【更改摘要】界面显示所有更改内容。确认没有问题按下【接受更改】按钮，完成安装位置选择操作。

步骤 ⑫　接下来需要配置 KDUMP，KDUMP 配置界面如图 2.28 所示。KDUMP 开启后，将会使用一部分内存空间，当系统崩溃时 KDUMP 会捕获系统的关键信息，以便分析查找出系统崩溃的原因。此功能主要是系统相关的程序员使用，对普通用户而言意义不大，建议关闭。

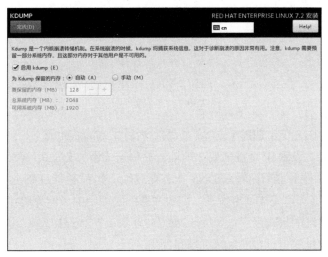

图 2.28　KDUMP 设置

步骤 ⑬　接下来需要设置网络和主机名，【网络和主机名】设置界面如图 2.29 所示。

图 2.29　网络和主机名设置

【网络和主机名】设置界面的左侧是网络接口卡列表，右边是网络接口卡详细信息，底部为主机名设置。安装程序默认不会启用网卡，此时需要拖动网卡详细信息右边的开关，将其拖动到开启位置。设置网卡需要单击右下角的【配置】按钮，弹出网卡设置界面，如图 2.30 所示。

图 2.30　网卡设置界面

在网卡设置界面中，单击【IPv4 设置】标签，然后在方法后面的下拉列表中选择【手动】，表示手动设置 IP 地址。设置 IP 地址需要在地址一栏单击【添加】按钮，然后输入 IP 地址、子网掩码和网关，在 DNS 服务器后面输入 DNS 服务器地址，如有多个 DNS 服务器使用逗号分隔，最后单击【保存】按钮即可完成网卡设置。需要注意的是图中的子网掩码使用的是长度的方式表示，也可以使用 IP 地址的形式表示，如 255.255.255.0（一个 255 转换成二进制为 8 个 1，故可用 24 来表示）等。IP 地址等信息按实际情况填写即可。

设置主机名的方法是在网络和主机名设置界面的底部直接输入主机名。完成网络和主机名设置后单击左上角的【完成】按钮，即可返回【安装信息摘要】界面。

步骤 14 设置完上述选项后,就可以单击【安装信息摘要】界面右下角的【开始安装】按钮开始安装,如图 2.31 所示。

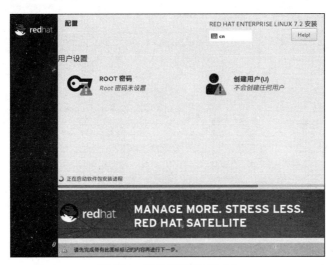

图 2.31 开始安装 RHEL 7.2

开始安装后,安装程序会按之前的设置进行分区、创建文件系统等操作,但在此时还需要为 root 用户设置密码、创建用户才能完成最后的设置。root 用户通常也称为根用户,是系统中默认的管理用户,在系统中拥有"至高无上"的权限,因此必须为其设置一个密码。单击【用户设置】下的【ROOT 密码】,弹出【ROOT 密码】设置界面,如图 2.32 所示。

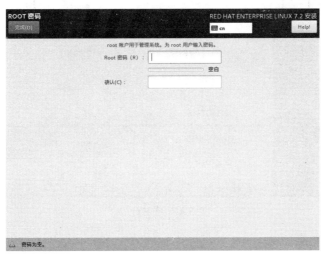

图 2.32 ROOT 密码设置界面

在【ROOT 密码】设置界面中输入 root 用户的密码,然后单击左上角的【完成】按钮。由于 root 用户在系统中的权限很高,因此建议创建一个普通用户,当需要进行必要的管理操作时再使用 root 用户来完成操作。接下来单击用户设置下的【创建用户】按钮,弹出【创建用户】界面,如图 2.33 所示。

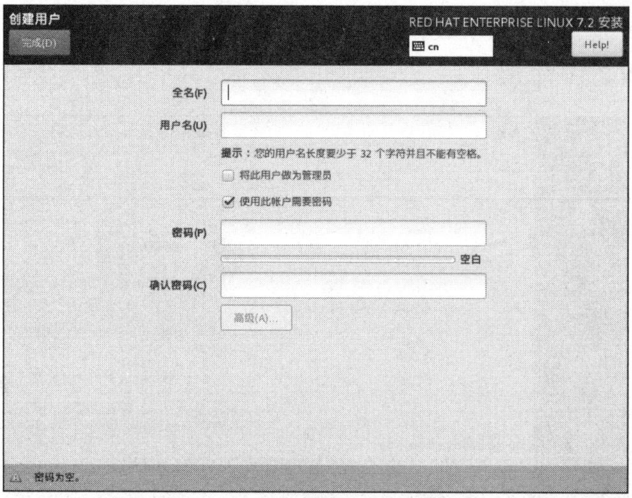

图 2.33　创建用户界面

在【创建用户】界面中输入用户的用户名和密码，单击左上角的【完成】按钮返回安装界面。到此，安装过程中的设置完成，接下来只需要等待操作系统安装完成即可，视配置不同安装过程可能需要 5-15 分钟不等。安装进程结束后将显示完成界面，如图 2.34 所示。

接下来单击【重启】按钮重新启动系统，安装过程就完成了。

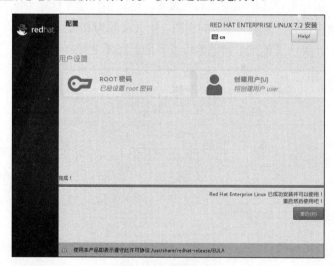

图 2.34　安装完成

系统第一次重新引导的过程可能比较慢，引导后需要接受协议、设置联网用户等，如果未安装图形界面则会在字符界面中提示。这里的操作比较简单，此处省略这些步骤。完成这些设置后，系统就会显示图形界面的登录界面，未安装图形界面则会显示字符界面的登录提示。

2.3 Linux 的第一次启动

Linux 系统的登录方式有多种,本节主要介绍 Linux 的常见登录方式,如本地登录和远程登录,远程登录设置起来比较麻烦,可使用一些远程登录软件,如 putty。

2.3.1 本地登录

Linux 系统引导完毕后,会进入登录界面,如图 2.35 所示。

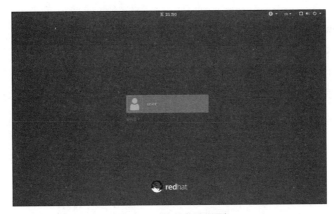

图 2.35　图形登录界面

单击列出的用户,然后输入用户的密码,按下 Enter 键即可登录。

由于系统已经进入图形界面,想在字符界面登录首先需要切换到字符界面或修改运行级别。如果想修改运行级别,可以在桌面上单击右键选择【在终端中打开】,然后输入命令"init 3"(如果使用的是非 root 用户命令会要求输入 root 用户密码)。Linux 运行级别如表 2.1 所示。如果是在虚拟机上进行这个操作,无法改变回原来的启动级别,关掉虚拟机重新再打开即可,字符界面下重启命令为 reboot,关机命令为 poweroff。

表 2.1　Linux 运行级别

参数	说明
0	停机
1	单用户模式
2	多用户
3	完全多用户模式,服务器一般运行在此级别
4	一般不用,在一些特殊情况下使用
5	X11 模式,一般发行版默认的运行级别,可以启动图形桌面系统
6	重新启动

字符界面登录时,直接输入用户名按下 Enter 键,然后输入密码(输入密码时屏幕上无任何显示),再次按下 Enter 键即可登录。

2.3.2 远程登录

除在本机登录 Linux 之外，还可以利用 Linux 提供的 sshd 服务进行系统的远程登录。对于初学者而言，远程登录有一定的难度，本小节可以仅做了解。

 传统的网络服务程序，如 ftp、POP 和 telnet，在本质上都是不安全的，因为它们在网络上用明文传送口令和数据。芬兰程序员 Tatu Ylonen 开发了一种网络协议和服务软件，称为 SSH（Secure Shell 的缩写）。Linux 提供了这种 SSH 服务，名为 sshd。

远程登录步骤如下。

步骤 01 以 Windows 7 为例。在控制面板中单击【查看网络连接和任务】，此时将进入【网络和共享中心】，然后单击界面左侧的【更改适配器设置】，此时将弹出网络连接界面。

步骤 02 在网络连接界面中右击【VMware Network Adapter VMnet 8】，在弹出的菜单中选择【属性】命令，在属性窗口中双击【Internet 协议版本 4（TCP/IPv4）】打开相关属性的设置对话框，如图 2.36 所示。

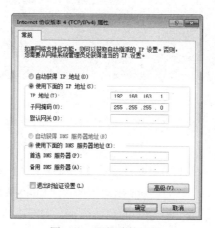

图 2.36　网络连接属性

图中 IP 地址"192.168.163.1"表示当前网卡的设置，Linux 中的 IP 地址需要和此 IP 在同一网段。

步骤 03 首先通过本地登录 Linux，设置 IP 地址可通过示例 2-1 中的命令完成。"ifconfig eno16777736 192.168.163.102"表示利用系统命令 ifconfig 将系统中网络接口 eno16777736 的 IP 地址设置为 192.168.163.102，子网掩码为 192.168.163.255。

【示例 2-1】
```
[root@localhost ~]# ifconfig eno16777736 192.168.163.102 netmask 255.255.255.0
[root@localhost ~]# ifconfig eno16777736
 eno16777736: flags=4163<UP,BROADCAST,RUNNING,MULTICAST>  mtu 1500
```

```
        inet 192.168.163.102  netmask 255.255.255.0  broadcast 192.168.163.255
        inet6 fe80::20c:29ff:feb5:c776  prefixlen 64  scopeid 0x20<link>
        ether 00:0c:29:b5:c7:76  txqueuelen 1000  (Ethernet)
        RX packets 501  bytes 46146 (45.0 KiB)
        RX errors 0  dropped 0  overruns 0  frame 0
        TX packets 261  bytes 32868 (32.0 KiB)
        TX errors 0  dropped 0  overruns 0  carrier 0  collisions 0
```

步骤 04 查看当前系统服务，确认 sshd 服务是否启动及启动的端口。

【示例 2-2】

```
#查看 sshd 服务是否启动
[root@localhost ~]# ps -ef | grep sshd
root      1641     1  0 12:36 ?        00:00:00 /usr/sbin/sshd -D
root      6083  5946  0 13:23 pts/1    00:00:00 grep --color=auto sshd
#查看 sshd 服务启动的端口,结果表示 sshd 服务启动的端口是22
[root@localhost ~]# netstat -plnt | grep sshd
tcp        0      0 0.0.0.0:22              0.0.0.0:*               LISTEN      1641/sshd
tcp6       0      0 :::22                   :::*                    LISTEN      1641/sshd
```

步骤 05 设置 PuTTY 的相关配置。

PuTTY 一个免费的小工具，可以通过这个小工具进行 Telnet、ssh、Rlogin、Serial 等连接，其界面如图 2.37 所示。

图 2.37 Linux 远程登录设置

主要参数说明如下。

- 主机名（Host Name）：上一步设置的 IP 地址，此处填写 192.168.163.102。
- 连接类型（Connection type）：此处选择 SSH。
- 端口（Port）：采用默认端口 22。

步骤 06　单击【Open】按钮，会提示是否接受主机密钥用于加密通信（如图 2.38 所示），单击【是】按钮接受并保存。在弹出的窗口中输入用户名和密码，输入过程与字符界面相同。输入密码后按下 Enter 键，如果用户名和密码正确就可以正常进入 Linux，如图 2.39 所示。

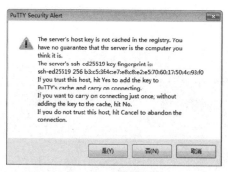

图 2.38　接受密钥

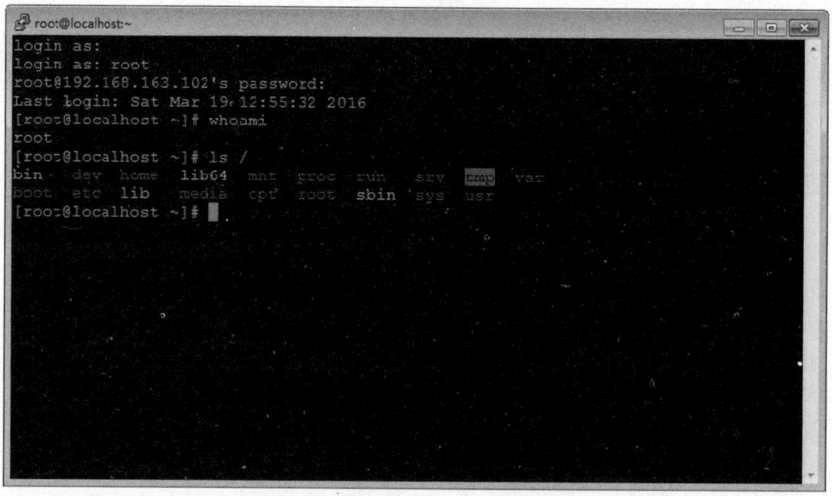

图 2.39　使用 PuTTY 远程登录

2.4　小结

学习 Linux 之前，首先要学会 Linux 的安装，并掌握 Linux 登录的几种方式。安装 Linux 有多种方法，采用虚拟机安装 Linux 是比较好的选择。本章首先介绍虚拟机的相关知识，演示如何在虚拟机上安装 Linux，然后介绍 Linux 的其他安装方式和登录方式。

2.5 习题

一、填空题

1. 常见的虚拟机软件有_____和_____。
2. 除在本机登录 Linux 之外，还可以利用 Linux 提供的_____服务进行系统的远程登录。

二、选择题

1. 关于虚拟机的描述错误的是（　　）。

A. 虚拟机上每台计算机都有自己的 CPU、硬盘、网卡等硬件设备，可以安装各种计算机软件。
B. 虚拟机可以安装 Windows 系列，也可以安装 Linux 的各个发行版。
C. 虚拟机可以运行在 Windows 上，但不可以运行在 Linux 上。
D. 虚拟机并不能虚拟出无限的资源，虚拟出来的计算机的硬件设备受限于物理机的各个硬件。

2. 关于 Linux 安装方式的哪种描述是正确的（　　）。

A. Linux 不可以从 U 盘安装。
B. Linux 不能安装在虚拟机上。
C. Windows 和 Linux 系统不能安装在一台机器上。
D. Linux 支持光盘安装和 U 盘安装。

第 3 章 Red Hat Enterprise Linux 的图形界面

简单来说，图形界面类似于 Windows 系统的操作界面，这是为大部分不习惯使用 Linux 操作系统命令的人而准备的。也正因为有了图形界面，Linux 向普通用户的普及又迈进了一步。

本章主要涉及的知识点有：

- 认识 X Window 系统
- 认识 KDE、GNOME 桌面
- 熟悉桌面上的各种操作

3.1 Linux 的桌面系统简介

Linux 发行版提供了相应的桌面系统以方便用户使用，用户可以利用鼠标来操作系统，而且 GUI 也很友好。常见的 Linux 桌面环境有 KDE 和 GNOME，本节主要简单介绍这两种桌面系统。

3.1.1 X Window 系统

X Window System，一般被称为 X 窗口系统，它是一种以位图方式显示的软件窗口系统。虽然是窗口系统，但它并不像微软的 Windows 操作系统一样有完整的图形环境。

X Window 系统最初是 1984 年麻省理工学院的研究成果，之后变成 UNIX、类 UNIX 和 OpenVMS 等操作系统所一致适用的标准化软件工具包，以及显示架构的运作协议。

X Window 系统本身通过软件工具及架构协议来创建操作系统所用的图形用户界面，刚开始主要用在 Unix 上，后来逐渐扩展到各形各色的操作系统上。现在几乎所有的操作系统都能支持 X Window 系统。

目前几款知名的 Linux 系统的桌面环境——GNOME 和 KDE，也都是以 X 窗口系统为基础建构成的。

X Window 用来创建图形界面，而 GNOME、KDE、CDE 就是图形界面，它们并不在系统的同一层面上。GNOME、KDE、CDE 是在 X Window 基础上开发出来的便于用户使用的图形环境，它们之间的关系如图 3.1 所示。

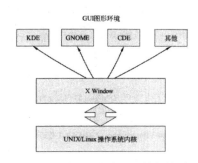

图 3.1　X Window 与桌面环境的关系

3.1.2　KDE 桌面环境

KDE 这一成熟的桌面套件为工作站提供了许多应用软件和完美的图形界面，不少 Linux 开发版本都选用 KDE 作为系统默认或推荐的图形桌面管理器。在命令行键入 startx 命令，就可以进入 X Window 环境。

进入 KDE，首先看到的是它的桌面，桌面是工作的屏幕区域。桌面的右上角是一个快捷菜单，用户可以通过此菜单修改桌面设置、锁住屏幕等。底部左侧是一个类似 Windows 开始菜单的 K 菜单，通过它可以快速地访问系统资源。K 菜单右侧是任务条，任务条显示正在运行的程序或打开的文档。如果用户不喜欢当前的桌面设置，可以通过 KDE 的控制中心进行更改。在控制面板中，除了 K 菜单和桌面列表外，用户还可以在面板上任意增添和删除程序图标。KDE 桌面环境如图 3.2 所示。

图 3.2　KDE 桌面环境

3.1.3 GNOME 桌面环境

与 KDE 桌面环境类似，GNOME（The GNU Network Object Model Environment）同样可以运行在多种 Linux 发行版之上。GNOME 是完全公开的免费软件，在其官方网站可以免费获得对应的源代码。

KDE 与 GNOME 项目拥有相同的目标，就是为 Linux 开发一套高价值的图形操作环境，两者都采用 GPL 公约发行，不同之处在于 KDE 基于双重授权的 Qt，而 GNOME 采用遵循 GPL 的 GTK 库开发，后者拥有更广泛的支持。不同的基础决定两者不同的形态，KDE 包含大量的应用软件、项目规模庞大，由于自带软件众多，KDE 比 GNOME 更丰富多彩，操作习惯接近 Windows，更适合初学者快速掌握操作技巧。KDE 不足之处在于其运行速度相对较慢，且部分程序容易崩溃。GNOME 项目由于专注于桌面环境本身，软件较少、运行速度快，并具有出色的稳定性，GNOME 受到了大多数公司的青睐，成为多个企业发行版的默认桌面。GNOME 桌面环境如图 3.3 所示。

Linux 入门读者常选的 Ubuntu 系统，默认安装的是 GNOME 桌面。本书所讲解的 RHEL 默认的也是 GNOME 桌面。

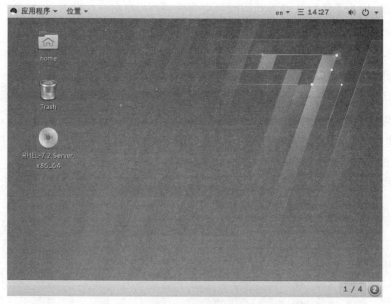

图 3.3　GNOME 桌面环境

3.2　桌面系统的操作

桌面系统的操作比较简单，本节只进行简单说明，实际上最重要的还是要熟悉使用各种命令来实现系统管理和运维。

3.2.1 菜单管理

GNOME 桌面环境中默认有 2 个菜单：应用程序菜单、位置菜单。

- **应用程序菜单**：包括 RHEL 中常用的一些程序，如 Internet 中默认安装的是 Firefox 浏览器，系统工具中有系统日志、系统监视器及设置等，还有附件中常用的文件浏览器、计算器，等等，如图 3.4 所示。
- **位置菜单**：这里可以访问系统的主文件夹、网络服务器，如图 3.5 所示。

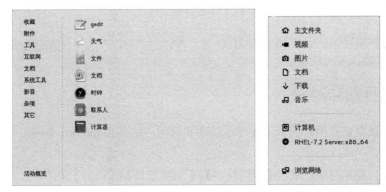

图 3.4　应用程序菜单　　　图 3.5　位置菜单

3.2.2 设置输入法

输入法在桌面右上角，图标为 en▼，如果要切换成中文输入法，必须有输入环境，如依次单击【应用程序】|【附件】|【gedit】，打开 gedit 编辑器。再打开中文拼音输入法后，原来的图标 en▼ 变成了图标 中▼，如图 3.6 所示。

图 3.6　打开中文输入法

这里只是实现了输入法的选择，如果要配置输入法，可以依次单击【应用程序】|【系统工具】|【设置】，打开全部设置页面，然后在个人设置下打开【区域和语言】来进行配置，如图 3.7 所示。

图 3.7　设置输入法

在区域和语言界面的输入源下单击加号（+），在弹出的窗口中选择合适的语系及输入法即可。

3.2.3　设置日期和时间

GNOME 桌面默认在屏幕的右上角显示日期和时间，这和 Windows 不同，使用 Windows 的人可能会不习惯。

如果要修改日期和时间，单击【应用程序】|【系统工具】|【设置】菜单，打开全部设置窗口，然后在系统下选择【日期和时间】，如图 3.8 所示。因为是修改系统配置，所以要求具备 root 权限，在窗口右上角单击【解锁】，此时会弹出授权界面，如图 3.9 所示。输入 root 密码，再单击【认证】按钮。

图 3.8　修改日期和时间

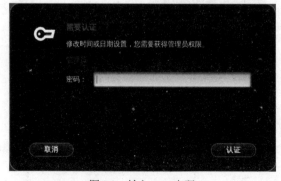

图 3.9　输入 root 密码

完成授权后，就可以修改日期时间了。需要注意的是系统可能会默认开启自动日期时间功能，该功能会尝试通过网络修正系统时间。如果需要手动设置日期和时间，应该先关闭自动日期时间功能。

3.2.4 配置网卡和有线

默认情况下，RHEL 7 不会自动连接到网络（连接到网络时屏幕右上方显示 ▭），此时就需要配置网卡和有线。

步骤01 单击【应用程序】|【系统工具】|【设置】菜单，打开全部设置界面。然后在硬件中选择【网络】，弹出【网络】设置界面，如图 3.10 所示。

步骤02 从图 3.10 中可以看到目前有些网络连接已经启用，如果需要在此基础上添加配置，可单击【添加配置】按钮。通常只需要修改当前设置即可，修改当前配置单击右下角的 ✦ 按钮，打开网络连接的编辑对话框，如图 3.11 所示。

步骤03 在 IPv4 标签中设置地址获取方式为【手动】，填写 IP 地址、子网掩码、网关及 DNS 地址，最后单击【应用】，就设置好了连接。设置好之后返回【网络】设置界面，将网络接口关闭再开启之后就可以应用配置了。

此时屏幕右上方显示 ▭，可以打开 Firefox 浏览器测试网络效果，如图 3.12 所示。

图 3.10 【网络】设置界面

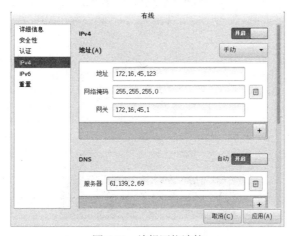

图 3.11 编辑网络连接

Linux 包含了常用的网卡驱动,但并不是所有的网卡驱动,如果你的网卡驱动 Linux 并不支持,可以先下载 Linux 支持的驱动,然后按照驱动说明书安装 Linux 驱动。

图 3.12　用 Firefox 测试网络

3.2.5　使用 U 盘、光盘和移动硬盘

在 Linux 中,U 盘、光盘和移动硬盘等可移动的存储介质都会以文件系统的方式挂载到本地目录上进行访问。下面以 U 盘的识别为例来介绍如何访问这些移动存储介质。

将 U 盘插入电脑,Linux 系统会自动识别 U 盘并挂载,完成后会在桌面上显示相应的图标,还会以弹窗的形式提示用户,识别 U 盘后的效果如图 3.13 所示。

图 3.13　系统识别的 U 盘

如果是在虚拟机上安装的 Linux，则在插入 U 盘前，一定要确认是在虚拟机激活的状态下（虚拟机右下角硬盘标志可进行切换）而不是在物理机上，否则 U 盘被物理机识别，而不是被虚拟机识别。

如果是命令行状态，U 盘插入时系统会提示用户，但不会自动挂载，要挂载 U 盘，就要用到 mount 命令，这里还没涉及命令，所以只讲解最简单的识别方式。

光盘、移动硬盘的识别和 U 盘相似，读者可以自行测试。

3.2.6 注销和关机

要切换用户或注销当前用户，单击桌面右上角的 按钮，然后在弹出的菜单中单击当前登录的用户，最后单击【注销】，会弹出如图 3.14 所示的提示框，直接单击【注销】按钮会注销当前用户。注销用户后，默认的登录界面并没有 root 用户，如图 3.15 所示。

图 3.14 注销用户提示

图 3.15 登录界面

此时单击【未列出？】选项，弹出如图 3.16 所示的登录界面，输入 root，然后会要求输入 root 密码，这个时候就可以以 root 管理员身份登录了。

如果要关机，直接单击桌面右上角的 按钮，然后在弹出的菜单中单击右下角的关机按钮，打开如图 3.17 所示的对话框，单击【关机】或【重启】按钮就可以直接关机或重启系统了。

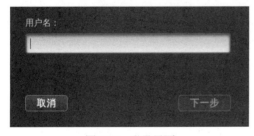

图 3.16 登录界面

图 3.17 关机提示

3.3 小结

本章介绍了 Linux 下图形界面的简单应用，这些操作和 Windows 系统相似，以前使用过

Windows 的用户肯定都会觉得特别简单。下一章将开始学习 Shell 命令，这是读者最需要掌握的内容。

3.4 习题

一、填空题

1. 目前两款比较知名的 Linux 桌面环境是_____ 和_____。
2. GNOME 桌面环境中默认有 2 个菜单：_____ 和_____。

二、选择题

关于桌面环境描述不正确的是（　　）。

A. X Window 是目前最常用的桌面环境。
B. GNOME 和 KDE 的图形环境底层都是一样的。
C. RHEL 默认的桌面环境是 GNOME。
D. 主流 Linux 都有桌面版。

第 4 章
Red Hat Enterprise Linux 的命令行界面

Linux 操作和 Windows 操作有很大的不同。要熟练地使用 Linux 系统，首先要了解 Linux 系统的目录结构，并掌握常用的命令，以便进行文件操作、信息查看和系统参数配置等。Shell 是用户与操作系统进行交互的解释器，如果没有 Shell，用户将无法与系统进行交互，也就无法使用系统中的相关软件资源。充分了解并利用 Shell 的特性可以完成简单到复杂的任务调度。管道与重定向是 Linux 系统进程间的通信方式，在系统管理中起着举足轻重的作用。

本章主要涉及的知识点有：

- 认识并学会使用 Shell
- Linux 系统的目录结构
- 文件管理和目录管理的命令
- 系统管理的相关命令
- 任务管理
- 常用的关机命令
- 文本编辑器 vi 的使用

本章最后的示例演示如何备份重要目录和文件，读者通过示例可以掌握命令的综合运用。

4.1 认识 Linux 命令行模式

在 Linux 中我们很少使用图形模式，一般都使用命令行模式来进行各种操作，因为命令行模式执行速度快，而且稳定性高。而 Linux 中的命令解释器就是 Shell，这也是在使用命令前必须要了解 Shell 的原因。本节首先让读者认识 Shell，然后学习如何进入命令行模式。

4.1.1 为什么要先学习 Shell

Linux 系统主要由 4 大部分组成，如图 4.1 所示，本节要介绍的就是 Shell。

图 4.1　Linux 系统结构

用户成功登录 Linux 后，首先接触到的便是 Shell。简单来说，Shell 主要有两大功能：

- 提供用户与操作系统进行交互操作的接口，方便用户使用系统中的软硬件资源。
- 提供脚本语言编程环境，方便用户完成简单到复杂的任务调度。

Linux 启动时，最先进入内存的是内核，并常驻内存，然后进行系统引导，引导过程中启动所有进程的父进程在后台运行，直到相关的系统资源初始化完毕后，等待用户登录。用户登录时，通过登录进程验证用户的合法性。用户验证通过后根据用户的设置启动相关的 Shell，以便接收用户输入的命令并返回执行结果。图 4.2 显示了用户执行一个命令的过程。

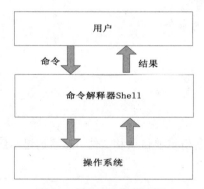

图 4.2　用户命令执行过程

Linux 的 Shell 有很多种，Bourne Again Shell（即 bash）是使用最广泛的一种，各个发行版一般将其设置为系统中的默认 Shell。许多 Linux 系统将 Shell 作为重要的系统管理工具，比如系统的开机、关机及软件的管理。其他的 Shell 有 C Shell、Korn Shell、Bourne Shell 等，其中 C Shell 主要是因为其语法和 C 语言相类似而得名，而 Bourne Again Shell 是 Bourne Shell 的扩展。

Linux 提供的图形界面接口可以完成绝大多数的工作，而系统管理员一般习惯于使用终端命令行进行系统的参数设置和任务管理。使用终端命令行可以方便快速地完成各种任务。

使用终端命令行需要掌握一些必要的命令，这些命令的组合不仅可以完成简单的操作，通过 Linux 提供的 Shell 还可以完成一些复杂的任务。用户在终端命令行输入一串字符，Shell 负责理解并执行这些字符串，然后把结果显示在终端上。

大多数 Shell 都有命令补齐的功能。

在 UNIX 发展历史上，用户都是通过 Shell 来工作的。大部分命令都经过了几十年的发展和改良，功能强大，性能稳定。Linux 继承自 UNIX，自然也是如此。此外，Linux 的图形化界面并不好，并不是所有的命令都有对应的图形按钮。在图形化界面崩溃的情况下，就更要靠 Shell 输入命令来恢复计算机了。

命令本身是一个函数（function），是一个小的功能模块。如果想要让计算机完成很复杂的事情，就必须通过 Shell 编程来实现。可以把命令作为函数嵌入到 Shell 程序中，从而让不同的命令能够协同工作。

4.1.2 如何进入命令行

如果安装的是 RHEL 的桌面版，有两种方式可以进入命令行界面：菜单方式和快捷键方式。

（1）菜单方式。单击【应用程序】|【工具】|【终端】就可以打开命令行，如图 4.3 所示。

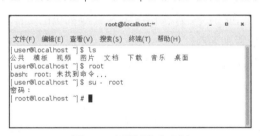

图 4.3 桌面版的命令行

命令行以"[当前用户名@计算机名~]$"为前缀（称为主提示符），如果是 root 用户，则提示符最后以"#"结束，如果是普通用户，则以"$"结束。图中的 localhost 是笔者的计算机名，第一个用户是 user，第二个用户是 root。

（2）快捷键方式。在 RHEL 7 中提供了 7 个终端供用户使用，其中终端 1 为图形终端（即图形界面），终端 2~7 为字符界面，可以使用快捷键在这些终端中进行切换，以实现进入命令行的目的。

大多数 Linux 版本都使用 Ctrl+Alt+F1 的形式切换到命令行，再使用 Alt+F7 切换回图形界面。如果在 VMWare 虚拟机上，再多一个 Shift 键，即使用 Ctrl+Shift+Alt+F1 的形式。在 RHEL 桌面版中，笔者测试这几个按键都无效，这里要使用 Ctrl+Windows+Alt+F3 切换到终端 3，再使用 Ctrl+Windows+Alt+F1 切换回图形界面（终端 1）。

因为虚拟机默认与主机之间的切换快捷键是 Ctrl+Alt 键，所以在使用有这两个键的快捷操作时，尽量不要先按这两个键，否则就会跳出虚拟机模式。

4.2 bash Shell 的使用

Linux 系统登录后的默认 Shell 一般为 bash，如无特别说明本章涉及的 Shell 均默认为 bash。bash 主要提供以下功能：

- 别名
- 命令历史
- 命令补齐
- 命令行编辑
- 通配符

接下来将分别介绍 Shell 提供的每个功能。

4.2.1 别名的使用

bash Shell 可以为命令起别名，例如标准的 ls 命令对文件和目录的显示是没有颜色的，使用过 DOS 系统的人更熟悉的是 dir 命令。什么情况下 ls 命令列出的文件和目录可以通过颜色来区分呢？答案是系统为 ls 命令设置别名时。

要查看当前系统中的命令别名，可以使用 alias 命令，如示例 4-1 所示。

【示例 4-1】
```
[root@localhost ~]# alias
alias cp='cp -i'
alias egrep='egrep --color=auto'
alias fgrep='fgrep --color=auto'
alias grep='grep --color=auto'
alias l.='ls -d .* --color=auto'
alias ll='ls -l --color=auto'
alias ls='ls --color=auto'
alias mv='mv -i'
alias rm='rm -i'
alias which='alias | /usr/bin/which --tty-only --read-alias --show-dot --show-tilde'
```

设置命令别名使用 alias 命令，撤销命令别名使用 unalias 命令，使用方法如示例 4-2 所示。

【示例 4-2】
```
#设置dir命令别名
[root@localhost /]# alias dir='ls -l'
```

```
[root@localhost /]# dir
总用量 32
lrwxrwxrwx.  1 root root    7 3月  18 17:07 bin -> usr/bin
dr-xr-xr-x.  3 root root 4096 3月  18 17:37 boot
drwxr-xr-x. 20 root root 3320 3月  21 10:32 dev
……
#撤销dir别名
[root@localhost /]# unalias dir
[root@localhost /]# dir
bin   dev  home  lib64  mnt   proc  run   srv  tmp  var
boot  etc  lib   media  opt   root  sbin  sys  usr
```

设置完命令别名后，指定dir命令时相当于执行了"ls -l"命令。

4.2.2 历史命令的使用

为方便使用者，系统提供的bash支持历史命令功能，历史命令可以通过上下光标键来选择。另外，系统提供history命令来查看执行过的命令。

常用的history命令使用方式如示例4-3所示。

【示例4-3】

```
#执行上一次执行的命令"!!"
[root@localhost ~]# ls
anaconda-ks.cfg  initial-setup-ks.cfg
[root@localhost ~]# !!
ls
anaconda-ks.cfg  initial-setup-ks.cfg
```

从上面的示例可以看出，通过bash提供的历史命令功能可以很方便地执行之前执行过的命令。"！！"表示执行最后一次执行的命令。

除以上功能外，Shell还可以执行指定序号的历史命令。如果执行过的历史命令参数较多，首先通过grep命令来查找需要的历史命令，然后再执行其历史命令序号，如示例4-4所示。首先找出含有start关键字的命令，共输出两个命令，其中的数值815、816表示命令的序号，如果想执行某条命令，可以使用"!num"的方式。

【示例4-4】

```
#查找包含特定字符串的命令
[root@localhost apache2]# history |grep start
  815  /usr/local/apache2/bin/apachectl start
  816  history |grep start
```

```
#按序号执行历史命令
[root@localhost apache2]# !815
/usr/local/apache2/bin/apachectl start
```

以上示例首先找到符合条件的命令，然后使用命令序号执行历史命令，执行效果与直接执行该命令时的效果相同。

4.2.3 命令补齐

bash 有命令补齐的功能，当执行一个命令时，如果记不住命令的全部字母，只需要输入命令的前几个字母，然后按 Tab 键，系统会自动列出以所输入字符串开头的所有命令。当然这有一个前提，就是系统必须能通过输入的这几个字母确定唯一的命令，如果只输入一个"l"，而"l"开头的命令太多了，系统会无法确定。文件名和目录名也会自动补齐，而且必须是唯一的才可以。例如：在启动或停止 Web 服务时输入"./ap"，然后按 Tab 键，可以自动补全相关的命令，如示例 4-5 所示。

【示例 4-5】

```
#目录自动补齐
[root@localhost ]# cd b
bin/    build/
#敲入命令按 Tab 键，命令自动补齐
[root@localhost bin]# ./ap
apachectl    apr-1-config    apu-1-config    apxs
```

如果只知道命令的前几个字母，想不起命令的全称，也可以输入前几个字母后按两次 Tab 键，Shell 会给出所有以这几个字母开头的命令。

4.2.4 命令行编辑

为了提高用户的操作效率，bash 提供了快捷的命令行编辑功能，使用表 4.1 列出的快捷方式可以对命令行的命令进行快速编辑，用户可作为参考，以下快捷键适用于当前登录的 Shell 环境。

表 4.1 命令行编辑常用参数说明

参数	说明
history	显示命令历史列表
↑	显示上一条命令
↓	显示下一条命令
!num	执行命令历史列表的第 num 条命令
!!	执行上一条命令
Ctrl+r	按键后输入若干字符，会向上搜索包含该字符的命令，继续按此键搜索上一条匹配的命令

参数	说明
ls !$	执行命令 ls,并以上一条命令的参数为其参数
Ctrl+a	移动到当前行的开头
Ctrl+e	移动到当前行的结尾
Esc+b	移动到当前单词的开头
Esc+f	移动到当前单词的结尾
Ctrl+l	清除屏幕内容
Ctrl+u	删除命令行中光标所在处之前的所有字符,不包括自身
Ctrl+k	删除命令行中光标所在处之后的所有字符,包括自身
Ctrl+d	删除光标所在处字符
Ctrl+h	删除光标所在处前一个字符
Ctrl+y	粘贴刚才所删除的字符
Ctrl+w	删除光标所在处之前的字符至其单词头,以空格、标点等为分隔符
Ctrl+t	颠倒光标所在处及其之前的字符位置,并将光标移动到下一个字符
Esc+t	颠倒光标所在处及其相邻单词的位置
Ctrl+(x u)	按住 Ctrl 的同时再先后按 x 和 u,撤销刚才的操作
Ctrl+s	挂起当前 Shell,不接收任何输入
Ctrl+q	重新启用挂起的 Shell 接收用户输入

4.2.5 通配符

bash 中常用的通配符有 4 个,如表 4.2 所示。使用通配符可以方便地完成一些需要匹配的需求,如忘记一个命令时可以使用通配符查找。

表 4.2 Shell 通配符

参数	说明
?	匹配任意一个字符
*	匹配任意多个字符
[]	相当于或的意思
-	代表一个范围,比如 a~z 表示 a 至 z 的 26 个小写字符中的任意一个

使用方法如示例 4-6 所示。

【示例 4-6】
```
#"*"表示任意多个字符
[root@localhost ~]# ls /bin/ip*
/bin/ipcalc   /bin/ipcrm   /bin/iproxy      /bin/iptc
/bin/ipcmk   /bin/ipcs    /bin/iptables-xml
#"?"表示任意一个字符
[root@localhost ~]# ls /bin/l?
```

```
/bin/ld   /bin/ln   /bin/lp   /bin/ls   /bin/lz
#按范围查找
[root@localhost ~]# ls [a-f0-9]*
2com  3com  anaconda-ks.cfg  bs  fcs
#如忘记某个命令或查找某个文件，可以使用如下命令
[root@localhost ~]# find /usr/bin -name "ch*"
/usr/bin/chacl
/usr/bin/chcon
/usr/bin/chgrp
/usr/bin/chmod
/usr/bin/chown
……
```

4.3 管道与重定向

管道与重定向是 Linux 系统进程间的一种通信方式，在系统管理中有着举足轻重的作用。绝大部分 Linux 进程运行时需要使用 3 个文件描述符，即标准输入、标准输出和标准错误输出，对应的文件描述符是 0、1 和 2。一般来说，这 3 个描述符与该进程启动的终端相关联，其中输入一般为键盘。重定向和管道的目的是重定向这些描述符。管道一般为输入和输出重定向的结合，一个进程向管道的一端发送数据，而另一个进程从该管道的另一端读取数据。管道符是"|"。

4.3.1 标准输入与输出

执行一个 Shell 命令行时通常会自动打开 3 个标准文件，如图 4.4 所示。

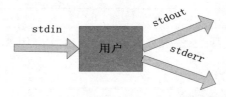

图 4.4 Shell 执行时对应的 3 个标准文件

标准输入文件 stdin，通常对应终端的键盘，标准输出文件 stdout 和标准错误输出文件 stderr，这两个文件都对应终端的屏幕。进程将从标准输入文件中得到输入数据，将正常输出数据输出到标准输出文件，而错误信息将打印到标准错误文件。

现以 cat 命令为例来介绍标准输入与输出。cat 命令的功能是从命令行给出的文件中读取数据，并将这些数据直接送到标准输出文件，一般对应终端屏幕，如示例 4-7 所示。

【示例 4-7】

```
[root@localhost ~]# cat /etc/sysconfig/network-scripts/ifcfg-eno16777736
TYPE="Ethernet"
BOOTPROTO="dhcp"
DEFROUTE="yes"
PEERDNS="yes"
PEERROUTES="yes"
IPV4_FAILURE_FATAL="no"
IPV6INIT="yes"
……
```

该命令会把文件 ifcfg-eno16777736 的内容显示到标准输出即屏幕上。如果 cat 命令行中没有参数，一般会从标准输入文件对应的键盘读取数据，并将其送到标准输出文件中，如示例 4-8 所示。

【示例 4-8】

```
#cat 不带任何参数时会从标准输入中读取数据并显示到标准输出文件中
[root@localhost ~]# cat
mycontent
mycontent
hello
hello
```

用户输入的每一行信息都会立刻被 cat 命令输出到屏幕上。用户对输入的数据无法做进一步处理。为解决这个问题，Linux 操作系统为输入、输出的传送引入了另外两种机制：输入/输出重定向和管道。

4.3.2 输入重定向

输入重定向是指把命令或可执行程序的标准输入重定向到指定的文件中，也就是输入可以不来自键盘，而来自一个指定的文件。输入重定向主要用于改变一个命令的输入源。

例如示例 4-8 中的 cat 命令，当键入该命令后并没有任何反应，从键盘输入的所有文本都出现在屏幕上，直至按下 Ctrl+d 组合键，命令才会终止，可采用两种方法：一种是为该命令给出一个文件名，另一种是使用输入重定向。

输入重定向的一般形式为"命令<文件名"，输入重定向符号为"<"。示例 4-9 演示了此种情况，此示例中的文件已不是参数，而是标准输入。

【示例 4-9】

```
[root@localhost ~]# cat < /etc/sysconfig/network-scripts/ifcfg-eno16777736
TYPE="Ethernet"
```

```
BOOTPROTO=none
DEFROUTE="yes"
IPV4_FAILURE_FATAL="no"
IPV6INIT="yes"
IPV6_AUTOCONF="yes"
IPV6_DEFROUTE="yes"
IPV6_FAILURE_FATAL="no"
NAME="eno16777736"
UUID="ca630aaf-4c6b-4b50-9f05-e342e35863f7"
DEVICE="eno16777736"
ONBOOT="yes"
DNS1=61.139.2.69
ZONE=public
IPADDR=172.16.45.152
PREFIX=24
GATEWAY=172.16.45.1
DNS2=202.98.96.68
IPV6_PEERDNS=yes
IPV6_PEERROUTES=yes
IPV6_PRIVACY=no
[root@localhost ~]# wc < /etc/sysconfig/network-scripts/ifcfg-eno16777736
 21  21 397
```

还有一种输入重定向，如示例4-10所示。

【示例4-10】

```
[root@localhost ~]# cat <<EEE
> line1
> line2
> line3
> EEE
line1
line2
line3
```

标识符"EEE"是输入开始和结束的分隔符，此名称不是固定的，也可以使用其他字符串，主要是起一个分隔的作用。文档的重定向操作符为"<<"。将一对分隔符之间的正文重定向输入命令。例如示例4-10中将"EEE"之间的内容作为正文，然后作为输入传给cat命令。

 由于大多数命令都以参数的形式在命令行中指定输入文件的文件名，所以输入重定向并不经常使用。使用某些不能利用文件名作为输入参数的命令，需要的输入内容又保存在一个文件里时，可以用输入重定向来解决问题。

4.3.3 输出重定向

输出重定向是指把命令或可执行程序的标准输出或标准错误输出重新定向到指定文件中。命令的输出不显示在屏幕上,而是写入到指定的文件中,方便以后的问题定位或用于其他用途。输出重定向比输入重定向更常用,很多情况下都可以使用这种功能。例如,如果某个命令的输出很多,在屏幕上不能完全显示,那么将输出重定向到一个文件中,然后用文本编辑器打开这个文件就可以查看输出信息,如果想保存一个命令的输出,也可以使用这种方法。还有,输出重定向可用于把一个命令的输出当作另一个命令的输入。还有一种更简单的方法,就是使用管道,管道将在后面介绍。

输出重定向的一般格式为"命令>文件名",即输出重定向符号为">",使用方法如示例 4-11 所示。

【示例 4-11】

```
#将输出重定向到文件
[root@localhost ~]# ls -l / >dir.txt
[root@localhost ~]# head -n5 dir.txt
total 114
dr-xr-xr-x.   2 root root  4096 Jun  8 00:54 bin
dr-xr-xr-x.   5 root root  1024 Apr 13 00:33 boot
dr-xr-xr-x.   7 root root  4096 Mar  6 02:33 cdrom
drwxr-xr-x.  18 root root  4096 Jun  8 01:07 data
```

用"ls -l"命令显示当前的目录和文件,并把结果输出到当前目录下的 dir.txt 文件内,而不是显示在屏幕上。查看 dir.txt 文件的内容可以使用 cat 命令,注意是否与直接使用"ls -l"命令时显示的结果相同。

如果">"符号后面的文件已存在,那么这个文件将被覆盖。

为避免输出重定向命令中指定的文件内容被覆盖,Shell 提供了输出重定向的追加方法。输出追加重定向与输出重定向的功能类似,区别仅在于输出追加重定向的功能是把命令或可执行程序的输出结果追加到指定文件的最后,这时文件的原有内容不被覆盖。追加重定向操作符为">>",格式为"命令>>文件名",使用方法如示例 4-12 所示。

【示例 4-12】

```
#使用重定向追加文件内容
[root@localhost ~]# ls -l /usr >>dir.txt
```

上述命令的输出会追加在文件的末位,原来的内容不会被覆盖。

4.3.4 错误输出重定向

和程序的标准输出重定向一样，程序的错误输出也可以重新定向。使用符号"2>"或追加符号"2>>"标识可以对错误输出重定向。若要将程序的错误信息打印到文件中以备问题定位，可以使用示例 4-13 中的方法。

【示例 4-13】

```
#文件不存在，此时产生标准错误输出，一般为屏幕
[root@localhost ~]# ls /xxxx
ls: cannot access /xxxx: No such file or directory
#编号1表示重定向标准输出，但并不是错误输出，此时输出仍打印到屏幕上
[root@localhost ~]# ls /xxxx 1>stdout
ls: cannot access /xxxx: No such file or directory
#分别重定向标准输出和标准错误输出
[root@localhost ~]# ls /xxxx 1>stdout 2>stderr
#查看文件内容，和打印到屏幕的结果一致
[root@localhost ~]# cat stderr
ls: cannot access /xxxx: No such file or directory
#将标准输出和标准错误输出都定向到标准输出文件
[root@localhost ~]# ls /xxxx 1>stdout 2>&1
[root@localhost ~]# cat stdout
ls: cannot access /xxxx: No such file or directory
#另外一种重定向的语法
[root@localhost ~]# ls /xxxxx &>stderr
[root@localhost ~]# ls /xxxxx  / &>stdout
#查看输出文件内容
[root@localhost ~]# head stdout
ls: cannot access /xxxxx: No such file or directory
/:
bin
boot
cdrom
```

由于 /xxxx 目录不存在，所以没有标准输出，只有错误输出。上述示例首先演示了错误输出的内容，当标准输出被重定向后，标准错误输出并没有被重定向，所以错误输出被打印到屏幕上。使用"2>stderr"将错误输出定位到指定的文件中，另外一种方法是将标准错误输出重定向到标准输出，执行后在屏幕上看不到任何内容，用 cat 命令查看文件的内容，可以看到上面命令的错误提示。还可以使用另一个输出重定向操作符"&>"，其功能是将标准输出和错误输出送到同一文件中。表 4.3 列出了常用的输入输出重定向方法。

表 4.3 常用的重定向方法含义

参数	说明
command > filename	把标准输出重定向到一个文件中
command >> filename	把标准输出追加重定向到一个文件中
command 1> fielname	把标准输出重定向到一个文件中
command > filename 2 > &1	把标准输出和标准错误输出重定向到一个文件中
command 2 > filename	把标准错误输出重定向到一个文件中
command < filename > filename2	以 filename 为标准输入，filename2 为标准输出
command < filename	把 filename 作为命令的标准输入
command << delimiter	从标准输入读入数据，直到遇到 delimiter 为止

4.3.5 管道

将一个程序或命令的输出作为另一个程序或命令的输入有两种方法：一种是通过一个临时文件将两个命令或程序结合在一起，另一种是使用管道。

管道可以把一系列命令连接起来，将前面命令的输出作为后面命令的输入，第 1 个命令输出利用管道传给第 2 个命令，第 2 个命令的输出又会作为第 3 个命令的输入，以此类推。如果命令行中未使用输出重定向，显示在屏幕上的是管道行中最后一个命令的输出或其他命令执行异常时导致的错误输出。可使用管道符"|"来建立一个管道行，用法如示例 4-14 所示。

【示例 4-14】

```
[root@localhost ~]# ifconfig eno16777736 | grep netmask
        inet 172.16.45.13  netmask 255.255.255.0  broadcast 172.16.45.255
#管道后接管道
[root@localhost ~]# ifconfig eno16777736 | grep netmask | awk '{print $2}'
172.16.45.13
```

上述示例 cat 命令输出的内容以管道的形式发送给 grep 命令，然后通过字符串匹配查找文件内容。第二个命令则是输出匹配字符串行的第二个域（以空格或 Tab 制表符作为分隔符）。

4.4 Linux 的目录结构

在学习一些常用的命令前，先来了解一下 Linux 的目录结构。

Linux 与 Windows 最大的不同之处在于 Linux 目录结构的设计，本节首先介绍 Linux 典型的目录结构，然后介绍一些重要的文件子目录及其功能。

登录 Windows 以后，打开 C 盘，会发现一些常见的文件夹，而登录 Linux 以后，执行 ls –l / 会发现在"/"下包含很多目录，比如 etc、usr、var、bin 等目录，进入其中一个目录后，看到的还是很多文件和目录。Linux 的目录类似于树形结构，如图 4.5 所示。

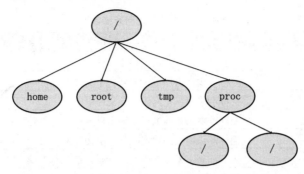

图 4.5 Linux 目录结构

要认识 Linux 的目录结构首先必须认识 Linx 目录结构最顶端的"/",任何目录、文件和设备等都在"/"之下。Linux 的文件路径与 Windows 不同,Linux 的文件路径类似于"/data/myfile.txt",没有 Windows 中"盘符"的概念。初学者开始对 Linux 的目录结构可能不是很习惯,可以把"/"当作 Windows 中的盘符(如 C 盘)。

另一个问题是分区在何处。在 Linux 系统中,分区没有盘符,但仍存在分区,这些分区是"挂"在目录中的(称为挂载)。例如,目录/boot 通常就有一个分区挂在下面,如此就可以使用不同的分区扩展 Linux 系统中重要的目录,这些重要的目录通常用于存放重要的数据,如数据库文件、FTP 文件等。

在 Linux 系统的根目录下有许多目录(可以用命令"ls /"来查看),这些目录都有具体的用途,表 4.4 对 Linux 中主要的目录进行了说明。

表 4.4 Linux 常见目录说明

参数	说明
/	根目录。文件的最顶端,/etc、/bin、/dev、/lib、/sbin 应该和根目录放置在一个分区中,而类似 /usr/local 可以单独位于另一个分区
/bin	存放系统所需要的重要命令,比如文件或目录操作的命令 ls、cp、mkdir 等。另外/usr/bin 也存放了一些系统命令,这些命令对应的文件都是可执行的,普通用户可以使用大部分的命令
/boot	这是存放 Linux 启动时内核及引导系统程序所需要的核心文件,内核文件和 grub 系统引导管理器(或称引导装载程序)都位于此目录
/dev	存放 Linux 系统下的设备文件,如光驱、磁盘等。访问该目录下某个文件相当于访问某个硬件设备,常用的是挂载光驱
/etc	一般存放系统的配置文件,作为一些软件启动时默认配置文件读取的目录,如/etc/fstab 存放系统分区信息
/home	系统默认的用户主目录。如果添加用户时不指定用户的主目录,默认在/home 下创建与用户名同名的文件夹。代码中可以用 HOME 环境变量表示当前用户的主目录
/lib	64 位系统有/lib64 文件夹,主要存放动态链接库。类似的目录有/usr/lib、/usr/local/lib 等
/lost+found	存放一些当系统意外崩溃或机器意外关机时产生的文件碎片
/mnt	用于存放挂载储存设备的挂载目录,如光驱等
/proc	存放操作系统运行时的信息,如进程信息、内核信息、网络信息等。此目录的内容存在于内存中,实际不占用磁盘空间,如/etc/cpuinfo 存放 CPU 的相关信息
/root	Linux 超级权限用户 root 的主目录

(续表)

参数	说明
/sbin	存放一些系统管理的命令，一般只能由超级权限用户 root 执行。大多数命令普通用户一般无权限执行，类似/sbin/ifconfig，普通用户使用绝对路径也可执行，用于查看当前系统的网络配置。类似的目录有/usr/sbin、/usr/local/sbin
/tmp	临时文件目录，任何人都可以访问。系统软件或用户运行程序（如 MySQL）时产生的临时文件存放到这里。此目录数据需要定期清除。重要数据不可放置在此目录下，此目录空间不易过小
/usr	应用程序存放目录，如命令、帮助文件等。安装 Linux 软件包时默认安装到/usr/local 目录下。比如/usr/share/fonts 存放系统字体，/usr/share/man 存放帮助文档，/usr/include 存放软件的头文件等。/usr/local 目录建议单独分区并设置较大的磁盘空间
/var	这个目录的内容是经常变动的，如/var/log 用于存放系统日志、/var/lib 用于存放系统库文件等
/sys	目录与/proc 类似，是一个虚拟的文件系统，主要记录与系统核心相关的信息，如系统当前已经载入的模块信息等。这个目录实际不占硬盘容量

各个发行版由不同的公司开发，所以各个发行版之间的目录可能会有所不同。Linux 各发行版本之间目录的差距比较小，主要是提供的图形界面及操作习惯等有所不同。

4.5 常用运维命令

所有熟悉 Linux 的人都知道，最有效率的方式就是使用命令来操作和管理系统。本节就介绍一些常用的运维命令。

4.5.1 过滤文本 grep

grep 是一种强大的文本搜索工具命令，用于查找文件中符合指定格式的字符串，支持正则表达式。若不指定任何文件名称，或是所给予的文件名为 "-"，则 grep 命令从标准输入设备读取数据。grep 家族包括 grep、egrep 和 fgrep。egrep 和 fgrep 命令只跟 grep 有很小不同。egrep 是 grep 的扩展，fgrep 就是 fixed grep 或 fast grep，该命令使用任何正则表达式中的元字符表示其自身的字面意义，不再特殊。其中 egrep 就等同于 "grep -E"，fgrep 等同于 "grep -F"。Linux 中的 grep 功能强大，支持很多丰富的参数，使用它可以方便地进行文本处理工作。grep 常用参数说明如表 4.5 所示。

表 4.5 grep 命令常用参数说明

参数	说明
-a	不要忽略二进制的数据
-A	除显示符合条件的那一行之外，显示该列之后的内容
-b	在显示符合范本样式的那一列之前，标出该列第 1 个字符的位编号
-B	除显示符合条件的那一行之外，显示该列之前的内容

(续表)

参数	说明
-c	计算符合结果的行数
-C	除显示符合条件的那一行之外，显示该列前后的内容
-e	按指定字符串查找
-E	按指定字符串指定的正则查找
-f	指定范本文件，其内容含有一个或多个范本样式
-F	将范本样式视为固定字符串的列表
-G	将范本样式视为普通的表示法来使用
-h	在显示符合范本样式的那一列之前，不标示该列所属的文件名称
-H	在显示符合范本样式的那一列之前，标示该列所属的文件名称
-i	忽略字符大小写
-l	列出文件内容符合指定的范本样式的文件名称
-L	列出文件内容不符合指定的范本样式的文件名称
-n	在显示符合范本样式的那一列之前，标示出该列的列数编号
-q	不显示任何信息
-r	在指定路径递归查找
-s	不显示错误信息
-v	反向查找
-V	显示版本信息
-w	匹配整个单词
-x	只显示全列符合的列
--help	在线帮助

grep 单独使用时至少有两个参数，若少于两个参数，grep 会一直等待，直到该程序被中断。如果遇到这样的情况，可以按 Ctrl+C 键终止。默认情况下只搜索当前目录，如果递归查找子目录，可使用 r 选项。详细使用方法如示例 4-15 所示。

【示例 4-15】

```
#在指定文件中查找特定字符串
[root@localhost ~]# grep root /etc/passwd
root:x:0:0:root:/root:/bin/bash
operator:x:11:0:operator:/root:/sbin/nologin
#结合管道一起使用
[root@localhost ~]#  cat /etc/passwd | grep root
root:x:0:0:root:/root:/bin/bash
operator:x:11:0:operator:/root:/sbin/nologin
#将符合条件的内容所在的行号
[root@localhost ~]# grep -n root /etc/passwd
1:root:x:0:0:root:/root:/bin/bash
10:operator:x:11:0:operator:/root:/sbin/nologin
```

```
#在 nginx.conf 中查找包含 listen 的行号并打印出来
[root@localhost conf]# grep listen nginx.conf
    listen       80;
[root@localhost etc]# cat file1
[mysqld]
datadir=/var/lib/mysql
socket=/var/lib/mysql/mysql.sock
user=mysql
[root@localhost etc]# grep var file1
datadir=/var/lib/mysql
socket=/var/lib/mysql/mysql.sock
[root@localhost etc]# grep -v var file1
[mysqld]
user=mysql
#显示行号
[root@localhost etc]# grep -n var file1
2:datadir=/var/lib/mysql
3:socket=/var/lib/mysql/mysql.sock
#结合管道联合使用，其中 ifconfig 表示查看当前系统的网络配置信息，然后查找包含"netmask"的字符串
[root@localhost ~]# ifconfig | grep "netmask"
    inet 172.16.45.13  netmask 255.255.255.0  broadcast 172.16.45.255
    inet 127.0.0.1  netmask 255.0.0.0
    inet 192.168.122.1  netmask 255.255.255.0  broadcast 192.168.122.255
#查看文件内容
[root@localhost etc]# cat test.txt
default=0
timeout=5
splashimage=(hd0,0)/boot/grub/splash.xpm.gz
hiddenmenu
title localhost (2.6.32-358.el6.x86_64)
    root (hd0,0)
    kernel /boot/vmlinuz-2.6.32-358.el6.x86_64 ro root=UUID=d922ef3b-d474-40a8-a7a2
    initrd /boot/initramfs-2.6.32-358.el6.x86_64.img
#查找指定字符串，此时区分大小写
[root@localhost etc]# grep uuid test.txt
[root@localhost etc]# grep UUID test.txt
    kernel /boot/vmlinuz-2.6.32-358.el6.x86_64 ro root=UUID=d922ef3b-d474-40a8-a7a2
#不区分大小写查找指定字符串
```

```
[root@localhost etc]# grep -I uuid test.txt
       kernel /boot/vmlinuz-2.6.32-358.el6.x86_64 ro root=UUID=d922ef3b-d474-40a8-a7a2
```
#列出匹配字符串的文件名
```
[root@localhost etc]# grep -l UUID test.txt
test.txt
[root@localhost etc]# grep -L UUID test.txt
```
#列出不匹配字符串的文件名
```
[root@localhost etc]# grep -L uuid test.txt
test.txt
```
#匹配整个单词
```
[root@localhost etc]# grep -w UU test.txt
[root@localhost etc]# grep -w UUID test.txt
       kernel /boot/vmlinuz-2.6.32-358.el6.x86_64 ro root=UUID=d922ef3b-d474-40a8-a7a2
```
#除了显示匹配的行，分别显示该行上下文的N行
```
[root@localhost etc]# grep -C1 UUID test.txt
       root (hd0,0)
       kernel /boot/vmlinuz-2.6.32-358.el6.x86_64 ro root=UUID=d922ef3b-d474-40a8-a7a2
       initrd /boot/initramfs-2.6.32-358.el6.x86_64.img
```
#指定以小写字母开头的行
```
[root@localhost etc]# grep -n -E "^[a-z]" test.txt
1:default=0
2:timeout=5
3:splashimage=(hd0,0)/boot/grub/splash.xpm.gz
4:hiddenmenu
5:title localhost (2.6.32-358.el6.x86_64)
```
#指定所有非小写字母开头的行
```
[root@localhost etc]# grep -n -E "^[^a-z]" test.txt
6:      root (hd0,0)
7:      kernel /boot/vmlinuz-2.6.32-358.el6.x86_64 ro root=UUID=d922ef3b-d474-40a8-a7a2
8:      initrd /boot/initramfs-2.6.32-358.el6.x86_64.img
```
#按正则表达式查找指定字符串
```
[root@localhost etc]# cat my.cnf
[mysqld]
datadir=/var/lib/mysql
socket=/var/lib/mysql/mysql.sock
user=mysql
```
#按正则表达式查找
```
[root@localhost etc]# grep -E "datadir|socket" my.cnf
datadir=/var/lib/mysql
```

```
socket=/var/lib/mysql/mysql.sock
[root@localhost etc]# grep mysql my.cnf
[mysqld]
datadir=/var/lib/mysql
socket=/var/lib/mysql/mysql.sock
user=mysql
#结合管道一起使用
[root@localhost etc]# grep mysql my.cnf |grep datadir
datadir=/var/lib/mysql
#递归查找
[root@localhost etc]# grep -r var .|head -3
./fonts/fonts.conf:        <cachedir>/var/cache/fontconfig</cachedir>
./X11/xinit/xinitrc.d/50-xinput.sh:# unset env vars to be safe
./X11/xinit/Xsession:# various mechanisms present in the `case' statement which follows, and to
```

grep 支持丰富的正则表达式，常见的正则元字符含义如表 4.6 所示。

表 4.6 grep 正则参数说明

参数	说明
^	指定匹配字符串的行首
$	指定匹配字符串的结尾
*	表示 0 个以上的字符
+	表示 1 个以上的字符
\	去掉指定字符的特殊含义
^	指定行的开始
$	指定行的结束
.	匹配一个非换行符的字符
*	匹配零个或多个先前字符
[]	匹配一个指定范围内的字符
[^]	匹配一个不在指定范围内的字符
\(..\)	标记匹配字符
<	指定单词的开始
>	指定单词的结束
x{m}	重复字符 x，m 次
x{m,}	重复字符 x，至少 m 次
x{m,n}	重复字符 x，至少 m 次，不多于 n 次
w	匹配文字和数字字符，也就是[A~Z、a~z、0~9]
b	单词锁定符
+	匹配一个或多个先前的字符
?	匹配零个或多个先前的字符

(续表)

参数	说明
a|b|c	匹配 a 或 b 或 c
()	分组符号
[:alnum:]	文字数字字符
[:alpha:]	文字字符
[:digit:]	数字字符
[:graph:]	非空格、控制字符
[:lower:]	小写字符
[:cntrl:]	控制字符
[:print:]	非空字符（包括空格）
[:punct:]	标点符号
[:space:]	所有空白字符（新行、空格、制表符）
[:upper:]	大写字符
[:xdigit:]	十六进制数字（0~9、a~f、A~F）

4.5.2 文本操作 awk 和 sed

awk 和 sed 为 Linux 系统中强大的文本处理工具，其使用方法比较简单，而且处理效率非常高，本节主要介绍 awk 和 sed 命令的使用方法。

1．awk 命令

awk 命令用于 Linux 下的文本处理。数据可以来自文件或标准输入，支持正则表达式等功能，它是 Linux 下强大的文本处理工具。示例 4-16 是一个简单的 awk 使用方法。

【示例 4-16】
```
[root@localhost ~]# awk '{print $0}' /etc/passwd | head
root:x:0:0:root:/root:/bin/bash
bin:x:1:1:bin:/bin:/sbin/nologin
daemon:x:2:2:daemon:/sbin:/sbin/nologin
adm:x:3:4:adm:/var/adm:/sbin/nologin
lp:x:4:7:lp:/var/spool/lpd:/sbin/nologin
sync:x:5:0:sync:/sbin:/bin/sync
……
```

当指定 awk 时，首先从给定的文件中读取内容，然后针对文件中的每一行执行 print 命令，并发送至标准输出，如屏幕。在 awk 中，"{}"用于将代码分块。由于 awk 默认的分隔符为空格等空白字符，因此上述示例的功能为将文件中的每行打印出来。

2．sed 命令

在修改文件时，如果不断地重复某些编辑动作，那么可用 sed 命令完成。sed 命令为 Linux 系统上将编辑工作自动化的编辑器，使用者无须直接编辑数据。它是一种非交互式上下文编辑器，一般的 Linux 系统本身即安装有 sed 工具。使用 sed 可以完成数据行的删除、更改、添加、插入、合并及交换等操作。同 awk 类似，sed 命令可以通过命令行、管道或文件输入。

sed 命令可以打印指定的行至标准输出或重定向至文件。打印指定的行可以使用 p 命令，可以打印指定的某一行或某个范围的行，如示例 4-17 所示。

【示例 4-17】
```
[root@localhost ~]# head -3 /etc/passwd|sed -n 2p
bin:x:1:1:bin:/bin:/bin/bash
[root@localhost ~]# head -3 /etc/passwd|sed -n 2,3p
bin:x:1:1:bin:/bin:/bin/bash
daemon:x:2:2:Daemon:/sbin:/bin/bash
```

"2p"表示只打印第 2 行，而"2,3p"表示打印一个范围。

以上只介绍了 awk 和 sed 命令的基本用法，awk 和 sed 为 Linux 下强大的文本处理工具，如需了解更多功能，可以参考相关帮助文档。

4.5.3 打包或解包文件 tar

tar 命令用于将文件打包或解包，扩展名一般为.tar，指定特定参数可以调用 gzip 或 bzip2 制作压缩包或解开压缩包，扩展名为.tar.gz 或.tar.bz2。tar 命令常用参数说明如表 4.7 所示。

表 4.7　tar 命令常用参数说明

参数	说明
-c	建立新的压缩包
-d	比较存档与当前文件的不同之处
--delete	从压缩包中删除
-r	附加到压缩包结尾
-t	列出压缩包中文件的目录
-u	仅将较新的文件附加到压缩包中
-x	解压压缩包
-C	解压到指定的目录
-f	使用的压缩包名字，f 参数之后不能再加参数
-i	忽略存档中的 0 字节块
-v	处理过程中输出相关信息
-z	调用 gzip 来压缩归档文件，与-x 联用时调用 gzip 完成解压缩
-Z	调用 compress 来压缩归档文件，与-x 联用时调用 compress 完成解压缩
-j	调用 bzip2 压缩或解压
-p	使用原文件的原来属性
-P	可以使用绝对路径来压缩
--exclude	排除不加入压缩包的文件

tar 命令相关的包一般使用.tar 作为文件名标识。如果加 z 参数，则以.tar.gz 或.tgz 来代表 gzip 压缩过的 tar。tar 的应用如示例 4-18 所示。

【示例 4-18】
```
#仅打包，不压缩
[root@localhost ~]# tar -cvf /tmp/etc.tar /etc
#打包并使用 gzip 压缩
[root@localhost ~]# tar -zcvf /tmp/etc.tar.gz /etc
#打包并使用 bzip2 压缩
[root@localhost ~]# tar -jcvf /tmp/etc.tar.bz2 /etc
#查看压缩包文件列表
[root@localhost ~]# tar -ztvf /tmp/etc.tar.gz
[root@localhost ~]# cd /data
#解压压缩包至当前路径
[root@localhost data]# tar -zxvf /tmp/etc.tar.gz
#只解压指定文件
[root@localhost data]# tar -zxvf /tmp/etc.tar.gz etc/passwd
#建立压缩包时保留文件属性
[root@localhost data]# tar -zxvpf /tmp/etc.tar.gz /etc
#排除某些文件
[root@localhost data]# tar --exclude /home/*log -zcvf test.tar.gz /data/soft
```

4.5.4 压缩或解压缩文件和目录 zip/unzip

zip 是 Linux 系统下广泛使用的压缩程序，文件压缩后扩展名为.zip。zip 常见的参数如表 4.8 所示。

表 4.8 zip 命令常用参数说明

参数	说明
-a	将文件转成 ASCII 模式
-F	尝试修复损坏的压缩文件
-h	显示帮助界面
-m	将文件压缩之后，删除原文件
-n	不压缩具有特定字尾字符串的文件
-o	将压缩文件内的所有文件的最新变动时间设为压缩时候的时间
-q	安静模式，在压缩的时候不显示命令的执行过程
-r	将指定的目录下的所有子目录以及文件一起处理
-S	包含系统文件和隐含文件（S 是大写）
-t	把压缩文件的最后修改日期设为指定的日期，日期格式为 mmddyyyy-x
-v	查看压缩文件目录，但不解压
-t	测试文件有无损坏，但不解压
-d	把压缩文件解压到指定目录下
-z	只显示压缩文件的注解
-n	不覆盖已经存在的文件
-o	覆盖已存在的文件且不要求用户确认
-j	不重建文档的目录结构，把所有文件解压到同一目录下

zip 命令的基本用法是：zip [参数] [打包后的文件名] [打包的目录路径]。路径可以是相对路径，也可以是绝对路径。其使用方法如示例 4-19 所示。

【示例 4-19】

```
[root@localhost file_backup]# zip file.conf.zip file.conf
  adding: file.conf (deflated 49%)
[root@localhost file_backup]# file file.conf.zip
file.conf.zip: Zip archive data, at least v2.0 to extract
#解压文件
#将整个文件夹压缩成一个文件
[root@localhost file_backup]# zip -r file_backup.zip .
  adding: file_backup.sh (deflated 59%)
  adding: config.conf (deflated 15%)
  adding: data/ (stored 0%)
  adding: data/s (stored 0%)
  adding: file.conf (deflated 49%)
```

zip 命令用来将文件压缩为常用的 zip 格式。unzip 命令则用来解压缩 zip 文件，如示例 4-20 所示。

【示例 4-20】

```
[root@localhost file_backup]# unzip file.conf.zip
Archive:  file.conf.zip
replace file.conf? [y]es, [n]o, [A]ll, [N]one, [r]ename: A
  inflating: file.conf
#解压时不询问，直接覆盖
[root@localhost file_backup]# unzip -o file.conf.zip
Archive:  file.conf.zip
  inflating: file.conf
#将文件解压到指定的文件夹
[root@localhost file_backup]# unzip file_backup.zip -d /data/bak
Archive:  file_backup.zip
  inflating: /data/bak/file_backup.sh
  inflating: /data/bak/config.conf
   creating: /data/bak/data/
 extracting: /data/bak/data/s
  inflating: /data/bak/file.conf
[root@localhost file_backup]# unzip file_backup.zip -d /data/bak
Archive:  file_backup.zip
replace /data/bak/file_backup.sh? [y]es, [n]o, [A]ll, [N]one, [r]ename: A
  inflating: /data/bak/file_backup.sh
  inflating: /data/bak/config.conf
```

```
  extracting: /data/bak/data/s
   inflating: /data/bak/file.conf
[root@localhost file_backup]# unzip -o file_backup.zip -d /data/bak
Archive:  file_backup.zip
  inflating: /data/bak/file_backup.sh
  inflating: /data/bak/config.conf
  extracting: /data/bak/data/s
   inflating: /data/bak/file.conf
#查看压缩包内容但不解压
[root@localhost file_backup]# unzip -v file_backup.zip
Archive:  file_backup.zip
 Length   Method    Size  Cmpr    Date    Time   CRC-32   Name
--------  ------  ------- ----  ---------- ----- --------  ----
    2837  Defl:N     1160  59%  06-24-2011 18:06 460ea65c  file_backup.sh
     250  Defl:N      212  15%  08-09-2011 16:01 4844a020  config.conf
       0  Stored       0   0%   05-30-2014 17:04 00000000  data/
       0  Stored       0   0%   05-30-2014 17:04 00000000  data/s
     318  Defl:N      161  49%  11-17-2011 14:57 d4644a64  file.conf
--------          -------  ---                            -------
    3405             1533  55%                            5 files
#查看压缩后的文件内容
[root@localhost file_backup]# zcat file.conf.gz
/var/spool/cron
/usr/local/apache2
/etc/hosts
```

4.5.5 查看系统负载 uptime

Linux 系统中的 uptime 命令主要用于获取主机运行时间和查询 Linux 系统负载等信息。uptime 命令可以显示系统已经运行了多长时间，信息显示依次为：现在时间、系统已经运行了多长时间、目前有多少登录用户、系统在过去的 1 分钟/5 分钟/15 分钟内的平均负载。uptime 命令用法十分简单，直接输入 uptime 即可。

【示例 4-21】

```
[root@localhost ~]# uptime
 06:30:09 up 8:15,  3 users,  load average: 0.00, 0.00, 0.00
```

06:30:09 表示系统当前时间，up 8:15 表示主机已运行时间，时间越大，说明机器越稳定。3 users 表示用户连接数，是总连接数而不是用户数。load average 表示系统平均负载，统计最近 1 分钟、5 分钟、15 分钟内的系统平均负载。系统平均负载是指在特定时间间隔内运行在队列中的平均进程数。对于单核 CPU，负载小于 3 表示当前系统性能良好，3~10 表示需要关注，系统负载可能过大，需要做对应的优化，大于 10 表示系统性能有严重问题。另外，15 分钟系统负载需重点参考并作为当前系统运行情况的负载依据。

4.5.6 显示系统内存状态 free

free 命令会显示内存的使用情况,包括实体内存、虚拟的交换文件内存、共享内存区段,以及系统核心使用的缓冲区等。常用参数说明如表 4.9 所示。

表 4.9 free 命令常用参数说明

参数	说明
-b	以 Byte 为单位显示内存使用情况
-k	以 KB 为单位显示内存使用情况
-m	以 MB 为单位显示内存使用情况
-o	不显示缓冲区调节列
-s<间隔秒数>	持续观察内存使用情况
-t	显示内存总和列
-V	显示版本信息

free 使用方法如示例 4-22 所示。

【示例 4-22】

```
#以 M 为单位查看系统内存资源占用情况
[root@localhost ~]# free -m
             total       used       free     shared    buffers     cached
Mem:         16040      13128       2911          0        329       6265
-/+ buffers/cached:      6534       9506
Swap:         1961        100       1860
```

-/+ buffers/cached:表示物理内存的缓存统计。Swap 表示硬盘上交换分区的使用情况,如剩余空间较小,需要留意当前系统内存使用情况及负载。

第 1 行数据 16040 表示物理内存总量,13128 表示总计分配给缓存(包含 buffers 与 cache)使用的数量,但其中可能部分缓存并未实际使用,2911 表示未被分配的内存。shared 为 0,表示共享内存,329 表示系统分配但未被使用的 buffers 数量,6265 表示系统分配但未被使用的 cache 数量。

以上示例显示系统总内存为 16040MB,如需计算应用程序占用内存,可以使用以下公式计算 total −free−buffers−cached=16040−2911−329−6265=6535,内存使用百分比为 6535/16040= 40%,表示系统内存资源能满足应用程序需求。若应用程序占用内存量超过 80%,则应该及时进行应用程序算法优化。

4.5.7 单次任务 at

at 可以设置在指定的时间执行一个指定任务,只能执行一次,使用前确认系统开启了 atd 服务。如果任务指定的时间已经过去，系统会放在第 2 天执行。at 命令的使用方法如示例 4-23 所示。

【示例 4-23】

```
#明天17点钟，输出时间到指定文件内
[root@localhost ~]# at 17:20 tomorrow
at> date >/root/2014.log
at> <EOT>
```

不过，并不是所有用户都可以执行 at 计划任务。利用/etc/at.allow 与/etc/at.deny 这两个文件来进行 at 的使用限制。系统首先查找/etc/at.allow 这个文件，写在这个文件中的使用者才能使用 at，没有在这个文件中的使用者则不能使用 at。如果/etc/at.allow 不存在，就寻找/etc/at.deny 这个文件。若使用者写在 at.deny 中则不能使用 at，而没有在 at.deny 文件中的使用者可以使用 at 命令。

4.5.8 周期任务 crond

crond 在 Linux 系统中用来周期性地执行某种任务或等待处理某些事件，如进程监控、日志处理等，和 Windows 下的计划任务类似。安装操作系统时默认会安装此服务工具，并且会自动启动 crond 进程。crond 进程每分钟会定期检查是否有要执行的任务，如果有要执行的任务，就自动执行该任务。crond 的最小调度单位为分钟。

Linux 下的任务调度分为两类：系统任务调度和用户任务调度。

（1）系统任务调度：系统周期性所要执行的工作，比如写缓存数据到硬盘、日志清理等。在/etc 目录下有一个 crontab 文件，这个文件就是系统任务调度的配置文件。

/etc/crontab 文件包括下面几行，如示例 4-24 所示。

【示例 4-24】

```
[root@localhost test]# cat /etc/crontab
SHELL=/bin/bash
PATH=/sbin:/bin:/usr/sbin:/usr/bin
MAILTO=root

# For details see man 4 crontabs

# Example of job definition:
# .---------------- minute (0 - 59)
# |  .------------- hour (0 - 23)
# |  |  .---------- day of month (1 - 31)
# |  |  |  .------- month (1 - 12) OR jan,feb,mar,apr ...
# |  |  |  |  .---- day of week (0 - 6) (Sunday=0 or 7) OR sun,mon,tue,wed,thu,fri,sat
# |  |  |  |  |
```

```
#  *  *  *  *  *  user-name  command to be executed
```

前 3 行是用来配置 crond 任务运行的环境变量，第 1 行的 SHELL 变量指定了系统要使用哪个 Shell，这里是 bash；第 2 行的 PATH 变量指定了系统执行命令的路径；第 3 行的 MAILTO 变量指定了 crond 的任务执行信息将通过电子邮件发送给 root 用户，若 MAILTO 变量的值为空，则表示不发送任务执行信息给用户。后面几行表示的含义将在下个小节详细讲述。

（2）用户任务调度：用户定期要执行的工作，比如用户数据备份、定时邮件提醒等。用户可以使用 crontab 工具来定制自己的计划任务。所有用户定义的 crontab 文件都被保存在 /var/spool/cron 目录中。其文件名与用户名一致。

在用户所建立的 crontab 文件中，每一行都代表一项任务，每行的每个字段代表一项设置，它的格式共分为 6 个字段，前 5 个字段是时间设定段，第 6 个字段是要执行的命令段，格式为 minute hour day month week command（/etc/crontab 文件的第 7-14 行），具体说明参考表 4.10。

表 4.10 crontab 任务设置对应参数说明

参数	说明
minute	表示分钟，可以是从 0 到 59 之间的任何整数
hour	表示小时，可以是从 0 到 23 之间的任何整数
day	表示日期，可以是从 1 到 31 之间的任何整数
month	表示月份，可以是从 1 到 12 之间的任何整数
week	表示星期几，可以是从 0 到 7 之间的任何整数，这里的 0 或 7 代表星期日
command	要执行的命令，可以是系统命令，也可以是自己编写的脚本文件

其中，crond 是 Linux 用来定期执行程序的命令。当操作系统安装完成之后，默认便会启动此任务调度命令。crond 命令每分钟会定期检查是否有要执行的工作，crontab 命令常用参数如表 4.11 所示。

表 4.11 crontab 命令常用参数说明

参数	说明
-e	执行文字编辑器来编辑任务列表，内定的文字编辑器是 VI
-r	删除目前的任务列表
-l	列出目前的任务列表

crontab 的一些使用方法如示例 4-25 所示。

【示例 4-25】

```
#每月每天7:00执行一次 /bin/ls :
0 7 * * * /bin/ls
#在 12 月，每天的早上 6 点到 12 点中，每隔 20 分钟执行一次 /usr/bin/backup :
0/3 6-12 * 12 * /usr/bin/backup
# 每两个小时重启一次 apache
0 */2 * * * /sbin/service httpd restart
```

4.5.9 使用 poweroff 终止系统运行

poweroff 就是 systemctl 的链接，关机是由 systemctl 控制的，如示例 4-26 所示。

【示例 4-26】

```
[root@localhost ~]# which poweroff
/usr/sbin/poweroff
[root@localhost ~]# ls -l /usr/sbin/poweroff
lrwxrwxrwx. 1 root root 16 3月  18 21:18 /usr/sbin/poweroff -> ../bin/systemctl
```

4.5.10 使用 init 命令改变系统运行级别

systemd 是所有进程的祖先，其进程号始终为 1，所以发送 TERM 信号给 systemd 会终止所有的用户进程、守护进程等。关机时使用的命令就是使用这种机制。Linux 定义了 7 个运行级别，不同的运行级定义如表 4.12 所示。

表 4.12　运行级别参数说明

级别	含义
0	停机
1	单用户模式
2	多用户模式
3	完全多用户模式，字符界面
4	没有用到
5	X11（X Window），通常称为图形界面
6	重新启动

使用命令 init 加上运行级别对应的数字，就可以切换到对应的运行级别，如示例 4-27 所示。

【示例 4-27】

```
#切换到图形界面
[root@localhost ~]# init 5
PolicyKit daemon disconnected from the bus.
We are no longer a registered authentication agent.
#切换到字符界面
[root@localhost ~]# init 3
PolicyKit daemon disconnected from the bus.
We are no longer a registered authentication agent.
```

4.6 文本编辑器 vi 的使用

vi 是 Linux 系统中常用的文本编辑器,熟练掌握 vi 的使用可提高学习和工作效率。vi 工作模式主要有命令模式和编辑模式两种,两者之间可方便切换。多次按 Esc 键可以进入命令模式,在此模式下输入相关的文本编辑命令可进入编辑模式,按 Esc 键又可返回命令模式。

4.6.1 进入与退出 vi

要使用 vi,可在系统提示字符下键入 vi filename,vi 可以自动载入所要编辑的文件。当用户打开一个文件时处于命令模式。

要退出 vi 的编辑环境,可以在末行模式下键入 q 命令,如果对文件做过修改则会出现 No write since last change(use ! to override)提示,此时可以用 q!命令强制退出(不保存退出),或用 wq 命令保存退出。

4.6.2 移动光标

在命令模式和输入模式下移动光标的基本命令是 h、j、k、l。这与按下键盘上的方向键效果相同。由于许多编辑工作需要光标来定位,所以 vi 提供许多移动光标的方式,表 4.13 是列举的部分移动光标的命令(在命令模式下才能操作)。

表 4.13 vi 命令常用参数说明

命令	含义
0	移动光标到所在行的最前面[Home]
$	移动光标到所在行的最后面[End]
[Ctrl]+[d]	向下半页
[Ctrl]+[f]	向下一页[PageDown]
[Ctrl]+[u]	向上半页
[Ctrl]+[b]	向上一页[PageUp]
H	移动到窗口的第一行
M	移动到窗口的中间行
L	移动到窗口的最后行
w	移动到下个单词的第一个字母
b	移动到上个单词的第一个字母
e	移动到下个单词的最后一个字母
^	移动光标到所在行的第一个非空白字符
/string	往右移动到有 string 的地方
?string	往左移动到有 string 的地方

在文档内容比较多的时候，移动光标或翻页的速度会比较慢，此时用户可以使用[Ctrl]+[f]和[Ctrl]+[b]进行向后或向前翻页。

4.6.3 输入文本

当需要输入文本时，必须切换到输入模式（插入模式），可用下面几个命令进入输入模式：

（1）增加（append）

"a" 从光标所在位置后面开始输入资料，光标后的资料随增加的资料向后移动。
"A" 从光标所在行最后面的位置开始输入资料。

（2）插入（insert）

"i" 从光标所在位置前面开始插入资料，光标后的资料随新增资料向后移动。
"I" 从光标所在行的第一个非空白字符前面开始插入资料。

（3）开始（open）

"o" 在光标所在行下新增一行并进入输入模式。
"O" 在光标所在行上方新增一行并进入输入模式。

用户可以配合键盘上的功能键（如方向键）更方便地完成资料的插入。

4.6.4 复制与粘贴

vi 的编辑命令由命令与范围所构成。例如 yw 是由复制命令 y 与范围 w 所组成的，表示复制一个单词。复制和粘贴命令参数如表 4.14 所示。

表 4.14 vi 复制与粘贴参数说明

命令	含义
e	光标所在位置到该字的最后一个字母
w	光标所在位置到下个字的第一个字母
b	光标所在位置到上个字的第一个字母
$	光标所在位置到该行的最后一个字母
0	光标所在位置到该行的第一个字母
)	光标所在位置到下个句子的第一个字母
(	光标所在位置到该句子的第一个字母
}	光标所在位置到该段落的最后一个字母
{	光标所在位置到该段落的第一个字母

例如想复制一个单词，可以在命令模式下使用 viwp 命令。

4.6.5 删除与修改

在 vi 中一般认为输入与编辑有所不同。编辑是在命令模式下进行的，先利用命令移动光标来定位到要进行编辑的地方，然后再使用相应的命令进行编辑；而输入是在插入模式下进行的。在命令模式下常用的编辑命令如表 4.15 所示。

表 4.15 vi 删除与修改参数说明

命令	含义
x	删除光标所在字符
dd	删除光标所在的行
r	修改光标所在字符（r 后是要修正的字符）
R	进入替换状态，输入的文本会覆盖原先的资料，直到按 Esc 键回到命令模式下为止
s	删除光标所在字符，并进入输入模式
S	删除光标所在的行，并进入输入模式
cc	修改整行文字
u	撤销上一次操作
.	重复上一次操作

4.6.6 查找与替换

在 vi 中查找与替换的参数说明如表 4.16 所示。

表 4.16 vi 查找与替换参数说明

命令	含义
:/string	查找 string，并将光标定位到包含 string 字符串的行
:?string	将光标移动到最近的一个包含 string 字符串的行
:n	把光标定位到文件的第 n 行
:s/srting1/string2/	用 string2 替换掉光标所在行首次出现的 string1
:s/string1/string2/g	用 string2 替换掉光标所在行中所有的 string1
:m,n s/string1/string2/g	用 string2 替换掉第 m 行到第 n 行所有的 string1
:.,m s/string1/string2/g	用 string2 替换掉光标所在的行到第 m 行所有的 string1
:n,$ s/string1/string2/g	用 string2 替换掉第 n 行到文档结束所有的 string1
:%s/string1/string2/g	用 string2 替换掉全文的 string1。此命令又叫全文查找替换命令

4.6.7 执行 Shell 命令

在文件编辑的过程中，如果需要执行 Shell 命令，可以在末行输入 command 用以执行命令，如示例 4-28 所示。

【示例 4-28】

```
[root@localhost test]# vi 1.txt
```

```
this is file content
#部分结果省略
#执行 Shell 命令
:!ls
1.txt   file1   file12   file_12   file2   test.tar.gz
Press ENTER or type command to continue
#保存退出
:x
```

4.6.8 保存文档

文件操作命令多以":"开头，相关命令及含义如表 4.17 所示。

表 4.17　vi 保存文档参数说明

命令	含义
:q	结束编辑不保存退出
:q!	放弃所做的更改强制退出
:w	保存更改
:x	保存更改并退出
:wq	保存更改并退出

4.7 范例——用脚本备份重要文件和目录

本节用综合示例来演示如何运用 Linux 的常用命令，示例的功能主要是备份系统的重要目录和文件。主要目录结构和文件如表 4.18 所示。

表 4.18　综合示例程序结构说明

参数	说明
config.conf	主要设置当前临时文件存放路径、远程备份的地址主程序等
file.conf	主要设置要备份的文件或目录
file_backup.sh	为主程序，执行此脚本会将指定的目录和文件备份到本地，打包成压缩文件并通过 rsync 传到远端服务器。本机备份保留 7 天

综合示例的具体源码及注释如示例 4-29 所示。

【示例 4-29】

```
#文件部署路径
[root@localhost file_backup]# pwd
/data/file_backup
#目录文件结构
```

```
[root@localhost file_backup]# ls
config.conf  data  file.conf  file_backup.sh
#config.conf 文件内容
[root@localhost file_backup]# cat config.conf
    1       #远程部署 rsync 的 ip 地址
    2       REMOTE_IP=192.168.1.91
    3       #远程机器上启动 rsync 的用户
    4       REMOTE_USER=root
    5       #远程备份路径
    6       BACKUP_MODULE_NAME=ENV/$CUR_DATE
    7
    8       #本地文件备份路径
    9       LOCAL_BACKUP_DIR=/data/file_backup/data
    10      #备份的数据文件压缩包以 data 开头
    11      BACKUP_FILENAME_PREFIX=data
    12      #指定哪些文件不备份
    13      EXCLUDE="*bak*|*.log"
    14      #文件打包日期
    15      CUR_DATE=`/bin/date +%Y%m%d -d "0 days ago"`
#file.conf 配置要备份的目录和文件，如果是目录，会递归备份该目录下所有文件
[root@localhost file_backup]# cat file.conf
#配置文件支持注释，以"#"开头的配置当作注释不备份
    1       #/var/tmp
    2       #备份 MySQL 配置文件
    3       /etc/my.cnf
    4       #支持通配符
    5       /data/file_backup/*sh
    6       /data/file_backup/*conf
    7       #备份系统用户的 contab，由于发行版不同，路径可能有所区别
    8       /var/spool/cron
    9       #备份 apache2
    10      /usr/local/apache2
    11      #备份系统中安装的 tomcat
    12      /usr/local/tomcat6.0
    13      /data/dbdata*/mysql
    14      /etc/*/my.cnf
    15      #备份系统 host 设置
    16      /etc/hosts
#主程序
```

```
[root@localhost file_backup]# cat file_backup.sh
1    #!/bin/sh
2
3    #加载参数配置
4    source config.conf
5    #当前日期
6    CURDATE=`date '+%Y-%m-%d'`
7    CURDATE2=`date +%Y%m%d -d ${CURDATE}`
8    #昨天日期
9    YESTERDAY=`date +%Y-%m-%d -d "1 days ago"`
10   YESTERDAY2=`date +%Y%m%d -d ${YESTERDAY}`
11
12   echo "`date` begin to backup $CURDATE..."
13
14   #得到要备份的文件列表
15   FILE=`cat file.conf |grep ^[^'#']`
16   FILE_ID=""
17   for FILE_DIR in ${FILE}
18   do
19           FILE_ID=$FILE_ID" "$FILE_DIR
20   done
21
22   #备份目录不存在则创建
23   if [ ! -d "$LOCAL_BACKUP_DIR" ]; then
24           mkdir -p $LOCAL_BACKUP_DIR
25   fi
26
27   #获取当前系统IP
28   LOCAL_IP=`/usr/sbin/ifconfig |grep -a1 eno16777736 |grep inet |awk '{print $2}' |awk -F ":" '{print $2}' |head -1`
29
30   #组装备份打包后的文件名
31   NAME=$BACKUP_FILENAME_PREFIX"_"$LOCAL_IP"_"$CURDATE".tar.gz"
32
33   #将要备份的目录和文件打包
34   if [ ! -z "$FILE_ID" ]; then
35           find $FILE_ID -name '*' -type f -print|grep -v -E "$EXCLUDE" | tar -cvzf $LOCAL_BACKUP_DIR/$NAME --files-from -
36   fi
```

```
37
38      #得到7天前的日期
39      DAY_7_AGO=`date +%Y-%m-%d -d "7 days ago"`
40      #要删除的文件名
41
DELETE_FILE_LIST=$BACKUP_FILENAME_PREFIX"_"$LOCAL_IP"_"$DAY_7_AGO".tar.gz"
42      DELETE_FILE_LIST2="system_"$LOCAL_IP"_"$DAY_7_AGO".tar.gz"
43      echo "delete $DELETE_FILE_LIST $DELETE_FILE_LIST2 ..."
44      cd $LOCAL_BACKUP_DIR
45      #删除7天前的备份文件
46      rm -f $DELETE_FILE_LIST
47      rm -f $DELETE_FILE_LIST2
48
49      #将压缩包上传到远程服务器
50      /usr/bin/rsync -vzrtopg --port=873 $LOCAL_BACKUP_DIR/*$CURDATE*.tar.gz
$REMOTE_USER@$REMOTE_IP::$BACKUP_MODULE_NAME/
51      echo "`date` end backup $CURDATE..."
```

本脚本的功能为读取指定目录的文件，然后将文件打包，使用 rsync 备份到远程主机。上述示例中一些命令参数的解释可参阅相关章节。

4.8 小结

本章首先让读者了解什么是 Shell，然后介绍了 Linux 的简单使用。Linux 操作和 Windows 有很大的不同。本章介绍了 Linux 系统的目录结构和常用的命令，介绍了系统管理常用的命令，包括任务管理。通过任务管理读者可以自行设置一些定时任务。通过本章的命令可以进行文件、信息查看和系统参数配置等操作。本章最后介绍了任务管理及文本编辑器 vi 的使用，学会这些知识点基本就可以熟练操作 Linux 了。

4.9 习题

一、填空题

1. 要查看当前系统中的命令别名，可以使用_____命令。
2. _____命令用于重启系统，使用比较简单，在终端命令行以 root 用户执行该命令即可进行系统的重启。

3. _____ 命令是一种强大的文本搜索工具命令,用于查找文件中符合指定格式的字符串,支持正则表达式。

4. Linux 下的任务调度分为两类:_____ 和 _____。

二、选择题

1. 以下哪个命令不能用于查看文件内容?(　　)

A. cat　　　　B. less
C. tail　　　　D. ls

2. 系统管理相关的命令在日常使用中可以提高 Linux 系统效率,以下对系统管理命令的描述哪个不正确?(　　)

A. 查看历史记录用 history
B. 清除屏幕用 cls
C. 导出环境变量用 export
D. 查看命令帮助用 man

第 5 章
◀ Linux文件管理与磁盘管理 ▶

文件系统用于存储文件、目录、链接及文件相关信息，Linux 文件系统以"/"为最顶层，所有文件和目录，包括设备信息都在此目录下。

本章首先介绍 Linux 文件系统的相关知识点，如文件的权限及属性、与文件有关的一些命令，然后介绍磁盘管理的相关知识，如磁盘管理的命令、交换空间管理等。

本章主要涉及的知识点有：

- Linux 文件系统及分区
- Linux 文件属性及权限管理
- 如何设置文件属性和权限
- 磁盘管理命令
- Linux 交换空间管理
- Linux 磁盘冗余阵列

本章最后的综合示例演示如何通过监控及时发现磁盘空间的问题。

5.1 认识 Linux 分区

在 Windows 系统中经常会碰到 C 盘盘符（C：）标识，而 Linux 系统中没有盘符的概念，可以认为 Linux 下所有文件和目录都存在于一个分区内。Linux 系统中每一个硬件设备（如硬盘、内存等）都映射到系统的一个文件。用于个人计算机的 SATA 接口设备在 Linux 系统中映射的文件以 sd 为前缀，个人计算机上的 IDE 映射的文件以 hd 为前缀，用于服务器的 SCSI、SAS 接口设备映射的文件以 sd 为前缀。具体的文件命名规则是以英文字母排序的，如系统中第 1 个 IDE 设备为 hda，第 2 个 SAS 设备为 sdb。

了解了硬件设备在 Linux 中的表示形式后，再来了解一下分区信息。示例 5-1 用于查看系统中的分区信息。

【示例 5-1】

```
[root@localhost ~]# df -h
```

```
Filesystem              Size  Used Avail Use% Mounted on
/dev/mapper/rhel-root   18G   4.1G  14G  23%  /
/dev/sda1               497M  140M  357M 29%  /boot
```

硬盘分区类型分别为主分区、扩展分区、逻辑分区。在对硬盘进行分区时，每一块硬盘设备最多只能由 4 个主分区构成，任何一个扩展分区都要占用一个主分区号码，主分区和扩展分区数量最多为 4 个。4 个主分区和扩展分区占用了分区号 1~4，例如第 1 个主分区使用号码 1，第 3 个分区为扩展分区则使用号码 3，在实际操作时不必从 1 到 4 依次划分主分区，也可以不使用 1 直接使用 2~4 中任意几个。当分区数量大于 4 个时，就必须要用到扩展分区和逻辑分区了，做法是先划分扩展分区，然后在扩展分区的基础上再建立逻辑分区。逻辑分区的分区号从 5 开始。

在进行系统分区时，主分区一般设置为激活状态，用于在系统启动时引导系统。分区时每个分区的大小可以由用户自由指定。Linux 分区格式与 Windows 不同，Windows 常见的分区格式有 FAT32、FAT16、NTFS；而在 Linux 中，通常更习惯将分区格式称为文件系统类型，常见的文件系统类型有 swap、ext3、ext4、XFS 等。具体如何分区可参考本章后面的章节。

5.2 Linux 中的文件管理

与 Windows 通过盘符管理各个分区不同，Linux 把所有文件和设备都当做文件来管理，这些文件都在根目录下，同时 Linux 中的文件名区分大小写。本节主要介绍文件的属性和权限管理。

5.2.1 文件的类型

Linux 系统是一种典型的多用户系统，不同的用户处在不同的地位，拥有不同的权限。为了保护系统的安全性，对于同一资源来说，不同的用户具有不同的权限，Linux 系统对不同的用户访问同一文件（包括目录文件）的权限做了不同的规定。示例 5-2 用于认识 Linux 系统中的文件类型。

【示例 5-2】

```
#查看系统文件类型
#普通文件
[root@localhost ~]# ls -l /etc/resolv.conf
-rw-r--r--. 1 root root 75 Mar 24 19:56 /etc/resolv.conf
#目录文件
[root@localhost ~]# ls -ld /
dr-xr-xr-x. 17 root root 4096 Mar 18 17:37 /
#普通文件
```

```
[root@localhost ~]# ls -l /etc/shadow
----------. 1 root root 1282 Mar 23 10:22 /etc/shadow
#块设备文件
[root@localhost ~]# ls -l /dev/sda
brw-rw----. 1 root disk 8, 0 Mar 24 19:55 /dev/sda
#链接文件
[root@localhost ~]# ls -l /usr/sbin/adduser
lrwxrwxrwx. 1 root root 7 Mar 18 17:12 /usr/sbin/adduser -> useradd
#字符设备文件
[root@localhost ~]# ls -l /dev/tty0
crw--w----. 1 root tty 4, 0 Mar 24 19:55 /dev/tty0
```

在示例 5-2 的输出代码中：

- 第 1 列表示文件的类型，文件类型如表 5.1 所示。
- 第 2 列表示文件权限，如文件权限是 "rw-r--r--" 表示文件所有者可读、可写，文件所归属的用户组可读，其他用户可读此文件。
- 第 3 列为硬链接个数。
- 第 4 列表示文件所有者，就是文件属于哪个用户。
- 第 5 列表示文件所属的组，当文件类型为块设备或字符设备时，此列表示的是硬件类型。
- 第 6 列表示文件大小，通过不同的参数可以显示为可读的格式，如 k/M/G 等。当文件类型为块设备或字符设备时，此列的两个参数表示硬件的主版本和次版本，以逗号分隔。
- 第 7 列表示文件修改时间。
- 第 8 列表示文件名或目录名。

表 5.1　Linux 文件类型

参数	说明
-	表示普通文件，是 Linux 系统中最常见的文件，普通文件第 1 位标识是 "-"，比如常见的脚本等文本文件和常用软件的配置文件，经常执行的命令是可执行的二进制文件也属于此类
d	表示目录文件，第 1 位标识为 "d"，和 Windows 中文件夹的概念类似
l	表示符号链接文件，第 1 位标识为 "l"，软链接相当于 Windows 中的快捷方式，而硬链接可以认为是具有相同内容的不同文件，不同之处在于更改其中一个另外一个文件内容会做同样的改变
b/c	表示设备文件，第 1 位标识是 "b" 或 "c"。第 1 位标识为 "b" 表示是块设备文件。块设备文件的方位每次以块为单位，比如 512 字节或 1024 字节等，类似 Windows 中簇的概念。块设备可随机读取，如硬盘、光盘都属于此类。而字符设备文件每次访问以字节为单位，不可随机读取，如常用的键盘属于此类
p	表示管道文件，第 1 位标识为 "p"，管道是 Linux 系统中一种进程通信机制。生产者写数据到管道中，消费者可以通过进程读取数据

5.2.2 文件的属性与权限

为了系统的安全性，Linux 对于文件赋予了 3 种属性：可读、可写和可执行。在 Linux 系统中，每个文件都有唯一的属主，同时 Linux 系统中的用户可以属于同一个组，通过权限位的控制定义了每个文件的属主，同组用户和其他用户对该文件具有不同的读、写和可执行权限。3 种权限可以用 r、w、x 表示，这种表示方法称为字符模式。另一种为绝对模式，用 4、2、1 表示，绝对模式表示权限时直接将数据相加即可。例如，可读可写用字符模式表示，写作 wr，而绝对模式则将数据相加用 6 表示。

- 读权限：对应标志位为"r"，表示具有读取文件或目录的权限，对应的使用者可以查看文件内容。
- 写权限：对应标志位为"w"，用户可以变更此文件，比如删除、移动等。写权限依赖于该文件父目录的权限设置。示例 5-3 说明了即使文件其他用户权限标志位为可写，其他用户仍然不能操作此文件。

【示例 5-3】

```
[test2@localhost test1]$ ls -l /data/|grep test
drwxr-xr-x   2 root    root      4096 May 30 16:18 test
-rwxr-xr-x   1 root    root  190926848 Apr 18 11:42 test.file
-rwxr-xr-x   1 root    root     10240 Apr 18 17:00 test.tar
drwxr-xr-x   3 test1   users     4096 May 30 19:05 test1
drwxr-xr-x   3 test2   users     4096 May 30 18:55 test2
drwxr-xr-x   4 root    root      4096 Apr 18 17:01 testdir
[test2@localhost test1]$ ls -l
total 0
-rw-rw-rw- 1 test1 test1 0 May 30 19:05 s
#虽然文件具有写权限，但仍然不能删除
[test2@localhost test1]$ rm -f s
rm: cannot remove `s': Permission denied
```

- 可执行权限：对应标志位为"x"，一些可执行文件比如 C 程序必须有可执行权限才可以运行。对于目录而言，可执行权限表示其他用户可以进入此目录，若目录没有可执行权限，则其他用户不能进入此目录。

 文件拥有执行权限才可以运行，比如二进制文件和脚本文件。目录文件要有执行权限才可以进入。

在 Linux 系统中文件权限标志位由 3 部分组成，如"-rwxrw-r--"第 1 位表示普通文件，然后"rwx"表示文件属主具有可读可写可执行的权限，"rw-"表示与属主属于同一组的用户就有读写权限，"r--"表示其他用户对该文件只有读权限。"-rwxrwxrwx"为文件最大权限，对应绝对模式为 777，表示任何用户都可以读写和执行此文件。

5.2.3 改变文件所有权

一个文件属于特定的所有者，如果更改文件的属主或属组可以使用 chown 和 chgrp 命令。chown 命令可以将文件变更为新的属主或属组，只有 root 用户或拥有该文件的用户才可以更改文件的所有者。如果拥有文件但不是 root 用户，只可以将组更改为当前用户所在的组。chown 常用参数说明如表 5.2 所示。

表 5.2 chown 常用参数说明

参数	说明
-f	禁止除用法消息之外的所有错误消息
-h	更改遇到的符号链接的所有权，而不是符号链接指向的文件或目录的所有权，如未指定则更改链接指向目录或文件的所有权
-H	如果指定了-R 选项，并且引用类型目录的文件的符号链接在命令行上指定，chown 变量会更改由符号引用的目录的用户标识（和组标识，如果已指定）和所有在该目录下的文件层次结构中的所有文件
-L	如果指定了-R 选项，并且引用类型目录的文件的符号在命令行上指定或在遍历文件层次结构期间遇到，chown 命令会更改由符号链接引用的目录的用户标识，和在该目录之下的文件层次结构中的所有文件
-R	递归地更改指定文件夹的所有权，但不更改链接指向的目录

chown 经常使用的参数为"R"参数，表示递归地更改目录文件的属主或属组。更改时可以使用用户名或用户名对应的 UID，更改属组类似。操作方法如示例 5-4 所示。

【示例 5-4】

```
[root@localhost ~]# useradd  test
[root@localhost ~]# mkdir /data/test
[root@localhost ~]# ls -ld  /data/test
drwxr-xr-x. 2 root root  4096 Jun  4 20:39 test
[root@localhost ~]# chown -R test.users /data/test
[root@localhost ~]# ls -ld  /data/test
drwxr-xr-x. 2 test users  4096 Jun  4 20:39 test
[root@localhost ~]# su - test
[test@localhost ~]$ cd /data/test
[test@localhost test]$ touch file
[test@localhost test]$ ls -l
total 0
-rw-rw-r--. 1 test test 0 Jun  4 20:39 file
[test@localhost test]$ chown root.root file
chown: changing ownership of `file': Operation not permitted
[root@localhost ~]# useradd test2
[root@localhost ~]# grep test2 /etc/passwd
test2:x:502:502::/home/test2:/bin/bash
```

```
[root@localhost ~]# mkdir /data/test2
#按用户 ID 更改目录所有者
[root@localhost ~]# chown -R 502.users /data/test2
[root@localhost ~]# ls -ld /data/test2
drwxr-xr-x. 2 test2 users 4096 Jun  4 20:44 test2
#更改文件所有者
[root@localhost test]# chown test2.users file
[root@localhost test]# ls -l file
-rw-rw-r--. 1 test2 users 0 Jun  4 20:39 file
```

Linux 系统中 chgrp 命令用于改变指定文件或目录所属的用户组。使用方法与 chown 类似，此处不再赘述。chgrp 命令的操作方法如示例 5-5 所示。

【示例 5-5】

```
#更改文件所属的用户组
[root@localhost test]# ls -l file
-rw-rw-r--. 1 test test 0 Jun  4 20:39 file
[root@localhost test]# groupadd testgroup
[root@localhost test]# chgrp testgroup file
[root@localhost test]# ls -l file
-rw-rw-r--. 1 test testgroup 0 Jun  4 20:39 file
```

5.2.4 改变文件权限

chmod 是用来改变文件或目录权限的命令，文件是以空格分开的要改变权限的文件列表，支持通配符，只有文件的所有者或 root 用户可以执行。执行此命令时需要权限表达式选项。

字符模式的权限表达式由 3 部分组成，第 1 部分为操作对象，第 2 部分为操作符（"+"表示增加权限，"-"表示取消权限，"="表示赋予权限），第 3 部分由权限位"rwx"的组合组成；绝对模式则用权限数字之和来表示。

权限表达式中的操作对象：u 表示对文件所有者进行操作，g 表示文件所属的组，o 表示其他用户，a 表示所有。通过它们可以详细控制文件的权限位。hmod 常用参数如表 5.3 所示，操作方法如示例 5-6 所示。

表 5.3 chmod 命令常用参数说明

参数	说明
-c	显示更改部分的信息
-f	忽略错误信息
-h	修复符号链接
-R	处理指定目录及其子目录下的所有文件
-v	显示详细的处理信息
-reference	把指定的目录/文件作为参考，把操作的文件/目录设成参考文件/目录相同拥有者和群组
--from	只在当前用户和群组和指定的用户和群组相同时才进行改变
--help	显示帮助信息
-version	显示版本信息

【示例 5-6】

```
#新建文件 test.sh
[test2@localhost ~]$ cat test.sh
#!/bin/sh
echo "Hello World"
#文件所有者没有可执行权限
[test2@localhost ~]$ ./test.sh
-bash: ./test.sh: Permission denied
[test2@localhost ~]$ ls -l test.sh
-rw-rw-r-- 1 test2 test2 29 May 30 19:39 test.sh
#给文件所有者加上可执行权限
[test2@localhost ~]$ chmod u+x test.sh
[test2@localhost ~]$ ./test.sh
Hello World
#设置文件其他用户不可以读
[test2@localhost ~]$ chmod o-r test.sh
[test2@localhost ~]$ logout
[root@localhost test1]# su - test1
[test1@localhost ~]$ cd /data/test2
[test1@localhost test2]$ cat test.sh
cat: test.sh: Permission denied
#采用数字设置文件权限
[test2@localhost ~]$ chmod 775 test.sh
[test2@localhost ~]$ ls -l test.sh
-rwxrwxr-x 1 test2 test2 29 May 30 19:39 test.sh
#将文件 file1.txt 设为所有人都可读取
[test2@localhost ~]$chmod ugo+r file1.txt
#将文件 file1.txt 设为所有人都可读取
[test2@localhost ~]$chmod a+r file1.txt
#将文件 file1.txt 与 file2.txt 设为该文件拥有者，与其所属同一个群体者可写入，但其他以外的人不可写入
[test2@localhost ~]$chmod ug+w,o-w file1.txt file2.txt
#将 ex1.py 设定为只有该文件拥有者可以执行
[test2@localhost ~]$chmod u+x ex1.py
#将目前目录下的所有文件都设为任何人可读取
[test2@localhost ~]$chmod -R a+r *
#收回所有用户对 file1 的执行权限
[test2@localhost ~]$chmod a-x file1
```

5.3 Linux 中的磁盘管理

Linux 提供了丰富的磁盘管理命令，如查看硬盘使用率、进行硬盘分区、挂载分区等，本节主要介绍此方面的知识。

5.3.1 查看磁盘空间占用情况

df 命令用于查看硬盘空间的使用情况，还可以查看硬盘分区的类型或 inode 节点的使用情况等。df 常用参数说明如表 5.4 所示，常见用法如示例 5-7 所示。

表 5.4 df 命令常用参数说明

参数	说明
-a	显示所有文件系统的磁盘使用情况，包括 0 块（block）的文件系统，如/proc 文件系统
-k	以 k 字节为单位显示
-i	显示 i 节点信息，而不是磁盘块
-t	显示各指定类型的文件系统的磁盘空间使用情况
-x	列出不是某一指定类型文件系统的磁盘空间使用情况（与 t 选项相反）
-h	以更直观的方式显示磁盘空间
-T	显示文件系统类型

【示例 5-7】

```
#查看当前系统所有分区使用情况。
[root@localhost ~]# df -ah
Filesystem            Size  Used Avail Use% Mounted on
rootfs                  -     -     -    -  /
sysfs                   0     0     0    -  /sys
proc                    0     0     0    -  /proc
devtmpfs             978M     0  978M   0% /dev
tmpfs                993M  8.0K  993M   1% /dev/shm
devpts                  0     0     0    -  /dev/pts
tmpfs                993M  8.9M  985M   1% /run
tmpfs                993M     0  993M   0% /sys/fs/cgroup
/dev/mapper/rhel-root 18G  5.2G   13G  30% /
/dev/sda1            497M  140M  357M  29% /boot
......
#查看每个分区 inode 节点占用情况
[root@localhost ~]# df -i
Filesystem             Inodes  IUsed    IFree IUse% Mounted on
```

```
/dev/mapper/rhel-root  18317312  140521  18176791   1% /
devtmpfs                 250306     388    249918   1% /dev
tmpfs                    254191       3    254188   1% /dev/shm
tmpfs                    254191     533    253658   1% /run
tmpfs                    254191      13    254178   1% /sys/fs/cgroup
/dev/sda1                512000     327    511673   1% /boot
tmpfs                    254191       1    254190   1% /run/user/0
#显示分区类型
[root@localhost ~]# df -T
Filesystem          Type      1K-blocks    Used Available Use% Mounted on
/dev/mapper/rhel-root xfs      18307072 5412296  12894776  30% /
devtmpfs            devtmpfs   1001224       0   1001224   0% /dev
tmpfs               tmpfs      1016764       8   1016756   1% /dev/shm
tmpfs               tmpfs      1016764    9092   1007672   1% /run
tmpfs               tmpfs      1016764       0   1016764   0% /sys/fs/cgroup
/dev/sda1           xfs         508588  143096    365492  29% /boot
tmpfs               tmpfs       203356       0    203356   0% /run/user/0
#显示指定文件类型的磁盘使用状况
[root@localhost ~]# df -t xfs
Filesystem            1K-blocks    Used Available Use% Mounted on
/dev/mapper/rhel-root  18307072 5412296  12894776  30% /
/dev/sda1                508588  143096    365492  29% /boot
```

5.3.2 查看文件或目录所占用的空间

使用 du 命令可以查看磁盘或某个目录占用的磁盘空间，常见的应用场景如硬盘满时需要找到占用空间最多的目录或文件。du 常见的参数如表 5.5 所示。

表 5.5 du 命令常用参数说明

参数	说明
a	显示全部目录和其子目录下的每个文件所占的磁盘空间
b	大小用 bytes 来表示（默认值为 k bytes）
c	最后再加上总计（默认值）
h	以直观的方式显示大小，如 1KB、234MB、5GB
--max-depth=N	只打印层级小于等于指定数值的文件夹的大小
s	只显示各文件大小的总和
x	只计算属于同一个文件系统的文件
L	计算所有的文件大小

du 的一些使用方法如示例 5-8 所示，更多用法可参考"man du"。

【示例 5-8】

```
#统计当前文件夹的大小，默认不统计软链接指向的目的文件夹
[root@localhost data]# du -sh
276M    .
#按层级统计文件夹大小，在定位占用磁盘大的文件夹时比较有用
[root@localhost data]# du --max-depth=1 -h
5.0K    ./logs
194M    ./vmware-tools-distrib
32K     ./file_backup
8.0K    ./link
16K     ./lost+found
20M     ./zip
20K     ./bak
276M    .
```

5.3.3 调整和查看文件系统参数

tune2fs 用于查看和调整文件系统参数，类似于 Windows 下的异常关机启动时的自检，Linux 下此命令可设置自检次数和周期。需要注意的是 tune2fs 命令只能用在 ext2、ext3 和 ext4 文件系统上。tune2fs 常用参数如表 5.6 所示。

表 5.6 tune2fs 命令常用参数说明

参数	说明
-l	查看详细信息
-c	设置自检次数，每挂载一次 mount conut 就会加 1，超过次数就会强制自检
-e	设置当错误发生时内核的处理方式
-i	设置自检天数，d 表示天，m 为月，w 为周
-m	设置预留空间
-j	用于文件系统格式转换
-L	修改文件系统的标签
-r	调整系统保留空间

使用方法如示例 5-9 所示。

【示例 5-9】

```
#查看分区信息
[root@localhost ~]# tune2fs -l /dev/sdb1
tune2fs 1.42.9 (28-Dec-2013)
Filesystem volume name:   <none>
Last mounted on:          <not available>
```

```
Filesystem UUID:          ddfb53a4-89c8-4035-8405-6824bc2710a6
Filesystem magic number:  0xEF53
#部分结果省略
#设置一个月后自检
[root@localhost ~]# tune2fs -i 1m /dev/sdb1
tune2fs 1.42.9 (28-Dec-2013)
Setting interval between checks to 2592000 seconds
#设置当磁盘发生错误时重新挂载为只读模式
[root@localhost data]# tune2fs -e remount-ro /dev/hda1
#设置磁盘永久不自检
[root@localhost data]# tune2fs -c -1 -i 0 /dev/hda1
```

5.3.4 格式化文件系统

当完成硬盘分区以后要进行硬盘的格式化，mkfs 系列对应的命令用于将硬盘格式化为指定格式的文件系统。mkfs 本身并不执行建立文件系统的工作，而是去调用相关的程序来执行。例如，若在-t 参数中指定 ext2，则 mkfs 会调用 mke2fs 来建立文件系统。使用 mkfs 时如果省略指定"块数"参数，mkfs 会自动设置适当的块数，此命令不仅可以格式化 Linux 格式的文件系统，还可以格式化 DOS 或 Windows 下的文件系统。mkfs 常用的参数如表 5.7 所示。

表 5.7 mkfs 命令常用参数说明

参数	说明
-V	详细显示模式
-t :	给定文件系统类型，支持的格式有 ext2、ext3、ext4、xfs、btrfs 等
-c	操作之前检查分区是否有坏道
-l	记录坏道的资料
block	指定 block 的大小
-L:	建立卷标

Linux 系统中 mkfs 支持的文件格式取决于当前系统中有没有对应的命令，比如要把分区格式化为 ext3 文件系统，系统中要存在对应的 mkfs.ext3 命令，其他类似。在具体使用时也可以省略参数 t，使用 mkfs.ext4、mkfs.xfs 等命令来指定文件系统类型。

使用方法如示例 5-10 所示。

【示例 5-10】

```
#查看当前系统mkfs命令支持的文件系统格式
[root@localhost ~]# ls -l /usr/sbin/mkfs.*
-rwxr-xr-x. 1 root root 287400 Apr 16  2015 /usr/sbin/mkfs.btrfs
-rwxr-xr-x. 1 root root  32760 Aug 21  2015 /usr/sbin/mkfs.cramfs
-rwxr-xr-x. 4 root root  96240 Jan 23  2015 /usr/sbin/mkfs.ext2
```

```
-rwxr-xr-x. 4 root root  96240 Jan 23  2015 /usr/sbin/mkfs.ext3
-rwxr-xr-x. 4 root root  96240 Jan 23  2015 /usr/sbin/mkfs.ext4
-rwxr-xr-x. 1 root root  28624 Mar  5  2014 /usr/sbin/mkfs.fat
-rwxr-xr-x. 1 root root  32856 Aug 21  2015 /usr/sbin/mkfs.minix
lrwxrwxrwx. 1 root root      8 Mar 18 21:14 /usr/sbin/mkfs.msdos -> mkfs.fat
lrwxrwxrwx. 1 root root      8 Mar 18 21:14 /usr/sbin/mkfs.vfat -> mkfs.fat
-rwxr-xr-x. 1 root root 351480 Aug  8  2015 /usr/sbin/mkfs.xfs
#将分区格式化为ext4文件系统
[root@localhost ~]# mkfs -t ext4 /dev/sdb1
mke2fs 1.42.9 (28-Dec-2013)
Filesystem label=
OS type: Linux
Block size=4096 (log=2)
Fragment size=4096 (log=2)
Stride=0 blocks, Stripe width=0 blocks
655360 inodes, 2621184 blocks
131059 blocks (5.00%) reserved for the super user
First data block=0
Maximum filesystem blocks=2151677952
80 block groups
32768 blocks per group, 32768 fragments per group
8192 inodes per group
Superblock backups stored on blocks:
        32768, 98304, 163840, 229376, 294912, 819200, 884736, 1605632

Allocating group tables: done
Writing inode tables: done
Creating journal (32768 blocks): done
Writing superblocks and filesystem accounting information: done
```

5.3.5 挂载/卸载文件系统

mount 命令用于挂载分区，对应的卸载分区命令为 umount。这两个命令一般由 root 用户执行。除可以挂载硬盘分区之外，光盘、内存都可以使用该命令挂载到用户指定的目录。mount 常用参数如表 5.8 所示。

表 5.8 mount 命令常用参数说明

参数	说明
-V	显示程序版本
-h	显示帮助信息
-v	显示详细信息
-a	加载文件/etc/fstab 中设置的所有设备
-F	需与-a 参数同时使用。所有在/etc/fstab 中设置的设备会被同时加载，可加快执行速度
-f	不实际加载设备。可与-v 等参数同时使用以查看 mount 的执行过程
-n	不将加载信息记录在/etc/mtab 文件中
-L	加载指定卷边的文件系统
-r	挂载为只读模式
-w	挂载为读写模式
-t	指定文件系统的形态，通常不必指定，mount 会自动选择正确的形态。常见的文件类型有 ext2、msdos、nfs、iso9660、ntfs 等
-o	指定加载文件系统时的选项。如 noatime 每次存取时不更新 inode 的存取时间
-h	显示在线帮助信息

在 Linux 操作系统中挂载分区是一个使用非常频繁的命令。mount 命令可以挂载多种介质，如硬盘、光盘、NFS 等，U 盘也可以挂载到指定的目录。mount 使用方法如示例 5-11 所示。

【示例 5-11】

```
#挂载指定分区到指定目录
[root@localhost ~]# mount /dev/sdb1 /data
#将分区挂载为只读模式
[root@localhost ~]# mount -o re /dev/sdb1 /data2
#挂载光驱，使用ISO文件时可避免将文件解压，可以挂载后直接访问
[root@localhost ~]# mount -t iso9660 /dev/cdrom /media
mount: /dev/sr0 is write-protected, mounting read-only
[root@localhost media]# ls /media/
EFI     Packages                    addons       release-notes
EULA    RPM-GPG-KEY-redhat-beta     images       repodata
GPL     RPM-GPG-KEY-redhat-release  isolinux
LiveOS  TRANS.TBL                   media.repo
#挂载 NFS
[root@localhost test]# mount -t nfs 192.168.1.91:/data/nfsshare  /data/nfsshare
#挂载/etc/fstab 里面的所有分区
[root@localhost test]# mount -a
#挂载 Windows 下分区格式的分区，fat32分区格式可指定参数 vfat
[root@localhost test]#  mount -t ntfs /dev/sdc1 /mnt/usbhd1
#查看系统中的挂载
[root@localhost ~]# mount
```

```
sysfs on /sys type sysfs (rw,nosuid,nodev,noexec,relatime,seclabel)
proc on /proc type proc (rw,nosuid,nodev,noexec,relatime)
devtmpfs         on         /dev         type         devtmpfs
(rw,nosuid,seclabel,size=485124k,nr_inodes=121281,mode=755)
securityfs       on     /sys/kernel/security     type     securityfs
(rw,nosuid,nodev,noexec,relatime)
……
```

 挂载点必须是一个目录，如果该目录有内容，挂载成功后将会看不到该目录原有的文件，卸载后又可以重新使用。

如果要挂载的分区经常使用，需要自动挂载，可以将分区挂载信息加入/etc/fstab。该文件说明如下：

```
/dev/sda3        /data        ext3        noatime,acl,user_xattr 0 2
```

- 第1列表示要挂载的文件系统的设备名称，可以是硬盘分区、光盘、U盘、设备的 UUID、卷标或 ISO 文件，还可以是 NFS。
- 第2列表示挂载点，挂载点实际上就是一个目录。
- 第3列为挂载的文件类型，Linux 能支持大部分分区格式，Windows 下的分区系统也可支持。如常见的 ext3、ext2、iso9660、NTFS 等。
- 第 4 列为设置挂载参数，各个选项用逗号隔开。如设置为 defaults 表示使用挂载参数 rw,suid,dev,exec,auto,nouser 和 async。
- 第 5 列为文件备份设置。此处为 1，表示要将整个文件系统里的内容备份；为 0，表示不备份。在这里一般设置为 0。
- 最后一列为是否运行 fsck 命令检查文件系统。0 表示不运行，1 表示每次都运行，2 表示非正常关机或达到最大加载次数或达到一定天数才运行。

5.3.6 基本磁盘管理

fdisk 为 Linux 系统下的分区管理工具，类似于 Windows 下的 PQMagic 等工具软件。分过区装过操作系统的读者都知道硬盘分区是必要和重要的。fdisk 的帮助信息如示例 5-12 所示。

【示例 5-12】
```
[root@localhost test]# fdisk /dev/sdc
Welcome to fdisk (util-linux 2.23.2).


Changes will remain in memory only, until you decide to write them.
Be careful before using the write command.
```

```
Command (m for help): m
Command action
   a   toggle a bootable flag
   b   edit bsd disklabel
   c   toggle the dos compatibility flag
   d   delete a partition
   g   create a new empty GPT partition table
   G   create an IRIX (SGI) partition table
   l   list known partition types
   m   print this menu
   n   add a new partition
   o   create a new empty DOS partition table
   p   print the partition table
   q   quit without saving changes
   s   create a new empty Sun disklabel
   t   change a partition's system id
   u   change display/entry units
   v   verify the partition table
   w   write table to disk and exit
   x   extra functionality (experts only)
```

以上参数中常用的参数说明如表 5.9 所示。

表 5.9 fdisk 命令常用参数说明

参数	说明
d	删除存在的硬盘分区
n	添加分区
p	查看分区信息
w	保存变更信息
q	不保存退出

详细分区过程如示例 5-13 所示。

【示例 5-13】

```
[root@localhost ~]# fdisk -l

Disk /dev/sdb: 10.7 GB, 10737418240 bytes, 20971520 sectors
Units = sectors of 1 * 512 = 512 bytes
Sector size (logical/physical): 512 bytes / 512 bytes
I/O size (minimum/optimal): 512 bytes / 512 bytes
Disk label type: dos
Disk identifier: 0xacf2e88a
```

```
#以下输出表示没有分区表
   Device Boot      Start         End      Blocks   Id  System

Disk /dev/sda: 21.5 GB, 21474836480 bytes, 41943040 sectors
#部分结果省略
#创建分区并格式化硬盘
[root@localhost ~]# fdisk /dev/sdb
#部分结果省略
#查看帮助
Command (m for help): m
Command action
   a   toggle a bootable flag
   b   edit bsd disklabel
   c   toggle the dos compatibility flag
   d   delete a partition
   g   create a new empty GPT partition table
   G   create an IRIX (SGI) partition table
   l   list known partition types
   m   print this menu
   n   add a new partition
   o   create a new empty DOS partition table
   p   print the partition table
   q   quit without saving changes
   s   create a new empty Sun disklabel
   t   change a partition's system id
   u   change display/entry units
   v   verify the partition table
   w   write table to disk and exit
   x   extra functionality (experts only)
#创建新分区
Command (m for help): n
#询问分区类型，此处输入p表示主分区
Partition type:
   p   primary (0 primary, 0 extended, 4 free)
   e   extended
Select (default p): p
#输入分区号，由于之前选择的是主分区，因此此处只能选择1-4
Partition number (1-4, default 1): 1
#选择起始柱面，通常保持默认即可
First sector (2048-20971519, default 2048):
Using default value 2048
#输入结束柱面，这决定了分区大小，也可以使用如+500M、+5G等代替
#此处使用默认，即将所有空间都分给分区1
```

```
Last sector, +sectors or +size{K,M,G} (2048-20971519, default 20971519):
Using default value 20971519
Partition 1 of type Linux and of size 10 GiB is set
#保存更改
Command (m for help): w
The partition table has been altered!

Calling ioctl() to re-read partition table.
#查看分区情况
[root@localhost ~]# fdisk -l
Disk /dev/sdb: 10.7 GB, 10737418240 bytes, 20971520 sectors
Units = sectors of 1 * 512 = 512 bytes
Sector size (logical/physical): 512 bytes / 512 bytes
I/O size (minimum/optimal): 512 bytes / 512 bytes
Disk label type: dos
Disk identifier: 0xacf2e88a
#sdb 的分区表
   Device Boot      Start         End      Blocks   Id  System
/dev/sdb1            2048    20971519    10484736   83  Linux

Disk /dev/sda: 21.5 GB, 21474836480 bytes, 41943040 sectors
……
#为新建的分区创建文件系统，或称格式化
[root@localhost ~]# mkfs.ext4 /dev/sdb1
mke2fs 1.42.9 (28-Dec-2013)
Filesystem label=
OS type: Linux
Block size=4096 (log=2)
Fragment size=4096 (log=2)
Stride=0 blocks, Stripe width=0 blocks
655360 inodes, 2621184 blocks
131059 blocks (5.00%) reserved for the super user
First data block=0
Maximum filesystem blocks=2151677952
80 block groups
32768 blocks per group, 32768 fragments per group
8192 inodes per group
Superblock backups stored on blocks:
        32768, 98304, 163840, 229376, 294912, 819200, 884736, 1605632

Allocating group tables: done
Writing inode tables: done
Creating journal (32768 blocks): done
```

```
Writing superblocks and filesystem accounting information: done

#编辑系统挂载表,加入新增的分区
[root@localhost ~]# vi /etc/fstab
#添加以下内容
/dev/sdb1 /data ext4    defaults   0 0
#退出保存
#创建挂载目录
[root@localhost ~]# mkdir /data
[root@localhost ~]# mount -a
#查看分区是否已经正常挂载
[root@localhost ~]# df -h
Filesystem              Size  Used Avail Use% Mounted on
/dev/mapper/rhel-root   18G   5.2G  13G  30% /
devtmpfs                474M  0     474M 0%  /dev
tmpfs                   489M  8.0K  489M 1%  /dev/shm
tmpfs                   489M  7.0M  482M 2%  /run
tmpfs                   489M  0     489M 0%  /sys/fs/cgroup
/dev/sda1               497M  140M  357M 29% /boot
tmpfs                   98M   0     98M  0%  /run/user/0
/dev/sr0                3.8G  3.8G  0    100% /media
/dev/sdb1               9.8G  37M   9.2G 1%  /data
#文件测试
[root@localhost ~]# cd /data
[root@localhost data]# touch test.txt
```

5.4 交换空间管理

  Linux 中的交换空间在系统物理内存被用尽时使用。如果系统需要更多的内存资源,而物理内存已经用尽,内存中不活跃的页就会被交换到交换空间中。交换空间位于硬盘上,速度不如物理内存。

 在生产环境中交换空间的大小一般取决于计算机物理内存的大小,如果物理内存小于 4G,通常建议为物理内存的 2 倍;物理内存大于 4G 小于 16G,通常设置为物理内存的大小;大于 16G 建议为物理内存的一半。

  Linux 系统支持虚拟内存系统,主要用于存储应用程序及其使用的数据信息,虚拟内存大小主要取决于应用程序和操作系统。如果交换空间太小,则可能无法运行希望运行的所有应用程序,导致页面频繁地在内存和磁盘之间交换,从而导致系统性能下降。如果交换空间太大,则可能会浪费磁盘空间。因此系统交换分区的大小需要合理设置。

如果虚拟内存大于物理内存，操作系统可以在空闲时将所有当前进程换出到磁盘上，并且能够提高系统的性能。如果希望将应用程序的活动保留在内存中，并且不需要大量的交换，可以设置较小的虚拟内存。而桌面环境配置比较大的虚拟内存则有利于运行大量的应用程序。

Linux 系统总是会尝试使用全部的物理内存，而尽量不使用虚拟内存。在重载生产环境中，物理内存应当足够大，否则可能会导致"多米诺骨牌效应"。一方面物理内存不够会导致更多的进程被换出到交换分区，进而导致磁盘 I/O 加重；另一方面由于磁盘 I/O 加重又会导致更多的进程被阻塞放置到内存中。因此在重载生产环境中，必须控制虚拟内存的使用量。

5.5 磁盘冗余阵列 RAID

RAID（Redundant Array of Inexpensive Disks）的基本目的是把多个小型廉价的硬盘合并成一组大容量的硬盘，用于解决数据冗余性并降低硬件成本，使用时如同单一的硬盘。RAID 的好处很明显，由于是多块硬盘组合而成，因此可以获得更好的读写性能（同时读写）及数据冗余功能（一个数据多个备份）等。

RAID 技术有两种：硬件 RAID 和软件 RAID。基于硬件的系统从主机之外独立地管理 RAID 子系统，并且它在主机处把每一组 RAID 阵列只显示为一个磁盘。软件 RAID 在系统中实现各种 RAID 级别，因此不需要 RAID 控制器。在生产环境中，硬件 RAID 控制器由于自带计算芯片无需额外消耗系统计算资源而被广泛使用。

RAID 分为各种级别，比较常见的有 RAID 0、RAID 1、RAID 5、RAID 10 和 RAID 01。这些 RAID 类型的定义如下：

- RAID 0 表示数据被随机分片写入每个磁盘，此种模式下存储能力等同于每个硬盘的存储能力之和，但并没有冗余性，任何一块硬盘的损坏都将导致数据丢失。好处是 RAID 0 能同时读写，因此读写性能较好。
- RAID 1 称作镜像，会在每个成员磁盘上写入相同的数据，此种模式比较简单，可以提供高度的数据可用性和更好的读性能（同时读），它目前仍然很流行。但对应的存储能力有所降低，如两块相同硬盘组成 RAID 1，则容量为其中一块硬盘的大小。
- RAID 5 是最普遍的 RAID 类型。RAID 5 更适合于小数据块和随机读写的数据。RAID 5 是一种存储性能、数据安全和存储成本兼顾的存储解决方案。磁盘空间利用率要比 RAID 1 高，存储成本相对较低。RAID 5 不单独指定奇偶盘，而是在所有磁盘上交叉地存取数据和奇偶校验信息。组建 RAID 5 至少需要 3 块硬盘。若 N 块硬盘组成 RAID 5，则硬盘容量为 N-1，如果其中一块硬盘损坏，数据可以根据其他硬盘存储的校验信息进行恢复。

RAID 磁盘阵列是目前生产环境中应用成熟的技术之一，在服务器中配置也较为简单，只需选择相应的阵列级别，然后添加磁盘即可。关于 RAID 的更多技术细节，读者可参考相关文档了解。

5.6 范例——监控硬盘空间

实际应用中需要定时检测磁盘空间，在超过指定阈值后告警，然后提前删除不必要的文件，避免因为程序满了而发生问题。示例 5-14 演示了如何在单机情况下监控硬盘空间。如果管理的服务器很多，需要批量部署检测程序，在磁盘即将满时及时发出警报。

【示例 5-14】

```
[root@localhost logs]#cat -n diskMon.sh
   1  #!/bin/sh
   2  #用于记录执行日志
   3  function LOG()
   4  {
   5     echo "["$(/bin/date +%Y-%m-%d" "%H:%M:%S -d "0 days ago")"]" $1
   6  }
   7  #告警发送详细逻辑，此处为演示
   8  function sendmsg()
   9  {
  10        echo    sendmsg
  11  }
  12  #主处理逻辑
  13  function process()
  14  {
  15  /bin/df -h |sed -e '1d'| while read  Filesystem Size  Used Avail Use Mounted
  16  do
  17
  18        LOG "$Filesystem Use $Use"
  19        Use=`echo $Use|awk -F '%' '{print $1}'`
  20        if [ $Use -gt 80 ]
  21        then
  22            sendmsg mobilenumber "alarm conent"
  23        fi
  24  done
  25  }
  26
```

```
27  function main()
28  {
29       process
30  }
31
32  LOG "process start"
33  main
34  LOG "process end"
```

5.7 小结

文件系统用于存储文件、目录、链接及文件相关信息等，Linux 文件系统以 "/" 为最顶层，所有的文件和目录都在 "/" 下。本章主要介绍了 Linux 文件系统的相关知识点，如文件的权限及属性。本章最后的示例演示了如何通过监控及时发现磁盘空间问题。

5.8 习题

一、填空题

1. 为了系统的安全性，Linux 对文件赋予了 3 种属性：_____、_____ 和 _____。

2. _____ 命令是用来改变文件或目录权限的命令，可以将指定文件的拥有者改为指定的用户或组。

3. 当完成硬盘分区以后要进行硬盘的格式化，_____ 系列对应的命令用于将硬盘格式化为指定格式的文件系统。

二、选择题

1. 以下关于交换空间描述不正确的是（　　）

A. 如果系统需要更多的内存资源，而物理内存已经用尽，内存中不活跃的页就会被交换到交换空间中。

B. 交换空间位于硬盘上，因为空间大所以速度比物理内存快。

C. 交换空间的总大小一般设置为计算机物理内存的两倍。

D. 在 Linux 2.6 内核上，可以通过设置/etc/sysctl.conf 中的 vm.swappiness 值来调整系统的 swappiness。

2. 以下关于磁盘冗余阵列 RAID 描述正确的是（　　）

A. RAID（Redundant Array of Inexpensive Disks）的基本目的是把多个硬盘分布在不同的电脑上。

B. RAID 技术有两种：硬件 RAID 和软件 RAID

C. RAID 分为各种级别，比较常见的有 RAID 0、RAID 1、RAID 2、RAID 3 和 RAID 5。

D. 组建 RAID 5 至少需要 5 块硬盘。

第 6 章

◀ Linux 日志系统 ▶

日志文件系统已经成为 Linux 中必不可少的组成部分。对于日常机器的运行状态是否正常、遭受攻击时如何查找被攻击的痕迹、软件启动失败时如何查找原因等情况，Linux 日志系统都提供了非常完备的解决方案。本章主要介绍 Linux 日志系统的相关知识。

本章主要涉及的知识点有：

- Linux 日志系统
- rsyslog 的配置
- Linux 常见的日志文件
- 查看 Linux 日志文件的命令
- Linux 的日志轮转

通过本章最后的示例，演示如何通过系统日志定位系统问题。

 本章介绍的日志系统与日志文件系统的概念有所区别，如需了解 Linux 日志文件系统，可参阅相关资料。

6.1 Linux 中常见的日志文件

在日常的使用过程中，日志系统可以记录当前系统中发生的各种时间，比如登录日志记录每次登录的来源和时间、系统每次启动和关闭的情况、系统错误等。用户可以根据其他类型的各种日志排查系统问题，如果遇到网络攻击，可以从日志中追踪蛛丝马迹。

日志的主要用途如下：

- 系统审计：每天登录系统的用户都是哪些用户，这些用户做了什么。
- 监测追踪：系统受到攻击时如何查找攻击者的蛛丝马迹。
- 分析统计：Apache Web 服务器请求量如何、错误码分布如何、性能如何，是否需要扩容，有多少用户访问了该 Web 服务。

为了保证 Linux 系统正常运行，准确解决各种各样的问题，系统管理员需要了解如何读取对应类型的日志文件。Linux 系统日志文件一般存放在/var/log 下，且必须有 root 权限才能查看。对应的日志类型主要有 3 种。

- 系统连接日志。这类日志主要记录系统的登录记录和用户名，然后把记录写入到/var/log/wtmp 和/var/run/utmp 中，login 等程序更新 wtmp 和 utmp 文件，可以使系统管理员及时掌握系统的登录记录。
- 进程统计。由系统内核执行，当一个进程终止时，为每个进程往进程统计文件中写一个记录。进程统计的目的是为系统中的基本服务提供命令使用统计。
- 错误日志。各种系统守护进程、用户程序和内核，通过 syslog 向文件/var/log/messages 报告值得注意的事件。另外还有许多 Linux 程序创建日志，像 HTTP 和 FTP 等应用有专门的日志配置。

常用的日志文件如表 6.1 所示。

表 6.1　Linux 常见日志文件说明

日志	功能
access-log	记录 Web 服务的访问日志，错误信息则位于 error-log
acct/pacct	记录用户命令
btmp	记录失败的记录
lastlog	记录最近几次成功登录的事件和最后一次不成功的登录
messages	服务器的系统日志
sudolog	记录使用 sudo 发出的命令
sulog	记录 su 命令的使用
syslog	从 syslog 中记录信息（通常链接到 messages 文件）
utmp	记录当前登录的每个用户
wtmp	一个用户每次登录进入和退出时间的永久记录
secure	记录系统登录行为，比如 sshd 登录记录

对于文本类型的日志，每一行表示一个消息，一般由 4 个域的固定格式组成，如示例 6-1 所示。

【示例 6-1】
```
[root@localhost ~]# tail /var/log/messages
Mar 28 15:06:45 localhost dnsmasq[1834]: using nameserver 61.139.2.69#53
Mar 28 15:06:45 localhost dnsmasq[1834]: using nameserver 172.16.1.9#53
```

- 记录时间：表示消息发出的日期和时间。
- 主机名：表示生成消息的服务器的名字。
- 生成消息的子系统的名字：来自内核则标识为 kernel，来自进程则标识为进程名。在方括号里的是进程的 PID。
- 消息：剩下的部分就是消息的内容。

/var/log/messages 为服务器的系统日志，该日志并不专门记录特定服务相关的日志，一般，后台守护进程（如 crond）会把执行日志打印到此文件，查看此文件可以使用文本编辑器或文本查看命令，如 cat、head 或 tail 等。

/var/log/secure 记录了系统的登录行为，通过此日志可以分析异常的登录请求，可以使用文本查看相关的命令。

/var/log/utmp、/var/log/wtmp、/var/log/lastlog 这 3 个日志文件记录了关于系统登录和退出信息。utmp 记录当前登录用户的信息。用户登录和退出的记录则保存在 wtmp 文件中，各个用户最后一次登录的日志可以使用 lastlog 查看。所有的记录都包含时间戳。随着系统的使用，这些文件有些可能会变得很大，可以使用日志轮转将文件以一天或一周截取，方法是使用开发者自己的脚本或使用系统提供的日志轮转功能。查看方法如示例 6-2 所示。

【示例 6-2】

```
[root@localhost ~]# lastlog
Username         Port     From             Latest
root             pts/0    172.16.45.12     Mon Mar 28 15:05:46 +0800 2016
user             pts/0                     Mon Mar 28 15:09:24 +0800 2016
test             pts/0                     Mon Mar 28 15:09:32 +0800 2016
```

用户每次登录时，login 程序在文件 lastlog 中查找用户的 UID。若找到则把用户上次登录、退出时间和主机名写到标准输出中，然后在 lastlog 中记录新的登录时间。在新的 lastlog 记录写入后，utmp 文件打开并插入用户的 utmp 记录。该记录一直用到用户登录退出时删除。

wtmp 和 utmp 为二进制文件，不能用文本查看命令直接查看，可以通过 who、w、users、last 和 ac 查看这两个文件包含的信息。

who 命令查询 utmp 文件并报告当前登录的每个用户。who 命令的输出包含用户名、终端类型、登录日期及登录的来源主机，如示例 6-3 所示。

【示例 6-3】

```
[root@localhost ~]# who
test     tty1         Mar 28 15:12
root     pts/0        Mar 28 15:05 (172.16.45.12)
user     pts/1        Mar 28 15:11 (172.16.45.16)
root     tty4         Mar 28 15:12
[root@localhost ~]# who /var/log/wtmp
user     :0           Mar 21 09:42 (:0)
user     pts/0        Mar 21 09:45 (:0)
user     pts/0        Mar 21 09:57 (:0)
user     :0           Mar 21 10:32 (:0)
user     pts/0        Mar 21 10:32 (:0)
root     tty6         Mar 21 10:33
root     pts/1        Mar 21 10:40 (172.16.45.11)
……
```

who 命令后面如果跟 wtmp 文件名，则可以查看所有的登录记录信息。

w 命令查询 utmp 文件并显示当前系统中每个用户和用户所运行的进程信息，如示例 6-4 所示。

【示例 6-4】

```
[root@localhost ~]# w
 15:16:08 up 12 min,  4 users,  load average: 0.00, 0.14, 0.21
USER     TTY      FROM             LOGIN@   IDLE   JCPU   PCPU WHAT
test     tty1                      15:12    3:20   0.03s  0.03s -bash
root     pts/0    172.16.45.12     15:05    0.00s  0.16s  0.03s w
user     pts/1    172.16.45.12     15:11    4:42   0.02s  0.02s -bash
root     tty4                      15:12    3:12   0.03s  0.03s -bash
```

显示的信息依次为登录名、tty 名称、远程主机、登录时间、空闲时间、JCPU、PCPU 和其当前进程的命令行。

users 命令用单独的一行打印出当前登录的所有用户，每个显示的用户名对应一个登录会话。若一个用户有不止一个登录会话，则用户名显示与会话相同的次数，如示例 6-5 所示。

【示例 6-5】

```
[root@localhost ~]# users
root root test user
```

last 命令往回搜索 wtmp 显示自从文件第一次创建以来所有用户的登录记录。注意此命令不同于 lastlog 命令，如示例 6-6 所示。

【示例 6-6】

```
[root@localhost ~]# last
root     tty4                      Mon Mar 28 15:12   still logged in
test     tty1                      Mon Mar 28 15:12   still logged in
user     pts/1    172.16.45.12     Mon Mar 28 15:11   still logged in
user     tty1                      Mon Mar 28 15:10 - 15:11  (00:00)
root     pts/0    172.16.45.12     Mon Mar 28 15:05   still logged in
root     pts/0    :0               Mon Mar 28 15:05 - 15:05  (00:00)
```

如果要查看系统的启动信息，可以通过 dmsg 查看。当 Linux 启动的时候，内核的信息被存入内核 ring 缓存当中，dmesg 可以显示缓存中的内容。通过此文件可以查看系统中的异常情况，比如硬盘损坏或其他故障，可用以下命令来查看 "dmesg | grep -i error"。

系统的其他服务，如 Apache 或 MySQL 等，都有自己特定的日志文件，其日志可以用专业的软件来（Awstats）分析。

6.2 Linux 日志系统

日志系统负责记录系统运行过程中内核产生的各种信息，并分别将它们存放到不同的日志文件中，以便系统管理员进行故障排除、异常跟踪等。RHEL 7 中使用 rsyslog 作为日志服务程序。本节主要介绍 rsyslog 的知识。

6.2.1 rsyslog 日志系统简介

Linux 是一个多用户多任务的系统，系统每时每刻都在发生变化，需要完备的日志系统记录系统运行的状态。如果系统管理员需要了解每个用户的登录情况，就需要查看登录日志。如果开发人员要了解系统中安装的 Web 服务或数据库服务运行状态如何，就需要查看 Web 应用的日志或数据库的日志。各种情况下日志系统是不可缺少的，正如大厦管理员需要了解访问人员的信息一样，Linux 提供了完善的日志系统以便完成日常的审计或业务统计需求。

Linux 内核由很多子系统组成，包含网络、文件访问、内存管理等，子系统需要给用户传送一些消息，这些消息内容包括消息的来源及重要性等，所有这些子系统都要把消息传送到一个可以维护的公共消息区，于是产生了 rsyslog。

syslog 是一个综合的日志记录系统，主要功能是为了方便管理日志和分类存放系统日志，syslog 使程序开发者从繁杂的日志文件代码中解脱出来，使管理员能更好地控制日志的记录过程。在 syslog 出现之前，每个程序都使用自己的日志记录策略，管理员对保存什么信息或信息存放在哪里没有控制权。每种应用（如 Web 服务、MySQL 等）都有自己的日志。

因为在实际的日常管理中，每天的日志量都非常大，在进行排查或跟踪时，使用 grep 查看日志文件是件痛苦的事情。于是，syslog 的替代产品 rsyslog 出现了，Redhat 和 Fedra 都使用 rsyslog 替换了 syslog。

6.2.2 rsyslog 配置文件及语法

rsyslog 默认配置文件为/etc/rsyslog.conf，该配置文件定义了系统中需要监听的事件和对应的日志文件的保存位置。首先看示例 6-7。

【示例 6-7】
```
*.info;mail.none;authpriv.none;cron.none        /var/log/messages
authpriv.*                                      /var/log/secure
mail.*                                         -/var/log/maillog
cron.*                                          /var/log/cron
*.emerg                                         :omusrmsg:*
uucp,news.crit                                  /var/log/spooler
local7.*                                        /var/log/boot.log
```

每一行由两个部分组成。第一部分是一个或多个"设备"，设备后面跟一些空格字符，然后是一个"操作动作"。

1．设备

设备本身分为两个字段，之间用一个小数点"."分隔。前一个字段表示一项服务，后一个字段是一个优先级。通过设备将不同类型的消息发送到不同的地方。在同一个 rsyslog 配置行上允许出现一个以上的设备，但必须用分号";"把它们分隔开。表 6.2 列出了绝大多数 Linux 操作系统都可以识别的设备。

表 6.2　Linux 操作系统可以识别的设备

日志	功能
auth	由 pam_pwdb 报告的认证活动
authpriv	包括特权信息（如用户名）在内的认证活动
cron	与 cron 和 at 有关的计划任务信息
daemon	与 inetd 守护进程有关的后台进程信息
kern	内核信息，首先通过 klogd 传递
lpr	与打印服务有关的信息
mail	与电子邮件有关的信息
mark	syslog 内部功能，用于生成时间戳
news	来自新闻服务器的信息
syslog	由 syslog 生成的信息
user	由用户程序生成的信息
uucp	由 uucp 生成的信息
local0-local7	由自定义程序使用

其中 local0-local7 由自定义程序使用，应用程序可以通过它做一些个性的配置。

2．优先级

优先级是选择条件的第 2 个字段，代表消息的紧急程度。不同的服务类型有不同的优先级，数值较大的优先级涵盖数值较小的优先级。如果优先级是 warning，则实际上将 warning、err、crit、alert 和 emerg 都包含在内。优先级定义消息的紧急程度，优先级按严重程度由高到低如表 6.3 所示。

表 6.3　Linux 日志系统紧急程度层级说明

日志	功能
emerg	该系统不可用，等同于 panic
alert	需要立即被修改的条件
crit	阻止某些工具或子系统功能实现的错误条件
err	阻止工具或某些子系统部分功能实现的错误条件，等同于 error
warning	预警信息，等同于 warn
notice	具有重要性的普通条件
info	提供信息的消息
debug	不包含函数条件或问题的其他信息
none	没有重要级别，通常用于排错
*	所有级别，除了 none

3．优先级限定符

rsyslog 可以使用 3 种限定符对优先级进行修饰：星号（*）、等号（=）和叹号（!）。

- 星号（*）表示对应服务生成的所有日志消息都发送到操作动作指定的地点。

- 等号（=）表示只把对应服务生成的本优先级的日志消息发送到操作动作指定的地点。
- 叹号（!）表示把对应服务生成的所有日志消息都发送到操作动作指定的地点，但本优先级的消息不包括在内，类似于编程语言中"非"的用法。

4．操作动作

日志信息可以分别记录到多个文件里，还可以发送到命名管道、其他程序，甚至远程主机。常见的动作有以下几种，示例6-8列举了一些配置示例。

 每条消息均会经过所有规则，并不是唯一匹配的。

- file 指定日志文件的绝对路径。
- terminal 或 print 发送到串行或并行设备标志符，例如/dev/ttyS2。
- @host 是远程的日志服务器。
- username 发送信息到本机的指定用户终端中，前提是该用户必须已经登录到系统中。
- named pipe 发送到预先使用 mkfifo 命令来创建的 FIFO 文件的绝对路径。

【示例 6-8】
```
#把邮件除info级别外都写入mail文件中
mail.*;mail.!=info /var/adm/mail
mail.=info /dev/tty12
#仅把邮件的通知性消息发送到tty12终端设备
*.alert root,joey
#如果root和joey用户已经登录到系统，则把所有紧急信息通知给他们
*.* @192.1683.3.100
#把所有信息都发送到192.168.3.100主机
```

6.3 使用日志轮转

所有的日志文件都会随着时间和访问次数的增加而迅速增长，因此必须对日志文件进行定期清理，以免造成磁盘空间的浪费。由于查看小文件的速度比大文件快很多，使用日志轮转同时也节省了系统管理员查看日志所用的时间。日志轮转可以使用系统提供的 logrotate 功能。

6.3.1 logrotate 命令及配置文件参数说明

该程序可自动完成日志的压缩、备份、删除等工作，并可以设置为定时任务，如每日、每周或每月处理。其命令格式如下。

```
logrotate [选项] <configfile>
```

参数说明如表 6.4 所示。

表 6.4 logrotate 命令参数说明

日志	功能
-d	详细显示指令执行过程，便于排错或了解程序执行的情况
-f	强行启动记录文件维护操作
-s	使用指定的状态文件
-v	在执行日志滚动时显示详细信息
-?	显示帮助信息

logrotate 的主配置文件为 /etc/logrotate.conf 和 /etc/logrotate.d 目录下的文件，查看 logrotate 主配置文件的例子如下：

```
[root@localhost ~]# cat -n /etc/logrotate.conf
     1  #可以使用命令 man logrotate 查看更多帮助信息
     2  #每周轮转
     3  weekly
     4  # 保存过去4周的文件
     5  rotate 4
     6  # 轮转后创建新的空日志文件
     7  create
     8  #轮转的文件以日期结尾，如 messages-20140810
     9  dateext
    10  #如果需要将轮转后的日志压缩，可以去掉此行的注释
    11  #compress
    12  #其他配置可以放到此文件夹中
    13  include /etc/logrotate.d
    14  #一些系统日志的轮转规则
    15  /var/log/wtmp {
    16      monthly
    17      create 0664 root utmp
    18          minsize 1M
    19      rotate 1
    20  }
    21
    22  /var/log/btmp {
    23      missingok
    24      monthly
    25      create 0600 root utmp
```

```
26     rotate 1
27 }
```

logrotate 配置文件参数说明如表 6.5 所示。

表 6.5 logrotate 配置文件参数说明

日志	功能
compress	通过 gzip 压缩轮转以后的日志,与之对应的是 nocompress 参数
copytruncate	把当前日志备份并截断,与之对应的参数为 nocopytruncate
nocopytruncate	备份日志文件但是不截断
create	轮转文件,使用指定的文件模式创建新的日志文件
nocreate	不建立新的日志文件
delaycompress	和 compress 一起使用时,轮转的日志文件到下一次轮转时才压缩
nodelaycompress	覆盖 delaycompress 选项,轮转同时压缩
errors address	转储时的错误信息发送到指定的 Email 地址
ifempty	即使是空文件也轮转,这是 logrotate 的默认选项
notifempty	如果是空文件的话,不轮转
mail address	把轮转的日志文件发送到指定的 E-mail 地址
nomail	轮转时不发送日志文件
olddir directory	轮转后的日志文件放入指定的目录,必须和当前日志文件在同一个文件系统中
noolddir	轮转后的日志文件和当前日志文件放在同一个目录下
prerotate/endscript	在轮转以前需要执行的命令可以放入这个对,这两个关键字必须单独成行
postrotate/endscript	在轮转以后需要执行的命令可以放入这个对,这两个关键字必须单独成行
daily	指定轮转周期为每天
weekly	指定轮转周期为每周
monthly	指定轮转周期为每月
rotate count	指定日志文件删除之前轮转的次数,0 表示没有备份,5 表示保留 5 个备份
tabootext [+] list	让 logrotate 不轮转指定扩展名的文件
size size	当日志文件到达指定的大小时才轮转

6.3.2 利用 logrotate 轮转 Nginx 日志

本示例主要使用 logrotate 轮转 Web 服务 Nginx 的访问日志,Nginx 的访问日志文件位于 /data/logs 目录下,安装位置位于/usr/local/nginx。

1.配置文件设置/etc/logrotate.d/nginx

首先配置轮转设置参数,如下所示:

```
[root@localhost data]# cat -n  /etc/logrotate.d/nginx
  1 /data/logs/access.log /data/logs/error.log {
  2 notifempty
```

```
3    daily
4    rotate 5
5    postrotate
6    /bin/kill -HUP `/bin/cat /usr/local/nginx/logs/nginx.pid`
7    endscript
8    }
```

参数说明如下。

- notifempty：如果文件为空则不轮转。
- daily：日志文件每天轮转一次。
- rotate 5：轮转文件保存为 5 份。
- postrotate/endscript：日志轮转后执行的脚本。这里用来重启 Nginx，以便重新生成日志文件。

2．测试

```
[root@localhost data]# /usr/sbin/logrotate -vf /etc/logrotate.conf
```

注意观察该命令的输出，若没有 error 日志，则正常生成轮转文件，配置完成。

3．设置为每天执行

如需该功能每天自动轮转，可以将对应命令加入 crontab，在/etc/cron.daily 目录下有 logrotate 执行的脚本，该脚本会通过 crond 调用，每天执行一次：

```
[root@localhost data]# cat -n /etc/cron.daily/logrotate
1    #!/bin/sh
2
3    /usr/sbin/logrotate /etc/logrotate.conf >/dev/null 2>&1
4    EXITVALUE=$?
5    if [ $EXITVALUE != 0 ]; then
6        /usr/bin/logger -t logrotate "ALERT exited abnormally with [$EXITVALUE]"
7    fi
8    exit 0
```

6.4 范例——利用系统日志定位问题

本节以一个进程消失为例说明系统日志在问题定位时的作用，供读者参考。场景为在服务器上运行一个 MySQL 服务，但某天发现不知道由于什么原因进程没了，下面定位此问题的过程。

6.4.1 查看系统登录日志

首先根据系统登录日志定位系统最近登录的用户,然后根据用户的 history 记录查看是否有用户直接将 MySQL 进程杀死,如示例 6-9 所示。

【示例 6-9】

```
[root@localhost Packages]# lastlog
用户名           端口      来自              最后登录时间
root            pts/0     192.168.19.1      日 8月  4 05:17:39 +0800 2014
sshd                                        **从未登录过**
userA           pts/2     192.168.19.102    四 7月 11 09:07:54 +0800 2014
userB           pts/1     192.168.19.102    日 3月 31 01:43:38 +0800 2014
user00                                      **从未登录过**
user01          pts/3     192.168.19.102    日 8月  4 05:16:47 +0800 2014
```

6.4.2 查看历史命令

此步主要根据历史登录记录查看各个用户执行过的历史命令,发现并无异常。

```
[userA@localhost ~]$ history |grep kill
```

6.4.3 查看系统日志

通过查看系统日志/var/log/messages 发现以下记录:

```
#为了便于说明问题,对显示结果做了处理
[root@localhost Packages]# /var/log/messages
Aug 2 00:00:20  kernel: [5787241.235457] Out of memory: Kill process 19018 (mysqld)
Aug 2 00:00:20  kernel: [578241.678722] Killed process 19018 (mysqld)
```

至此,MySQL 被杀死的原因已经找到,在某个时间,由于内存耗尽触发操作系统的 OOM(Out Of Memory)机制。OOM 是 Linux 内核的一种自我保护机制,当系统中内存出现不足时,Linux 内核会终止系统中占用内存最多的进程,同时记录下终止的进程并打印终止进程信息。

6.5 小结

很多读者已经知道,Windows 系统有一些日志信息,可通过这些信息来查询发生蓝屏或其他事故的原因。Linux 系统也同样提供了日志系统,之所以说系统,是因为它包含的功能太大了,基本上可以记录所有的操作数据和故障信息。本章最后用系统日志定位的一个示例，演示了如何有效地利用系统日志定位问题。

6.6 习题

一、填空题

1. Linux 系统日志文件一般存放在_____下，且必须有_____权限才能查看。
2. _____负责记录系统运行过程中内核产生的各种信息，并分别存放到不同的日志文件中。

二、选择题

关于 logrotate 描述错误的是（　　）。

A. 可自动完成日志的压缩、备份、删除等工作。
B. 主配置文件为/var/logrotate.conf 和/var/logrotate.d 目录下的文件。
C. 可以设置为定时任务，如每日、每周或每月处理。
D. 可以使用命令 man logrotate 查看更多帮助信息。

第 7 章
◀ 用户和组 ▶

接触 Linux，首先要了解如何管理系统用户，用户的权限对于 Linux 的安全是至关重要的。不同的用户应该具有不同的权限，可以操作不同的系统资源。root 用户具有超级权限，可以操作任何文件，日常使用中应该避免使用它。

本章首先介绍 Linux 的用户管理机制和登录过程，然后介绍用户及用户组的管理，包括日常的添加、删除、修改等用户管理操作。

本章主要涉及的知识点有：

- Linux 用户的工作原理
- 管理 Linux 用户
- 管理 Linux 用户组
- 用户和用户组组合应用

本章最后的示例演示如何管理 Linux 中的用户和组资源。

7.1 Linux 的用户管理

Linux 用户管理是 Linux 的优良特性之一，通过本节读者可以了解 Linux 中用户的登录过程和登录用户的类型。

7.1.1 Linux 用户登录过程

用户要使用 Linux 系统，必须先进行登录。Linux 的登录过程和 Windows 的登录过程类似。用户登录包括以下几个步骤。

步骤 01 当 Linux 系统正常引导完成后，系统就可以接纳用户的登录。这时用户终端上显示"login:"提示符，如果是图形界面，则会显示用户登录窗口，这时就可以输入用户名和密码了。

步骤 02 用户输入用户名后，系统会检查/etc/passwd 是否有该用户，若不存在，则退出；若存在，则进行下一步。

步骤 03 首先读取/etc/passwd 中的用户 ID 和组 ID，同时该账户的其他信息（如用户的主目录）也会一并读出。

步骤 04 用户输入密码后，系统通过检查/etc/shadow 来判断密码是否正确。

若密码校验通过就进入系统并启动系统的 Shell，系统启动的 Shell 类型由/etc/passwd 中的信息确定。通过系统提供的 Shell 接口可以操作 Linux，敲入命令 ls，结果如示例 7-1 所示。

【示例 7-1】

```
[root@localhost ~]# ls /
bin   dev   home   lib64   mnt   proc   run    srv   tmp   var
boot  etc   lib    media   opt   root   sbin   sys   usr
```

用户登录过程如图 7.1 所示。

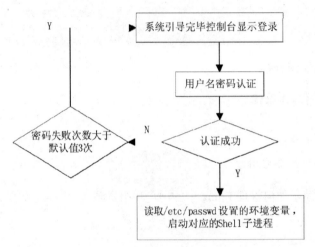

图 7.1　Linux 登录认证过程

7.1.2　Linux 的用户类型

Linux 用户类型分为 3 类：超级用户、系统用户和普通用户。举一个简单的例子，机房管理员可以出入机房的任意一个地方，而普通用户就没有这个权限。

（1）超级用户：用户名为 root 或 USER ID（UID）为 0 的账号，具有一切权限，可以操作系统中的所有资源。root 可以进行基础的文件操作及特殊的系统管理，另外还可进行网络管理，可以修改系统中的任何文件。日常工作中应避免使用此类账号，错误的操作可能带来不可估量的损失，只有必要时才能用 root 登录系统。

（2）系统用户：正常运行系统时使用的账户。每个进程运行在系统里都有一个相应的属主，比如某个进程以何种身份运行，这些身份就是系统里对应的用户账号。注意系统账户是不能用来登录的，比如 bin、daemon、mail 等。

（3）普通用户：普通使用者能使用 Linux 的大部分资源，一些特定的权限受到控制。用户只对自己的目录有写权限，读写权限受一定的限制，从而有效保证了 Linux 的系统安全，大部分用户属于此类。

出于安全考虑，用户的密码至少有 8 个字符，并且包含字母、数字和其他特殊符号。如果忘记密码，很容易解决，root 用户可以更改任何用户的密码。

7.2 Linux 用户管理机制

Linux 中的用户管理涉及用户账号文件/etc/passwd、用户密码文件/etc/shadow、用户组文件/etc/group。

建议初学者不要更改这些文件的信息，这些文件为文本文件，可使用 head、cat 等命令查看。

7.2.1 用户账号文件/etc/passwd

该文件为纯文本文件，可以使用 cat、head 等命令查看。该文件记录了每个用户的必要信息，文件中的每一行对应一个用户的信息，每行的字段之间使用":"分隔，共 7 个字段：

```
用户名称：用户密码：USER ID：GROUP ID：相关注释：主目录：使用的Shell
```

根据以下示例分析：

```
root:x:0:0:root:/root:/bin/bash
```

（1）用户名称：在 Linux 系统中用唯一的字符串区分不同的用户，用户名可以由字母、数字和下划线组成，注意 Linux 系统中对字母大小写是敏感的，比如 USERNAME1 和 username1 分别属于不同的用户。

（2）用户密码：在用户校验时验证用户的合法性。超级用户 root 可以更改系统中所有用户的密码，普通用户登录后可以使用 passwd 命令来更改自己的密码。在/etc/passwd 文件中该字段一般为 x，这是出于安全考虑，该字段加密后的密码数据已经移至/etc/shadow 中。注意/etc/shadow 文件是不能被普通用户读取的，只有超级用户 root 才有权读取。

（3）用户标识号（USER ID）：USER ID，简称 UID，是一个数值，用于唯一标识 Linux 系统中的用户，来区别不同的用户。在 Linux 系统中最多可以使用 65535 个用户名，用户名和 UID 都可以用于标识用户。相同 UID 的用户可以认为是同一用户，同时它们也具有相同的权限，当然对于使用者来说用户名更容易记忆和使用。

（4）组标识号（GROUP ID）：GROUP ID，简称 GID，这是当前用户所属的默认用户组标识。当添加用户时，系统默认会建立一个和用户名一样的用户组，多个用户可以属于相同的用组。用户的组标识号存放在/etc/passwd 文件中。用户可以同时属于多个组，每个组也可以有多个用户，除了在/etc/passwd 文件中指定其归属的基本组之外，/etc/group 文件中也指明一个组所包含的用户。

（5）相关注释：用于存放用户的一些其他信息，比如用户含义说明、用户地址等信息。

（6）主目录：该字段定义了用户的主目录，登录后 Shell 将把该目录作为用户的工作目录。登录系统后可以使用 pwd 命令查看。超级用户 root 的工作目录为/root。每个用户都有自己的主目录，默认一般在/home 下建立与用户名一致的目录，同时建立用户时可以指定其他目录作为用户的主目录。

（7）使用的 Shell：Shell 是当用户登录系统时运行的程序名称，通常是/bin/bash。同时系统中可能存在其他 Shell，比如 tsh。用户可以自己指定 Shell，也可以随时更改，比较流行的是/bin/bash。

7.2.2 用户密码文件/etc/shadow

该文件为文本文件，但这个文件只有超级用户才能读取，普通用户没有权限读取。由于任何用户对/etc/passwd 文件都有读的权限，虽然密码经过加密，但可能还是会有人获取加密后的密码。通过把加密后的密码移动到 shadow 文件中并限制只有超级用户 root 才能够读取，有效保证了 Linux 用户密码的安全性。

和/etc/passwd 文件类似，shadow 文件由 9 个字段组成：

用户名：密码：上次修改密码的时间：两次修改密码间隔的最少天数：两次修改密码间隔的最多天数：提前多少天警告用户密码过期：在密码过期多少天后禁用此用户：用户过期时间：保留字段

根据以下示例分析：

root:1qb1cQvv/$ku20U1d75KAOx.4WK6d/t/:15649:0:99999::::

（1）用户名：也称为登录名，/etc/shadow 中的用户名和/etc/passwd 相同，每一行是一一对应的，这样就把 passwd 和 shadow 中的用户记录联系在一起。

（2）密码：该字段是经过加密的，如果有些用户在这段是 x，表示这个用户已经被禁止使用，不能登录系统。

（3）上次修改密码的时间：该列表示从 1970 年 01 月 01 日起到最近一次修改密码的时间间隔，以天数为单位。

（4）两次修改密码间隔的最少天数：该字段如果为 0，表示此功能被禁用，如果是不为 0 的整数，表示用户必须经过多少天需要修改其密码。

（5）两次修改密码间隔的最多天数：主要作用是管理用户密码的有效期，增强系统的安全性，该示例中为 99999，表示密码基本不需要修改。

（6）提前多少天警告用户密码将过期：在快到有效期时，当用户登录系统后，系统程序会提醒用户密码将要作废，以便及时更改。

（7）在密码过期多少天后禁用此用户：此字段表示用户密码作废多少天后，系统会禁用此用户。

(8)用户过期时间:此字段指定了用户作废的天数,从 1970 年 1 月 1 日开始的天数,如果这个字段的值为空,表示该账号永久可用,注意与第 7 个字段密码过期的区别。

(9)保留字段:目前为空,将来可能会用。

7.2.3 用户组文件/etc/group

该文件用于保存用户组的所有信息,通过它可以更好地对系统中的用户进行管理。对用户分组是一种有效的手段,用户组和用户之间属于多对多的关系,一个用户可以属于多个组,一个组也可以包含多个用户。用户登录时默认的组存放在/etc/passwd 中。

此文件的格式也类似于/etc/passwd 文件,字段含义如下:

```
用户组名:用户组密码:用户组标识号:组内用户列表
```

根据以下示例分析:

```
root::0:root
```

(1)用户组名:可以由字母、数字和下划线组成,用户组名是唯一的,和用户名一样,不可重复。

(2)用户组密码:该字段存放的是用户组加密后的密码字。这个字段一般很少使用,Linux 系统的用户组都没有密码,即这个字段一般为空。

(3)用户组标识号:GROUP ID,简称 GID,和用户标识号 UID 类似,也是一个整数,用户唯一标识一个用户组。

(4)组内用户列表:属于这个组的所有用户的列表,不同用户之间用逗号分隔,不能有空格。这个用户组可能是用户的主组,也可能是附加组。

7.3 Linux 用户管理命令

要使用用户,需要有相应的接口,Linux 提供了一系列命令来管理系统中的用户。本节主要介绍用户的添加、删除、修改和用户组的添加、删除。Linux 提供了一系列的命令来管理用户账户,常用的命令有 useradd、userdel、usermod、passwd 等。

7.3.1 添加用户

添加用户的命令是 useradd,语法如下:

```
useradd [-mMnr][-c <备注>][-d <登入目录>][-e <有效期限>][-f <缓冲天数>][-g <群组>][-G <群组>][-s <shell>][-u <uid>][用户账号] 或 useradd -D [-b][-e <有效期限>][-f <缓冲天数
```

>][-g <群组>][-G <群组>][-s <shell>]

该命令支持丰富的参数，常用的参数含义介绍如表 7.1 所示，示例 7-2 演示了如何添加用户。

表 7.1 useradd 常用参数说明

参数	说明
-d	指定用户登录时的起始目录，如果不指定，将使用系统默认值，一般为/home
-g	指定用户所属的群组，可以跟多个组
-G	指定用户所属的附加群组，可以定义用户属于多个群组，每个群组使用"，"分隔，不允许有空格
-m	自动建立用户的主目录，若目录不存在则自动建立
-M	不要自动建立用户的主目录
-s	指定用户登录后所使用的 Shell，比如/bin/bash
-u	指定用户 ID，UID 一般不可重复，但使用-o 参数时多个用户可以使用相同的 UID，手动建立用户时系统默认使用 1000 以上的数字作为用户标识

【示例 7-2】
```
#添加用户 user1
[root@localhost ~]# useradd user1
#添加 user1 用户后/etc/passwd 文件中的变化
[root@localhost ~]# cat /etc/passwd | grep user1
user1:x:1002:1002::/home/user1:/bin/bash
#添加 user1 用户后/etc/shadow 文件中的变化
[root@localhost ~]# cat /etc/shadow | grep user1
user1:!!:16889:0:99999:7:::
#添加 user1 用户后/etc/group 文件中的变化
[root@localhost ~]# cat /etc/group | grep user1
user1:x:1002:
```

当执行完 useradd user1 以后，对应的/etc/passwd、/etc/shadow、/etc/group 会增加对应的记录，表示此用户已经成功添加了。

添加完用户后，新添加的用户是没有可读写的目录的。要指定用户的主目录以便进行文件操作，可以在建立用户时指定，如示例 7-3 所示。

【示例 7-3】
```
#添加用户 user2 并指定主目录为/data/user2
[root@localhost ~]# useradd -d /data/user2 user2
#查看新用户的家目录
[root@localhost ~]# ls -a /data/user2
.  ..  .bash_logout  .bash_profile  .bashrc  .mozilla
```

7.3.2 更改用户

如果对已有的用户信息进行修改,可以使用 usermod 命令,使用该命令可以修改用户的主目录,还可以修改其他信息,使用语法如下:

```
usermod [-LU][-c <备注>][-d <登入目录>][-e <有效期限>][-f <缓冲天数>][-g <群组>][-G <群组>][-l <账号名称>][-s ][-u ][用户账号]
```

常用参数含义如表 7.2 所示。

表 7.2 usermod 常用参数说明

参数	说明
-d	修改用户登录时的主目录,使用此参数对应的用户目录是不会自动建立的,需要手动建立
-e	修改账号的有效期限
-f	修改在密码过期后多少天关闭该账号
-g	修改用户所属的群组
-G	修改用户所属的附加群组
-l	修改用户账号名称
-L	锁定用户密码,使密码无效
-s	修改用户登录后所使用的 Shell
-u	修改用户 ID
-U	解除密码锁定

Usermod 的使用方法如示例 7-4 和示例 7-5 所示。

【示例 7-4】

```
#添加用户 user2
[root@localhost ~]# useradd user2
#这时用户 user2 的主目录为/home/user2
[root@localhost ~]# cat /etc/passwd | grep user2
user2:x:1003:1003::/home/user2:/bin/bash
#修改用户的主目录为/data/user2
[root@localhost ~]# usermod -d /data/user2 user2
[root@localhost ~]# cat /etc/passwd | grep user2
user2:x:1003:1003::/data/user2:/bin/bash
```

【示例 7-5】

```
#将用户 user2 修改为 user3 用户
[root@localhost ~]# usermod -l user3 user2
#user2 用户已经不存在,user3 接管了 user2 的所有权限
[root@localhost ~]# cat /etc/passwd | grep user3
user3:x:1003:1003::/data/user2:/bin/bash
```

```
[root@localhost ~]# cat /etc/shadow | grep user3
user3:!!:16889:0:99999:7:::
[root@localhost ~]# cat /etc/group | grep user2
user2:x:1003:
```

此命令执行后原来的 user2 已经不存在,user2 拥有的主目录/data/user2 等资源将会变更为 user3 所有。如果有用 user2 启动的进程,当使用 ps-ef 查看时,会发现该进程已经属于 user3 用户了。

7.3.3 删除用户

如果用户不需要了,可以使用 userdel 来删除。userdel 的命令语法为:

```
userdel [-r][用户账号]
```

此命令常用参数含义如表 7.3 所示,使用方法如示例 7-6 所示。

表 7.3 userdel 常用参数说明

参数	说明
-r	删除用户主目录以及目录中所有文件,并且删除用户的其他信息,比如设置的 crontab 任务等

【示例 7-6】
```
#添加 user4 用户并自动创建主目录
[root@localhost ~]# useradd -d /data/user4 user4 -m
[root@localhost ~]# ls -a /data/user4
.  ..  .bash_logout  .bash_profile  .bashrc  .mozilla
#删除 user4 目录,此时用户的主目录是不删除的
[root@localhost ~]# userdel user4
[root@localhost ~]# ls -a /data/user4
.  ..  .bash_logout  .bash_profile  .bashrc  .mozilla
[root@localhost ~]# useradd -d /data/user5 user5 -m
#连带删除用户的主目录
[root@localhost ~]# userdel -r user5
#用户的主目录已经被删除
[root@localhost ~]# ls -a /data/user5
ls: cannot access /data/user5: No such file or directory
```

7.3.4 更改或设置用户密码

出于系统安全考虑,当建立用户后,需要设置其对应的密码。修改 Linux 用户的密码可以使用 passwd 命令。超级用户 root 可以修改任何用户的密码,普通用户只能修改自己的密码。

为避免密码被破解,选取密码时应遵守如下规则:

- 密码应该至少有 8 位字符。
- 密码应该包含大小写字母、数组和其他字符组。

如果直接输入 passwd 命令，则修改的是当前用户的密码，如果想更改其他用户密码，输入 passwd username 即可。示例 7-7 演示了如何修改用户密码。

【示例 7-7】
```
#root 用户修改 user6的密码
[root@localhost ~]# passwd user6
Changing password for user user6.
New password:
Retype new password:
passwd: all authentication tokens updated successfully.
#普通用户修改密码
[root@localhost ~]# su - user6
Last login: Tue Mar 29 19:34:49 CST 2016 on pts/0
[user6@localhost ~]$ passwd
Changing password for user user6.
Changing password for user6.
(current) UNIX password:
New password:
New password:
Retype new password:
passwd: all authentication tokens updated successfully.
```

按提示输入相关信息，如果没有错误，则会提示密码被成功修改。

7.3.5 su 切换用户

su 命令用于在不同的用户之间切换，比如使用 user1 登录了系统，但要执行一些管理操作，比如 useradd，普通用户是没有这个权限的，解决办法有两个。

- 退出 user1 用户，重新以 root 用户登录系统，但 root 密码并不能告知很多人或公开，否则不利于系统的安全和管理。
- 不需退出 user1 用户，通过使用 su 命令切换到 root 下进行添加用户的工作，添加完再以 su 命令切换回 user1。超级用户 root 切换到普通用户是不需要密码的，而普通用户之间的切换或切换到 root 都需要输入密码。su 常用参数如表 7.4 所示，使用方法如示例 7-8 所示。

表 7.4 su 常用参数说明

参数	说明
-l	登录并改变所切换的用户环境
-c	执行一个命令，然后退出所切换到的用户环境

至于更详细的参数说明，请参看 man su。

【示例 7-8】

```
#切换到user6用户的工作环境
[root@localhost ~]# su - user6
Last login: Tue Mar 29 19:35:20 CST 2016 on pts/0
[user6@localhost ~]$ pwd
/home/user6
#切换到root用户的工作环境
[user6@localhost ~]$ su - root
Password:
Last login: Tue Mar 29 18:43:11 CST 2016 from 172.16.45.12 on pts/0
```

su 不加任何参数，默认为切换到 root 用户。su 加参数"- root"，表示默认切换到 root 用户，并且改变到 root 用户的环境。

以 su user6 与 su-user6 为例说明两个命令之间的区别，前者表示切换到 user6 用户，但此时很多环境变量是不会改变的，如示例 7-9 所示。

【示例 7-9】

```
[root@localhost ~]# su - user6
Last login: Tue Mar 29 20:04:30 CST 2016 on pts/0
#此时环境变量是user6用户的
[user6@localhost ~]$ echo $PATH
/usr/lib64/qt-3.3/bin:/usr/local/bin:/bin:/usr/bin:/usr/local/sbin:/usr/sbin:/home/user6/.local/bin:/home/user6/bin
[user6@localhost ~]$ su root
Password:
#虽然切换到root，但用户变量仍然是user6用户的
[root@localhost user6]# echo $PATH
/usr/lib64/qt-3.3/bin:/usr/local/bin:/bin:/usr/bin:/usr/local/sbin:/usr/sbin:/home/user6/.local/bin:/home/user6/bin
[root@localhost user6]# exit
exit
[user6@localhost ~]$ su - root
Password:
Last login: Tue Mar 29 20:05:28 CST 2016 on pts/0
#此时重新读取了环境变量，PATH已经发生变化
[root@localhost ~]# echo $PATH
/usr/lib64/qt-3.3/bin:/usr/local/sbin:/usr/local/bin:/sbin:/bin:/usr/sbin:/usr/bin:/root/bin
```

su 在不同的用户间切换为管理工作带来了方便，尤其是切换到 root 下还可以完成所有系统管

理的功能，但如果 root 密码告诉每个普通用户，会给系统带来很大风险，错误的操作会导致恶劣后果，因此超级用户 root 密码应该越少人知道越好。

7.3.6　sudo 普通用户获取超级权限

在 Linux 系统中，管理员往往有很多个，如果每位管理员都用 root 身份进行日常管理工作，权限控制是一个必须要面对的问题。普通用户的日常操作权限是受到限制的，如何让普通用户也进行一些系统管理工作呢？sudo 很好地解决了这个问题。通过 sudo 可以允许用户通过特定的方式使用需要 root 才能运行的命令或程序。

sudo 允许一般用户不需要知道超级用户 root 的密码即可获得特殊权限。首先，超级用户将普通用户的名字、可以执行的特定命令、按照哪种用户或用户组的身份执行等信息登记在/etc/sudoers 中，即可完成对该用户的授权，具体的 sudo 配置可以参考相关资料。

sudo 常用参数含义如表 7.5 所示。

表 7.5　sudo 常用参数说明

参数	说明
-g	强制把某个 ID 分配给已经存在的用户组，该 ID 必须是非负并且唯一的值
-b	在后台执行指令
-h	显示帮助
-k	结束密码的有效期限，下次再执行 sudo 时仍需要输入密码
-l	列出目前用户可执行与无法执行的命令
-s	执行指定的 Shell
-u	以指定的用户作为新的身份。若不加上此参数，则默认以 root 作为新的身份
-v	延长密码有效期限 5 分钟
-V	显示版本信息

示例 7-10 演示了普通用户不知道 root 密码即可执行只有 root 才能执行的命令。

【示例 7-10】

```
#发现普通用户是无法查看系统信息的
[root@localhost ~]# su - user7
[user7@localhost ~]$ fdisk -l
#通过 sudo 可以正常执行此命令
#要求输入用户 user7的密码
[user7@localhost ~]$ sudo fdisk -l
[sudo] password for user7:

Disk /dev/sda: 21.5 GB, 21474836480 bytes, 41943040 sectors
Units = sectors of 1 * 512 = 512 bytes
Sector size (logical/physical): 512 bytes / 512 bytes
```

```
I/O size (minimum/optimal): 512 bytes / 512 bytes
Disk label type: dos
Disk identifier: 0x000814c0


   Device Boot      Start         End      Blocks   Id  System
/dev/sda1   *        2048     1026047      512000   83  Linux
/dev/sda2        1026048    41943039    20458496   8e  Linux LVM
```

需要注意的是，普通用户能够使用 sudo 命令的前提是 root 用户事先授予权限，授予权限可参考命令 visudo 的相关说明。

7.4 用户组管理命令

Linux 提供了一系列的命令管理用户组。用户组就是具有相同特征的用户集合。每个用户都有一个用户组，系统能对一个用户组中的所有用户进行集中管理，可以把相同属性的用户定义到同一用户组，并赋予该用户组一定的操作权限，这样用户组下的用户对该文件或目录都具备了相同的权限。通过对/etc/group 文件的更新实现对用户组的添加、修改和删除。

一个用户可以属于多个组，/etc/passwd 中定义的用户组为基本组，用户所属的组有基本组和附加组。如果一个用户属于多个组，则该用户所拥有的权限是它所在的组的权限之和。

7.4.1 添加用户组

groupadd 命令可实现用户组的添加，常见参数的含义如表 7.6 所示。

表 7.6 groupadd 常用参数说明

参数	说明
-g	强制把某个 ID 分配给已经存在的用户组，该 ID 必须是非负并且唯一的值
-o	允许多个不同的用户组使用相同的用户组 ID
-p	用户组密码
-r	创建一个系统组

示例 7-11 演示了如何添加用户组。

【示例 7-11】

```
#添加用户组 group1
[root@localhost ~]# groupadd group1
[root@localhost ~]# grep group /etc/group
group1:x:1006:
```

7.4.2 删除用户组

需要从系统中删除群组时，可使用 groupdel 命令来完成这项工作。如果该群组中仍包括某些用户，则必须在删除这些用户后才能删除群组。示例 7-12 演示了如何删除用户组及当有该组的用户存在时，该用户组是不能被删除的，当属于该组的用户被删除后，该组可以被成功删除。

【示例 7-12】

```
#添加用户组
[root@localhost ~]# groupadd group2
[root@localhost ~]# cat /etc/group | grep group
group1:x:1006:
group2:x:1007:
#添加用户user8并设置组为group2
[root@localhost ~]# useradd -g group2 user8
[root@localhost ~]# cat /etc/passwd | grep user8
user8:x:1006:1007::/home/user8:/bin/bash
#当有属于该组的用户时，组是不允许被删除的
[root@localhost ~]# groupdel group2
groupdel: cannot remove the primary group of user 'user8'
#删除用户user8
[root@localhost ~]# userdel -r user8
[root@localhost ~]# cat /etc/passwd | grep user8
#组被成功删除
[root@localhost ~]# groupdel group2
[root@localhost ~]# cat /etc/group | grep group2
[root@localhost ~]#
```

7.4.3 修改用户组

groupmod 可以更改用户组的用户组 ID 或用户组名称，常用参数含义如表 7.7 所示。

表 7.7 groupmod 常用参数说明

参数	说明
-g	设置欲使用的用户组 ID
-o	允许多个不同的用户组使用相同的用户组 ID
-n	设置欲使用的用户组名称

示例 7-13 演示了如何修改用户组。

【示例 7-13】

```
[root@localhost ~]# groupadd group3
[root@localhost ~]# cat /etc/group | grep group3
group3:x:1007:
#修改用户组 ID
[root@localhost ~]# groupmod -g 1010 group3
[root@localhost ~]# cat /etc/group | grep group3
group3:x:1010:
#修改用户组名称
[root@localhost ~]# groupmod -n group4 group3
[root@localhost ~]# cat /etc/group | grep group4
group4:x:1010:
```

7.4.4 查看用户所在的用户组

用户所属的用户组可以通过/etc/passwd 或命令来查看，查看方法如下：

```
#使用 id 命令查看当前用户的信息
[root@localhost ~]# id user10
uid=1006(user10) gid=1011(user10) groups=1011(user10)
#通过查看相关文件获取用户相关信息
[root@localhost ~]# grep user10 /etc/passwd
user10:x:1006:1011::/home/user10:/bin/bash
#查找512对应的用户组名
[root@localhost ~]# grep 1011 /etc/group
user10:x:1011:
```

7.5 范例——批量添加用户并设置密码

本节主要以批量添加用户为例来演示用户的相关操作。首先产生一个文本文件来保存要添加的用户名列表。useradd.sh 用户执行用户的添加，过程如示例 7-14 所示。

【示例 7-14】

```
[root@localhost ~]# cd /data/
[root@localhost data]# mkdir user
[root@localhost data]# cd user
[root@localhost user]# ls
```

```
#产生用户名文件
[root@localhost user]# for s in `seq -w 0 10`
> do
> echo user$s>>user.lst
> done
#查看文件列表
[root@localhost user]# cat user.list
user00
user01
user02
user03
user04
user05
user06
user07
user08
user09
user10
[root@localhost user]#  cat useradd.sh
#!/bin/bash
#上面的行用于指定脚本类型
cat user.lst | while read user
do
#添加用户并指定用户的主目录，选择自动创建用户的主目录
   useradd -d /data/$user  -m $user
#产生随机密码
   pass=pass$RANDOM
#修改新增用户的密码
   echo "$user:$pass" | /usr/sbin/chpasswd
#显示添加的用户名和对应的密码
   echo $user $pass
done
#执行脚本进行用户的添加
[root@localhost user]# chmod u+x useradd.sh
[root@localhost user]# ./useradd.sh
user00 pass5470
user01 pass25539
user02 pass17826
user03 pass4922
```

```
user04 pass25064
user05 pass19532
user06 pass18247
user07 pass12559
user08 pass29535
user09 pass27271
user10 pass32222
#查看用户添加情况
[root@localhost user]# cat /etc/passwd|grep user
user00:x:1007:1007::/data/user00:/bin/bash
user01:x:1008:1008::/data/user01:/bin/bash
user02:x:1009:1009::/data/user02:/bin/bash
user03:x:1010:1012::/data/user03:/bin/bash
user04:x:1011:1013::/data/user04:/bin/bash
user05:x:1012:1014::/data/user05:/bin/bash
user06:x:1013:1015::/data/user06:/bin/bash
user07:x:1014:1016::/data/user07:/bin/bash
user08:x:1015:1017::/data/user08:/bin/bash
user09:x:1016:1018::/data/user09:/bin/bash
User10:x:1017:1019::/data/user10:/bin/bash
```

本示例首先读取指定的用户名列表文件，然后使用循环处理该文件，用户添加完成后每个用户的密码固定以 pass 开头并加上一串随机数。

7.6 小结

Linux 的安全就是因为有了用户权限机制，不同的用户具有不同的权限，可以操作不同的系统资源。root 是具有超级权限的账号。本章首先介绍 Linux 用户管理机制和登录过程，然后介绍用户和用户组，最后通过一个示例来演示如何批量增加用户。

7.7 习题

一、填空题

1. Linux 用户类型分为 3 类：_____、_____ 和 _____ 。

2．Linux 中的用户管理涉及用户账号文件_____、用户密码文件_____、用户组文件_____。

二、选择题

1．关于用户和组描述不正确的是（　　）。

A．当有属于该组的用户时，组是不允许被删除的。

B．Linux 是一个多用户多任务的操作系统。

C．不是每个用户都有一个用户组。

D．用户所属的组有基本组和附加组之分。

2．关于用户权限描述不正确的是（　　）。

A．通过 sudo 可以允许用户以特定的方式使用需要 root 才能运行的命令或程序。

B．如果一个用户属于多个组，则该用户所拥有的权限是它所在的组的权限之和。

C．多个不同的用户组不能使用相同的用户组 ID。

D．普通用户的日常操作权限是受到限制的。

第 8 章

应用程序的管理

在 Linux 诞生之初所有软件包都是通过编译完成安装的,而 Linux 的开发模式较为分散,软件包之间存在非常复杂的依赖关系,普通用户通过编译完成应用程序安装几乎成了不可能的任务。为了解决这些问题,许多发行版着手开发了软件包管理器。红帽软件包管理器的发展可以简单分为两个步骤,第一步是为了解决安装软件包安装的问题而开发了 RPM 软件包管理器,解决编译安装问题,初步解决软件依赖问题;第二步的 yum 工具则彻底解决软件包依赖、更新等一系列问题。

Linux 由开源内核和开源软件组成,软件的安装、升级和卸载是使用 Linux 操作系统最常见的操作。随着开源软件的不断发展,软件的安装管理机制成为 Linux 必须面对的问题。Linux 经过多年的发展有了 RPM(Redhat Package Manager)和 DPKG(Debian Package)包管理机制。包管理机制在方便用户操作的同时也使得 Linux 在软件管理方面更加便捷。

本章主要介绍 Linux 中应用程序的安装和管理。首先介绍两种 Linux 包管理基础和两种常见的包管理方式,然后介绍如何通过 RPM 安装、升级和卸载软件。

本章主要涉及的知识点有:

- Linux 软件包管理基础
- RPM 的使用
- 如何从源码安装软件
- 了解函数库基础
- 源码安装软件综合应用

本章最后的示例演示了如何通过 RPM 包管理 Linux 中的软件包资源。

由于 RPM 和 DPKG 两种包管理机制类似,本章重点偏向于 RPM 包管理机制的介绍,如果需要了解 DPKG 的详细信息,请参阅相关书籍。

8.1 软件包管理基础

完善的软件包管理机制对于操作系统来说是非常重要的,没有软件包管理器,用户使用操作系统将会变得非常困难,也不利于操作系统的推广。用户要使用 Linux 需要了解 Linux 的包管理机制，随着 Linux 的发展，目前形成了两种包管理机制：RPM（Redhat Package Manager）和 DPKG（Debian Package）。两者都是源代码经过编译之后，通过包管理机制将编译后的软件进行打包，避免了每次编译软件的繁琐过程。

8.1.1 RPM

RPM 英文原义为 Redhat Package Manager，类似于 Windows 里面的"添加/删除程序"，最早由 RedHat 公司研制，现在 RPM 已成为一个开源工具，并更名为 RPM Package Manager。RPM 软件包以 rpm 为扩展名，同时 RPM 也是一种软件包管理器，用户可以通过 RPM 包管理机制方便地进行软件的安装、更新和卸载。操作 RPM 软件包对应的命令为 rpm。

RPM 包通常包含二进制包和源代码包。二进制包可以直接通过 rpm 命令安装在系统中，而源代码包则可以通过 rpm 命令提取对应软件的源代码，以便进行学习或二次开发。

8.1.2 DPKG

DPKG 英文原义为 Debian Package，和 RPM 类似，也用于软件的安装、更新和卸载，不同的是 DPKG 包管理机制对应的文件扩展名为 deb。

Ubuntu 发行版主要以 DPKG 机制管理软件，而 Fedora、CentOS 和 SUSE 主要为 RPM 包管理机制。

8.2 RPM 的使用

RPM 包管理机制最早是由 Red Hat 公司研制的，然后由开源社区维护，所以 RPM 包管理机制非常强大。本章主要介绍 RPM 如何安装、升级和卸载软件包。

RPM 包管理机制可以把软件安装到指定的位置，安装前检查软件包的依赖、安装当前软件可能依赖的软件或需要的动态库，若检查不通过则会终止当前软件的安装。对于已经存在于操作系统中的软件，安装时 RPM 会检查当前的安装包是否和已经存在的软件相冲突，若发现冲突，则终止安装。

RPM 包管理机制可以执行安装前的环境检查，安装完毕后会将此次软件安装的相关信息记录到数据库中，以便日后的升级、查询和卸载。自定义的脚本程序可以在安装时加以调用，支持安装前调用或安装后调用，从而大大丰富了 RPM 软件包管理的功能。

8.2.1 安装软件包

RPM 提供了非常丰富的功能，RPM 软件包是通过一定机制把二进制文件或其他文件打包在一起的单个文件。当使用 RPM 包进行安装时，通常是一个把二进制程序或其他文件复制到系统指定路径的过程。RPM 包对应的管理命令为 rpm，下面演示如何使用 RPM 安装软件。

使用 SecureCRT 时常见的操作是使用 rz 或 sz 命令进行文件的上传下载，对应的软件包为 lrzsz-0.12.20-28.1.el6.x86_64.rpm，一般随附于 Linux 的发行版（软件版本可能有所不同），示例 8-1 演示了如何通过 RPM 包安装此软件。

【示例 8-1】

```
#建立目录
[root@localhost /]# mkdir -p /cdrom
#挂载光驱
[root@localhost /]# mount -t iso9660 /dev/cdrom /cdrom
mount: /dev/sr0 is write-protected, mounting read-only
#找到要安装的软件
[root@localhost /]# cd cdrom/Packages/
[root@localhost Packages]# ls -l lrzsz-0.12.20-36.el7.x86_64.rpm
-r--r--r--. 547 root root 79408 Apr  2  2014 lrzsz-0.12.20-36.el7.x86_64.rpm
#安装前执行此命令发现并不存在
[root@localhost Packages]# rz --version
-bash: rz: command not found
#进行软件包的安装
[root@localhost Packages]# rpm -ivh lrzsz-0.12.20-36.el7.x86_64.rpm
warning: lrzsz-0.12.20-36.el7.x86_64.rpm: Header V3 RSA/SHA256 Signature, key ID fd431d51: NOKEY
Preparing...                          ################################# [100%]
Updating / installing...
   1:lrzsz-0.12.20-36.el7             ################################# [100%]
[root@localhost Packages]# rz --version
rz (lrsz) 0.12.20
```

首先挂载光驱，找到指定的软件，通过 rpm 命令将软件安装到系统中。上述示例中的参数说明如表 8.1 所示。

表 8.1 rpm 安装软件参数说明

参数	说明
-i	安装软件时显示软件包的相关信息
-v	安装软件时显示命令的执行过程
-h	安装软件时输出 hash 记号：#

软件已经安装完毕，软件安装位置和安装文件列表的查看如示例 8-2 所示。

【示例 8-2】

```
#查看软件包文件列表及文件安装路径
```

```
[root@localhost Packages]# rpm -qpl lrzsz-0.12.20-36.el7.x86_64.rpm
warning: lrzsz-0.12.20-36.el7.x86_64.rpm: Header V3 RSA/SHA256 Signature, key ID fd431d51: NOKEY
/usr/bin/rb
/usr/bin/rx
/usr/bin/rz
/usr/bin/sb
/usr/bin/sx
/usr/bin/sz
/usr/share/locale/de/LC_MESSAGES/lrzsz.mo
/usr/share/man/man1/rz.1.gz
/usr/share/man/man1/sz.1.gz
[root@localhost Packages]# which rz
/usr/bin/rz
#查看安装的文件
[root@localhost Packages]# ls -l /usr/bin/rz
-rwxr-xr-x. 3 root root 76760 Feb 13  2014 /usr/bin/rz
#有时会遇到软件包有依赖关系
[root@localhost Packages]# rpm -ivh glibc-devel-2.17-105.el7.x86_64.rpm
warning: glibc-devel-2.17-105.el7.x86_64.rpm: Header V3 RSA/SHA256 Signature, key ID fd431d51: NOKEY
error: Failed dependencies:
        glibc-headers is needed by glibc-devel-2.17-105.el7.x86_64
        glibc-headers = 2.17-105.el7 is needed by glibc-devel-2.17-105.el7.x86_64
#这时需要将所有依赖包一起装上
[root@localhost Packages]# rpm -ivh glibc-devel-2.17-105.el7.x86_64.rpm glibc-headers-2.17-105.el7.x86_64.rpm kernel-headers-3.10.0-327.el7.x86_64.rpm
warning: glibc-devel-2.17-105.el7.x86_64.rpm: Header V3 RSA/SHA256 Signature, key ID fd431d51: NOKEY
Preparing...                          ################################# [100%]
Updating / installing...
   1:kernel-headers-3.10.0-327.el7    ################################# [ 33%]
   2:glibc-headers-2.17-105.el7       ################################# [ 67%]
   3:glibc-devel-2.17-105.el7         ################################# [100%]
```

上述示例演示了如何通过 rpm 命令查看软件的安装位置，参数说明如表 8.2 所示。

表 8.2 rpm 查看软件参数说明

参数	说明
-q	使用询问模式，当遇到任何问题时，rpm 指令会先询问用户
-p	查询软件包的文件
-l	显示软件包中的文件列表

如果软件包已经安装，但由于某些原因想重新安装，可以采用强制安装的方式，使用指定参

数可以实现这个功能。

【示例 8-2】续

```
[root@localhost Packages]# rpm -ivh ftp-0.17-66.el7.x86_64.rpm
warning: ftp-0.17-66.el7.x86_64.rpm: Header V3 RSA/SHA256 Signature, key ID fd431d51: NOKEY
Preparing...                          ################################# [100%]
Updating / installing...
   1:ftp-0.17-66.el7                  ################################# [100%]
#force 参数表示强制安装
[root@localhost Packages]# rpm -ivh --force ftp-0.17-66.el7.x86_64.rpm
warning: ftp-0.17-66.el7.x86_64.rpm: Header V3 RSA/SHA256 Signature, key ID fd431d51: NOKEY
Preparing...                          ################################# [100%]
Updating / installing...
   1:ftp-0.17-66.el7                  ################################# [100%]
#nodeps 表示忽略依赖关系
[root@localhost Packages]# rpm -ivh --nodeps --force ftp-0.17-66.el7.x86_64.rpm
warning: ftp-0.17-66.el7.x86_64.rpm: Header V3 RSA/SHA256 Signature, key ID fd431d51: NOKEY
Preparing...                          ################################# [100%]
Updating / installing...
   1:ftp-0.17-66.el7                  ################################# [100%]
```

上述示例演示了如何强制更新已经安装的软件，如果安装软件时遇到互相依赖的软件包导致不能安装，可以使用 nodeps 参数先禁止检查软件包依赖以便完成软件的安装。

8.2.2 升级软件包

软件安装以后随着新功能的增加或 BUG 的修复，软件会持续更新，更新软件的方法如示例 8-3 所示。

【示例 8-3】

```
#更新已经安装的软件
[root@localhost Packages]#rpm -Uvh lrzsz-0.12.20-36.el7.x86_64.rpm
```

更新软件时常用的参数说明如表 8.3 所示。

表 8.3 更新软件 rpm 常用参数说明

参数	说明
-U	升级指定的软件

更新软件时如果遇到已有的配置文件，为保证新版本的运行，RPM 包管理器会将该软件对应的配置文件重命名，然后安装新的配置文件，新旧文件的保存使得用户有更多选择。

8.2.3 查看已安装的软件包

系统安装完会默认安装一系列的软件，RPM 包管理器提供了相应的命令查看已安装的安装包，如示例 8-4 所示。

【示例 8-4】
```
#查看系统中安装的所有包
[root@localhost Packages]# rpm -qa
gdk-pixbuf2-2.31.6-3.el7.x86_64
cracklib-2.9.0-11.el7.x86_64
nautilus-open-terminal-0.20-3.el7.x86_64
libepoxy-1.2-2.el7.x86_64
redhat-release-server-7.2-9.el7.x86_64
#中间结果省略
subscription-manager-initial-setup-addon-1.15.9-15.el7.x86_64
redhat-support-lib-python-0.9.7-3.el7.noarch
vim-common-7.4.160-1.el7.x86_64
binutils-2.23.52.0.1-55.el7.x86_64
#查找指定的安装包
[root@localhost Packages]# rpm -aq | grep rz
lrzsz-0.12.20-36.el7.x86_64
```

通过使用 rpm 命令指定特定的参数可以查看系统中安装的软件包。查看已安装的软件包参数说明如表 8.4 所示。

表 8.4 查看已安装的软件包参数

参数	说明
-a	显示安装的所有软件列表

8.2.4 卸载软件包

RPM 包管理器提供了对对应参数的软件进行卸载，软件卸载方法如示例 8-5 所示。如果卸载的软件被别的软件依赖，则不能卸载，需要将对应的软件卸载后才能卸载当前软件。

【示例 8-5】
```
#查找指定的安装包
[root@localhost Packages]# rpm -aq | grep rz
```

```
lrzsz-0.12.20-36.el7.x86_64
#卸载软件包
[root@localhost Packages]# rpm -e lrzsz
#卸载后命令不存在
[root@localhost Packages]# rz --version
-bash: /usr/bin/rz: No such file or directory
#无结果说明对应的软件包被成功卸载
[root@localhost Packages]# rpm -qa |grep rz
#若软件之间存在依赖，则不能卸载，此时需要先卸载依赖的软件
[root@localhost ~]# rpm -e glibc-devel
error: Failed dependencies:
        glibc-devel >= 2.2.90-12 is needed by (installed) gcc-4.8.5-4.el7.x86_64
```

上述示例演示了如何查找并卸载 lrzsz 软件。不幸的是卸载 glibc-devel 软件时因存在相应的软件依赖而卸载失败，此时需要首先卸载依赖的软件包。卸载软件包的参数说明如表 8.5 所示。

表 8.5　卸载软件包参数说明

参数	说明
-e	从系统中移除指定的软件包

8.2.5　查看一个文件属于哪个 RPM 包

RPM 包管理机制存放了安装包的详细信息，该数据库由 RPM 负责维护和更新。想查看文件属于哪个安装包，可使用以下命令：

```
[root@localhost ~]# which rz
/usr/bin/rz
#查看 rz 文件属于哪个软件包
[root@localhost ~]# rpm -qf /usr/bin/rz
lrzsz-0.12.20-36.el7.x86_64
```

8.2.6　获取 RPM 包的说明信息

RPM 包管理机制存放了安装包的详细信息，如果要查看某个 RPM 包的说明信息，可以使用以下命令查看：

```
[root@localhost Packages]# rpm -qip ftp-0.17-66.el7.x86_64.rpm
Name        : ftp
Version     : 0.17
Release     : 66.el7
```

```
Architecture: x86_64
Install Date: (not installed)
Group       : Applications/Internet
Size        : 98691
License     : BSD with advertising
Signature   : RSA/SHA256, Wed Apr  2 00:13:40 2014, Key ID 199e2f91fd431d51
Source RPM  : ftp-0.17-66.el7.src.rpm
Build Date  : Sat Jan 25 06:27:51 2014
Build Host  : x86-017.build.eng.bos.redhat.com
Relocations : (not relocatable)
Packager    : Red Hat, Inc. <http://bugzilla.redhat.com/bugzilla>
Vendor      : Red Hat, Inc.
URL         : ftp://ftp.linux.org.uk/pub/linux/Networking/netkit
Summary     : The standard UNIX FTP (File Transfer Protocol) client
Description :
The ftp package provides the standard UNIX command-line FTP (File
Transfer Protocol) client.  FTP is a widely used protocol for
transferring files over the Internet and for archiving files.

If your system is on a network, you should install ftp in order to do
file transfers.
```

8.3 从源代码安装软件

除了使用 Linux 的包管理机制进行软件的安装、更新和卸载之外，从源代码进行软件的安装也是非常常见的，开源软件提供了源代码包，开发者可以方便地通过源代码进行安装。从源码安装软件一般有软件配置、编译软件、软件安装 3 个步骤。

8.3.1 软件配置

在开始安装之前需要下载并解压源码包，通常源码包中会包含有 README、README.txt 和 INSTALL 等文件名的文件，首先第一步是阅读这些文件，了解相关说明和具体安装方法。接下来就可以进行软件配置等步骤了。

由于软件要依赖系统的底层库资源，软件配置的主要功能为检查当前系统软硬件环境，确定当前系统是否满足当前软件需要的软件资源。配置命令一般如下：

```
[root@localhost vim74]#./congure --prefix=/usr/local/vim74
```

其中--prefix 用来指定安装路径，编译好的二进制文件和其他文件将被安装到此处。

不同的软件 configure 脚本都提供丰富的选项，在执行完成后，系统会根据执行的选项和系统的配置生成一个编译规则文件 Makefile。要查看当前软件配置时支持哪些参数，可以使用./configure --help 命令。

8.3.2 编译软件

在配置好编译选项后，系统已经生成了编译软件需要的 Makefile，然后利用这些 Makefile 进行编译即可。编译软件执行 make 命令：

```
[root@localhost vim74]# make
```

执行 make 命令后 make 会根据 Makefile 文件来生成目标文件，如二进制程序等。

8.3.3 软件安装

编译完成后，执行 make install 命令来安装软件：

```
[root@localhost vim74]# #make install
```

一般情况下，安装完成后就可以使用安装的软件了，如果没有指定安装路径，一般的软件会被安装在/usr/local 下面并创建对应的文件夹，部分软件二进制文件会被安装在/usr/bin 或 /usr/local/bin/目录下，对应的头文件会被安装到/usr/include，软件帮助文档会被安装到 /usr/local/share 目录下。

如果指定目录，则会在指定目录中创建相应的文件夹。安装软件完毕后使用该软件时需要使用绝对路径或对环境变量进行配置，也就是需要把当前软件二进制文件的目录加入到系统的环境变量 PATH 中。

Vim 是一款优秀的文本编辑器，丰富扩展了 vi 编辑器的很多功能，被开发者广泛使用，同类型的编辑软件还有 Emacs 等。下面通过示例 8-6 演示如何通过源代码安装该软件。示例中同时包含了安装软件时遇到的问题及解决方法。

（1）首先查看系统中有无 Vim，如果有先进行卸载，以免混淆。

【示例 8-6】

```
#查看系统中是否有Vim软件
[root@localhost ~]# vim --version | head
VIM - Vi IMproved 7.4 (2013 Aug 10, compiled Jan 30 2014 10:56:39)
Included patches: 1-160
Modified by <bugzilla@redhat.com>
Compiled by <bugzilla@redhat.com>
```

```
#查看vim文件位置
[root@localhost ~]# which vim
/usr/bin/vim
#查看当前软件属于哪个软件包
[root@localhost ~]# rpm -qf /usr/bin/vim
vim-enhanced-7.4.160-1.el7.x86_64
#将当前已安装的软件包卸载掉
[root@localhost ~]# rpm -e vim-enhanced
#查看文件是否还存在
[root@localhost ~]# ls -l /usr/bin/vim
ls: cannot access /usr/bin/vim: No such file or directory
```

（2）经过上面的步骤后，确认系统中已经不存在 Vim，下面进行 Vim 的安装。Vim 最新版可以在 http://www.vim.org/ 下载。

【示例 8-6】续

```
#使用wget工具下载源码包
#源码包地址最好从官方网站上查找
[root@localhost soft]# wget ftp://ftp.vim.org/pub/vim/unix/vim-7.4.tar.bz2
--2016-03-31 15:39:54--  ftp://ftp.vim.org/pub/vim/unix/vim-7.4.tar.bz2
          => 'vim-7.4.tar.bz2'
Resolving           ftp.vim.org          (ftp.vim.org)...          145.220.21.40,
2001:67c:6ec:221:145:220:21:40
Connecting to ftp.vim.org (ftp.vim.org)|145.220.21.40|:21... connected.
Logging in as anonymous ... Logged in!
==> SYST ... done.    ==> PWD ... done.
==> TYPE I ... done.  ==> CWD (1) /pub/vim/unix ... done.
==> SIZE vim-7.4.tar.bz2 ... 9843297
==> PASV ... done.    ==> RETR vim-7.4.tar.bz2 ... done.
Length: 9843297 (9.4M) (unauthoritative)

100%[=====================================>] 9,843,297   34.5KB/s   in 6m 56s

2016-03-31 15:46:55 (23.1 KB/s) - 'vim-7.4.tar.bz2' saved [9843297]
#将源代码包解压
[root@localhost soft]# tar xvf vim-7.4.tar.bz2
vim74/
vim74/README_unix.txt
vim74/README_amibin.txt.info
vim74/configure
```

```
vim74/README.txt.info
vim74/uninstal.txt
#部分结果省略
vim74/vimtutor.com
vim74/README_extra.txt
vim74/README_vms.txt
[root@localhost soft]# cd vim74/
#以下为查找安装指南的过程说明
#查看文件列表,部分结果省略
[root@localhost vim74]# ls
Contents              README_amisrc.txt      README_srcdos.txt   nsis
Contents.info         README_amisrc.txt.info README_unix.txt     pixmaps
#在其中发现 README.txt 文件,使用 less 工具阅读
#README.txt 中明确指出,Unix(Linux 系统属于类 Unix 系统)的说明文件应该阅读 README_unix.txt
#进一步阅读 README_unix.txt 文件,发现安装简要步骤
#文件中还指出详细安装指南位于 src 目录,名为 INSTALL
#阅读 src/INSTALL 获得 Vim 详细安装说明及参数说明,此处不再一一展示,读者可自行阅读

#以下为安装步骤
#注意安装 Vim 之前需要额外编译环境 gcc,读者可从光盘中找到软件包
#第1步:进行软件的配置
[root@localhost vim74]# ./configure
configure: creating cache auto/config.cache
checking whether make sets $(MAKE)... yes
checking for gcc... gcc
checking whether the C compiler works... yes
#部分结果省略
checking linker --as-needed support... yes
configure: updating cache auto/config.cache
configure: creating auto/config.status
config.status: creating auto/config.mk
config.status: creating auto/config.h
#以上配置过程没有错误
#如果不确定是否有错误,可以接着执行以下命令
[root@localhost vim74]# echo $?
0
#$?中保存了上一条命令即./configure 执行结束时的退出状态,0表示没有错误,非0表示有错误
#某些库不存在,查找到并安装,此时用的是 rpm 包安装方式
[root@localhost vim74]# cd /cdrom/Packages/
```

```
[root@localhost Packages]# ls -l ncurses-devel-5.9-13.20130511.el7.x86_64.rpm
-r--r--r--.    510    root    root    729972    Apr    3    2014 ncurses-devel-5.9-13.20130511.el7.x86_64.rpm
#安装依赖的包
[root@localhost Packages]# rpm -ivh ncurses-devel-5.9-13.20130511.el7.x86_64.rpm
Preparing...                    ################################# [100%]
Updating / installing...
   1:ncurses-devel-5.9-13.20130511.el7################################# [100%]
#返回安装目录
[root@localhost Packages]# cd ~/soft//vim74/
#再次进行软件的配置
[root@localhost vim74]# ./configure --prefix=/usr/local/vim74 | head
configure: loading cache auto/config.cache
checking whether make sets $(MAKE)... (cached) yes
checking for gcc... (cached) gcc
checking whether the C compiler works... yes
checking for C compiler default output file name... a.out
#部分结果省略
checking linker --as-needed support... yes
configure: creating auto/config.status
config.status: creating auto/config.mk
config.status: creating auto/config.h
config.status: auto/config.h is unchanged
#第2步:进行软件的编译
[root@localhost vim74]# make
Starting make in the src directory.
If there are problems, cd to the src directory and run make there
cd src && make first
make[1]: Entering directory `/root/soft/vim74/src'
mkdir objects
CC="gcc -Iproto -DHAVE_CONFIG_H    -I/usr/local/include        " srcdir=. sh ./osdef.sh
#部分结果省略
```

(3) 经过上面的步骤后,Vim软件已经编译完成,下面继续Vim的安装。

【示例8-6】续

```
#第3步:进行Vim的安装
[root@localhost vim74]# make install
Starting make in the src directory.
```

```
If there are problems, cd to the src directory and run make there
cd src && make install
make[1]: Entering directory `/root/soft/vim74/src'
/bin/sh ./mkinstalldirs /usr/local/vim74
chmod 755 /usr/local/vim74
/bin/sh ./mkinstalldirs /usr/local/vim74/bin
chmod 755 /usr/local/vim74/bin
#部分结果省略
#启动 Vim，还没有添加到环境变量不能使用
[root@localhost vim74]# vim
-bash: /usr/bin/vim: No such file or directory
```

（4）至此 Vim 软件安装完成。如需使用，可使用绝对路径或设置环境变量 PATH。

【示例 8-6】续

```
#将路径添加到 PATH 变量中
[root@localhost vim74]# /usr/local/vim74/bin/vim /etc/profile
#将以下内容添加到文件结尾
PATH=$PATH:/usr/local/vim74/bin/
export PATH
#执行以下命令让更改生效
[root@localhost vim74]# source /etc/profile
#查看 PATH 变量
[root@localhost vim74]# echo $PATH
/usr/local/sbin:/usr/local/bin:/usr/sbin:/usr/bin:/root/bin:/usr/local/vim74/b
in/
#启动 Vim
[root@localhost vim74]# vim
```

以上示例演示了如何通过源代码安装指定的软件，安装过程经过软件配置、软件编译和软件安装等步骤。安装软件时如果指定了安装目录，则需要使用绝对路径或将该软件的二进制文件所在的目录加入到系统变量 PATH 路径中，以便在不使用绝对路径时仍然可以使用安装的软件。

8.4 普通用户如何安装常用软件

普通用户安装软件时可以使用--prefix 指定路径，/usr/local 一般属于 root 用户，普通用户无法写入，不过有两种方法解决。一种方法是将/usr/local 设置成普通用户可以读写的权限，另一种是在该用户的主目录或有读写权限的目录下进行安装。安装过程如下：

```
#当前工作目录
[goss@localhost ~]$ pwd
/home/goss
#上传软件
[goss@localhost ~]$ rz -bye
rz waiting to receive.
#开始 zmodem 传输，按 Ctrl+C 键取消
Transferring curl-8.21.3.tar.gz...
  100%    2720 KB 2720 KB/s 00:00:01       0 错误
[goss@localhost ~]$ ls -l
-rw-r--r--. 1 goss goss 2785305 Apr 11 16:08 curl-8.21.3.tar.gz
#将上传的软件解包
 [goss@localhost ~]$ tar xvf curl-8.21.3.tar.gz
curl-8.21.3/
curl-8.21.3/missing
curl-8.21.3/Makefile
#部分结果省略
curl-8.21.3/m4/curl-functions.m4
curl-8.21.3/m4/ltsugar.m4
curl-8.21.3/Makefile.in
curl-8.21.3/buildconf
[goss@localhost ~]$ cd curl-8.21.3
#进行软件的配置、编译和安装
[goss@localhost curl-8.21.3]$ ./configure   --prefix=/home/goss/curl  &&make &&make install
checking whether to enable maintainer-specific portions of Makefiles... no
checking whether to enable debug build options... no
checking whether to enable compiler optimizer... (assumed) yes
#部分结果省略
make[3]: Leaving directory `/home/goss/curl-8.21.3'
make[2]: Leaving directory `/home/goss/curl-8.21.3'
make[1]: Leaving directory `/home/goss/curl-8.21.3'
[goss@localhost curl-8.21.3]$ cd /home/goss/curl
#查看安装的文件列表
[goss@localhost curl]$ ls
bin  include  lib  share
[goss@localhost curl]$ cd bin
#校验软件是否正常安装
[goss@localhost bin]$ ./curl --version
```

```
curl 8.21.3 (x86_64-unknown-linux-gnu) libcurl/8.21.3 zlib/1.2.3
#将软件路径设置到系统的环境变量中，以便使用软件时可以避免使用绝对路径
[goss@localhost bin]$ export PATH=/home/goss/curl/bin/:$PATH:.
[goss@localhost bin]$ curl --version
curl 8.21.3 (x86_64-unknown-linux-gnu) libcurl/8.21.3 zlib/1.2.3
```

上述示例演示了普通用户如何安装软件，首先确定当前用户有读写权限的目录，配置软件时-prefix 选项用于指定软件安装的位置。经过编译和安装后软件已经安装完毕，可以使用绝对路径或设置环境变量 PATH，以便使用新安装的软件。

8.5 Linux 函数库

函数库是一个文件，它包含已经编译好的代码和数据，这些编译好的代码和数据可以供其他的程序调用。程序函数库可以使程序更加模块化，更容易重新编译，而且更方便升级。程序函数库可分为 3 种类型：静态函数库、共享函数库和动态加载函数库。

- 静态函数库（static libraries）：在编译程序时如果指定了静态函数库文件，编译时会将这些静态函数库一起编译进最终的可执行文件中，这些库在程序执行前就加入到了目标程序中。
- 共享函数库（shared libraries）：在程序启动时加载到程序中，可以被不同的程序共享。
- 动态加载函数库（dynamically loaded libraries）：可以在程序运行的任何时候动态地加载。

一般静态函数库以.a 作为文件的后缀。共享函数库中的函数是在当一个可执行程序启动时被加载，一般动态函数库文件的扩展名为.so。在 Linux 系统中，系统的静态函数库主要存放在/usr/lib 目录下，而共享函数库文件主要存放在/lib 和/usr/lib 目录下。动态函数库一般都是共享函数库。通常静态函数库只有一个程序使用，而共享函数库会被许多程序使用。

在 Linux 系统中，如果一个函数库文件中的函数被某个文件调用，那么在执行使用了该函数库文件的程序时，必须要使执行程序能够找到函数库文件。系统通过两种方法来寻找函数库文件。

（1）通过缓存文件/etc/ld.so.cache。让系统在执行程序时可以从 ld.so.cache 文件中搜索到需要的库文件信息，需要经过以下步骤。

首先修改/etc/ld.so.conf 文件，将该库文件所在的路径添加到文件中。

```
[root@localhost ~]# echo "/usr/local/ssl/lib">>/etc/ld.so.conf
[root@localhost ~]# ldconfig
```

然后执行 ldconfig 命令，让系统升级 ld.so.cache 文件。

（2）通过环境变量 LD_LIBRARY_PATH。在上例中如果不想影响系统已有的配置，加载函

数库也可以通过设置环境变量 LD_LIBRARY_PATH 来达到同样的效果，如下所示：

[root@localhost ~]# export LD_LIBRARY_PATH=/usr/local/ssl/lib:$LD_LIBRARY_PATH:.

如需查看程序使用了哪些动态库文件，可以使用 ldd 命令，如示例 8-7 所示。

【示例 8-7】

```
[root@localhost ~]# ldd /usr/local/apache2/bin/httpd
        linux-vdso.so.1 =>  (0x00007fff2d1ff000)
        libm.so.6 => /lib64/libm.so.6 (0x00007fb65e082000)
        libaprutil-1.so.0 => /usr/lib64/libaprutil-1.so.0 (0x00007fb65de5d000)
        libcrypt.so.1 => /lib64/libcrypt.so.1 (0x00007fb65dc26000)
        libexpat.so.1 => /lib64/libexpat.so.1 (0x00007fb65d9fe000)
        libdb-4.8.so => /lib64/libdb-4.8.so (0x00007fb65d689000)
        libapr-1.so.0 => /usr/lib64/libapr-1.so.0 (0x00007fb65d45d000)
        libpthread.so.0 => /lib64/libpthread.so.0 (0x00007fb65d240000)
        libc.so.6 => /lib64/libc.so.6 (0x00007fb65ceac000)
        libuuid.so.1 => /lib64/libuuid.so.1 (0x00007fb65cca8000)
        libfreebl3.so => /lib64/libfreebl3.so (0x00007fb65ca46000)
        /lib64/ld-linux-x86-64.so.2 (0x00007fb65e311000)
        libdl.so.2 => /lib64/libdl.so.2 (0x00007fb65c841000)
```

8.6 范例——从源码安装 Web 服务软件 Nginx

Nginx 和 Apache 是同类型的软件，支持高并发，为很多互联网网站和个人开发者提供高性能、稳定的 Web 服务。本节主要通过 Nginx 的安装掌握如何从源码安装软件，同时示例中演示了如何通过 RPM 包安装相关联的软件。

Nginx 是一款开源软件，其最新的版本可以在 http://nginx.org/ 下载，本例使用的版本为 nginx-1.2.9。

（1）下载源代码并上传到服务器，如示例 8-8 所示。

【示例 8-8】

```
#创建工作目录
[root@localhost ~]# mkdir -p /data/soft
[root@localhost ~]# cd /data/soft/
#下载指定的软件
[root@localhost soft]# wget http://nginx.org/download/nginx-1.2.9.tar.gz
```

```
--2016-04-01 14:05:57--  http://nginx.org/download/nginx-1.2.9.tar.gz
Resolving    nginx.org    (nginx.org)...    206.251.255.63,    95.211.80.227,
2001:1af8:4060:a004:21::e3, ...
Connecting to nginx.org (nginx.org)|206.251.255.63|:80... connected.
HTTP request sent, awaiting response... 200 OK
Length: 725829 (709K) [application/octet-stream]
Saving to: 'nginx-1.2.9.tar.gz'

100%[======================================>] 725,829    13.2KB/s   in 64s

2016-04-01 14:07:02 (11.1 KB/s) - 'nginx-1.2.9.tar.gz' saved [725829/725829]
#将软件解包
[root@localhost soft]# tar xvf nginx-1.2.9.tar.gz
nginx-1.2.9/
nginx-1.2.9/auto/
nginx-1.2.9/conf/
nginx-1.2.9/contrib/
nginx-1.2.9/src/
nginx-1.2.9/configure
#中间结果省略
nginx-1.2.9/auto/cc/owc
nginx-1.2.9/auto/cc/sunc
```

（2）进行 Nginx 源代码的配置。

【示例 8-8】续

```
#第1步：进行软件的配置
[root@localhost nginx-1.2.9]# ./configure
checking for OS
 + Linux 3.10.0-327.el7.x86_64 x86_64
checking for C compiler ... not found

./configure: error: C compiler gcc is not found
```

由于安装系统时采用的是最小化安装，gcc 等 C/C++编译器还没有安装，因此需要安装 gcc 编译器，安装过程如下所示。

【示例 8-8】续

```
[root@localhost /]# mkdir -p /cdrom
[root@localhost nginx-1.2.9]# mount /dev/cdrom /cdrom
mount: /dev/sr0 is write-protected, mounting read-only
```

```
[root@localhost /]# cd /cdrom/Packages/
#首先安装glibc
[root@localhost Packages]# rpm -ivh glibc-headers-2.17-105.el7.x86_64.rpm
error: Failed dependencies:
        kernel-headers is needed by glibc-headers-2.17-105.el7.x86_64
        kernel-headers >= 2.2.1 is needed by glibc-headers-2.17-105.el7.x86_64
#安装过程中需要安装对应的依赖包
[root@localhost Packages]# rpm -ivh kernel-headers-3.10.0-327.el7.x86_64.rpm
Preparing...                          ################################# [100%]
Updating / installing...
   1:kernel-headers-3.10.0-327.el7    ################################# [100%]
[root@localhost Packages]# rpm -ivh glibc-headers-2.17-105.el7.x86_64.rpm
Preparing...                          ################################# [100%]
Updating / installing...
   1:glibc-headers-2.17-105.el7       ################################# [100%]
[root@localhost Packages]# rpm -ivh glibc-devel-2.17-105.el7.x86_64.rpm
Preparing...                          ################################# [100%]
Updating / installing...
   1:glibc-devel-2.17-105.el7         ################################# [100%]
#开始安装gcc
[root@localhost Packages]# rpm -ivh gcc-4.8.5-4.el7.x86_64.rpm
Preparing...                          ################################# [100%]
Updating / installing...
   1:gcc-4.8.5-4.el7                  ################################# [100%]
```

经过以上步骤，gcc 安装完成，继续 Nginx 的配置。

【示例 8-8】续

```
[root@localhost Packages]# cd /data/soft/nginx-1.2.9/
[root@localhost nginx-1.2.9]# ./configure
checking for OS
 + Linux 3.10.0-327.el7.x86_64 x86_64
checking for C compiler ... found
 + using GNU C compiler
 + gcc version: 4.8.5 20150623 (Red Hat 4.8.5-4) (GCC)
checking for gcc -pipe switch ... found
checking for gcc builtin atomic operations ... found
checking for C99 variadic macros ... found
checking for gcc variadic macros ... found
checking for unistd.h ... found
```

```
#中间结果省略
./configure: error: the HTTP rewrite module requires the PCRE library.
You can either disable the module by using --without-http_rewrite_module
option, or install the PCRE library into the system, or build the PCRE library
statically from the source with nginx by using --with-pcre=<path> option.
```

不幸的是提示 PCRE 模块和 zlib 开发包不存在，在光盘里找到并安装，对应的软件包为 pcre-devel-8.32-15.el7.x86_64.rpm 和 zlib-devel-1.2.3-29.el6.x86_64.rpm。

【示例 8-8】续

```
#安装 PCRE 开发包
[root@localhost nginx-1.2.9]# cd /cdrom/Packages/
[root@localhost Packages]# rpm -ivh pcre-devel-8.32-15.el7.x86_64.rpm
Preparing...                          ################################# [100%]
Updating / installing...
   1:pcre-devel-8.32-15.el7           ################################# [100%]
[root@localhost Packages]# cd /data/soft/nginx-1.2.9
[root@localhost nginx-1.2.9]# ./configure
./configure: error: the HTTP gzip module requires the zlib library.
You can either disable the module by using --without-http_gzip_module
option, or install the zlib library into the system, or build the zlib library
statically from the source with nginx by using --with-zlib=<path> option.
#安装 zlib 开发包
[root@localhost nginx-1.2.9]# cd /cdrom/Packages/
[root@localhost Packages]# rpm -ivh zlib-devel-1.2.7-15.el7.x86_64.rpm
Preparing...                          ################################# [100%]
Updating / installing...
   1:zlib-devel-1.2.7-15.el7          ################################# [100%]
```

对应的依赖软件安装完毕后继续进行 Nginx 的配置阶段。

【示例 8-8】续

```
[root@localhost Packages]# cd /data/soft/nginx-1.2.9/
[root@localhost nginx-1.2.9]# ./configure
checking for OS
 + Linux 3.10.0-327.el7.x86_64 x86_64
checking for C compiler ... found
 + using GNU C compiler
 + gcc version: 4.8.5 20150623 (Red Hat 4.8.5-4) (GCC)
checking for gcc -pipe switch ... found
checking for gcc builtin atomic operations ... found
```

```
checking for C99 variadic macros ... found
checking for gcc variadic macros ... found
#中间结果省略
  nginx http access log file: "/usr/local/nginx/logs/access.log"
  nginx http client request body temporary files: "client_body_temp"
  nginx http proxy temporary files: "proxy_temp"
  nginx http fastcgi temporary files: "fastcgi_temp"
  nginx http uwsgi temporary files: "uwsgi_temp"
  nginx http scgi temporary files: "scgi_temp"
```

至此,没有其他错误的话,Nginx 的配置阶段就完成了,经过此步操作,编译 Nginx 需要的 Makefile 已经生成。

(3)进行 Nginx 软件的编译,执行 make 即可,如下所示。

【示例 8-8】续

```
[root@localhost nginx-1.2.9]# make
make -f objs/Makefile
make[1]: Entering directory `/data/soft/nginx-1.2.9'
gcc -c -pipe  -O -W -Wall -Wpointer-arith -Wno-unused-parameter -Werror -g -I src/core -I src/event -I src/event/modules -I src/os/unix -I objs \
        -o objs/src/core/nginx.o \
        src/core/nginx.c
#中间结果省略
sed -e "s|%%PREFIX%%|/usr/local/nginx|" \
    -e "s|%%PID_PATH%%|/usr/local/nginx/logs/nginx.pid|" \
    -e "s|%%CONF_PATH%%|/usr/local/nginx/conf/nginx.conf|" \
    -e "s|%%ERROR_LOG_PATH%%|/usr/local/nginx/logs/error.log|" \
    < man/nginx.8 > objs/nginx.8
make[1]: Leaving directory `/data/soft/nginx-1.2.9'
```

如果编译没有问题,就可以进行二进制软件和其他文件的安装。

【示例 8-8】续

```
[root@localhost nginx-1.2.9]# make install
make -f objs/Makefile install
make[1]: Entering directory `/data/soft/nginx-1.2.9'
test -d '/usr/local/nginx' || mkdir -p '/usr/local/nginx'
test -d '/usr/local/nginx/sbin'             || mkdir -p '/usr/local/nginx/sbin'
test !  -f  '/usr/local/nginx/sbin/nginx'                           || mv '/usr/local/nginx/sbin/nginx'           '/usr/local/nginx/sbin/nginx.old'
```

```
cp objs/nginx '/usr/local/nginx/sbin/nginx'
test -d '/usr/local/nginx/conf'                || mkdir -p '/usr/local/nginx/conf'
#中间结果省略
test -d '/usr/local/nginx/logs' ||             mkdir -p '/usr/local/nginx/logs'
test -d '/usr/local/nginx/html' ||             || cp -R html '/usr/local/nginx'
test -d '/usr/local/nginx/logs' ||             mkdir -p '/usr/local/nginx/logs'
make[1]: Leaving directory `/data/soft/nginx-1.2.9'
```

至此 Nginx 的安装已经完成了，配置时没有添加-prefix 参数，软件会安装在/usr/local 下，启动 Nginx 并测试。

【示例 8-8】续

```
#找到Nginx 的主目录
[root@localhost nginx-1.2.9]# cd /usr/local/nginx/sbin
#启动Nginx
[root@localhost sbin]# ./nginx
#查看是否启动，Web 服务一般为80端口
[root@localhost sbin]# netstat -plnt | grep 80
tcp        0      0 0.0.0.0:80              0.0.0.0:*               LISTEN      23822/nginx: master
#测试启动的 Nginx 服务器
[root@localhost sbin]# echo "Welcome to nginx" >/usr/local/nginx/html/index.html
[root@localhost sbin]# curl http://127.0.0.1/
Welcome to nginx
```

 此例主要演示 Nginx 软件的安装，通过源码安装了解如何通过源代码安装常用软件，如需了解 Nginx 如何配置等，请参阅其他资料或书籍。

8.7 小结

软件的安装、升级和卸载是使用 Linux 操作系统时最常见的操作。本章介绍了 RPM（Redhat Package Manager）和 DPKG（Debian Package）两种包管理机制。包管理机制在方便用户操作的同时，也让 Linux 的使用更加便捷。本章还介绍了函数库的基本知识，读者在这里有一个大概的了解即可。

8.8 习题

一、填空题

1. 随着 Linux 的发展,目前形成了两种包管理机制:_____和_____。
2. 普通用户安装常用软件有两种方法,一种是_____;另一种是_____。
3. 从源码安装软件一般经过_____、_____和_____3 个步骤。

二、选择题

以下( )不是程序函数库?
A. 静态函数库　　　　　　　B. 静态加载函数库
C. 动态加载函数库　　　　　D. 共享函数库

第 9 章

系统启动控制与进程管理

Linux 系统是如何启动的？如果出现故障，应该在什么模式下修复？Linux 启动的同时会启动哪些服务？Linux 进程该如何管理？本章就来回答这一系列的问题。

本章首先介绍 Linux 的引导过程，介绍 Linux 运行级别、启动过程和服务控制，然后介绍进程管理的相关知识，并对进程管理常见的问题给出参考解答。

本章主要涉及的知识点有：

- Linux 的运行级别
- Linux 的启动过程
- Linux 系统服务控制
- Linux 下的进程管理

本章最后的示例演示如何通过 Shell 脚本进行进程监控。

9.1 启动管理

Linux 启动过程是如何引导的？系统服务如何设置？要深入了解 Linux，首先必须能回答这两个问题。本节主要介绍 Linux 启动的相关知识。

9.1.1 Linux 系统的启动过程

RHEL 7 在革新使用 systemd 之后，启动过程与之前的 Sys V 相比更加并行化了。具体的启动过程如下。

步骤 01 开机自检。
步骤 02 从硬盘的 MBR 中读取引导程序 GRUB。
步骤 03 引导程序根据配置文件显示引导菜单。
步骤 04 如果选择进入 Linux 系统，此时引导程序加载 Linux 内核文件。
步骤 05 当内核全部载入内存后，GRUB 的任务完成，此时全部控制权限交给 Linux，CPU 开始执行 Linux 内核代码，如初始化任务调度、分配内存、加载驱动等。

步骤 06 内核代码执行完后，开始执行 Linux 系统的第一个进程——systemd 进程，进程号为 1。

步骤 07 接下来的工作由 systemd 进程来完成。systemd 使用"target"来处理引导以及服务管理过程，"target"主要是用来分组不同的引导单元及同步进程，系统中的 target 位于目录 /usr/lib/systemd/system 中。systemd 首先执行的目标是 default.target，default.target 是一个指向运行级别的链接。如此系统就会进入一个默认的运行级别。

步骤 08 接下来，systemd 会启动 multi-user.target，这个 target 主要是用来启动完全多用户模式的，其相应的子单元位于/usr/lib/systemd/system/multi-user.target.wants 目录中。许多服务都会在此阶段被启动，如防火墙，系统会话等。

步骤 09 该阶段控制权会交给 basic.target，basic.target 会启动如音频、dmesg 等服务，完成后会将工作交给 sysinit.target。

步骤 10 sysinit.target 主要用来处理系统挂载，交换分区等，完成后会将工作交给 local-fs.target。

步骤 11 local-fs.target 用来处理收尾工作，如处理/etc/fstab 中的挂载等。

当系统首次引导时，处理器会执行一个位于已知位置处的代码，一般保存在基本输入/输出系统 BIOS 中。当找到一个引导设备之后，第一阶段的引导加载程序就被装入 RAM 并执行。这个引导加载程序在大小上小于 512 字节（一个扇区），它是加载第二阶段的引导加载程序。

当第二阶段的引导加载程序被装入 RAM 并执行时，通常会显示一个引导屏幕，并将 Linux 和一个可选的初始 RAM 磁盘（临时根文件系统）加载到内存中。在加载映像时，第二阶段的引导加载程序就会将控制权交给内核映像，然后内核就可以进行解压和初始化。在这个阶段中，第二个阶段的引导加载程序会检测系统硬件、枚举系统链接的硬件设备、挂载根设备，然后加载必要的内核模块。完成这些操作之后启动第一个程序 systemd，并执行高级系统初始化工作。通过以上过程系统完成引导，等待用户登录。

9.1.2 Linux 运行级别

Linux 系统不同的运行级别可以启动不同的服务。Linux 系统共有 7 个运行级别，通常用数字 0~6 来表示，在新引入的 systemd 中也用 7 个目标来表示。同时 systemd 还额外引入了一个新的目标紧急模式，当系统连救援模式也无法进入时，可尝试使用紧急模式。各个运行级别的定义如表 9.1 所示。

表 9.1 Linux 运行级别说明

参数	Sytemd 目标（target）	说明
0	runlevel0.target，poweroff.target	停机，一般不推荐设置此级别
1	runlevel1.target，rescue.target	单用户模式
2	runlevel2.target，multi-user.target	多用户，但是没有网络文件系统
3	runlevel3.target，multi-user.target	完全多用户模式
4	runlevel4.target，multi-user.target	没有用到
5	runlevel5.target，graphical.target	X11，一般对应图形界面接口
6	runlevel6.target，reboot.target	重新启动，一般不推荐设置此级别

除以上运行级别和目标外，RHEL 7 提供的紧急模式的目标为 emergency.target。标准的 Linux 运行级别为 3 或 5，如果是 3 的话，系统工作在多用户状态，5 级则是运行着桌面环境。

要查看当前用户所处的运行级别可以使用 runlevel 命令，如示例 9-1 所示。

【示例 9-1】

```
[root@localhost ~]# runlevel
N 3
[root@localhost ~]# init 5
[root@localhost ~]# runlevel
3 5
#系统重启，谨慎使用
[root@localhost ~]# init 6
#在 RHEL 7 中切换运行级别还可以使用 telinit 命令
[root@localhost ~]# telinit 3
```

其中 N 代表上次所处的运行级别，3 代表当前系统正运行在运行级别 3。由于系统开机就进入运行级别 3，因此上一次的运行级别没有，用 N 表示。要切换到其他运行级别，可使用 init 命令，例如现在运行在级别 3，即多用户文本登录界面，若要进入图形登录界面，则需进入级别 5，可以执行命令"init 5"，若要重新启动系统，可以执行命令"init 6"。

另外，如果需要进入紧急模式，可以使用命令 systemctl rescue。

9.1.3 服务单元控制

RHEL 7 使用 systemd 替换了 Sys V，其中最大的改变是控制服务的方式产生了变化。本小节将介绍如何在 systemd 中控制服务。

在控制服务之前需要注意的是，在 systemd 中通常将服务称为"单元"。systemd 单元中包含服务、挂载点、系统设备等，这些都称为单元。查看系统中的单元，如示例 9-2 所示。

【示例 9-2】

```
[root@localhost ~]# systemctl
  UNIT                                  LOAD   ACTIVE SUB     DESCRIPTION
  proc-sys-fs-binfmt_misc.automount loaded active waiting   Arbitrary Executable File Formats
  sys-devices-pci0000:00-0000:00:10.0-host12-target12:0:0-12:0:0:0-block-sda-sda1.device load
  sys-devices-pci0000:00-0000:00:10.0-host12-target12:0:0-12:0:0:0-block-sda-sda2.device load
  sys-devices-pci0000:00-0000:00:10.0-host12-target12:0:0-12:0:0:0-block-sda.device loaded ac
  sys-devices-pci0000:00-0000:00:11.0-0000:02:01.0-net-eno16777736.device
```

```
loaded active plugg
    sys-devices-pci0000:00-0000:00:11.0-0000:02:02.0-sound-card0.device    loaded
active plugged
    #部分结果省略
    #等效的命令如下
    [root@localhost ~]# systemctl list-units
    #查看运行失败的单元
    [root@localhost ~]# systemctl --failed
    #查看系统中安装的服务
    [root@localhost ~]# systemctl list-unit-files
    UNIT FILE                              STATE
    proc-sys-fs-binfmt_misc.automount      static
    dev-hugepages.mount                    static
    dev-mqueue.mount                       static
    proc-fs-nfsd.mount                     static
    proc-sys-fs-binfmt_misc.mount          static
    sys-fs-fuse-connections.mount          static
    sys-kernel-config.mount                static
    #部分结果省略
```

单元名结尾的扩展名标识了单元的类型，扩展名和对应的类型如表 9.2 所示。

表 9.2 扩展与单元类型

扩展名	类型
.device	能被内核识别的设备
.service	系统中的服务
.automount	自动挂载点
.mount	挂载点
.target	通常是一组系统服务
.path	文件系统的文件或目录
.scope	外部创建的进程
.slice	一组分层次管理的系统进程
.snapshot	系统服务状态管理
.socket	进程间通讯套接字
.swap	定义 swap 文件或者设备
.timer	定时器

对服务单元的控制通常有激活单元（相当于启动服务）、停止单元、重启单元及重新读取配置等，这些控制操作如示例 9-3 所示。

【示例 9-3】

```
#以 httpd 服务为例
#以下三条命令的效果等效
#启动服务单元
[root@localhost ~]# systemctl start httpd
[root@localhost ~]# systemctl start httpd.service
[root@localhost ~]# service httpd start
Redirecting to /bin/systemctl start  httpd.service
#停止服务单元
#三条命令效果等效
[root@localhost ~]# systemctl stop httpd.service
[root@localhost ~]# systemctl stop httpd
[root@localhost ~]# service httpd stop
Redirecting to /bin/systemctl stop  httpd.service
#重启服务单元的等效命令
[root@localhost ~]# service httpd restart
Redirecting to /bin/systemctl restart  httpd.service
[root@localhost ~]# systemctl restart httpd
[root@localhost ~]# systemctl restart httpd.service
#查看单元运行状态
#Active:active（running）表明当前服务处于激活状态
[root@localhost ~]# systemctl status httpd.service
  httpd.service - The Apache HTTP Server
  Loaded: loaded (/usr/lib/systemd/system/httpd.service; disabled; vendor preset: disabled)
  Active: active (running) since 二 2016-04-05 15:47:49 CST; 2min 8s ago
    Docs: man:httpd(8)
          man:apachectl(8)
 Process:   8557    ExecStop=/bin/kill   -WINCH   ${MAINPID}    (code=exited, status=0/SUCCESS)
 Main PID: 8606 (httpd)
   Status: "Total requests: 0; Current requests/sec: 0; Current traffic:   0 B/sec"
   CGroup: /system.slice/httpd.service
           ├─8606 /usr/sbin/httpd -DFOREGROUND
           ├─8607 /usr/sbin/httpd -DFOREGROUND
           ├─8608 /usr/sbin/httpd -DFOREGROUND
           ├─8609 /usr/sbin/httpd -DFOREGROUND
           ├─8610 /usr/sbin/httpd -DFOREGROUND
           └─8611 /usr/sbin/httpd -DFOREGROUND
```

```
4月 05 15:47:48 localhost.localdomain systemd[1]: Starting The Apache HTTP
Server...
4月 05 15:47:49 localhost.localdomain httpd[8606]: AH00558: httpd: Could not
reliably d...ge
4月 05 15:47:49 localhost.localdomain systemd[1]: Started The Apache HTTP Server.
Hint: Some lines were ellipsized, use -l to show in full.
#等效命令如下
[root@localhost ~]# service httpd status
[root@localhost ~]# systemctl status httpd
#重新读取配置
[root@localhost ~]# systemctl reload httpd
[root@localhost ~]# systemctl reload httpd.service
```

在生产环境中，通常需要让服务在系统启动时也跟随系统一起启动，以便系统启动后能提供服务。设置系统服务自动激活如示例 9-4 所示。

示例【9-4】

```
#查询服务是否为自动启动
[root@localhost ~]# systemctl is-enabled httpd
Disabled
#将服务设置为自动启动
[root@localhost ~]# systemctl enable httpd
Created symlink from /etc/systemd/system/multi-user.target.wants/httpd.service
to /usr/lib/systemd/system/httpd.service.
#再次查询是否为自动启动
[root@localhost ~]# systemctl is-enabled httpd
Enabled
#取消服务自动启动
[root@localhost ~]# systemctl disable httpd
Removed symlink /etc/systemd/system/multi-user.target.wants/httpd.service.
[root@localhost ~]# systemctl is-enabled httpd
disabled
```

除了以上这些变化外，关机等操作也由 systemd 来执行，可以使用示例 9-5 中的命令实现关机、重启等操作。

【示例 9-5】

```
#关机操作
[root@localhost ~]# systemctl poweroff
```

```
#重启
[root@localhost ~]# systemctl reboot
#待机
[root@localhost ~]# systemctl suspend
```

与 Sys V 中的服务相似，systemd 中的服务也是由文件控制的，不同的是 systemd 中使用的是单元配置文件而不是脚本。此处我们以 httpd 服务的单元配置文件为例简要说明其结构，内容如示例 9-6 所示。

【示例 9-6】

```
[root@localhost ~]# cat /usr/lib/systemd/system/httpd.service
#"[]"中的内容为配置文件的不同小节
#Unit 小节中主要是单元的描述及依赖
[Unit]
Description=The Apache HTTP Server
#下面这行表示依赖的目标
After=network.target remote-fs.target nss-lookup.target
Documentation=man:httpd(8)
Documentation=man:apachectl(8)

#Service 小节是单元的最主要内容
#其中主要定义了服务的类型，启动、停止使用的命令、杀死服务使用的信号等
[Service]
Type=notify
EnvironmentFile=/etc/sysconfig/httpd
ExecStart=/usr/sbin/httpd $OPTIONS -DFOREGROUND
ExecReload=/usr/sbin/httpd $OPTIONS -k graceful
ExecStop=/bin/kill -WINCH ${MAINPID}
# We want systemd to give httpd some time to finish gracefully, but still want
# it to kill httpd after TimeoutStopSec if something went wrong during the
# graceful stop. Normally, Systemd sends SIGTERM signal right after the
# ExecStop, which would kill httpd. We are sending useless SIGCONT here to give
# httpd time to finish.
KillSignal=SIGCONT
#将该单元启动的进程加入到列表单元的临时文件命名空间中
PrivateTmp=true


#安装单元，目前未使用
[Install]
WantedBy=multi-user.target
```

以上是单元配置文件的示例，通常单元的配置文件会放在/usr/lib/systemd/system/（主要存放软件包安装的单元）和/etc/systemd/system/（主要存放由系统管理员安装的与系统密切相关的单元）目录中。如果需要添加单元配置文件只需要将配置文件放到相应的目录中，然后执行命令"systemctl daemon-reload"就可以了。关于单元的更多详细信息可以使用"man 5 systemd.service"和"man systemd"命令参考手册了解。

9.2 Linux 进程管理

进程是系统分配资源的基本单位，当程序执行后，进程便会产生。本节主要介绍进程管理的相关知识。

9.2.1 进程的概念

程序是为了完成某种任务而设计的软件，比如 Apache 相关的二进制文件是程序，而进程就是运行中的程序。一个运行着的程序，可能有多个进程，比如当管理员启动 Apache 服务器后，随着访问量的增加会派生不同的进程以便处理请求。

1. 进程分类

进程一般分为交互进程、批处理进程和守护进程 3 类。

守护进程一般在后台运行，可以由系统在开机时通过脚本自动激活启动或由超级管理用户 root 来启动；也可以通过命令将要启动的程序放到后台执行。

由于守护进程是一直运行着的，一般所处的状态是等待请求处理任务，例如不管是否有人访问 www.linux.com，该服务器上的 httpd 服务都在运行。

2. 进程的属性

系统在管理进程时，按照进程的如下属性来进行管理。

- 进程 ID（PID）：是唯一的数值，用来区分进程。
- 父进程和父进程的 ID（PPID）。
- 启动进程的用户 ID（UID）和所归属的组（GID）。
- 进程状态：状态分为运行 R、休眠 S、僵尸 Z。
- 进程执行的优先级，进程所连接的终端名。
- 进程资源占用：比如占用资源大小（内存、CPU 占用量）。

3. 父进程和子进程

两者的关系是管理和被管理的关系，当父进程终止时，子进程也随之终止。但子进程终止，父进程并不一定终止，比如 httpd 服务器运行时，子进程如果被杀掉，父进程并不会因为子进程的终止而终止。在进程管理中，如果某一进程占用资源过多，或无法控制某一进程时，该进程应该被杀死，以保护系统的稳定安全运行。

9.2.2 进程管理工具与常用命令

进程管理工具主要进行进程的启动、监视和结束，要监视系统的运行并查看系统的进程状态，可以使用 ps、top、tree 等工具。本节主要介绍一些进程管理常用的管理工具和命令。

1．进程监视 ps

ps 提供了对进程的一次性查看，所提供的查看结果并不是动态连续的；如果想监视进程的实时变化，可以使用 top 命令。ps 命令支持丰富的参数，其常用的参数如表 9.3 所示。

表9.3 ps 命令常用参数说明

参数	说明
l	长格式输出
u	按用户名和启动时间的顺序来显示进程
j	用任务格式来显示进程
f	用树形格式来显示进程
a	显示所有用户的所有进程（包括其他用户）
x	显示无控制终端的进程
r	显示运行中的进程
w	避免详细参数被截断
f	列出进程全部相关信息，通常和其他选项联用

如果要按照用户名和启动时间顺序显示进程并且要显示所有用户的进程和后台进程，可以执行 ps aux，使用方式如示例 9-7 所示。

【示例 9-7】

```
[root@localhost ~]# ps aux | head
USER        PID %CPU %MEM    VSZ   RSS TTY      STAT START   TIME COMMAND
root          1  0.3  0.7 143084  7552 ?        Ss   09:34   0:02 /usr/lib/systemd/systemd --switched-root --system --deserialize 21
root          2  0.0  0.0      0     0 ?        S    09:34   0:00 [kthreadd]
root          3  0.0  0.0      0     0 ?        S    09:34   0:00 [ksoftirqd/0]
root          7  0.0  0.0      0     0 ?        S    09:34   0:00 [migration/0]
root          8  0.0  0.0      0     0 ?        S    09:34   0:00 [rcu_bh]
root          9  0.0  0.0      0     0 ?        S    09:34   0:00 [rcuob/0]
root         10  0.0  0.0      0     0 ?        S    09:34   0:00 [rcuob/1]
root         11  0.0  0.0      0     0 ?        S    09:34   0:00 [rcuob/2]
root         12  0.0  0.0      0     0 ?        S    09:34   0:00 [rcuob/3]
[root@localhost ~]# ps -ef | head
UID         PID  PPID  C STIME TTY          TIME CMD
root          1     0  0 09:34 ?        00:00:02 /usr/lib/systemd/systemd --switched-root --system --deserialize 21
```

```
root           2       0  0 09:34 ?        00:00:00 [kthreadd]
#省略部分结果
#和管道结合使用
[root@localhost ~]# ps -ef | grep httpd | head
root        2456       1  0 09:45 ?        00:00:00 /usr/sbin/httpd -DFOREGROUND
apache      2457    2456  0 09:45 ?        00:00:00 /usr/sbin/httpd -DFOREGROUND
apache      2458    2456  0 09:45 ?        00:00:00 /usr/sbin/httpd -DFOREGROUND
apache      2459    2456  0 09:45 ?        00:00:00 /usr/sbin/httpd -DFOREGROUND
apache      2460    2456  0 09:45 ?        00:00:00 /usr/sbin/httpd -DFOREGROUND
apache      2461    2456  0 09:45 ?        00:00:00 /usr/sbin/httpd -DFOREGROUND
root        2473    2294  0 09:46 pts/0    00:00:00 grep --color=auto httpd
```

第一行结果中，每列的含义如表 9.4 所示。

表 9.4　ps 命令常用参数说明

参数	说明
USER	表示启动进程的用户
PID	进程的序号
%CPU	进程占用的 CPU 百分比
%MEM	进程使用的物理内存百分比
VSZ	进程使用的虚拟内存总量，单位为 KB，有的发行版此参数为 VIRT
RSS	进程使用的、未被换出的物理内存大小，单位为 KB，有的发行版此参数为 RES
TTY	终端 ID
STAT	进程状态
START	启动进程的时间
TIME	进程消耗 CPU 的时间
COMMAND	启动命令的名称和参数

其中 STAT 表示进程，如进程终止、死掉或成为僵尸进程。进程常见状态说明如表 9.5 所示。

表 9.5　进程常见状态说明

参数	说明
D	不能被中断的进程
R	正在运行中在队列中可过行的
S	处于休眠状态
T	停止或被追踪
W	进入内存交换，从内核 2.6 开始无效
X	死掉的进程
Z	僵尸进程
<	优先级较高的进程
N	优先级较低的进程
L	有些页被锁进内存
S	进程的领导者，该进程有子进程
L	多线程的宿主
+	位于后台的进程组

2．系统状态监视命令 top

使用 ps 命令只能看到某时刻的进程状态，如果要监视系统的实时状态，可以使用 top 命令，top 命令的输出结果如示例 9-8 所示。

【示例 9-8】

```
top - 10:07:44 up 33 min,  1 user,  load average: 0.16, 0.07, 0.06
Tasks: 429 total,   2 running, 427 sleeping,   0 stopped,   0 zombie
%Cpu(s):  0.3 us,  0.7 sy,  0.0 ni, 99.0 id,  0.0 wa,  0.0 hi,  0.0 si,  0.0 st
KiB Mem :  1001332 total,   419236 free,   187232 used,   394864 buff/cache
KiB Swap:  2097148 total,  2097148 free,        0 used.   617992 avail Mem

   PID USER      PR  NI    VIRT    RES    SHR S %CPU %MEM     TIME+ COMMAND
  3045 root      20   0       0      0      0 S  0.3  0.0   0:00.06 kworker/0:1
  3047 root      20   0  146412   2348   1432 R  0.3  0.2   0:00.09 top
     1 root      20   0  143084   7552   2632 S  0.0  0.8   0:02.45 systemd
     2 root      20   0       0      0      0 S  0.0  0.0   0:00.02 kthreadd
     3 root      20   0       0      0      0 S  0.0  0.0   0:00.15 ksoftirqd/0
#部分结果省略
```

上述示例包含较多的信息，主要部分说明如下。

（1）当前系统时间是 10:07:44，系统刚启动了 33 分，目前登录到系统中的用户有 1 个。load average 后面的 3 个值分别代表：最近 1 分钟、5 分钟、15 分钟的系统负载值。此部分值可参考 CPU 的个数，如果超过 CPU 个数的两倍以上说明系统高负载，需立即处理，小于 CPU 的个数表示系统负载不高，服务器处于正常状态。

（2）Tasks 部分表示：有 429 个进程在内存中，其中 2 个正在运行，427 个正在睡眠，0 个进程处于停止状态，0 个进程处于僵尸状态。

（3）CPU 部分依次表示如下。

- %us（user）：用在用户态程序上的时间。
- %sy（sys）：用在内核态程序上的时间。
- %ni（nice）：用在 nice 优先级调整过的用户态程序上的时间。
- %id（idle）：CPU 空闲时间。
- %wa（iowait）：CPU 等待系统 IO 的时间。
- %hi：CPU 处理硬件中断的时间。
- %si：CPU 处理软件中断的时间。
- %st（steal）：用于有虚拟 CPU 的情况，用来指示被虚拟机偷掉的 CPU 时间。

通常 idle 值可以反映一个系统 CPU 的闲忙程度。另外，如果用户态进程的 CPU 百分比持续为 95% 以上，说明应用程序需要优化。

（4）Mem 部分表示：总内存、已经使用的内存、空闲的内存、用于缓存文件系统的内存。

（5）Swap 部分表示：交换空间总大小、使用的交换内存空间、空闲的交换空间、用于缓存文件内容的交换空间。

"187232 used"并不是表示应用程序实际占用的内存，应用程序实际占用的内存可以使用下列公式计算：MemTotal-MemFree-Buffers-Cached。对应本示例为 1001332-419236-394864 =187232KB，应用程序实际占用的内存为 187232KB。

默认情况下，top 命令每隔 5 秒钟刷新一次数据。top 命令常用的参数如表 9.6 所示，更多参数信息可以参考系统帮助。

表 9.6 top 命令常用参数说明

参数	说明
-b	以批量模式运行，但不能接受命令行输入
-c	显示命令完整启动方式，而不仅仅是命令名
-d N	设置两次刷新之间的时间间隔
-i	禁止显示空闲进程或僵尸进程
-n NUM	显示更新次数，然后退出
-p PID	仅监视指定进程的 ID
-u	只显示指定用户的进程信息
-s	安全模式运行，禁用一些交互指令
-S	累积模式，输出每个进程的总的 CPU 时间，包括已死的子进程

以上为终端执行 top 命令可以接收的参数，使用方法如示例 9-9 所示。

【示例 9-9】

```
#显式一次结果即退出
[root@localhost ~]# top -n 1
top - 10:31:41 up 57 min,  1 user,  load average: 0.00, 0.01, 0.05
Tasks: 428 total,   2 running, 426 sleeping,   0 stopped,   0 zombie
%Cpu(s):  0.3 us,  0.8 sy,  0.0 ni, 98.5 id,  0.5 wa,  0.0 hi,  0.0 si,  0.0 st
KiB Mem :  1001332 total,   419300 free,   187104 used,   394928 buff/cache
KiB Swap:  2097148 total,  2097148 free,        0 used.   618084 avail Mem
#部分结果省略
#显示某一进程当前的状态
[root@localhost ~]# top -p 2459
#部分结果省略
   PID USER      PR  NI    VIRT    RES    SHR S %CPU %MEM     TIME+ COMMAND
  2459 apache    20   0  223984   3112   1244 S  0.0  0.3   0:00.00 httpd
#显示某一用户的进程信息
[root@localhost ~]# top -u apache
#部分结果省略
  2457 apache    20   0  223984   3112   1244 S  0.0  0.3   0:00.00 httpd
  2458 apache    20   0  223984   3112   1244 S  0.0  0.3   0:00.00 httpd
  2459 apache    20   0  223984   3112   1244 S  0.0  0.3   0:00.00 httpd
```

```
2460 apache    20   0  223984    3112   1244 S  0.0  0.3   0:00.00 httpd
2461 apache    20   0  223984    3112   1244 S  0.0  0.3   0:00.00 httpd
```

top 在运行时可以接收一定的命令参数，比如按某列排序、查看某一用户的进程等，可以方便用户的调试，常见的命令参数如表 9.7 所示。

表 9.7 常见的可接收命令参数

参数	说明
空格	立即更新当前状态
c	显示整个命令，包含启动参数
f,F	增加显示字段，或删除显示字段
H	显示有关安全模式及累积模式的帮助信息
k	提示输入要杀死的进程 ID，用来杀死指定进程，默认信号为 15
l	切换到显法负载平均值和正常运行的时间等信息
m	切换到内存信息，并以内存占用大小排序
n	输入后将显示指定数量的进程数量
o,O	改变显示字段的顺序
r	更改进程优先级
s	改变两次刷新时间间隔，以秒为单位
t	切换到显示进程和 CPU 状态的信息
A	按进程生命大小进行排序，最新进程显示在最前
M	按内存占用大小排序，由大到小
N	以进程 ID 大小排序，由大到小
P	按 CPU 占用情况排序，由大到小
S	切换到累积时间模式
T	按时间 / 累积时间对任务排序
W	把当前的配置写到 ~/.toprc 中
q	要退出 top 程序

3．进程的启动

Linux 的进程分为前台进程和后台进程，前台进程会占用终端窗口，而后台进程不会占用终端窗口。要启动一个前台进程，只需要在命令行输入启动进程的命令即可，要让一个程序在后台运行，只需要在启动进程时，在命令后加上 "&" 符号即可，如下所示：

```
[root@localhost ~]# ps -ef
[root@localhost ~]# ps -ef &
```

进程可以在前后台之间进行切换，要将一个前台进程切换到后到执行，可首先按 Ctrl+Z 键，让正在前台执行的进程暂停，然后用 jobs 获取当前的后台作业号，通过命令 "bg 作业号" 将进程放入后台执行，如示例 9-10 所示。

【示例 9-10】

```
[root@localhost ~]# jobs
```

```
[1]   Stopped                top
[2]-  Stopped                top
[3]+  Stopped                top
#输入 bg [作业号] 让进程在后台执行
[root@localhost ~]# bg 3
[3]+ top &
```

如要将一个进程从后台调到前台执行，可以使用示例 9-11 的方法。

【示例 9-11】

```
#用 jobs 获取当前的后台作业号：
[root@localhost ~]# jobs
[1]  Stopped top
[2]+ Stopped top
[3]- Stopped vim
#使用 fg [作业号] 命令使作业到前台执行：
[root@localhost ~]# fg 3
```

4．进程终止 kill 或 killall

如要终止一个进程或终止一个正在运行的程序，可以通过 kill 或 killall 完成。如果进程挂死或系统负载较高时需要杀死异常的进程。需要注意的是，使用这些工具在强行终止正在运行的程序尤其是数据库程序时，会使程序来不及完成正常的工作，可能会引起数据丢失。kill 的用法为：kill ［信号代码］ 进程 ID。信号代码可以省略；常用的信号代码是-9，表示强制终止。kill 一般和 ps 命令结合使用，如示例 9-12 所示。

【示例 9-12】

```
[root@localhost ~]# ps -ef|pgrep -l top
25355 top
25370 top
25440 top
#按进程号杀死进程
[root@localhost ~]# kill -9 25355
[1]   Killed                 top
#杀死同名的一批进程
[root@localhost ~]# killall -9 top
[2]-  Killed                 top
[3]+  Killed                 top
```

如果进程存在父进程，且直接杀死父进程，则子进程会一起被杀死，如果只杀死子进程，则父进程仍然会运行，如示例 9-13 所示。

161

【示例 9-13】
```
[root@localhost ~]# ps -ef|grep httpd
 root      6051     1  0 00:50 ?        00:00:05 /usr/local/apache2/bin/httpd -k start
 root      6351  6051  0 00:50 ?        00:00:00 /usr/local/apache2/bin/httpd -k start
 root      6352  6051  0 00:50 ?        00:00:00 /usr/local/apache2/bin/httpd -k start
 root      6353  6051  0 00:50 ?        00:00:00 /usr/local/apache2/bin/httpd -k start
 root     26974  8676  0 05:29 pts/0    00:00:00 grep httpd
[root@localhost ~]# kill 6351
#子进程被杀死，其他子进程和父进程并不受影响
[root@localhost ~]# ps -ef|grep httpd
 root      6051     1  0 00:50 ?        00:00:05 /usr/local/apache2/bin/httpd -k start
 root      6352  6051  0 00:50 ?        00:00:00 /usr/local/apache2/bin/httpd -k start
 root      6353  6051  0 00:50 ?        00:00:00 /usr/local/apache2/bin/httpd -k start
 root     27031  8676  0 05:29 pts/0    00:00:00 grep httpd
#父进程被杀死则子进程一起终止
[root@localhost ~]# kill  6051
[root@localhost ~]# ps -ef|grep httpd
```

5．进程的优先级

在 Linux 操作系统中，各个进程都使用资源，比如 CPU 和内存是竞争的关系，这个竞争关系可通过一个数值人为地改变，如进程优先级较高，可以分配更多的时间片。优先级通过数字确认，负值或 0 表示高优先级，拥有优先占用系统资源的权利。优先级的数值为-20~19，对应的命令为 nice 和 renice。

nice 可以在创建进程时指定进程的优先级，进程优先级的值是父进程 Shell 优先级的值与所指定优先级的相加和，因此使用 nice 设置程序的优先级时，所指定数值是一个增量，并不是优先级的绝对值。

在启动一个进程时，其默认的优先级值为 0，可以通过 nice 命令来指定程序启动时的优先级，也可以通过 renice 来改变正在执行的进程的优先级，如示例 9-14 所示。

【示例 9-14】
```
#运行 httpd 服务，并指定优先级增量为5，正整数表示降低优先级
[root@localhost ~]# nice -n 5 /usr/local/apache2/bin/apachectl -k start
```

```
#按进程号提高某个进程的优先级，值越小表示优先级越高
[root@localhost ~]# renice -n -15 41375
41375: old priority 5, new priority -15
```

9.3 系统运维常见操作

系统管理员在进行系统管理时，会使用一些小技巧提高工作效率，本节就介绍这些技巧。

9.3.1 更改 Linux 的默认运行级别

当操作系统安装完成后，安装程序会按安装的定制选项为操作系统设置默认的运行级别，通常安装有桌面时会设置为运行级别 5，作为服务器运行时设置为 3。通过命令 systemctl 可以修改默认的运行级别：

```
#修改默认运行级别实际是修改文件 default.target 的指向
[root@localhost ~]# ls -l /etc/systemd/system/default.target
lrwxrwxrwx. 1 root root 40 Apr  6 15:32 /etc/systemd/system/default.target -> /usr/lib/systemd/system/graphical.target
#修改默认运行级别
[root@localhost ~]# systemctl set-default multi-user.target
Removed symlink /etc/systemd/system/default.target.
Created symlink from /etc/systemd/system/default.target to /usr/lib/systemd/system/multi-user.target.
#指向发生改变
[root@localhost ~]# ls -l /etc/systemd/system/default.target
lrwxrwxrwx. 1 root root 41 Apr  6 15:33 /etc/systemd/system/default.target -> /usr/lib/systemd/system/multi-user.target
```

如果修改成 3，修改后保存重启，系统就默认启动到字符界面。不管在何种运行级别，用户都可用 init 命令来切换到其他运行级别。

9.3.2 更改 sshd 默认端口 22

系统安装完毕后，ssh 端口一般为 22，由于是通用定义的端口，若服务器上有外网服务开放，则可能存在风险，通过以下步骤可更改 ssh 的默认端口。

首先修改 ssh 的配置文件：

```
#修改相关配置文件的启动端口
#修改以下这行
[root@localhost ~]# vim /etc/ssh/sshd_config
Port 12222
#SELinux 会阻止端口修改而导致 sshd 服务重启失效
#使用以下命令临时关闭 SELinux
[root@localhost ~]# setenforce 0
#重启 sshd 服务
[root@localhost ~]# systemctl restart sshd.service
#端口已经更改
[root@localhost ~]# netstat -plnt | grep 12222
tcp        0      0 0.0.0.0:12222           0.0.0.0:*               LISTEN      3157/sshd
tcp6       0      0 :::12222                :::*                    LISTEN      3157/sshd
```

如果更改端口后不能登录,可能是防火墙设置原因,可执行"systemctl stop firewalld"关闭防火墙。

为防止在修改配置的过程中出现掉线、断网、误操作等未知情况,导致机器不能登录,可以同时指定监听两个端口,还能通过另外一个端口连接上去调试。

9.3.3 查看某一个用户的所有进程

如需查看某个用户的所有进程,可使用两种方法。一种是通过管道用 grep 命令查找,另外一种是使用 ps 命令提供的功能,如下所示:

```
#第1种方法,通过管道查找
[root@localhost ~]# ps -ef|grep userA
#第2种方法,通过 ps 命令提供的参数
[root@localhost ~]# ps -f -uapache
UID        PID  PPID  C STIME TTY          TIME CMD
apache    3489  3488  0 16:08 ?        00:00:00 /usr/sbin/httpd -DFOREGROUND
apache    3490  3488  0 16:08 ?        00:00:00 /usr/sbin/httpd -DFOREGROUND
apache    3491  3488  0 16:08 ?        00:00:00 /usr/sbin/httpd -DFOREGROUND
apache    3492  3488  0 16:08 ?        00:00:00 /usr/sbin/httpd -DFOREGROUND
apache    3493  3488  0 16:08 ?        00:00:00 /usr/sbin/httpd -DFOREGROUND
```

9.3.4 确定占用内存比较高的程序

机器内存的占用情况可以通过 top 命令查看，通过对比 swap 内存空间的占用大小确认系统是否正常，如果 swap 内存占用较高，此时需要进行优化，首先需要确认占用内存较高的业务进程，方法如下所示。

```
#输入 top 命令后按 M 键（大写）
#经过此步操作后进程会按占用内存的百分比排序，结果如下
#部分结果省略

  PID USER      PR  NI    VIRT    RES    SHR S %CPU %MEM    TIME+ COMMAND
 1628 root      20   0  553036  18356   5740 S  0.0  1.8   0:00.77 tuned
 1637 root      20   0  554756  17144  10360 S  0.0  1.7   0:00.44 libvirtd
 1422 root      20   0  110508  15796   3352 S  0.0  1.6   0:00.08 dhclient
 2493 polkitd   20   0  524904  12048   4624 S  0.0  1.2   0:00.06 polkitd
  815 root      20   0   43516   9960   3408 S  0.0  1.0   0:00.44 systemd-jo+
```

9.3.5 终止进程

如果要终止一个进程或终止一个正在运行的程序，可以通过 kill 或 killall 来完成。如果进程挂死，或系统负载较高时需要杀死异常的进程。需要注意使用这些工具在如强行终止正在运行的程序尤其是数据库程序时，会使程序来不及完成正常的工作，数据库可能会引起数据丢失。常用的信号如下所示。

```
#举例
[root@localhost ~]# ps -ef|grep vim
root      49361  1336  0 Aug05 tty1     00:00:00 vim /etc/resolv.conf
#如需杀死进程，可以直接执行 kill
#按进程号杀死进程
[root@localhost ~]# kill  49361
#按进程名杀死进程
[root@localhost ~]# killall  vim
#如需强制终止程序，可以直接执行 kill -9 或 killall -9
[root@localhost ~]# killall  -9  vim
[root@localhost ~]# kill  -9 49361
```

其中 SIGKILL 和 SIGSTOP 信号不能被捕捉或忽略，其他信号可以，以上两个命令信号默认为 15。

9.3.6 终止属于某一个用户的所有进程

如要终止某一个用户的全部进程，可使用如下的命令：

```
[root@localhost Packages]# killall -u userA
```

9.3.7 根据端口号查找对应进程

如果需要根据端口号查找对应进程，可以使用 losf 命令，关于 lsof 的更多信息可查看系统帮助。

```
[root@localhost ~]# lsof -i:12222
COMMAND  PID USER    FD   TYPE DEVICE SIZE/OFF NODE NAME
sshd    3157 root    3u   IPv4  39788      0t0  TCP *:12222 (LISTEN)
sshd    3157 root    4u   IPv6  39790      0t0  TCP *:12222 (LISTEN)
sshd    3291 root    3u   IPv4  40381      0t0  TCP 172.16.45.14:12222->172.16.45.12:54306 (ESTABLISHED)
#使用管道查找
[root@localhost ~]# lsof | grep 12222
sshd    3157         root    3u   IPv4  39788    0t0  TCP *:12222 (LISTEN)
#部分结果省略
```

9.4 范例——进程监控

本节主要通过 rysnc 进程的监控演示进程管理的相关知识，主要代码如示例 9-15 所示。

【示例 9-15】

```
[root@localhost ~]# cat -n rsyncMon.sh
     1  #!/bin/bash
     2
     3  function LOG()
     4  {
     5          echo "[`$(/bin/date +%Y-%m-%d" "%H:%M:%S -d "0 days ago")`]" "$1"
     6  }
     7
     8  function setENV()
     9  {
    10          export LOCAL_IP=`/usr/sbin/ifconfig|grep -a1 eno16777736|grep inet |awk '{print $2}' |awk -F ":" '{print $2}' |head -1`
    11  }
```

```
 12
 13  function sendmsg()
 14  {
 15          LOG "send alarm to me:$1 $2"
 16  }
 17
 18  function process()
 19  {
 20
 21      #rsync
 22       threadcount=`ps axu|grep "\brsync\b"|grep -v grep|grep -v bash|grep 12345|wc -l`
 23
 24      if [ $threadcount -lt 1 ]
 25      then
 26          LOG "rsync is not exists , restart it!"
 27              rsync --daemon --address=$LOCAL_IP --config=/etc/rsyncd.conf --port=12345 &
 28          sendmsg tome  "rsync_restart_now_${LOCAL_IP}"
 29      else
 30          LOG "rsync normal"
 31      fi
 32  }
 33
 34  function main()
 35  {
 36       setENV
 37       process
 38  }
 39
 40  LOG "check rsync start"
 41  main
 42  LOG "check rsync end"
[root@localhost ~]# !kill
killall -9 rsync
[root@localhost ~]# sh rsyncMon.sh
[2014-03-24 11:55:54] check rsync start
[2014-03-24 11:55:54] rsync is not exists , restart it!
[2014-03-24 11:55:54] send alarm to me:tome rsync_restart_now_192.168.19.102
[2014-03-24 11:55:54] check rsync end
[root@localhost ~]# sh rsyncMon.sh
[2014-03-24 11:56:00] check rsync start
[2014-03-24 11:56:00] rsync normal
[2014-03-24 11:56:00] check rsync end
```

如果系统中不存在 rsync，可以使用以下方法安装，如示例 9-16 所示。

【示例 9-16】
```
[root@localhost Packages]# pwd
/cdrom/Packages
[root@localhost Packages]# rpm -ivh rsync-3.0.9-17.el7.x86_64.rpm
Preparing...                ################################# [100%]
   1:rsync                   ################################# [100%]
```

9.5 小结

  Linux 和 Windows 一样，也支持多个操作系统并存的情况，这主要通过 GRUB 管理器实现。本章重点讲解了 Linux 的启动过程。作为系统管理员，如果连 Linux 的启动过程都不清楚，可能会贻笑大方。还介绍了进程，读者应该了解什么是进程以及如何查看进程、监控进程和终止进程。

9.6 习题

一、填空题

1. Linux 系统共有_____个运行级别，分别用数字_____来表示。
2. 标准的 Linux 运行级为 3 或 5，如果是 3 的话，则系统工作在_____状态。5 级则是运行着_____系统。
3. 进程一般分为_____、_____和_____3 类。

二、选择题

关于进程描述错误的是（　　）。

A. 进程是系统分配资源的基本单位，当程序执行后，进程便会产生。
B. 当父进程终止时，子进程也随之而终止。
C. 要监视系统的运行并查看系统的进程状态，可以使用 ps、top、tree 等工具。
D. 一个运行着的程序只可能有一个进程。

第 10 章 Linux网络管理

Linux 系统在服务器市场占有很大的份额，尤其在互联网时代，要使用计算机就离不开网络。本章将讲解 Linux 系统的网络配置。在开始配置网络之前，需要了解一些基本的网络原理。

本章涉及的主要知识点有：

- 网络管理协议
- 常用的网络管理命令
- Linux 的网络配置方法
- 高级网络管理工具
- 动态主机配置协议 DHCP
- 域名系统 DNS

本章最后两个示例演示了如何监控 Linux 系统中的网卡流量和如何使用防火墙阻止异常请求。

10.1 网络管理协议

要了解 Linux 的配置，首先需要了解相关的网络管理，本节主要介绍和网络配置密切相关的 TCP/IP 协议、UDP 协议和 ICMP 协议。

10.1.1 TCP/IP 协议简介

计算机网络是由地理上分散的、具有独立功能的多台计算机通过通信设备和线路互相连接起来，在配有相应的网络软件的情况下，实现计算机之间通信和资源共享的系统。计算机网络按其所跨越的地理范围可分为局域网 LAN（Local Area Network）和广域网 WAN（Wide Area Network）。在整个计算机网络通信中，使用最为广泛的通信协议便是 TCP/IP 协议，它是网络互联事实上的标准协议，每个接入互联网的计算机如果进行信息传输必然使用该协议。TCP/IP 协议主要包含传输控制协议（Transmission Control Protocol，TCP）和网际协议（Internet Protocol，IP）。

1．OSI 参考模型

计算机网络可实现计算机之间的通信，任何双方要成功地进行通信，必须遵守一定的信息交换规则和约定，在所有的网络中，每一层的目的都是向上一层提供一定的服务，同时利用下一层所提供的功能。TCP/IP 协议体系在和 OSI 协议体系的竞争中取得了决定性的胜利，得到了广泛的认可，成为了事实上的网络协议体系标准。Linux 系统也是采用 TCP/IP 体系结构进行网络通信。TCP/IP 协议体系和 OSI 参考模型一样，也是一种分层结构，由基于硬件层次上的 4 个概念性层次构成，即网络接口层、互联网层、传输层和应用层。OSI 参考模型与 TCP/IP 对比如图 10.1 所示。

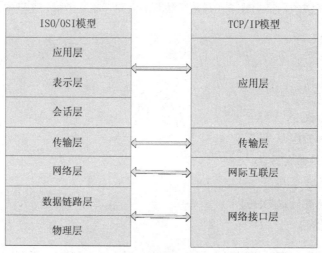

图 10.1　OSI 参考模型与 TCP/IP 协议对比

网络接口层主要为上层提供服务，完成链路控制等功能，网际互联层主要解决主机到主机之间的通信问题，其主要协议有：网际协议（IP）、地址解析协议（ARP）、反向地址解析协议（RARP）和互联网控制报文协议（ICMP）。传输层为应用层提供端到端的通信功能，同时提供流量控制，确保数据完整和正确。TCP 协议位于该层，提供一种可靠的、面向连接的数据传输服务；于此对应的是 UDP 协议，提供不可靠的、无连接的数据报传输服务。应用层对应于 OSI 参考模型中的上面 3 层，为用户提供所需要的各种应用服务，如 FTP、Telnet、DNS、SMTP 等。

TCP/IP 协议体系及其实现中有很多概念和术语，为方便理解，本节集中介绍一些最常用的概念与术语。

2．包（packet）

包（packet）是网络上传输的数据片段，也称分组，同时称为 IP 数据报。用户数据按照规定划分为大小适中的若干组，每个组加上包头构成一个包，这个过程称为封装。网络上使用包为单位传输。包是一种统称，在不同的层次，包有不同的名字，如 TCP/IP 称作帧，而 IP 层称为 IP 数据报，TCP 层称为 TCP 报文等。图 10.2 是 IP 数据报格式。

0	4	8	16	20	31
版本	长度	服务类型	总长度		
标识			标志	分片位移	
时间		协议	包头校验和		
源IP地址					
目的IP地址					
选项				填充	
数据					
其他					

图 10.2　IP 数据报格式

3．网络字节顺序

由于不同体系结构的计算机存储数据的格式和顺序都不一样，要使用互联网互联必须定义一个数据的表示标准。如一台计算机发送一个 32 位的整数至另外一台计算机，由于机器上存储整数的字节顺序可能不一样，按照源计算机的格式发送到目的主机可能会改变数字的值。TCP/IP 协议定义了一种所有机器在互联网分组的二进制字段中必须使用的网络标准字节顺序（network standard byte order），于此对应的是主机字节顺序，主机字节顺序是和各个主机密切相关的。传输时需要遵循以下转换规则：主机字节顺序→网络字节顺序→主机字节顺序。即发送方将主机字节顺序的整数转换为网络字节顺序然后发送出去，接收方收到数据后将网络字节顺序的整数转换为自己的主机字节顺序然后处理。

4．地址解析协议 ARP

TCP/IP 网络使用 IP 地址寻址，IP 包在 IP 层实现路由选择。但是 IP 包在数据链路层的传输却需要知道设备的物理地址（通常称为 MAC 地址，也是网卡的硬件地址），因此需要一种 IP 地址到物理地址的转换协议。TCP/IP 协议栈使用一种动态绑定技术，来实现一种维护起来既高效又容易的机制，这就是地址解析协议 ARP。

ARP 协议是在以太网这种有广播能力的网络中解决地址转换问题的方法。这种办法允许在不重新编译代码、不需维护一个集中式数据库的情况下，在网络中动态增加新机器。其原理简单描述为：当主机 A 想转换某一 IP 地址时，通过向网络中广播一个专门的报文分组，要求具有该 IP 地址机以其物理地址做出应答，当所有主机都收到这个请求，但是只有符合条件的主机才辨认该 IP 地址，同时发回一个应答，应答中包含其物理地址，主机 A 收到应答时便知道该 IP 地址对应的物理硬件地址，并使用这个地址直接把数据分组发送出去。

10.1.2　UDP 与 ICMP 协议简介

UDP（User Datagram Protocol）是一种无连接的传输层协议，主要用于不要求分组顺序到达的传输，分组传输顺序的检查与排序由应用层完成，提供面向事务的简单不可靠信息传送服务。由于其不提供数据包分组、组装和不能对数据包进行排序的缺点，当报文发送之后，是无法得知其是否安全完整到达的，同时流量不易控制，如果网络质量较差，则 UDP 协议数据包丢失会比较严重。但 UDP 协议具有资源消耗小、处理速度快的优点。

ICMP 是 Internet Control Message Protocol（Internet 控制报文协议）的缩写。它属于 TCP/IP 协议族的一个子协议，用于在 IP 主机、路由器之间传递控制消息。控制消息是指网络通不通、主机是否可达、路由是否可用等网络本身的消息。如经常使用的用于检查网络通不通的 ping 命令，ping 的过程实际上就是 ICMP 协议工作的过程。ICMP 唯一的功能是报告问题而不是纠正错误，纠正错误的任务由发送方完成。

10.2 网络管理命令

在进行网络配置之前首先需要了解网络管理命令的用法，本节主要介绍网络管理中常用的命令。

10.2.1 检查网络是否通畅或网络连接速度 ping

ping 命令常常用来测试目标主机或域名是否可达，通过发送 ICMP 数据包到网络主机，显示响应情况，并根据输出信息来确定目标主机或域名是否可达。ping 的结果通常情况下是可信的，由于有些服务器可以设置禁止 ping，从而使 ping 的结果并不是完全可信。ping 命令常用的参数说明如表 10.1 所示。

表 10.1 ping 命令常用参数说明

参数	说明
-d	使用 Socket 的 SO_DEBUG 功能
-f	极限检测。大量且快速地传送网络封包给一台机器，看其回应
-n	只输出数值
-q	不显示任何传送封包的信息，只显示最后的结果
-r	忽略普通的 Routing Table，直接将数据包发送到远端主机上
-R	记录路由过程
-v	详细显示指令的执行过程
-c	在发送指定数目的包后停止
-i	设定间隔几秒发送一个网络封包给一台机器，预设值是一秒发送一次
-I	使用指定的网络界面送出数据包
-l	设置在送出要求信息之前，先行发出的数据包
-p	设置填满数据包的范本样式
-s	指定发送的数据字节数
-t	设置存活数值 TTL 的大小

Linux 下的 ping 命令不会自动终止，需要按 Ctrl+C 键终止或用参数 -c 指定要求完成的回应次数。ping 命令常见的用法如示例 10-1 所示。

【示例 10-1】

```
#目的地址可以ping通
[root@localhost ~]# ping 192.168.3.100
PING 192.168.3.100 (192.168.3.100) 56(84) bytes of data.
64 bytes from 192.168.3.100: icmp_seq=1 ttl=64 time=0.742 ms
64 bytes from 192.168.3.100: icmp_seq=2 ttl=64 time=0.046 ms

--- 192.168.3.100 ping statistics ---
2 packets transmitted, 2 received, 0% packet loss, time 1993ms
rtt min/avg/max/mdev = 0.046/0.394/0.742/0.348 ms
#目的地址ping不通的情况
[root@localhost ~]# ping 192.168.3.102
PING 192.168.3.102 (192.168.3.102) 56(84) bytes of data.
From 192.168.3.100 icmp_seq=1 Destination Host Unreachable
From 192.168.3.100 icmp_seq=2 Destination Host Unreachable
From 192.168.3.100 icmp_seq=3 Destination Host Unreachable
^C
--- 192.168.3.102 ping statistics ---
4 packets transmitted, 0 received, +3 errors, 100% packet loss, time 3373ms
#ping指定次数
[root@localhost ~]# ping -c 1 192.168.3.100
PING 192.168.3.100 (192.168.3.100) 56(84) bytes of data.
64 bytes from 192.168.3.100: icmp_seq=1 ttl=64 time=0.235 ms

--- 192.168.3.100 ping statistics ---
1 packets transmitted, 1 received, 0% packet loss, time 0ms
rtt min/avg/max/mdev = 0.235/0.235/0.235/0.000 ms
#指定时间间隔和次数限制的ping
[root@localhost ~]# ping -c 3 -i 0.01 192.168.3.100
PING 192.168.3.100 (192.168.3.100) 56(84) bytes of data.
64 bytes from 192.168.3.100: icmp_seq=1 ttl=64 time=0.247 ms
64 bytes from 192.168.3.100: icmp_seq=2 ttl=64 time=0.030 ms
64 bytes from 192.168.3.100: icmp_seq=3 ttl=64 time=0.026 ms

--- 192.168.3.100 ping statistics ---
3 packets transmitted, 3 received, 0% packet loss, time 20ms
rtt min/avg/max/mdev = 0.026/0.101/0.247/0.103 ms
#ping外网域名
[root@localhost ~]# ping  -c 2 www.php.net
```

```
PING www.php.net (69.147.83.199) 56(84) bytes of data.
64 bytes from www.php.net (69.147.83.199): icmp_seq=1 ttl=50 time=212 ms
64 bytes from www.php.net (69.147.83.199): icmp_seq=2 ttl=50 time=212 ms

--- www.php.net ping statistics ---
2 packets transmitted, 2 received, 0% packet loss, time 1001ms
rtt min/avg/max/mdev = 210.856/210.885/210.914/0.029 ms
```

除以上示例之外，ping 的各个参数还可以结合使用，读者可上机加以练习。

10.2.2 配置网络或显示当前网络接口状态 ifconfig

ifconfig 命令可以用于查看、配置、启用或禁用指定网络接口，如配置网卡的 IP 地址、掩码、广播地址、网关等，Windows 中类似的命令为 ipconfig。语法如下：

```
#ifconfig interface [[-net -host] address [parameters]]
```

其中 interface 是网络接口名，address 是分配给指定接口的主机名或 IP 地址。-net 和-host 参数分别告诉 ifconfig 将这个地址作为网络号或是主机地址。lo 为本地环回接口，IP 地址固定为 127.0.0.1，子网掩码 8 位，表示本机。virbr0 是一个虚拟桥接网络，主要用于虚拟主机。ifconfig 常见使用方法如示例 10-2 所示。

【示例 10-2】

```
#查看网卡基本信息
[root@localhost ~]# ifconfig
eno16777736: flags=4163<UP,BROADCAST,RUNNING,MULTICAST>  mtu 1500
        inet 192.168.10.10  netmask 255.255.255.0  broadcast 192.168.10.255
        inet6 fe80::20c:29ff:feb5:c776  prefixlen 64  scopeid 0x20<link>
        ether 00:0c:29:b5:c7:76  txqueuelen 1000  (Ethernet)
        RX packets 155  bytes 14036 (13.7 KiB)
        RX errors 0  dropped 0  overruns 0  frame 0
        TX packets 162  bytes 20128 (19.6 KiB)
        TX errors 0  dropped 0  overruns 0  carrier 0  collisions 0

lo: flags=73<UP,LOOPBACK,RUNNING>  mtu 65536
        inet 127.0.0.1  netmask 255.0.0.0
        inet6 ::1  prefixlen 128  scopeid 0x10<host>
        loop  txqueuelen 0  (Local Loopback)
        RX packets 4  bytes 340 (340.0 B)
        RX errors 0  dropped 0  overruns 0  frame 0
```

```
        TX packets 4  bytes 340 (340.0 B)
        TX errors 0  dropped 0  overruns 0  carrier 0  collisions 0

virbr0: flags=4099<UP,BROADCAST,MULTICAST>  mtu 1500
        inet 192.168.122.1  netmask 255.255.255.0  broadcast 192.168.122.255
        ether 52:54:00:f9:fb:c2  txqueuelen 0  (Ethernet)
        RX packets 0  bytes 0 (0.0 B)
        RX errors 0  dropped 0  overruns 0  frame 0
        TX packets 0  bytes 0 (0.0 B)
        TX errors 0  dropped 0  overruns 0  carrier 0  collisions 0
#命令后面可接网络接口，用于查看指定网络接口的信息
[root@localhost ~]# ifconfig eno16777736
eno16777736: flags=4163<UP,BROADCAST,RUNNING,MULTICAST>  mtu 1500
        inet 192.168.10.10  netmask 255.255.255.0  broadcast 192.168.10.255
        inet6 fe80::20c:29ff:feb5:c776  prefixlen 64  scopeid 0x20<link>
        ether 00:0c:29:b5:c7:76  txqueuelen 1000  (Ethernet)
        RX packets 405  bytes 36907 (36.0 KiB)
        RX errors 0  dropped 0  overruns 0  frame 0
        TX packets 304  bytes 37364 (36.4 KiB)
        TX errors 0  dropped 0  overruns 0  carrier 0  collisions 0
```

说明如下。

- 第 1 行：表示连接状态，UP 表示此网络接口为启用状态，RUNNING 表示网卡设备已连接，MULTICAST 表示支持组播。MTU 为数据包最大传输单元。
- 第 2 行：IPv4 地址信息，依次为 IP 地址，子网掩码，广播地址。
- 第 3 行：IPv6 地址信息。
- 第 4 行：网卡的硬件地址（MAC 地址），Ethernet 表示连接类型为以太网。
- 第 5 行：接收数据包情况统计，如接收包的数量、大小。
- 第 6 行：接收数据包的异常情况统计，如错误包数量、丢弃包数量等。
- 第 7 行：发送数据包情况统计，如发送包的数量、大小。
- 第 8 行：发送数据包的异常情况统计，如错误包数量、丢弃包数量等，collisions 表示发送冲突次数。

设置 IP 地址可使用以下命令：

```
#设置网卡 IP 地址
[root@localhost ~]# ifconfig eno16777736:5 192.168.10.19 netmask 255.255.255.0 up
```

设置完后使用 ifconifg 命令查看，可以看到两个网卡信息，即 eno16777736 和 eno16777736:5。如果继续设置其他 IP，可以使用类似的方法，如示例 10-3 所示。

【示例 10-3】

```
#更改网卡的 MAC 地址
[root@localhost ~]# ifconfig eno16777736:5 hw ether 00:0c:29:b5:c7:77
[root@localhost ~]# ifconfig eno16777736:5
eno16777736:5: flags=4163<UP,BROADCAST,RUNNING,MULTICAST>  mtu 1500
        inet 192.168.10.19  netmask 255.255.255.0  broadcast 192.168.10.255
        ether 00:0c:29:b5:c7:77  txqueuelen 1000  (Ethernet)
#将某个网络接口禁用
[root@localhost ~]# ifconfig eno16777736:5 192.168.10.19 netmask 255.255.255.0 up
[root@localhost ~]# ifconfig eno16777736:5 down
[root@localhost ~]# ifconfig
eno16777736: flags=4163<UP,BROADCAST,RUNNING,MULTICAST>  mtu 1500
        inet 192.168.10.10  netmask 255.255.255.0  broadcast 192.168.10.255
        inet6 fe80::20c:29ff:feb5:c776  prefixlen 64  scopeid 0x20<link>
        ether 00:0c:29:b5:c7:77  txqueuelen 1000  (Ethernet)
        RX packets 778  bytes 68045 (66.4 KiB)
        RX errors 0  dropped 0  overruns 0  frame 0
        TX packets 522  bytes 60983 (59.5 KiB)
        TX errors 0  dropped 0  overruns 0  carrier 0  collisions 0

lo: flags=73<UP,LOOPBACK,RUNNING>  mtu 65536
        inet 127.0.0.1  netmask 255.0.0.0
        inet6 ::1  prefixlen 128  scopeid 0x10<host>
        loop  txqueuelen 0  (Local Loopback)
        RX packets 4  bytes 340 (340.0 B)
        RX errors 0  dropped 0  overruns 0  frame 0
        TX packets 4  bytes 340 (340.0 B)
        TX errors 0  dropped 0  overruns 0  carrier 0  collisions 0

virbr0: flags=4099<UP,BROADCAST,MULTICAST>  mtu 1500
        inet 192.168.122.1  netmask 255.255.255.0  broadcast 192.168.122.255
        ether 52:54:00:f9:fb:c2  txqueuelen 0  (Ethernet)
        RX packets 0  bytes 0 (0.0 B)
        RX errors 0  dropped 0  overruns 0  frame 0
        TX packets 0  bytes 0 (0.0 B)
        TX errors 0  dropped 0  overruns 0  carrier 0  collisions 0
```

除以上功能之外，ifconfig 还可以设置网卡的 MTU。以上设置会在重启后丢失，如需重启后依然生效，可以通过设置网络接口文件永久生效。更多使用方法可以参考系统帮助 man ifconfig。

10.2.3 显示添加或修改路由表 route

route 命令用于查看或编辑计算机的 IP 路由表。route 命令的语法如下:

```
route [-f] [-p] [command [destination] [mask netmask] [gateway] [metric][ [dev] If ]
```

参数说明如下:

- command 指定想要进行的操作,如 add、change、delete、print。
- destination 指定该路由的网络目标。
- mask netmask 指定与网络目标相关的子网掩码。
- gateway 为网关。
- metric 为路由指定一个整数成本指标,当在路由表的多个路由中进行选择时可以使用。
- dev if 为可以访问目标的网络接口指定接口索引。

route 使用方法如示例 10-4 所示。

【示例 10-4】

```
#显式所有路由表
[root@localhost ~]# route -n
Kernel IP routing table
Destination     Gateway          Genmask         Flags Metric Ref    Use Iface
0.0.0.0         192.168.10.100   0.0.0.0         UG    100    0        0 eno16777736
192.168.10.0    0.0.0.0          255.255.255.0   U     100    0        0 eno16777736
192.168.122.0   0.0.0.0          255.255.255.0   U     0      0        0 virbr0
#添加一条路由:发往192.168.60这个网段的全部要经过网关192.168.19.1
[root@localhost ~]# route add -net 192.168.60.0 netmask 255.255.255.0 gw 192.168.10.50
#删除一条路由,删除的时候不需网关
route del -net 192.168.60.0 netmask 255.255.255.0
```

10.2.4 复制文件至其他系统 scp

如果本地主机需要和远程主机进行数据迁移或文件传送,可以使用 ftp 或搭建 Web 服务,另外可选的方法有 scp 或 rsync。scp 可以将本地文件传送到远程主机或从远程主机拉取文件到本地,其一般语法如下所示。注意由于各个发行版不同,scp 语法也不尽相同,具体使用方法可查看系统帮助。

```
scp [-1245BCpqrv] [-c cipher] [F ssh_config] [-I identity_file] [-l limit] [-o ssh_option] [-P port] [-S program] [[user@]host1:] file1 […] [[suer@]host2:]file2
```

scp 命令执行成功返回 0，失败或有异常时返回非 0 的值，常用参数说明参见表 10.2。

表 10.2 scp 命令常用参数说明

参数	说明
-P	指定连接远程连接端口
-q	把进度参数关掉
-r	递归地复制整个文件夹
-V	冗余模式。打印排错信息和问题定位

scp 命令的使用方法如示例 10-5 所示。

【示例 10-5】

```
#将本地文件传送至远程主机172.16.15.70的/root路径下
[root@localhost ~]# scp -P 12345 nginx-1.2.9.tar.gz root@172.16.15.70:/root/
The authenticity of host '[172.16.15.70]:12345 ([172.16.15.70]:12345)' can't be established.
RSA key fingerprint is f9:c1:62:b0:14:70:15:ff:c4:32:8f:ef:91:24:73:f9.
Are you sure you want to continue connecting (yes/no)? yes
Warning: Permanently added '[172.16.15.70]:12345' (RSA) to the list of known hosts.
root@172.16.15.70's password:
nginx-1.2.9.tar.gz                      100%   73KB  73.3KB/s   00:00
#拉取远程主机文件至本地路径
[root@localhost soft]# scp -P12345 root@172.16.15.70:/root/nginx-1.2.9.tar.gz ./
root@172.16.15.70's password:
nginx-1.2.9.tar.gz                      100%   73KB  73.3KB/s   00:00
#如需传送目录，可以使用参数r
[root@localhost soft]# scp -r -P12345 root@172.16.15.70:/usr/local/apache2 .
root@172.16.15.70's password:
logresolve.8               100% 1407     1.4KB/s   00:00
rotatelogs.8               100% 5334     5.2KB/s   00:00
#部分结果省略
#将本地目录传送至远程主机指定目录
[root@localhost soft]# scp -r apache2 root@172.16.16.70:/data
root@172.16.16.70's password:
logresolve.8     100% 1407     1.4KB/s   00:00
rotatelogs.8     100% 5334     5.2KB/s   00:00
#部分结果省略
```

10.2.5 复制文件至其他系统 rsync

rsync 是 Linux 系统下常用的数据镜像备份工具，用于在不同的主机之间同步文件。除了单个文件之外，rsync 还可以镜像保存整个目录树和文件系统，可以增量同步，并保持文件原来的属性，如权限、时间戳等。Rsync 在数据传输过程中是加密的，保证了数据的安全性。rsync 命令语法如下：

```
Usage: rsync [OPTION]... SRC [SRC]... DEST
  or   rsync [OPTION]... SRC [SRC]... [USER@]HOST:DEST
  or   rsync [OPTION]... SRC [SRC]... [USER@]HOST::DEST
  or   rsync [OPTION]... SRC [SRC]... rsync://[USER@]HOST[:PORT]/DEST
  or   rsync [OPTION]... [USER@]HOST:SRC [DEST]
  or   rsync [OPTION]... [USER@]HOST::SRC [DEST]
  or   rsync [OPTION]... rsync://[USER@]HOST[:PORT]/SRC [DEST]
```

OPTION 可以指定某些选项，如压缩传输、是否递归传输等，SRC 为本地目录或文件，USER 和 HOST 表示可以登录远程服务的用户名和主机，DEST 表示远程路径。rsync 常用参数如表 10.3 所示，由于参数众多，这里只列出某些有代表性的参数。

表 10.3　rsync 命令常用参数说明

参数	说明
-v	详细输出模式
-q	精简输出模式
-c	打开校验开关，强制对文件传输进行校验
-a	归档模式，表示以递归方式传输文件，并保持所有文件属性，等于-rlptgoD
-r	对子目录以递归模式处理
-R	使用相对路径信息
-p	保持文件权限
-o	保持文件属主信息
-g	保持文件属组信息
-t	保持文件时间信息
-n	指定哪些文件将被传输
-W	复制文件，不进行增量检测
-e	指定使用 rsh、ssh 方式进行数据同步
--delete	删除那些 DST 中 SRC 没有的文件
--timeout=TIME	IP 超时时间，单位为秒
-z	对备份的文件在传输时进行压缩处理
--exclude=PATTERN	指定排除不需要传输的文件模式
--include=PATTERN	指定不排除而需要传输的文件模式
--exclude-from=FILE	排除 FILE 中指定模式的文件
--include-from=FILE	不排除 FILE 指定模式匹配的文件
--version	打印版本信息

(续表)

参数	说明
-address	绑定到特定的地址
--config=FILE	指定其他的配置文件，不使用默认的 rsyncd.conf 文件
--port=PORT	指定其他的 rsync 服务端口
--progress	在传输时实现传输过程
--log-format=format	指定日志文件格式
--password-file=FILE	从 FILE 中得到密码

rsync 命令的使用方法如示例 10-6 所示。

【示例 10-6】

```
#传送本地文件到远程主机
[root@localhost ~]# rsync -av --port 873 nginx-1.2.9.tar.gz rsync@172.16.45.17::share
Password:
sending incremental file list
nginx-1.2.9.tar.gz

sent 75104 bytes  received 27 bytes  11558.62 bytes/sec
total size is 75014  speedup is 1.00
#传送目录至远程主机
[root@localhost ~]# rsync -avz --port 873 soft rsync@172.16.45.17::share
Password:
sending incremental file list
soft/
soft/nginx-1.2.9.tar.gz
soft/tt
soft/vim-7.4.tar.bz2

sent 10000036 bytes  received 69 bytes  2222245.56 bytes/sec
total size is 9996453  speedup is 1.00
#拉取远程文件至本地
[root@localhost data]# rsync --port 873 -avz rsync@172.16.45.17::share/nginx-1.2.9.tar.gz ./
Password:
receiving incremental file list
nginx-1.2.9.tar.gz

sent 75 bytes  received 75191 bytes  21504.57 bytes/sec
```

```
total size is 75014  speedup is 1.00
#拉取远程目录至本地
[root@localhost data]# rsync --port 873 -avz rsync@172.16.45.17::share/soft ./
Password:
receiving incremental file list
soft/
soft/nginx-1.2.9.tar.gz
soft/tt
soft/vim-7.4.tar.bz2

sent 117 bytes  received 10000108 bytes  2857207.14 bytes/sec
total size is 9996453  speedup is 1.00
```

rsync 还具有增量传输的功能，可以利用此特性进行文件的增量备份。通过 rsync 可以解决对实时性要求不高的数据备份需求。随着文件的增多，rsync 做数据同步时，需要扫描所有文件后进行对比，然后进行差量传输。如果文件很多，扫描文件是非常耗时的，使用 rsync 反而比较低效。

10.2.6 显示网络连接、路由表或接口状态 netstat

netstat 命令用于监控系统网络配置和工作状况，可以显示内核路由表、活动的网络状态以及每个网络接口的有用的统计数字。常用的参数如表 10.4 所示。

表 10.4 netstat 命令常用参数说明

参数	说明
-a	显示所有连接中的 Socket
-c	持续列出网络状态
-h	在线帮助
-i	显示网络界面
-l	显示监控中的服务器的 Socket
-n	直接使用 IP 地址
-p	显示正在使用 Socket 的程序名称
-r	显示路由表
-s	显示网络工作信息统计表
-t	显示 TCP 端口情况
-u	显示 UDP 端口情况
-v	显示命令执行过程
-V	显示版本信息

netstat 命令的常见使用方法如示例 10-7 所示。

【示例 10-7】

```
#显示所有端口，包含 UDP 和 TCP 端口
[root@localhost ~]# netstat -a | head -4
Active Internet connections (servers and established)
Proto Recv-Q Send-Q Local Address           Foreign Address         State
tcp        0      0 192.168.122.1:domain    0.0.0.0:*               LISTEN
tcp        0      0 0.0.0.0:ssh             0.0.0.0:*               LISTEN
#部分结果省略
#显示所有 TCP 端口
[root@localhost ~]# netstat -at
Active Internet connections (servers and established)
Proto Recv-Q Send-Q Local Address           Foreign Address         State
tcp        0      0 192.168.122.1:domain    0.0.0.0:*               LISTEN
tcp        0      0 0.0.0.0:ssh             0.0.0.0:*               LISTEN
tcp        0      0 localhost:ipp           0.0.0.0:*               LISTEN
tcp        0      0 localhost:smtp          0.0.0.0:*               LISTEN
tcp        0     52 172.16.45.14:ssh        172.16.45.12:53522      ESTABLISHED
tcp6       0      0 [::]:ssh                [::]:*                  LISTEN
tcp6       0      0 localhost:ipp           [::]:*                  LISTEN
tcp6       0      0 localhost:smtp          [::]:*                  LISTEN
#显示所有 UDP 端口
[root@localhost ~]# netstat -au
Active Internet connections (servers and established)
Proto Recv-Q Send-Q Local Address           Foreign Address         State
udp        0      0 0.0.0.0:mdns            0.0.0.0:*
udp        0      0 localhost:323           0.0.0.0:*
udp        0      0 0.0.0.0:21333           0.0.0.0:*
udp        0      0 0.0.0.0:54798           0.0.0.0:*
#省略部分结果
#显示所有处于监听状态的端口并以数字方式显示而非服务名
[root@localhost ~]# netstat -ln |head
Active Internet connections (only servers)
Proto Recv-Q Send-Q Local Address           Foreign Address         State
tcp        0      0 192.168.122.1:53        0.0.0.0:*               LISTEN
tcp        0      0 0.0.0.0:22              0.0.0.0:*               LISTEN
tcp        0      0 127.0.0.1:631           0.0.0.0:*               LISTEN
#显式所有 TCP 端口并显示对应的进程名称或进程号
[root@localhost ~]# netstat -plnt
Active Internet connections (only servers)
```

```
  Proto Recv-Q Send-Q Local Address          Foreign Address          State       PID/Program name
  tcp        0      0 192.168.122.1:53       0.0.0.0:*                LISTEN      1812/dnsmasq
  tcp        0      0 0.0.0.0:22             0.0.0.0:*                LISTEN      1628/sshd
  tcp        0      0 127.0.0.1:631          0.0.0.0:*                LISTEN      1627/cupsd
  tcp        0      0 127.0.0.1:25           0.0.0.0:*                LISTEN      1740/master
#显示核心路由信息
[root@localhost ~]# netstat -r
Kernel IP routing table
Destination     Gateway         Genmask         Flags   MSS Window  irtt Iface
default         172.16.45.1     0.0.0.0         UG        0 0          0 eno16777736
172.16.1.2      172.16.45.1     255.255.255.255 UGH       0 0          0 eno16777736
172.16.45.0     0.0.0.0         255.255.255.0   U         0 0          0 eno16777736
192.168.122.0   0.0.0.0         255.255.255.0   U         0 0          0 virbr0
#显示网络接口列表
[root@localhost ~]# netstat -i
Kernel Interface table
Iface      MTU    RX-OK  RX-ERR RX-DRP RX-OVR  TX-OK  TX-ERR TX-DRP TX-OVR Flg
eno16777   1500   949    0      0      0       274    0      0      0      BMRU
lo         65536  4      0      0      0       4      0      0      0      LRU
virbr0     1500   0      0      0      0       0      0      0      0      BMU
#综合示例，统计各个 TCP 连接的各个状态对应的数量
[root@localhost ~]# netstat -plnta | sed '1,2d' | awk '{print $6}' | sort | uniq -c
      1 ESTABLISHED
      7 LISTEN
```

10.2.7 探测至目的地址的路由信息 traceroute

traceroute 跟踪数据包到达网络主机所经过的路由，原理是试图以最小的 TTL 发出探测包来跟踪数据包到达目标主机所经过的网关，然后监听一个来自网关 ICMP 的应答。其使用语法下：

```
traceroute [-m Max_ttl] [-n ] [-p Port] [-q Nqueries] [-r] [-s SRC_Addr]
[-t TypeOfService] [-v] [-w WaitTime] Host [PacketSize]
```

traceroute 命令的常用参数如表 10.5 所示。

表 10.5 traceroute 命令常用参数说明

参数	说明
-f	设置第一个检测数据包的存活数值 TTL 的大小
-g	设置来源路由网关，最多可设置 8 个
-i	使用指定的网络界面送出数据包
-I	使用 ICMP 回应取代 UDP 资料信息
-m	设置检测数据包的最大存活数值 TTL 的大小，默认值为 30 次
-n	直接使用 IP 地址而非主机名称。当 DNS 不起作用时常用到这个参数
-p	设置 UDP 传输协议的通信端口。默认值是 33434
-r	忽略普通的路由表 Routing Table，直接将数据包送到远端主机上
-s	设置本地主机送出数据包的 IP 地址
-t	设置检测数据包的 TOS 数值
-v	详细显示指令的执行过程
-w	设置等待远端主机回报的时间。默认值为 3 秒
-x	开启或关闭数据包的正确性检验
-q n	在每次设置生存期时，把探测包的个数设置为值 n，默认为 3

traceroute 常用操作如示例 10-8 所示。

【示例 10-8】

```
[root@localhost ~]# ping www.163.com
PING 1st.xdwscache.ourwebpic.com (61.188.191.85) 56(84) bytes of data.
64 bytes from 85.191.188.61.broad.nc.sc.dynamic.163data.com.cn (61.188.191.85): icmp_seq=1 ttl=56 time=9.67 ms
#显示本地主机到 www.php.net 所经过的路由信息
[root@localhost ~]# traceroute www.163.com
traceroute to www.163.com (182.140.130.51), 30 hops max, 60 byte packets
 1  192.168.10.100 (192.168.10.100)  1.139 ms  1.010 ms  0.881 ms
 2  192.168.1.1 (192.168.1.1)  3.383 ms  4.081 ms  3.988 ms
 3  100.64.0.1 (100.64.0.1)  4.654 ms  4.562 ms  4.456 ms
 4  * * *
 5  182.151.195.194 (182.151.195.194)  7.515 ms  8.157 ms  7.315 ms
 6  118.123.217.38 (118.123.217.38)  7.955 ms 218.6.170.174 (218.6.170.174) 5.302 ms 118.123.217.38 (118.123.217.38)  5.937 ms
 7  218.6.174.126 (218.6.174.126)  6.526 ms  5.583 ms  6.154 ms
 8  182.140.130.51 (182.140.130.51)  6.855 ms  7.983 ms  8.703 ms
#域名不可达，最大30跳
[root@localhost ~]# traceroute -n www.mysql.com
traceroute to www.mysql.com (137.254.60.6), 30 hops max, 60 byte packets
 1  192.168.10.100  1.144 ms  0.964 ms  0.847 ms
 2  192.168.1.1  3.742 ms  3.652 ms  3.549 ms
```

```
 3  100.64.0.1  4.164 ms  4.849 ms  4.758 ms
#部分结果省略
29  *  *  *
30  *  *  *
```

以上示例每行记录对应一跳，每跳表示一个网关，每行有 3 个时间，单位是 ms，如果域名不通或主机不通可根据显示的网关信息定位。星号表示ICMP信息没有返回 以上示例访问www.mysql.com不通，数据包到达某一节点时没有返回，可以将此结果提交 IDC 运营商，以便解决问题。

traceroute 实际上是通过给目标机的一个非法 UDP 端口号发送一系列 UDP 数据包来工作的。使用默认设置时，本地机给每个路由器发送 3 个数据包，最多可经过 30 个路由器。如果已经经过了 30 个路由器，但还未到达目标机，那么 traceroute 将终止。每个数据包都对应一个 Max_ttl 值，同一跳步的数据包，该值一样，不同跳步的数据包的值从 1 开始，每经过一个跳步值加 1。当本地机发出的数据包到达路由器时，路由器就响应一个 ICMPTimeExceed 消息，于是 traceroute 就显示出当前跳步数、路由器的 IP 地址或名字以及 3 个数据包分别对应的周转时间（以 ms 为单位）。如果本地机在指定的时间内未收到响应包，那么在数据包的周转时间栏就显示出一个星号。当一个跳步结束时，本地机根据当前路由器的路由信息，给下一个路由器又发出 3 个数据包，周而复始，直到收到一个 ICMPPORT_UNREACHABLE 的消息，意味着已到达目标机，或已达到指定的最大跳步数。

10.2.8 测试、登录或控制远程主机 telnet

telnet 命令通常用来进行远程登录。telnet 程序是基于 TELNET 协议的远程登录客户端程序。TELNET 协议是 TCP/IP 协议族中的一员，是 Internet 远程登录服务的标准协议和主要方式，为用户提供了在本地计算机上完成远程主机工作的能力。在客户端可以使用 telnet 程序输入命令，可以在本地控制服务器。由于 telnet 采用明文传送报文，安全性较差。telnet 可以确定远程服务端口的状态，以便确认服务是否正常。telnet 常用使用方法如示例 10-9 所示。

【示例 10-9】
```
#检查对应服务是否正常
[root@localhost ~]# telnet 192.168.3.100 56789
Trying 192.168.3.100...
Connected to 192.168.3.100.
Escape character is '^]'.
@RSYNCD: 30.0
as
@ERROR: protocol startup error
Connection closed by foreign host.
[root@localhost ~]# telnet www.php.net 80
Trying 69.147.83.199...
```

```
Connected to www.php.net.
Escape character is '^]'.
test
#部分结果省略
</html>Connection closed by foreign host.
```

可以发现如果端口能正常 telnet 登录，则表示远程服务正常。除确认远程服务是否正常之外，对于提供开放 telnet 功能的服务，使用 telnet 可以登录远程端口，输入合法的用户名和口令后，就可以进行其他工作了。更多的使用帮助可以查看系统帮助。

10.2.9 下载网络文件 wget

wget 类似于 Windows 中的下载工具，大多数 Linux 发行版本都默认包含此工具。其用法比较简单，如要下载某个文件，可以使用以下命令：

```
#使用语法为 wget [参数列表] [目标软件、网页的网址]
[root@localhost data]# wget http://ftp.gnu.org/gnu/wget/wget-1.14.tar.gz
```

wget 常用参数说明如表 10.6 所示。

表 10.6 wget 命令常用参数说明

参数	说明
-b	后台执行
-d	显示调试信息
-nc	不覆盖已有的文件
-c	断点续传
-N	该参数指定 wget 只下载更新的文件
-S	显示服务器响应
-T timeout	超时时间设置（单位为秒）
-w time	重试延时（单位为秒）
-Q quota=number	重试次数
-nd	不下载目录结构，把从服务器所有指定目录下载的文件都堆到当前目录里
-nH	不创建以目标主机域名为目录名的目录，将目标主机的目录结构直接下载到当前目录下
-l [depth]	下载远程服务器目录结构的深度
-np	只下载目标站点指定目录及其子目录的内容

wget 具有强大的功能，比如断点续传，可同时支持 FTP 或 HTTP 协议下载，并可以设置代理服务器。其常用方法如示例 10-10 所示。

【示例 10-10】

```
#下载某个文件
[root@localhost data]# wget http://ftp.gnu.org/gnu/wget/wget-1.14.tar.gz
```

```
--2016-04-12 15:27:33--  http://ftp.gnu.org/gnu/wget/wget-1.14.tar.gz
Resolving ftp.gnu.org (ftp.gnu.org)... 208.118.235.20, 2001:4830:134:3::b
Connecting to ftp.gnu.org (ftp.gnu.org)|208.118.235.20|:80... connected.
HTTP request sent, awaiting response... 200 OK
Length: 3118130 (3.0M) [application/x-gzip]
Saving to: 'wget-1.14.tar.gz'

100%[===================================>] 3,118,130    441KB/s   in 7.8s

2016-04-12 15:27:42 (390 KB/s) - 'wget-1.14.tar.gz' saved [3118130/3118130]
#断点续传
[root@localhost data]# wget -c http://ftp.gnu.org/gnu/wget/wget-1.14.tar.gz
--2016-04-12 15:28:58--  http://ftp.gnu.org/gnu/wget/wget-1.14.tar.gz
Resolving ftp.gnu.org (ftp.gnu.org)... 208.118.235.20, 2001:4830:134:3::b
Connecting to ftp.gnu.org (ftp.gnu.org)|208.118.235.20|:80... connected.
HTTP request sent, awaiting response... 206 Partial Content
Length: 3118130 (3.0M), 2494354 (2.4M) remaining [application/x-gzip]
Saving to: 'wget-1.14.tar.gz'

100%[+++++++==========================>] 3,118,130    109KB/s   in 24s

2016-04-12 15:29:22 (103 KB/s) - 'wget-1.14.tar.gz' saved [3118130/3118130]
#批量下载,其中download.lst文件中是一系列网址
[root@localhost data]# cat download.lst
http://ftp.gnu.org/gnu/wget/wget-1.14.tar.gz
http://down1.chinaunix.net/distfiles/squid-3.2.3.tar.gz
http://down1.chinaunix.net/distfiles/nginx-1.2.5.tar.gz
#wget会依次下载download.lst中列出的网址
[root@localhost data]# wget -i download.lst
```

wget 的其他用法可参考系统帮助,其功能可慢慢探索。

10.3　Linux 网络配置

Linux 系统在服务器中占用较大份额,要使用计算首先要了解网络配置,本节主要介绍 Linux 系统的网络配置。

10.3.1 Linux 网络相关配置文件

Linux 网络配置相关的文件根据不同的发行版目录名称有所不同，但大同小异，主要有以下目录或文件。

- /etc/hostname：主要用于修改主机名称。
- /etc/sysconfig/network-scrips/ifcfg-*：是设置网卡参数的文件，比如 IP 地址、子网掩码、广播地址、网关等。*为网卡编号或环回网卡。
- /etc/resolv.conf：此文件设置了 DNS 的相关信息，用于将域名解析到 IP。
- /etc/hosts 计算机的 IP 对应的主机名称或域名对应的 IP 地址，通过设置/etc/nsswitch.conf 中的选项可以选择是 DNS 解析优先还是本地设置优先。
- /etc/nsswitch.conf（Name Service Switch Configuration，名字服务切换配置）：规定通过哪些途径，以及按照什么顺序来查找特定类型的信息。

10.3.2 配置 Linux 系统的 IP 地址

要设置主机的 IP 地址，可以直接通过终端命令设置，如果想设置在系统重启后依然生效，可以通过设置对应的网络接口文件，如示例 10-11 所示。

【示例 10-11】

```
[root@localhost network-scripts]# cat ifcfg-eno16777736
TYPE="Ethernet"
BOOTPROTO=none
DEFROUTE="yes"
IPV4_FAILURE_FATAL="no"
IPV6INIT="yes"
IPV6_AUTOCONF="yes"
IPV6_DEFROUTE="yes"
IPV6_FAILURE_FATAL="no"
NAME="eno16777736"
UUID="1e3f3600-4b81-4c16-abac-6c141c7d7ef3"
DEVICE="eno16777736"
ONBOOT="yes"
IPADDR=172.16.45.58
PREFIX=24
GATEWAY=172.16.45.1
DNS1=61.139.2.69
IPV6_PEERDNS=yes
IPV6_PEERROUTES=yes
```

每个字段的含义如表 10.7 所示。

表 10.7 网卡设置参数说明

参数	说明
TYPE	网络连接类型
BOOTPROTO	使用动态 IP 还是静态 IP
ONBOOT	系统启动时是否启用此网络接口
DEFROUTE	值为 yes 时,NetworkManager 将该接口设置为默认路由
IPV4_FAILURE_FATAL	当设置为 yes 时,当连接发生致命失败的情况下,系统会尽可能让连接保持可用
IPV6INIT	值为 yes 时启用 IPv6
IPV6_AUTOCONF	自动配置该连接
IPV6_DEFROUTE	值为 yes 时,NetworkManager 将该接口设置为默认路由
IPV6_FAILURE_FATAL	当设置为 yes 时,在连接发生致命失败的情况下,系统会尽可能让连接保持可用
NAME	连接名
UUID	设置的唯一 ID,此值与网卡对应
DEVICE	设备名
GATEWAY	默认路由
DNS1	域名服务器地址,当有多个时可以使用 DNS2 等
IPV6_PEERDNS	是否需要忽略由 DHCP 等自动分配的 DNS 地址
IPADDR	IP 地址
IPV6_PEERROUTES	忽略自动路由
NETMASK、PREFIX	子网掩码

需要特别注意的是,由于使用了 NetworkManager 的缘故,上面这些字段在不同的情况下含义会发生改变,详细可以参考命令 man 5 nm-settings-ifcfg-rh 中的说明。

设置完 ifcfg-eno16777736 文件后,需要重启网络服务才能生效,重启后可使用 ifconfig 查看设置是否生效:

```
[root@localhost network-scripts]# systemctl restart network
#或用重启接口的方法
[root@localhost network-scripts]# ifdown eno16777736
[root@localhost network-scripts]# ifup eno16777736
```

同一个网络接口可以设置多个 IP 地址时,可以使用子接口,如示例 10-12 所示。

【示例 10-12】

```
[root@localhost ~]# ifconfig eno16777736:5 192.168.10.101 netmask 255.255.255.0
[root@localhost ~]# ifconfig
eno16777736: flags=4163<UP,BROADCAST,RUNNING,MULTICAST>  mtu 1500
        inet 192.168.10.10  netmask 255.255.255.0  broadcast 192.168.10.255
        inet6 fe80::20c:29ff:feb5:c776  prefixlen 64  scopeid 0x20<link>
        ether 00:0c:29:b5:c7:76  txqueuelen 1000  (Ethernet)
        RX packets 341  bytes 30857 (30.1 KiB)
```

```
        RX errors 0  dropped 0  overruns 0  frame 0
        TX packets 365  bytes 46689 (45.5 KiB)
        TX errors 0  dropped 0  overruns 0  carrier 0  collisions 0

eno16777736:5: flags=4163<UP,BROADCAST,RUNNING,MULTICAST>  mtu 1500
        inet 192.168.10.101  netmask 255.255.255.0  broadcast 192.168.10.255
        ether 00:0c:29:b5:c7:76  txqueuelen 1000  (Ethernet)
```

如需服务器重启后依然生效,可以将子接口命令加入/etc/rc.local 文件中。

10.3.3　设置主机名

主机名是识别某个计算机在网络中的标识,可以使用 hostname 命令设置主机名。在单机情况下主机名可任意设置,如以下命令,重新登录后发现主机名已经改变。

```
#设置主机名
[root@localhost ~]# hostname mylinux
#查看主机名
[root@localhost ~]# hostname
mylinux
```

如果要修改重启后依然生效,可以修改/etc/shostname 文件中添加主机名称并重新启动系统,如示例 10-13 所示。

【示例 10-13】

```
[root@mylinux ~]# cat /etc/hostname
Mylinux
```

修改完主机名称后,还应该相应的修改 hosts 文件,以便让主机能顺利解析到该主机名。如示例 10-14 所示。

【示例 10-14】

```
[root@mylinux ~]# cat /etc/hosts
127.0.0.1    localhost localhost.localdomain localhost4 localhost4.localdomain4
::1          localhost localhost.localdomain localhost6 localhost6.localdomain6
#添加以下主机名解析
127.0.0.1    mylinux
[root@mylinux ~]# ping mylinux
PING mylinux (127.0.0.1) 56(84) bytes of data.
64 bytes from localhost (127.0.0.1): icmp_seq=1 ttl=64 time=0.052 ms
```

10.3.4 设置默认网关

设置好 IP 地址以后，如果要访问其他的子网或 Internet，用户还需要设置路由，在此不做介绍，这里采用设置默认网关的方法。在 Linux 中，设置默认网关有两种方法。

（1）第 1 种方法就是直接使用 route 命令，在设置默认网关之前，先用 route -n 命令查看路由表。执行如下命令设置网关：

```
[root@localhost /]# route add default gw 192.168.1.254
```

（2）第 2 种方法是在/etc/sysconfig/network 文件中添加如下字段：

```
GATEWAY=192.168.10.254
```

同样，只要更改了脚本文件，必须重启网络服务来使设置生效，可执行下面的命令：

```
[root@localhost /]# systemctl restart network
```

对于第 1 种方法，如果不想每次开机都执行 route 命令，则应该把要执行的命令写入 /etc/rc.local 文件中。

10.3.5 设置 DNS 服务器

要设置 DNS 服务器，通常有两个方法，第一个方法是在接口配置文件中使用 DNS1 和 DNS2 指定，第二个方法是修改/etc/resolv.conf 文件。使用第二种方法时需要注意，当接口配置文件中的 DEFROUTE 选项设置为 yes 时，resolv.conf 文件中的设置不生效，具体可参考命令 man 5 nm-settings-ifcfg-rh 中的相关说明。下面是一个 resolv.conf 文件的示例。

【示例 10-15】

```
[root@localhost ~]# cat /etc/resolv.conf
nameserver 192.168.3.1
nameserver 192.168.3.2
options rotate
options timeout:1 attempts:2
```

其中 192.168.3.1 为第一名字服务器，192.168.3.2 为第二名字服务器，option rotate 选项指在这两个 DNS Server 之间轮询，options timeout:1 表示解析超时时间为 1s（默认为 5s），attempts 表示解析域名尝试的次数。如需添加 DNS 服务器，可直接修改此文件。

10.4 动态主机配置协议 DHCP

如果管理的计算机有几十台，那么初始化服务器配置 IP 地址、网关和子网掩码等参数是一个繁琐耗时的过程。如果网络结构要更改，需要重新初始化网络参数，使用动态主机配置协议 DHCP（Dynamic Host Configuration Protocol）则可以避免此问题，客户端可以从 DHCP 服务端检索相关信息并完成相关网络配置，在系统重启后依然可以工作。尤其在移动办公领域，只要区域内有一台 DHCP 服务器，用户就可以在办公室之间自由活动而不必担心网络参数配置的问题。DHCP 提供一种动态指定 IP 地址和相关网络配置参数的机制。DHCP 基于 C/S 模式，主要用于大型网络。本节主要介绍 DHCP 的工作原理及 DHCP 服务端与 DHCP 客户端的部署过程。

10.4.1 DHCP 的工作原理

动态主机配置协议（DHCP）用来自动给客户端分配 TCP/IP 信息的网络协议，如 IP 地址、网关、子网掩码等信息。每个 DHCP 客户端通过广播连接到区域内的 DHCP 服务器，该服务器会响应请求，返回包括 IP 地址、网关和其他网络配置信息。DHCP 的请求过程如图 10.3 所示。

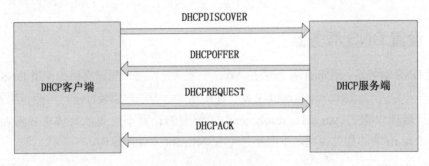

图 10.3 DHCP 请求过程

客户端请求 IP 地址和配置参数的过程有以下几个步骤：

（1）客户端需要寻求网络 IP 地址和其他网络参数，然后向网络中广播，客户端发出的请求名称为 DHCPDISCOVER。如果广播网络中有可以分配 IP 地址的服务器，服务器会返回相应应答，告诉客户端可以分配，服务器返回包的名称为 DHCPOFFER，包内包含可用的 IP 地址和参数。

（2）如果客户在发出 DHCPOFFER 包后一段时间内没有接收到响应，会重新发送请求，如果广播区域内有多于一台的 DHCP 服务器，由客户端决定使用哪个。

（3）当客户端选定了某个目标服务器后，会广播 DHCPREQUEST 包，用以通知选定的 DHCP 服务器和未选定的 DHCP 服务器。

（4）服务端收到 DHCPREQUEST 后会检查收到的包，如果包内的地址和所提供的地址一致，证明现在客户端接收的是自己提供的地址，如果不是，则说明自己提供的地址未被采纳。如果被选定的服务器在接收到 DHCPREQUEST 包以后，因为某些原因可能不能向客户端提供这个 IP 地址或参数，可以向客户端发送 DHCPNAK 包。

（5）客户端在收到包后，检查内部的 IP 地址和租用时间，如果发现有问题，则发包拒绝这个地址，然后重新发送 DHCPDISCOVER 包。如果无问题，就接受这个配置参数。

10.4.2 配置 DHCP 服务器

本节主要介绍 DHCP 服务器的配置过程，包括安装、配置文件设置、服务器启动等步骤。

1．软件安装

DHCP 服务依赖的软件可以从 rpm 包安装或从源码进行安装，本节以 rpm 包为例说明 DHCP 服务的安装过程，如示例 10-16 所示。

【示例 10-16】

```
#确认当前系统是否安装相应软件包
[root@localhost Packages]# rpm -aq | grep dhcp
dhcp-common-4.2.5-42.el7.x86_64
dhcp-libs-4.2.5-42.el7.x86_64
#如果使用 rpm 安装，使用如下命令
[root@localhost Packages]# rpm -ivh dhcp-4.2.5-42.el7.x86_64.rpm
Preparing...                          ################################# [100%]
Updating / installing...
   1:dhcp-12:4.2.5-42.el7             ################################# [100%]
```

经过上面的设置，DHCP 服务已经安装完毕，主要的文件如下：

- /etc/dhcp/dhcpd.conf 为 DHCP 主配置文件。
- /etc/init.d/dhcpd 为 DHCP 服务起停脚本。

2．编辑配置文件/etc//dhcpd.conf

要配置 DHCP 服务器，需修改配置文件/etc/dhcp/dhcpd.conf。如果不存在则创建该文件。示例 10-17 实现的功能是为当前网络内的服务器分配指定 IP 段的 IP 地址，并设置过期时间为 2 天。配置文件如下。

【示例 10-17】

```
[root@localhost ~]# cat /etc/dhcp/dhcpd.conf
#格式说明和示例配置文件位置
# DHCP Server Configuration file.
#   see /usr/share/doc/dhcp*/dhcpd.conf.example
#   see dhcpd.conf(5) man page
#
```

```
#定义所支持的 DNS 动态更新类型。none 表示不支持动态更新, interim 表示 DNS 互动更新模式, ad-hoc
表示特殊 DNS 更新模式
ddns-update-style none;
#指定接收 DHCP 请求的网卡的子网地址，注意不是本机的 IP 地址。netmask 为子网掩码
subnet 192.168.19.0 netmask 255.255.255.0{
        #指定默认网关
        option routers 192.168.19.1;
        #指定默认子网掩码
        option subnet-mask 255.255.255.0;
        #指定 DNS 服务器地址
        option domain-name-servers 61.139.2.69;
        #指定最大租用周期
        max-lease-time 172800;
        #此 DHCP 服务分配的 IP 地址范围
        range 192.168.19.230 192.168.19.240;
}
```

以上示例文件列出了一个子网的声明，包括 routers 默认网关、subnet-mask 子网掩码和 max-lease-time 最大租用周期，单位是秒。有关配置文件的更多选项，可以参考 man 5 dhcpd.conf 获取更多帮助信息。

【示例 10-18】

```
[root@localhost ~]# systemctl start dhcpd
```

如果启动失败可以使用命令 journalctl -xe 查看导致启动失败的错误信息，然后参考 dhcpd.conf 的帮助文档。

10.4.3 配置 DHCP 客户端

当服务端启动成功后，客户端需要做以下配置以便自动获取 IP 地址。客户端网卡配置如示例 10-19 所示。

【示例 10-19】

```
[root@localhost ~]# cat /etc/sysconfig/network-scripts/ifcfg-eno16777736
TYPE="Ethernet"
BOOTPROTO=dhcp
DEFROUTE="yes"
IPV4_FAILURE_FATAL="no"
IPV6INIT="yes"
IPV6_AUTOCONF="yes"
```

```
IPV6_DEFROUTE="yes"
IPV6_FAILURE_FATAL="no"
NAME="eno16777736"
UUID="6b4c8bf2-bdcc-4437-97d7-0bda55d436a7"
DEVICE="eno16777736"
ONBOOT="yes"
PEERDNS=yes
PEERROUTES=yes
IPV6_PEERDNS=yes
IPV6_PEERROUTES=yes
```

如需使用 DHCP 服务，BOOTPROTO=dhcp 表示将当前主机的网络 IP 地址设置为自动获取方式。测试过程如示例 10-20 所示。

【示例 10-20】

```
[root@localhost ~]# ifdown eno16777736
[root@localhost ~]# ifup eno16777736
#启动成功后确认成功获取到指定 IP 段的 IP 地址。
[root@localhost ~]# ifconfig
eno16777736: flags=4163<UP,BROADCAST,RUNNING,MULTICAST>  mtu 1500
        inet 192.168.19.230  netmask 255.255.255.0  broadcast 192.168.19.255
        inet6 fe80::20c:29ff:feb6:2b33  prefixlen 64  scopeid 0x20<link>
        ether 00:0c:29:b6:2b:33  txqueuelen 1000  (Ethernet)
        RX packets 1095  bytes 92862 (90.6 KiB)
        RX errors 0  dropped 0  overruns 0  frame 0
        TX packets 513  bytes 87437 (85.3 KiB)
        TX errors 0  dropped 0  overruns 0  carrier 0  collisions 0
```

客户端配置为自动获取 IP 地址，然后重启网络接口，启动成功后使用 ifconfig 查看是否成功获取到 IP 地址。

本节介绍了 DHCP 的基本功能，DHCP 包含其他更多的功能，如需了解可参考 DHCP 的帮助文档或其他资料。

10.5 Linux 域名服务 DNS

如今互联网应用越来越丰富，仅仅用 IP 地址标识网络上的计算机是不可能完成的任务，也没有必要，于是产生了域名系统。域名系统通过一系列有意义的名称标识网络上的计算机，用户按域名请求某个网络服务时，域名系统负责将其解析为对应的 IP 地址，这便是 DNS。本节将详细介绍有关 DNS 的一些知识。

10.5.1 DNS 简介

目前提供网络服务的应用使用唯一的 32 位 IP 地址来标识，但由于数字比较复杂、难以记忆，因此产生了域名系统。通过域名系统，可以使用易于理解和形象的字符串名称来标识网络应用。访问互联网应用可以使用域名，也可以通过 IP 地址直接访问该应用。在使用域名访问网络应用时，DNS 负责将其解析为 IP 地址。

DNS 是一个分布式数据库系统，扩充性好，由于是分布式的存储，数据量的增长并不会影响其性能。新加入的网络应用可以由 DNS 负责将新主机的信息传播到网络中的其他部分。

域名查询有两种常用的方式：递归查询和迭代查询。

- 递归查询由最初的域名服务器代替客户端进行域名查询。若该域名服务器不能直接回答，则会在域中的各分支的上下进行递归查询，最终将返回查询结果给客户端，在域名服务器查询期间，客户端将完全处于等待状态。
- 迭代查询则每次由客户端发起请求，若请求的域名服务器能提供需要查询的信息则返回主机地址信息。若不能提供，则引导客户端到其他域名服务器查询。

以上两种方式类似于寻找东西的过程，一种是找个人替自己寻找，另外一种是自己完成。首先到一个地方寻找，若没有则向另外一个地方寻找。

DNS 域名服务器的类别有高速缓存服务器、主 DNS 服务器和辅助 DNS 服务器。高速缓存服务器将每次域名查询的结果缓存到本机，主 DNS 服务器则提供特定域的权威信息，是可信赖的，辅助 DNS 服务器信息则来源于主 DNS 服务器。

10.5.2 DNS 服务器配置

目前网络上的域名服务系统使用最多的为 BIND（Berkeley Internet Name Domain）软件，该软件实现了 DNS 协议。本节主要介绍 DNS 服务器的配置过程，包括安装、配置文件设置、服务器启动等步骤。

1．软件安装

DNS 服务器依赖的软件可以从 rpm 包安装或从源码进行安装，本节以 rpm 包为例说明 DNS 服务器的安装过程，如示例 10-21 所示。

【示例 10-21】

```
#确认系统中相关的软件是否已经安装
[root@localhost ~]# rpm -aq | grep bind
bind-libs-9.9.4-29.el7.x86_64
```

```
rpcbind-0.2.0-32.el7.x86_64
bind-license-9.9.4-29.el7.noarch
bind-libs-lite-9.9.4-29.el7.x86_64
keybinder3-0.3.0-1.el7.x86_64
bind-utils-9.9.4-29.el7.x86_64
#如果使用 rpm 安装,使用如下命令
[root@localhost Packages]# rpm -ivh bind-9.9.4-29.el7.x86_64.rpm
Preparing...                    ################################# [100%]
Updating / installing...
   1:bind-32:9.9.4-29.el7        ################################# [100%]
```

经过上面的设置,DNS 服务器已经安装完毕,主要的文件如下:

- /etc/named.conf 为 DNS 主配置文件。
- /usr/lib/systemd/system/named.service 为 DNS 服务器的控制单元文件。

2.编辑配置文件/etc/named.conf

要配置 DNS 服务器,需修改配置文件/etc/named.conf。如果不存在则创建该文件。

本示例实现的功能为搭建一个域名服务器 ns.oa.com,位于 192.168.19.101,其他主机可以通过该域名服务器解析已经注册的以 oa.com 结尾的域名。配置文件如示例 10-22 所示,如需添加注释,行可以以 "#" "//" ";" 开头或使用 "/* */" 包含。

【示例 10-22】

```
[root@localhost named]# cat -n /etc/named.conf
  1 //
  2 // named.conf
  3 //
  4 // Provided by Red Hat bind package to configure the ISC BIND named(8) DNS
  5 // server as a caching only nameserver (as a localhost DNS resolver only).
  6 //
  7 // See /usr/share/doc/bind*/sample/ for example named configuration files.
  8 //
  9
 10 options {
 11       listen-on port 53 { any; };
 12       listen-on-v6 port 53 { ::1; };
 13       directory       "/var/named";
 14       dump-file       "/var/named/data/cache_dump.db";
 15       statistics-file "/var/named/data/named_stats.txt";
 16       memstatistics-file "/var/named/data/named_mem_stats.txt";
```

```
17          allow-query     { any; };
18
19          /*
20           - If you are building an AUTHORITATIVE DNS server, do NOT enable recursion.
21           - If you are building a RECURSIVE (caching) DNS server, you need to enable
22             recursion.
23           - If your recursive DNS server has a public IP address, you MUST enable access
24             control to limit queries to your legitimate users. Failing to do so will
25             cause your server to become part of large scale DNS amplification
26             attacks. Implementing BCP38 within your network would greatly
27             reduce such attack surface
28          */
29          recursion yes;
30
31          dnssec-enable yes;
32          dnssec-validation yes;
33
34          /* Path to ISC DLV key */
35          bindkeys-file "/etc/named.iscdlv.key";
36
37          managed-keys-directory "/var/named/dynamic";
38
39          pid-file "/run/named/named.pid";
40          session-keyfile "/run/named/session.key";
41  };
42
43  logging {
44          channel default_debug {
45                  file "data/named.run";
46                  severity dynamic;
47          };
48  };
49
50  zone "." IN {
51          type hint;
```

```
52          file "named.ca";
53  };
54
55  zone "oa.com" IN {
56          type master;
57          file "oa.com.zone";
58          allow-update { none; };
59  };
60
61  include "/etc/named.rfc1912.zones";
62  include "/etc/named.root.key";
```

主要参数说明如下。

- options: options 是全局服务器的配置选项，即在 options 中指定的参数，对配置中的任何域都有效，如果要在服务器上配置多个域，如 test1.com 和 test2.com，在 option 中指定的选项对这些域都生效。
- listen-on port: DNS 服务实际是一个监听在本机 53 端口的 TCP 服务程序。该选项用于指定域名服务监听的网络接口，如监听在本机 IP 上或 127.0.0.1。此处 any 表示接收所有主机的连接。
- directory: 指定 named 从/var/named 目录下读取 DNS 数据文件，这个目录用户可自行指定并创建，指定后所有的 DNS 数据文件都存放在此目录下，注意此目录下的文件所属的组应为 named，否则域名服务无法读取数据文件。
- dump-file: 当执行导出命令时将 DNS 服务器的缓存数据存储到指定的文件中。
- statistics-file: 指定 named 服务的统计文件。当执行统计命令时，会将内存中的统计信息追加到该文件中。
- allow-query: 允许哪些客户端可以访问 DNS 服务，此处 any 表示任意主机。
- recursion: 递归选项。
- dnssec-enable: DNS 安全扩展选项。
- dnssec-validation: DNS 安全验证选项。
- logging: 日志选项，保持默认即可。
- zone: 每个 zone 就是定义一个域的相关信息及指定 named 服务从哪些文件中获得 DNS 各个域名的数据文件。

3．编辑 DNS 数据文件/var/named/oa.com.zone

该文件为 DNS 数据文件，可以配置每个域名指向的实际 IP，在配置此文件时要特别注意此文件的权限，否则服务将不能正常启动。文件配置内容如示例 10-23 所示。

【示例 10-23】

```
[root@localhost named]# cat -n oa.com.zone
 1  $TTL 3600
 2  @       IN SOA  ns.oa.com root (
 3                                          2013    ; serial
 4                                          1D      ; refresh
 5                                          1H      ; retry
 6                                          1W      ; expire
 7                                          3H )    ; minimum
 8          NS      ns
 9  ns      A 192.168.19.101
10  test    A 192.168.19.101
11  bbs     A 192.168.19.102
```

下面说明各个参数的含义。

- TTL：表示域名缓存周期字段，指定该资源文件中的信息存放在 DNS 缓存服务器的时间。此处设置为 3600 秒，表示超过 3600 秒则 DNS 缓存服务器重新获取该域名的信息。
- @：表示本域，SOA 描述了一个授权区域，如果有 oa.com 的域名请求将到 ns.oa.com 域查找。root 表示接收信息的邮箱，此处为本地的 root 用户。
- serial：表示该区域文件的版本号。当区域文件中的数据改变时，这个数值将要改变。从服务器在一定时间以后请求主服务器的 SOA 记录，并将该序列号值与缓存中的 SOA 记录的序列号相比较，如果数值改变了，将从服务器重新拉取主服务器的数据信息。
- refresh 指定了将要从域名服务器检查主域名服务器的 SOA 记录的时间间隔, 单位为秒。
- retry：指定了从域名服务器的一个请求或一个区域刷新失败后，从服务器重新与主服务器联系的时间间隔，单位是秒。
- expire：指在指定的时间内，如果从服务器还不能联系到主服务器，从服务器将丢去所有的区域数据。
- minimum：如果没有明确指定 TTL 的值，则 minimum 表示域名默认的缓存周期。
- A：表示主机记录，用于将一个主机名与一个或一组 IP 地址相对应。
- NS：一条 NS 记录指向一个给定区域的主域名服务器，以及包含该服务器主机名的资源记录。

第 9~11 行分别定义了相关域名指向的 IP 地址。

4．启动域名服务

启动域名服务可以使用 BIND 软件提供的/etc/init.d/named 脚本，如示例 10-24 所示。

【示例 10-24】

```
[root@localhost ~]# systemctl start named
```

如果启动失败可以使用命令 journalctl -xe 查看详细的错误信息，更多信息可参考系统帮助 man

named.conf。

10.5.3 DNS 服务测试

经过上一节的步骤，DNS 服务端已经部署完毕，客户端需要做一定设置才能访问域名服务器，操作步骤如下。

（1）配置/etc/resolv.conf

如需正确地解析域名，客户端需要设置 DNS 服务器地址。DNS 服务器地址修改如示例 10-25 所示。

【示例 10-25】

```
[root@localhost ~]# cat  /etc/resolv.conf
nameserver 192.168.19.101
```

（2）域名测试

域名测试可以使用 ping、nslookup 或 dig 命令，如示例 10-26 所示。

【示例 10-26】

```
[root@localhost ~]# nslookup
> server 192.168.19.101
Default server: 192.168.19.101
Address: 192.168.19.101#53
> bbs.oa.com
Server:         192.168.19.101
Address:        192.168.19.101#53

Name:   bbs.oa.com
Address: 192.168.19.102
```

上述示例说明 bbs.oa.com 成功解析到 192.168.19.102。

经过以上部署和测试演示了 DNS 域名系统的初步功能，要了解更进一步的信息可参考系统帮助或其他资料。

10.6 范例——监控网卡流量

监控网卡流量可以使用 ifconfig 提供的结果或查看系统文件/proc/net/dev 中的数据，/proc/net/dev 中提供的数据更全面些。本节主要演示如何利用系统提供的信息监控网卡流量，如示例 10-27 所示。

【示例 10-27】

```
[root@localhost net]# ifconfig
eno16777736: flags=4163<UP,BROADCAST,RUNNING,MULTICAST>  mtu 1500
        inet 172.16.45.58  netmask 255.255.255.0  broadcast 172.16.45.255
        inet6 fe80::20c:29ff:feb5:c776  prefixlen 64  scopeid 0x20<link>
        ether 00:0c:29:b5:c7:76  txqueuelen 1000  (Ethernet)
        RX packets 7627  bytes 662643 (647.1 KiB)
        RX errors 0  dropped 0  overruns 0  frame 0
        TX packets 4137  bytes 1414021 (1.3 MiB)
        TX errors 0  dropped 0  overruns 0  carrier 0  collisions 0
[root@localhost net]# cat /proc/net/dev
Inter-|   Receive                                                |  Transmit
 face |bytes    packets errs drop fifo frame compressed multicast|bytes    packets errs drop fifo colls carrier compressed
 eno16777736:  664225    7648    0    0    0    0    0    0    1418571   4146    0    0    0    0    0    0
    lo:  3930      39    0    0    0    0    0    0    3930      39    0    0    0    0    0    0
```

网卡的流量包含接收量和发送量，可以通过以下方法获得。

1．使用 ifconfig

ifconfig 结果解释如下。

- RX packets:7627 表示接收到的包量，是个累计值。
- TX packets:4137 表示发送的包量，也是个累计值。
- RX bytes 表示接收的字节数。
- TX bytes 表示发送的字节数。

以上数值都是网卡设备从启动值当前时间的流量累计值。

2．/proc/net/dev

/proc/net/dev 文件记录了不同网络接口（interface）上的各种包的记录，第 1 列是接口名称，一般能看到 lo（自环，loopback 接口）和 eno16777736（网卡），第 2 大列是这个接口上收到的包统计，第 3 大列是发送的统计，每一大列下又分为以下小列收（如果是第 3 大列，就是发）字节数（byte）、包数（packet）、错误包数（errs）、丢弃包数（drop）、fifo（First in first out）包数、frame（帧，这一项对普通以太网卡应该无效的）数、压缩（compressed）包数和多播（multicast，比如广播包或组播包）包数。

本程序主要实现网卡流量的数据采集,每分钟运行一次,然后将采集到的数据放到数据库里面便于后续处理,如超过指定阈值则告警。

```
#监控网卡流量程序
[root@localhost net]# cat -n netMon.sh
     1  #!/bin/sh
     2
     3  function setENV()
     4  {
     5          export PATH=/usr/local/mysql/bin:$PATH:.
     6          export LOCAL_IP=`/usr/sbin/ifconfig |grep -a1 eno16777736 |grep inet |awk '{print $2}' |head -1`
     7          export mysqlCMD="mysql -unetMon -pnetMon -h192.128.19.102 netMon"
     8          export oldData=`pwd`/.old
     9          export newData=`pwd`/.new
    10          export statTime=`/bin/date +%Y-%m-%d" "%H:%M -d "1 minutes ago"`
    11  }
    12
    13  function LOG()
    14  {
    15      echo "["$(/bin/date +%Y-%m-%d" "%H:%M:%S -d "0 days ago")"]" "$1"
    16  }
    17  function process()
    18  {
    19          cat /proc/net/dev|grep eno16777736|sed 's/[:|]/ /g'|awk '{print "ReceiveBytes "$2"\nReceivePackets "$3" \nTransmitBytes "$10"\nTransmitPackets "$11}'>$newData
    20          join $newData $oldData|awk '{print $1" "$2-$3}'|tr '\n' ' '|awk '{print $2" "$4" "$6" "$8}'|while read ReceiveBytes ReceivePackets TransmitBytes TransmitPackets
    21          do
    22          echo "insert into netMon.netStat(statTime,ReceiveBytes,ReceivePackets,TransmitBytes,TransmitPackets) values ('$statTime', $ReceiveBytes, $ReceivePackets, $TransmitBytes, $TransmitPackets)"
    23          echo "insert into netMon.netStat(statTime,ReceiveBytes,ReceivePackets,TransmitBytes,TransmitPackets) values ('$statTime', $ReceiveBytes, $ReceivePackets, $TransmitBytes, $TransmitPackets)"|$mysqlCMD
    24          done
    25          cp $newData $oldData
    26
    27  }
    28
    29  function main()
    30  {
    31      setENV
    32      process
```

```
33  }
34
35  LOG "stat start"
36  main
37  LOG "stat end"
```

10.7　小结

本章主要讲解了 Linux 系统的网络配置。在开始配置网络之前，介绍了一些网络协议和概念。Linux 高级网络管理工具 iproute2 提供了更加丰富的功能，本章介绍了其中的一部分。网络数据采集与分析工具 tcpdump 在网络程序的调试过程中具有非常重要的作用，需上机多加练习。

10.8　习题

一、填空题

1. TCP/IP 协议主要包含两个协议：_____和_____。
2. NAT 分为两种不同的类型：_____和_____。
3. 域名查询有两种常用的方式：_____和_____。

二、选择题

1. 以下哪个不是 DNS 域名服务器（　　）。

   A. 高速缓存服务器　　　　B. 主 DNS 服务器
   C. 静态缓存服务器　　　　D. 辅助 DNS 服务器

2. 以下哪项描述不正确（　　）。

   A. 主机名用于识别某个计算机在网络中的标识，设置主机名可以使用 hostname 命令
   B. Linux 的内核提供的防火墙功能通过 iptables 框架实现
   C. DHCP 服务依赖的软件可以从 rpm 包安装或从源码进行安装
   D. DNS 是一个分布式数据库系统，扩充性好

第 11 章

网络文件共享 NFS、Samba 和 FTP

> 类似于 Windows 上的网络共享功能，Linux 系统也提供了多种网络文件共享方法，常见的有 NFS、Samba 和 FTP。
>
> 本章首先介绍网络文件系统 NFS 的安装与配置，然后介绍文件服务器 Samba 的安装与设置，最后介绍常用的 FTP 软件的安装与配置。通过本章，用户可以了解 Linux 系统中常见的几种网络文件共享方式。

本章主要涉及的知识点有：

- NFS 的安装与使用
- Samba 的安装与使用
- FTP 软件的安装与使用

11.1 网络文件系统 NFS

NFS 是 Network File System 的简称，是一种分布式文件系统，允许网络中不同操作系统的计算机间共享文件，其通信协议基于 TCP/IP 协议层，可以将远程计算机磁盘挂载到本地，读写文件时像本地磁盘一样操作。

11.1.1 网络文件系统 NFS 简介

NFS 为 Network File system 的缩写，即网络文件系统。NFS 在文件传送或信息传送过程中依赖于 RPC（Remote Procedure Call）协议。RPC 协议可以在不同的系统间使用，此通信协议设计与主机及操作系统无关。使用 NFS 时用户端只需使用 mount 命令就可把远程文件系统挂接在自己的文件系统之下，操作远程文件和使用本地计算机上的文件一样。NFS 本身可以认为是 RPC 的一个程序。只要用到 NFS 的地方都要启动 RPC 服务，不论是服务端还是客户端，NFS 是一个文件系统，而 RPC 负责信息的传输。

例如在服务器上，要把远程服务器 192.168.3.101 上的/nfsshare 挂载到本地目录，可以执行如下命令：

```
mount 192.168.3.101:/nfsshare /nfsshare
```

当挂载成功后，本地/nfsshare 目录下如果有数据，则原有的数据都不可见，用户看到的是远程主机 192.168.3.101 上面的/nfsshare 目录文件列表。

11.1.2 配置 NFS 服务器

NFS 的安装需要两个软件包，通常情况下是作为系统的默认包安装的，版本因为系统的不同而不同。

- nfs-utils-1.3.0-0.21.el7.x86_64.rpm 包含一些基本的 NFS 命令与控制脚本。
- rpcbind-0.2.0-32.el7.x86_64.rpm 是一个管理 RPC 连接的程序，类似的管理工具为 portmap。

安装方法如示例 11-1 所示。

【示例 11-1】

```
#首先确认系统中是否安装了对应的软件
[root@localhost Packages]# rpm -aq | grep nfs-utils
#安装 nfs 软件包
[root@localhost Packages]# rpm -ivh nfs-utils-1.3.0-0.21.el7.x86_64.rpm
warning: nfs-utils-1.3.0-0.21.el7.x86_64.rpm: Header V3 RSA/SHA256 Signature, key ID fd431d51: NOKEY
Preparing...                          ################################# [100%]
Updating / installing...
   1:nfs-utils-1:1.3.0-0.21.el7       ################################# [100%]
#安装的主要文件列表
[root@localhost Packages]# rpm -qpl nfs-utils-1.3.0-0.21.el7.x86_64.rpm
/etc/exports.d
/etc/nfsmount.conf
/etc/request-key.d/id_resolver.conf
/etc/sysconfig/nfs
/sbin/mount.nfs
/sbin/mount.nfs4
#部分结果省略
#安装 rpcbind 软件包
[root@localhost Packages]# rpm -ivh rpcbind-0.2.0-32.el7.x86_64.rpm
warning: rpcbind-0.2.0-32.el7.x86_64.rpm: Header V3 RSA/SHA256 Signature, key ID fd431d51: NOKEY
Preparing...                          ################################# [100%]
```

```
Updating / installing...
   1:rpcbind-0.2.0-32.el7             ################################# [100%]
```

在安装好软件之后,接下来就可以配置 NFS 服务器了,配置之前先了解一下 NFS 主要的文件和进程。

(1)nfs.service 服务有的发行版名字叫做 nfsserver,是 NFS 服务启停控制单元,位于 /usr/lib/systemd/system/nfs.service。

(2)rpc.nfsd 是基本的 NFS 守护进程,主要功能是控制客户端是否可以登录服务器,另外可以结合/etc/hosts.allow /etc/hosts.deny 进行更精细的权限控制。

(3)rpc.mountd 是 RPC 安装守护进程,主要功能是管理 NFS 的文件系统。通过配置文件共享指定的目录,同时根据配置文件做一些权限验证。

(4)rpcbind 是一个管理 RPC 连接的程序,rpcbind 服务对 NFS 是必需的,因为是 NFS 的动态端口分配守护进程,如果 rpcbind 不启动,NFS 服务则无法启动。类似的管理工具为 portmap。

(5)exportfs 如果修改了/etc/exports 文件后不需要重新激活 NFS,只要重新扫描一次 /etc/exports 文件,并重新将设定加载即可。exportfs 参数说明如表 11.1 所示。

表 11.1 exportfs 命令常用参数说明

参数	说明
-a	全部挂载/etc/exports 文件中的设置
-r	重新挂载/etc/exports 中的设置
-u	卸载某一目录
-v	在 export 时将共享的目录显示在屏幕上

(6)showmount 显示指定 NFS 服务器连接 NFS 客户端的信息,常用参数如表 11.2 所示。

表 11.2 showmount 命令常用参数说明

参数	说明
-a	列出 NFS 服务共享的完整目录信息
-d	仅列出客户机远程安装的目录
-e	显示导出目录的列表

配置 NFS 服务器时首先需要确认共享的文件目录和权限及访问的主机列表,这些可通过 /etc/exports 文件配置。一般系统都有一个默认的 exports 文件,可以直接修改。如果没有,可创建一个,然后通过启动命令启动守护进程。

1.配置文件/etc/exports

要配置 NFS 服务器,首先就是编辑/etc/exports 文件。在该文件中,每一行代表一个共享目录,并且描述了该目录如何被共享。exports 文件的格式和使用如示例 11-2 所示。

【示例 11-2】

```
#<共享目录> [客户端1 选项] [客户端2 选项]
```

```
/nfsshare *(rw,all_squash,sync,anonuid=1001,anongid=1000)
```

每行一条配置，可指定共享的目录、允许访问的主机及其他选项设置。上面的配置说明在这台服务器上共享了一个目录/nfsshare，参数说明如下。

- 共享目录：NFS 系统中需要共享给客户端使用的目录。
- 客户端：网络中可以访问这个 NFS 共享目录的计算机。

客户端常用的指定方式如下。

- 指定 ip 地址的主机：192.168.3.101。
- 指定子网中的所有主机：192.168.3.0/24 192.168.0.0/255.255.255.0。
- 指定域名的主机：www.domain.com。
- 指定域中的所有主机：*.domain.com。
- 所有主机：*。

语法中的选项用来设置输出目录的访问权限、用户映射等。NFS 常用的选项如表 11.3 所示。

表 11.3 NFS 常用选项说明

参数	说明
ro	该主机有只读的权限
rw	该主机对该共享目录有可读可写的权限
all_squash	将远程访问的所有普通用户及所属组都映射为匿名用户或用户组，相当于使用 nobody 用户访问该共享目录。注意此参数为默认设置
no_all_squash	与 all_squash 取反，该选项默认设置
root_squash	将 root 用户及所属组都映射为匿名用户或用户组，为默认设置
no_root_squash	与 root_squash 取反
anonuid	将远程访问的所有用户都映射为匿名用户，并指定该用户为本地用户
anongid	将远程访问的所有用户组都映射为匿名用户组账户，并指定该匿名用户组账户为本地用户组账户
sync	将数据同步写入内存缓冲区和磁盘中，效率低，但可以保证数据的一致性
async	将数据先保存在内存缓冲区中，必要时才写入磁盘

exports 文件的使用方法如示例 11-3 所示。

【示例 11-3】

```
/nfsshare *.*(rw)
```

该行设置表示共享/nfsshare 目录，所有主机都可以访问该目录，并且都有读写的权限，客户端上的任何用户在访问时都映射成 nobody 用户。如果客户端要在该共享目录上保存文件，则服务器上的 nobody 用户对/nfsshare 目录必须要有写的权限。

【示例 11-4】

```
[root@localhost ~]# cat /etc/exports
```

```
/nfsshare          172.16.0.0/255.255.0.0(rw,all_squash,anonuid=1001,anongid=1001)
192.168.19.0/255.255.255.0(ro)
```

该行设置表示共享/nfsshare 目录，172.16.0.0/16 网段的所有主机都可以访问该目录，对该目录有读写的权限，并且所有的用户在访问时都映射成服务器上 uid 为 1001、gid 为 100 的用户；192.168.19.0/24 网段的所有主机对该目录有只读访问权限，并且在访问时所有的用户都映射成 nobody 用户。

2．启动服务

配置好服务器之后，要使客户端能够使用 NFS，必须要先启动服务。启动过程如示例 11-5 所示。

【示例 11-5】

```
[root@localhost ~]# cat /etc/exports
/nfsshare *(rw)
[root@localhost ~]# systemctl start rpcbind
[root@localhost ~]# systemctl start nfs.service
#查看nfs的启动状态
[root@localhost ~]# systemctl status nfs.service
* nfs-server.service - NFS server and services
   Loaded: loaded (/usr/lib/systemd/system/nfs-server.service; disabled; vendor preset: disabled)
   Active: active (exited) since Fri 2016-04-15 15:47:03 CST; 15s ago
  Process: 4215 ExecStart=/usr/sbin/rpc.nfsd $RPCNFSDARGS (code=exited, status=0/SUCCESS)
  Process: 4213 ExecStartPre=/usr/sbin/exportfs -r (code=exited, status=0/SUCCESS)
 Main PID: 4215 (code=exited, status=0/SUCCESS)
   CGroup: /system.slice/nfs-server.service

Apr 15 15:47:03 localhost.localdomain systemd[1]: Starting NFS server and ser...
Apr 15 15:47:03 localhost.localdomain systemd[1]: Started NFS server and serv...
Hint: Some lines were ellipsized, use -l to show in full.
```

NFS 服务由 4 个后台进程组成，分别是 rpc.nfsd、rpc.statd、rpc.mountd 和 rpc.rquotad。rpc.nfsd 负责主要的工作，rpc.statd 负责抓取文件锁，rpc.mountd 负责初始化客户端的 mount 请求，rpc.rquotad 负责对客户文件的磁盘配额限制。这些后台程序是 nfs-utils 的一部分，如果是使用的 RPM 包，它们存放在/usr/sbin 目录下。

3．确认 NFS 是否已经启动

可以使用 rpcinfo 和 showmount 命令来确认，如果 NFS 服务正常运行，应该有下面的输出，如示例 11-6 所示。

【示例 11-6】

```
#查看端口状态
[root@localhost ~]# rpcinfo -p
#部分结果省略
   program vers proto   port  service
   100003    3   tcp    2049  nfs
   100003    4   tcp    2049  nfs
   100227    3   tcp    2049  nfs_acl
   100003    3   udp    2049  nfs
   100003    4   udp    2049  nfs
   100227    3   udp    2049  nfs_acl
#在服务端执行以下命令可以确认
[root@localhost ~]# showmount -e
Export list for localhost.localdomain:
/nfsshare *
#在客户端使用以下命令可以查看
#172.16.45.14为服务端 IP 地址
[root@localhost ~]# showmount -e 172.16.45.14
Export list for 172.16.45.14:
/nfsshare *
```

经过以上的步骤，NFS 服务器端已经配置完成，接下来进行客户端的配置。

11.1.3　配置 NFS 客户端

要在客户端使用 NFS，首先需要确定要挂载的文件路径，并确认该路径中没有已经存在的数据文件，然后确定要挂载的服务器端的路径，使用 mount 挂载到本地磁盘，如示例 11-7 所示，mount 命令的详细用法可参考前面的章节。

【示例 11-7】

```
#创建挂载点并挂载
[root@localhost ~]# mkdir /test
[root@localhost ~]# mount -t nfs -o rw 172.16.45.14:/nfsshare /test
#测试
[root@localhost ~]# cd /test/
```

```
[root@localhost test]# touch s
touch: cannot touch 's': Permission denied
```

以读写模式挂载了共享目录，但 root 用户并不可写，其原因在于/etc/exports 中的文件设置。由于 all_squash 和 root_squash 为 NFS 的默认设置，会将远程访问的用户映射为 nobody 用户，而/test 目录下的 nobody 用户是不可写的，通过修改共享设置可以解决这个问题。

```
/nfsshare *(rw,no_root_squash,sync,anonuid=1001,anongid=1000)
```

完成以上设置然后重启 NFS 服务，这时目录挂载后可以正常读写了。

11.2 文件服务器 Samba

Samba 是一种在 Linux 环境中运行的免费软件，利用 Samba，Linux 可以创建基于 Windows 的计算机使用共享。另外，Samba 还提供一些工具，允许 Linux 用户从 Windows 计算机进入共享和传输文件。Samba 基于 Server Messages Block 协议，可以为局域网内的不同计算机系统之间提供文件及打印机等资源的共享服务。

11.2.1 Samba 服务简介

SMB（Server Messages Block，信息服务块）是一种在局域网上共享文件和打印机的通信协议，它为局域网内的不同计算机之间提供文件及打印机等资源的共享服务。SMB 协议是客户机/服务器型协议，客户机通过该协议可以访问服务器上的共享文件系统、打印机及其他资源。通过设置 NetBIOS over TCP/IP 使得 Samba 方便地在网络中共享资源。

Windows 与 Linux 之间的文件共享可以采用多种方式，常用的是 Samba 或 FTP。如果 Linux 系统的文件需要在 Windows 中编辑，也可以使用 Samba。

11.2.2 Samba 服务的安装与配置

在进行 Samba 服务安装之前首先了解一下网上邻居的工作原理。网上邻居的工作模式是一个典型的客户端/服务器工作模型，首先，单击【网上邻居】图标，打开网上邻居列表，这个阶断的实质是列出网上可以访问的服务器的名字列表。其次，单击【打开目标服务器】图标，列出目标服务器上的共享资源。接下来，单击需要的共享资源图标进行需要的操作（这些操作包括列出内容，增加、修改或删除内容等）。在单击一台具体的共享服务器时，先发生了一个名字解析过程，计算机会尝试解析名字列表中的这个名称，并尝试进行连接。在连接到该服务器后，可以根据服务器的安全设置对服务器上的共享资源进行允许的操作。Samba 服务提供的功能为可以在 Linux 之间或 Linux 与 Windows 之间共享资源。

1．Samba 的安装

要安装 samba 服务器，可以采用两种方法：从二进制代码安装和从源代码安装。建议初学者使用 RPM 来安装，较为熟练的使用者可以采用源码安装的方式。本节采用源码安装的方式，最新的源码可以在 http://www.samba.org/获取，本节采用的软件包为 samba-4.4.2.tar.gz，安装过程如示例 11-8 所示。

【示例 11-8】

```
#安装编译环境
[root@localhost Packages]# rpm -ivh gcc-4.8.5-4.el7.x86_64.rpm glibc-devel-2.17-105.el7.x86_64.rpm glibc-headers-2.17-105.el7.x86_64.rpm kernel-headers-3.10.0-327.el7.x86_64.rpm
#安装依赖软件包
[root@localhost Packages]# rpm -ivh python-devel-2.7.5-34.el7.x86_64.rpm
[root@localhost Packages]# rpm -ivh gnutls-devel-3.3.8-12.el7_1.1.x86_64.rpm gmp-devel-6.0.0-11.el7.x86_64.rpm gnutls-c++-3.3.8-12.el7_1.1.x86_64.rpm libtasn1-devel-3.8-2.el7.x86_64.rpm nettle-devel-2.7.1-4.el7.x86_64.rpm p11-kit-devel-0.20.7-3.el7.x86_64.rpm zlib-devel-1.2.7-15.el7.x86_64.rpm
[root@localhost Packages]# rpm -ivh libacl-devel-2.2.51-12.el7.x86_64.rpm libattr-devel-2.4.46-12.el7.x86_64.rpm
[root@localhost Packages]# rpm -ivh openldap-devel-2.4.40-8.el7.x86_64.rpm cyrus-sasl-devel-2.1.26-19.2.el7.x86_64.rpm
#下载并解压压缩包
[root@localhost soft]# wget https://download.samba.org/pub/samba/samba-4.4.2.tar.gz
--2016-04-15 20:18:13--  https://download.samba.org/pub/samba/samba-4.4.2.tar.gz
Resolving download.samba.org (download.samba.org)... 144.76.82.156
Connecting to download.samba.org (download.samba.org)|144.76.82.156|:443... connected.
HTTP request sent, awaiting response... 200 OK
Length: 20711230 (20M) [application/gzip]
Saving to: 'samba-4.4.2.tar.gz'

100%[======================================>] 20,711,230  212KB/s   in 15m 21s

2016-04-15 20:33:53 (22.0 KB/s) - 'samba-4.4.2.tar.gz' saved [20711230/20711230]
[root@localhost soft]# tar xvf samba-4.4.2.tar.gz
[root@localhost soft]# [root@localhost soft]# cd samba-4.4.2
#首先检查系统环境并生成 MakeFile
```

```
[root@localhost samba-4.4.2]# ./configure --prefix=/usr/local/samba
#编译
[root@localhost samba-4.4.2]# make
#安装
[root@localhost samba-4.4.2]# make install
#安装完毕后主要的目录
[root@localhost samba]# ls
bin  etc  include  lib  lib64  private  sbin  share  var
```

Samba 是 SMB 客户程序/服务器软件包，它主要包含以下程序。

- smbd：SMB 服务器，为客户机如 Windows 等提供文件和打印服务。
- nmbd：NetBIOS 名字服务器，可以提供浏览支持。
- smbclient SMB 客户程序，类似于 FTP 程序，用以从 Linux 或其他操作系统上访问 SMB 服务器上的资源。
- smbmoun：挂载 SMB 文件系统的工具，对应的卸载工具为 smbumount。
- smbpasswd：用户增删登录服务端的用户和密码。

2．配置文件

以下是一个简单的配置，允许特定的用户读写指定的目录，如示例 11-9 所示。

【示例 11-9】

```
#创建共享的目录并赋予相关用户权限
[root@localhost ~]# mkdir -p /data/test1
[root@localhost ~]# mkdir -p /data/test2
[root@localhost ~]# groupadd users
[root@localhost ~]# useradd -g users test1
[root@localhost ~]# useradd -g users test2
[root@localhost ~]# chown -R test1.users /data/test1
[root@localhost ~]# chown -R test2.users /data/test2
#samba 配置文件默认位于此目录
[root@localhost etc]# pwd
/usr/local/samba/etc
[root@localhost etc]# cat smb.conf
[global]
workgroup = mySamba
netbios name = mySamba
server string = Linux Samba Server Test
security=user
[test1]
```

```
        path = /data/test1
        writeable = yes
        browseable = yes
[test2]
        path = /data/test2
        writeable = yes
        browseable = yes
        guest ok = yes
```

[global]表示全局配置，是必须有的选项。以下是每个选项的含义。

- workgroup：在 Windows 中显示的工作组。
- netbios name：在 Windows 中显示出来的计算机名。
- server string：就是 Samba 服务器说明，可以自己来定义。
- security：这是验证和登录方式，share 表示不需要用户名和密码，对应的另外一种为 user 验证方式，需要用户名和密码。
- [test]：表示 Windows 中显示出来是共享的目录。
- path：共享的目录。
- writeable：共享目录是否可写。
- browseable：共享目录是否可以浏览。
- guest ok：是否允许匿名用户以 guest 身份登录。

3．启动服务

首先创建用户目录并设置允许的用户名和密码，认证方式为系统用户认证，要添加的用户名需要在/etc/passwd 中存在，如示例 11-10 所示。

【示例 11-10】

```
#设置用户 test1 的密码
[root@localhost ~]# /usr/local/samba/bin/smbpasswd -a test1
New SMB password:
Retype new SMB password:
Added user test1.
#设置用户 test2 的密码
[root@localhost ~]# /usr/local/samba/bin/smbpasswd -a test2
New SMB password:
Retype new SMB password:
Added user test2.
#启动命令
[root@localhost ~]# /usr/local/samba/sbin/smbd
[root@localhost ~]# /usr/local/samba/sbin/nmbd
```

```
#关闭防火墙以便客户端访问
[root@localhost data]# systemctl stop firewalld
#确认启动
[root@localhost ~]# lsof -i
COMMAND     PID   USER    FD   TYPE DEVICE SIZE/OFF NODE NAME
#部分结果省略
smbd      46154   root    35u  IPv6  67505      0t0  TCP *:microsoft-ds (LISTEN)
smbd      46154   root    36u  IPv6  67516      0t0  TCP *:netbios-ssn (LISTEN)
smbd      46154   root    37u  IPv4  67517      0t0  TCP *:microsoft-ds (LISTEN)
smbd      46154   root    38u  IPv4  67518      0t0  TCP *:netbios-ssn (LISTEN)
nmbd      46160   root    17u  IPv4  67527      0t0  UDP *:netbios-ns
nmbd      46160   root    18u  IPv4  67528      0t0  UDP *:netbios-dgm
nmbd      46160   root    19u  IPv4  67540      0t0  UDP 192.168.122.1:netbios-ns
nmbd      46160   root    20u  IPv4  67541      0t0  UDP 192.168.122.255:netbios-ns
nmbd      46160   root    21u  IPv4  67542      0t0  UDP 192.168.122.1:netbios-dgm
nmbd      46160   root    22u  IPv4  67543      0t0  UDP 192.168.122.255:netbios-dgm
nmbd      46160   root    23u  IPv4  67544      0t0  UDP 192.168.10.10:netbios-ns
nmbd      46160   root    24u  IPv4  67545      0t0  UDP 192.168.10.255:netbios-ns
nmbd      46160   root    25u  IPv4  67546      0t0  UDP 192.168.10.10:netbios-dgm
nmbd      46160   root    26u  IPv4  67547      0t0  UDP 192.168.10.255:netbios-dgm
#停止命令
[root@localhost ~]# killall -9 smbd
[root@localhost ~]# killall -9 nmbd
```

启动完毕也可以使用 ps 命令和 netstat 命令查看进程和端口是否启动成功。

4．服务测试

打开 Windows 中的资源管理器，输入地址\\192.168.10.10，按 Enter 键，弹出用户名和密码校验界面，输入用户名和密码，如图 11.1 所示。

图 11.1　Samba 登录验证界面

验证成功后可以看到共享的目录，进入 test2，创建目录 testdir，如图 11.2 所示。可以看到此目录对于 test2 用户是可读可写的，与之对应的是进入目录 test1，发现没有权限写入，如图 11.3 所示。

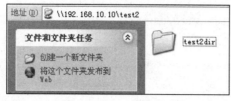
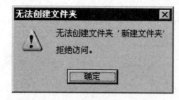

图 11.2　验证目录权限　　　　　　图 11.3　无权限，目录无法访问

以上演示了 Samba 的用法，要求用户在访问共享资源之前必须先提供用户名和密码进行验证。Samba 其他的功能可以参考系统帮助。

11.3　FTP 服务器

FTP 文件共享基于 TCP/IP 协议，目前绝大多数系统都有支持 FTP 的工具存在，FTP 是一种通用性比较强的网络文件共享方式。

11.3.1　FTP 服务概述

FTP 方便地解决了文件的传输问题，从而让人们可以方便地从计算机网络中获得资源。FTP 已经成为计算机网络上文件共享的一个标准。FTP 服务器中的文件按目录结构进行组织，用户通过网络与服务器建立连接。FTP 仅基于 TCP 的服务，不支持 UDP。与众不同的是 FTP 使用两个端口，一个数据端口和一个命令端口，也可叫做控制端口。通常来说这两个端口是 21（命令端口）和 20（数据端口）。由于 FTP 工作方式的不同，因此数据端口并不总是 20，分为主动 FTP 和被动 FTP。

1．主动 FTP

主动方式的 FTP 客户端从一个任意的非特权端口 N（N>1024）连接到 FTP 服务器的命令端口 21，然后客户端开始监听端口 N+1，并发送 FTP 命令"port N+1"到 FTP 服务器。接着服务器会从自己的数据端口（20）连接到客户端指定的数据端口（N+1）。主动模式下，服务器端开启的是 20 和 21 端口，客户端开启的是 1024 以上的端口。

2．被动 FTP

为了解决服务器发起到客户的连接的问题采取了被动方式，或叫做 PASV，当客户端通知服务器处于被动模式时才启用。在被动方式 FTP 中，命令连接和数据连接都由客户端发起，当开启一个 FTP 连接时，客户端打开两个任意的非特权本地端口（N > 1024 和 N+1）。第一个端口连接服务器的 21 端口，但与主动方式的 FTP 不同，客户端不会提交 PORT 命令并允许服务器来回连接它的数据端口，而是提交 PASV 命令。这样做的结果是服务器会开启一个任意的非特权端口（P > 1024），并发送 PORT P 命令给客户端。然后客户端发起从本地端口 N+1 到服务器的端口 P 的连接，用来传送数据，此时服务端的数据端口不再是 20 端口。此时服务端开启的是 21 命令端口和大于 1024 的数据连接端口，客户端开启的是大于 1024 的两个端口。

主动模式是从服务器端向客户端发起连接，而被动模式是客户端向服务器端发起连接。两者的共同点是都使用 21 端口进行用户验证及管理，差别在于传送数据的方式不同。

11.3.2　vsftp 的安装与配置

在 Linux 系统下，vsftp 是一款应用比较广泛的 FTP 软件，其特点是小巧轻快，安全易用。目前在开源操作系统中常用的 FTP 软件除 vsftp 外，主要有 proftpd、pureftpd 和 wu-ftpd，各个 FTP 软件并无优劣之分，读者可选择熟悉的 FTP 软件。

1．安装 vsftpd

安装此 FTP 软件可以采用 rpm 包或源码的方式，rpm 包可以在系统安装盘中找到。安装过程如示例 11-11 所示。

【示例 11-11】

```
#使用 rpm 包安装 vsftp 软件
[root@localhost Packages]# rpm -ivh vsftpd-3.0.2-10.el7.x86_64.rpm
warning: vsftpd-3.0.2-10.el7.x86_64.rpm: Header V3 RSA/SHA256 Signature, key ID fd431d51: NOKEY
Preparing...                          ################################# [100%]
Updating / installing...
   1:vsftpd-3.0.2-10.el7              ################################# [100%]
#安装的主要文件及其安装路径，部分结果省略
[root@localhost Packages]# rpm -qpl vsftpd-3.0.2-10.el7.x86_64.rpm
/etc/logrotate.d/vsftpd
/etc/pam.d/vsftpd
#vsftp 起停控制单元
/usr/lib/systemd/system/vsftpd.service
/usr/lib/systemd/system/vsftpd.target
/usr/lib/systemd/system/vsftpd@.service
#保存认证用户
/etc/vsftpd/ftpusers
/etc/vsftpd/user_list
```

```
#主配置文件
/etc/vsftpd/vsftpd.conf
#主程序
/usr/sbin/vsftpd
#安装完毕后检查是否安装成功
[root@localhost Packages]# rpm -aq | grep vsftp
vsftpd-3.0.2-10.el7.x86_64
#源码安装过程
#下载源码包
[root@localhost soft]# wget http://down1.chinaunix.net/distfiles/vsftpd-3.0.2.tar.gz
--2016-04-16 20:56:20--  http://down1.chinaunix.net/distfiles/vsftpd-3.0.2.tar.gz
Resolving down1.chinaunix.net (down1.chinaunix.net)... 61.55.167.132
Connecting to down1.chinaunix.net (down1.chinaunix.net)|61.55.167.132|:80... connected.
HTTP request sent, awaiting response... 200 OK
Length: 192808 (188K) [application/octet-stream]
Saving to: 'vsftpd-3.0.2.tar.gz'

100%[======================================>] 192,808     392KB/s   in 0.5s

2016-04-16 20:56:20 (392 KB/s) - 'vsftpd-3.0.2.tar.gz' saved [192808/192808]
#解压源码包
[root@localhost soft]# tar xvf vsftpd-3.0.2.tar.gz
#编译
[root@localhost vsftpd-3.0.2]# make
#安装
[root@localhost vsftpd-3.0.2]# make install
if [ -x /usr/local/sbin ]; then \
        install -m 755 vsftpd /usr/local/sbin/vsftpd; \
else \
        install -m 755 vsftpd /usr/sbin/vsftpd; fi
if [ -x /usr/local/man ]; then \
        install -m 644 vsftpd.8 /usr/local/man/man8/vsftpd.8; \
        install -m 644 vsftpd.conf.5 /usr/local/man/man5/vsftpd.conf.5; \
elif [ -x /usr/share/man ]; then \
        install -m 644 vsftpd.8 /usr/share/man/man8/vsftpd.8; \
        install -m 644 vsftpd.conf.5 /usr/share/man/man5/vsftpd.conf.5; \
```

```
else \
    install -m 644 vsftpd.8 /usr/man/man8/vsftpd.8; \
    install -m 644 vsftpd.conf.5 /usr/man/man5/vsftpd.conf.5; fi
if [ -x /etc/xinetd.d ]; then \
    install -m 644 xinetd.d/vsftpd /etc/xinetd.d/vsftpd; fi
#创建必要的目录并复制相关文件
[root@localhost vsftpd-3.0.2]# mkdir /var/ftp
[root@localhost vsftpd-3.0.2]# chown root.root /var/ftp/
[root@localhost vsftpd-3.0.2]# chmod og-w /var/ftp/
[root@localhost vsftpd-3.0.2]# cp vsftpd.conf /etc
#系统不同,可能还需要其他一些操作步骤,可在安装目录中的 INSTALL 文件中查看
```

2．匿名 FTP 设置

示例 11-12 所示的情况允许匿名用户访问并上传文件,配置文件路径一般为/etc/vsftpd.conf,如果使用 rpm 包安装,配置文件位于/etc/vsftpd/vsftpd.conf。

【示例 11-12】

```
#将默认目录赋予用户 ftp 权限以便可以上传文件
[root@localhost ~]# chown -R ftp.users /var/ftp/pub
[root@localhost ~]# cat /etc/vsftpd/vsftpd.conf
listen=YES
#允许匿名登录
anonymous_enable=YES
#允许上传文件
anon_upload_enable=YES
write_enable=YES
#启用日志
xferlog_enable=YES
#日志路径
vsftpd_log_file=/var/log/vsftpd.log
#使用匿名用户登录时,映射到的用户名
ftp_username=ftp
```

3．启动 FTP 服务

启动 FTP 服务的过程如示例 11-13 所示。

【示例 11-13】

```
[root@localhost ~]# systemctl start vsftpd
#检查是否启动成功,默认配置文件位于/etc/vsftpd/vsftpd.conf
[root@localhost ~]# ^C
```

```
[root@localhost ~]# systemctl status vsftpd
* vsftpd.service - Vsftpd ftp daemon
   Loaded: loaded (/usr/lib/systemd/system/vsftpd.service; disabled; vendor preset: disabled)
   Active: active (running) since Sat 2016-04-16 21:45:13 CST; 1min 1s ago
  Process: 4035 ExecStart=/usr/sbin/vsftpd /etc/vsftpd/vsftpd.conf (code=exited, status=0/SUCCESS)
 Main PID: 4036 (vsftpd)
   CGroup: /system.slice/vsftpd.service
           `-4036 /usr/sbin/vsftpd /etc/vsftpd/vsftpd.conf

Apr 16 21:45:13 localhost.localdomain systemd[1]: Starting Vsftpd ftp daemon...
Apr 16 21:45:13 localhost.localdomain systemd[1]: Started Vsftpd ftp daemon.
[root@localhost ~]# ps -ef | grep vsftpd
root       4036      1  0 21:45 ?        00:00:00 /usr/sbin/vsftpd /etc/vsftpd/vsftpd.conf
```

4．匿名用户登录测试

匿名用户登录测试的过程如示例 11-14 所示。

【示例 11-14】

```
#登录 ftp
[root@192 soft]# ftp 192.168.10.10
Connected to 192.168.10.10 (192.168.10.10).
220 (vsFTPd 3.0.2)
#输入匿名用户名
Name (192.168.10.10:root): anonymous
331 Please specify the password.
#密码为空
Password:
#登录成功
230 Login successful.
Remote system type is UNIX.
Using binary mode to transfer files.
ftp> cd pub
250 Directory successfully changed.
#上传文件测试
ftp> put vsftpd-3.0.2.tar.gz
local: vsftpd-3.0.2.tar.gz remote: vsftpd-3.0.2.tar.gz
```

```
227 Entering Passive Mode (192,168,10,10,76,237).
150 Ok to send data.
226 Transfer complete.
192808 bytes sent in 0.0639 secs (3018.43 Kbytes/sec)
#查看文件列表
ftp> ls
227 Entering Passive Mode (192,168,10,10,29,230).
150 Here comes the directory listing.
-rw-------    1 14       50         192808 Apr 16 13:49 vsftpd-3.0.2.tar.gz
226 Directory send OK.
#文件上传成功后退出
ftp> quit
221 Goodbye.
#查看上传后的文件信息，文件属于 ftp 用户
[root@localhost ~]# ll /var/ftp/pub/
total 192
-rw-------. 1 ftp ftp 192808 Apr 16 21:49 vsftpd-3.0.2.tar.gz
```

如果不能上传，可能是 SELinux 阻止了上传，可以使用命令 setenforce 0 临时禁用 SELinux。

5．实名 FTP 设置

除配置匿名 FTP 服务之外，vsftp 还可以配置实名 FTP 服务器，以便实现更精确的权限控制。实名需要的用户认证信息位于/etc/vsftpd/目录下，vsftpd.conf 也位于此目录，用户启动时可以单独指定其他的配置文件，示例 11-15 中 FTP 认证采用虚拟用户认证。

【示例 11-15】

```
#编辑配置文件/etc/vsftpd/vsftpd.conf，配置如下
[root@localhost ~]# cat /etc/vsftpd.conf
listen=YES
#绑定本机 IP
listen_address=192.168.10.10
#禁止匿名用户登录
anonymous_enable=NO
anon_upload_enable=NO
anon_mkdir_write_enable=NO
anon_other_write_enable=NO
#不允许 FTP 用户离开自己的主目录
chroot_list_enable=NO
#虚拟用户列表，每行一个用户名
chroot_list_file=/etc/vsftpd.chroot_list
```

```
#允许本地用户访问，默认为 YES
local_enable=YES
#允许写入
write_enable=YES
allow_writeable_chroot=YES
#上传后的文件默认的权限掩码
local_umask=022
#禁止本地用户离开自己的FTP主目录
chroot_local_user=YES
#权限验证需要的加密文件
pam_service_name=vsftpd.vu
#开启虚拟用户的功能
guest_enable=YES
#虚拟用户的宿主目录
guest_username=ftp
#用户登录后操作主目录和本地用户具有同样的权限
virtual_use_local_privs=YES
#虚拟用户主目录设置文件
user_config_dir=/etc/vsftpd/vconf
#编辑/etc/vsftpd.chroot_list，每行一个用户名
[root@localhost ~]# cat /etc/vsftpd.chroot_list
user1
user2
#增加用户并指定主目录
[root@localhost ~]# mkdir -p /data/{user1,user2}
[root@localhost ~]#  chmod -R 775 /data/user1 /data/user2
#设置用户名密码数据库
[root@localhost ~]# echo -e "user1\npass1\nuser2\npass2">/etc/vsftpd/vusers.list
[root@localhost ~]#  cd /etc/vsftpd
[root@localhost vsftpd]#  db_load -T -t hash -f vusers.list  vusers.db
[root@localhost vsftpd]#  chmod 600 vusers.*
#指定认证方式
[root@localhost vsftpd]#  echo -e "#%PAM-1.0\n\nauth   required   pam_userdb.so   db=/etc/vsftpd/vusers\naccount   required   pam_userdb.so db=/etc/vsftpd/vusers">/etc/pam.d/vsftpd.vu
[root@localhost vsftpd]# mkdir vconf
[root@localhost vsftpd]# cd vconf/
[root@localhost vconf]# cd /etc/vsftpd/vconf
```

```
[root@localhost vconf]# ls
user1  user2
#编辑对用户的用户名文件，指定主目录
[root@localhost vconf]# cat user1
local_root=/data/user1
[root@localhost vconf]# cat user2
local_root=/data/user2
#创建标识文件
[root@localhost vconf]# touch /data/user1/user1
[root@localhost vconf]# touch /data/user2/user2
[root@localhost ~]# ftp 192.168.10.10
Connected to 192.168.10.10 (192.168.10.10).
220 (vsFTPd 3.0.2)
#输入用户名和密码
Name (192.168.10.10:root): user1
331 Please specify the password.
#user1的密码为之前设置的pass1
Password:
230 Login successful.
Remote system type is UNIX.
Using binary mode to transfer files.
#查看文件
ftp> ls
227 Entering Passive Mode (192,168,10,10,129,165).
150 Here comes the directory listing.
drwxr-xr-x    2 14       100            32 Apr 16 13:49 pub
226 Directory send OK.
ftp> quit
221 Goodbye.
[root@localhost ~]# ftp 192.168.10.10
Connected to 192.168.10.10 (192.168.10.10).
220 (vsFTPd 3.0.2)
Name (192.168.10.10:root): user2
331 Please specify the password.
#user2的密码为pass2
Password:
230 Login successful.
Remote system type is UNIX.
Using binary mode to transfer files.
```

```
ftp> ls
227 Entering Passive Mode (192,168,10,10,164,166).
150 Here comes the directory listing.
-rwxrwxrwx    1 0        0               0 Apr 16 14:08 user2
226 Directory send OK.
#上传文件测试
ftp> put vsftpd-3.0.2.tar.gz
local: vsftpd-3.0.2.tar.gz remote: vsftpd-3.0.2.tar.gz
227 Entering Passive Mode (192,168,10,10,175,188).
150 Ok to send data.
226 Transfer complete.
192808 bytes sent in 0.0382 secs (5052.36 Kbytes/sec)
ftp> quit
221 Goodbye.
```

vsftp 可以指定某些用户不能登录 ftp 服务器、支持 SSL 连接、限制用户上传速率等，更多配置可参考帮助文档。

11.3.3　proftpd 的安装与配置

proftpd 为开放源码的 FTP 软件，其配置与 Apache 类似，相对于 wu-ftpd，其在安全性和可伸缩性等方面都有很大的提高。

1．安装 proftpd

最新的源码可以在 http://www.proftpd.org/ 获取，最新版本为 1.3.6，本节采用源码安装的方式安装，安装过程如示例 11-16 所示。

【示例 11-16】

```
#使用源码安装
#下载源码包
[root@localhost                       soft]#                              wget
ftp://ftp.proftpd.org/distrib/source/proftpd-1.3.5b.tar.gz
  --2016-04-16                                                   22:46:29--
ftp://ftp.proftpd.org/distrib/source/proftpd-1.3.5b.tar.gz
          => 'proftpd-1.3.5b.tar.gz'
Resolving ftp.proftpd.org (ftp.proftpd.org)... 86.59.114.198
Connecting to ftp.proftpd.org (ftp.proftpd.org)|86.59.114.198|:21... connected.
Logging in as anonymous ... Logged in!
==> SYST ... done.    ==> PWD ... done.
```

```
==> TYPE I ... done.  ==> CWD (1) /distrib/source ... done.
==> SIZE proftpd-1.3.5b.tar.gz ... 29992107
==> PASV ... done.    ==> RETR proftpd-1.3.5b.tar.gz ... done.
Length: 29992107 (29M) (unauthoritative)

100%[===========================================>] 29,992,107    335KB/s   in 24m 54s

2016-04-16 23:26:43 (0.00 B/s) - 'proftpd-1.3.5b.tar.gz' saved [29992107]
[root@localhost soft]# tar xvf proftpd-1.3.5b.tar.gz
[root@localhost soft]# cd proftpd-1.3.5b/
[root@localhost proftpd-1.3.5b]#
[root@localhost proftpd-1.3.5b]# ./configure --prefix=/usr/local/proftp
[root@localhost proftpd-1.3.5b]# make
[root@localhost proftpd-1.3.5b]# make install
#安装完毕后主要的目录
[root@localhost proftpd-1.3.5b]# cd /usr/local/proftp/
[root@localhost proftp]# ls
bin etc include lib libexec sbin share var
```

2．匿名FTP设置

根据上面的安装路径，配置文件默认位置在/usr/local/proftp/etc/proftpd.conf。允许匿名用户访问并上传文件的配置，如示例 11-17 所示。

【示例 11-17】

```
#将默认目录赋予用户ftp权限以便上传文件
[root@localhost soft]# chown -R ftp.users /var/ftp/
[root@localhost soft]# cat /usr/local/proftp/etc/proftpd.conf
ServerName                      "ProFTPD Default Installation"
ServerType                      standalone
DefaultServer                   on
Port                            21
Umask                           022
#最大实例数
MaxInstances                    30
#FTP启动后将切换到此用户和组运行
User    myftp
Group   myftp
```

```
AllowOverwrite            on
#匿名服务器配置
<Anonymous ~>
  User                    ftp
  Group                   ftp
  UserAlias               anonymous ftp
  MaxClients              10
#权限控制，设置可写
  <Limit WRITE>
    AllowAll
  </Limit>
</Anonymous>
```

3. 启动 FTP 服务

启动 FTP 服务的过程如示例 11-18 所示。

【示例 11-18】

```
#添加用户并启动 proftpd
[root@localhost soft]# useradd myftp
[root@localhost soft]# /usr/local/proftp/sbin/proftpd
#关闭 SELinux
[root@localhost soft]# setenforce 0
#检查是否启动成功
[root@localhost soft]# ps -ef | grep proftpd
myftp    12401    1  0 22:24 ?        00:00:00 proftpd: (accepting connections)
```

4. 匿名用户登录测试

匿名用户登录测试的过程如示例 11-19 所示。

【示例 11-19】

```
#登录 ftp
[root@localhost soft]# ftp 192.168.10.10
Connected to 192.168.10.10 (192.168.10.10).
220 ProFTPD 1.3.5b Server (ProFTPD Default Installation) [::ffff:192.168.10.10]
Name (192.168.10.10:root): anonymous
331 Anonymous login ok, send your complete email address as your password
Password:
230 Anonymous access granted, restrictions apply
Remote system type is UNIX.
Using binary mode to transfer files.
```

```
ftp> ls
227 Entering Passive Mode (192,168,10,10,183,94).
150 Opening ASCII mode data connection for file list
drwxr-xr-x   3 ftp      users          45 Apr 17 14:22 pub
226 Transfer complete
ftp> put proftpd-1.3.5b.tar.gz
local: proftpd-1.3.5b.tar.gz remote: proftpd-1.3.5b.tar.gz
227 Entering Passive Mode (192,168,10,10,236,23).
150 Opening BINARY mode data connection for proftpd-1.3.5b.tar.gz
226 Transfer complete
29992107 bytes sent in 0.067 secs (447723.62 Kbytes/sec)
ftp> ls
227 Entering Passive Mode (192,168,10,10,166,185).
150 Opening ASCII mode data connection for file list
-rw-r--r--   1 ftp      ftp      29992107 Apr 17 14:24 proftpd-1.3.5b.tar.gz
drwxr-xr-x   3 ftp      users          45 Apr 17 14:22 pub
226 Transfer complete
ftp> quit
221 Goodbye.
#查看上传后的文件信息，文件属于ftp用户
[root@localhost soft]# ls -l /var/ftp/
total 29292
-rw-r--r--. 1 ftp ftp  29992107 Apr 17 22:24 proftpd-1.3.5b.tar.gz
```

5．实名FTP设置

除配置匿名FTP服务之外，proftpd还可以配置实名FTP服务器，以便实现更精确的权限控制。比如登录权限、读写权限，并可以针对每个用户单独控制，配置过程如示例11-20所示，本示例用户认证方式为Shell系统用户认证。

【示例11-20】

```
#登录使用系统用户验证
#先添加用户并设置登录密码
[root@localhost soft]# useradd -d /data/user1 -m user1
[root@localhost soft]# useradd -d /data/user2 -m user2
[root@localhost soft]# passwd user1
Changing password for user user1.
New password:
Retype new password:
passwd: all authentication tokens updated successfully.
```

```
[root@localhost soft]# passwd user2
Changing password for user user2.
New password:
Retype new password:
passwd: all authentication tokens updated successfully.
```
#编辑配置文件，增加以下配置
```
[root@localhost soft]# cat    /usr/local/proftp/etc/proftpd.conf
```
#部分内容省略
```
<VirtualHost 192.168.10.10>
    DefaultRoot           /data/guest
    AllowOverwrite        no
    <Limit STOR MKD RETR >
        AllowAll
    </Limit>
    <Limit DIRS WRITE READ DELE RMD>
        AllowUser user1 user2
        DenyAll
    </Limit>
</VirtualHost>
```
#启动
```
[root@localhost soft]# /usr/local/proftp/sbin/proftpd
[root@localhost soft]# mkdir /data/guest
[root@localhost soft]# chmod -R 777 /data/guest/
[root@localhost soft]# ftp 192.168.10.10
Connected to 192.168.10.10 (192.168.10.10).
```
#输入用户名和密码
```
220 ProFTPD 1.3.5b Server (ProFTPD Default Installation) [::ffff:192.168.10.10]
Name (192.168.10.10:root): user1
331 Password required for user1
Password:
230 User user1 logged in
Remote system type is UNIX.
Using binary mode to transfer files.
```
#上传文件测试
```
ftp> put proftpd-1.3.5b.tar.gz
local: proftpd-1.3.5b.tar.gz remote: proftpd-1.3.5b.tar.gz
227 Entering Passive Mode (192,168,10,10,185,71).
150 Opening BINARY mode data connection for proftpd-1.3.5b.tar.gz
226 Transfer complete
```

```
29992107 bytes sent in 0.0957 secs (313501.98 Kbytes/sec)
#查看上传的文件
ftp> ls
227 Entering Passive Mode (192,168,10,10,144,84).
150 Opening ASCII mode data connection for file list
-rw-r--r--   1 user1    user1    29992107 Apr 17 14:33 proftpd-1.3.5b.tar.gz
226 Transfer complete
ftp> quit
221 Goodbye.
```

proftpd 设置文件中使用原始的 FTP 指令实现更细粒度的权限控制，可以针对每个用户设置单独的权限，常见的 FTP 命令集如下。

- ALL 表示所有指令，但不包含 LOGIN 指令。
- DIRS 包含 CDUP、CWD、LIST、MDTM、MLSD、MLST、NLST、PWD、RNFR、STAT、XCUP、XCWD、XPWD 指令集。
- LOGIN 包含客户端登录指令集。
- READ 包含 RETR、SIZE 指令集。
- WRITE 包含 APPE、DELE、MKD、RMD、RNTO、STOR、STOU、XMKD、XRMD 指令集，每个指令集的具体作用可参考帮助文档。

以上示例为使用当前的系统用户登录 FTP 服务器，为避免安全风险，proftpd 的权限可以和 MySQL 相结合以实现更丰富的功能，更多配置可参考帮助文档。

11.3.4 如何设置 FTP 才能实现文件上传

FTP 的登录方式可分为系统用户和虚拟用户。

- 系统用户是指使用当前 Shell 中的系统用户登录 FTP 服务器，用户登录后对于主目录具有和 Shell 中相同的权限，目录权限可以通过 chmod 和 chown 命令设置。
- 虚拟用户的特点是只能访问服务器为其提供的 FTP 服务，而不能访问系统的其他资源。所以，如果想让用户对 FTP 服务器站内具有写权限，但又不允许访问系统其他资源，可以使用虚拟用户来提高系统的安全性。在 vsftp 中，认证这些虚拟用户使用的是单独的口令库文件（pam_userdb），由可插入认证模块（PAM）认证。使用这种方式更加安全，并且配置更加灵活。

11.4 小结

本章介绍了 NFS 的原理及其配置过程。NFS 主要用于需要数据一致性的场合，比如 Apache 服务可能需要共同的存储服务，而前端的 Apache 接入则可能有多台服务器，通过 NFS 用户可以将一份数据挂载到多台机器上，这时客户端看到的数据将是一致的，如需修改则修改一份数据即可。

Samba 常用于 Linux 和 Windows 中的文件共享，本章介绍了 Samba 的原理及其配置过程。通过 Samba，开发者可以在 Windows 中方便地编辑 Linux 系统的文件，通过利用 Windows 中强大的编辑工具可以大大提高开发者的效率。

11.5 习题

一、填空题

1．NFS 服务由 5 个后台进程组成，分别是_____、_____、_____、_____和_____。

2．Windows 与 Linux 之间的文件共享可以采用多种方式，常用的是_____和_____。

3．要安装 samba 服务器，可以采用两种方法：_____和_____。

二、选择题

关于 FTP 描述不正确的是（　　）。
A. FTP 使用两个端口，一个数据端口和一个命令端口
B. FTP 的登录方式可分为系统用户和普通用户
C. FTP 是仅基于 TCP 的服务，不支持 UDP
D. FTP 已经成为计算机网络上文件共享的一个标准

第 12 章
搭建MySQL服务

MySQL 是一个关系型数据库管理系统,是目前使用最多的开放源代码的免费数据库软件。无论是在 Linux 平台,还是在 Windows 平台,都有很多中小企业用它来存储和管理数据。但自从 MySQL 被 Oracle 收购之后,业界开始担心 MySQL 有被闭源的风险,于是 MariaDB 便诞生了,自诞生后许多 Linux 发行版和互联网公司都选择使用 MariaDB,本章将介绍如何搭建 MariaDB。

本章主要涉及的知识点有:

- MariaDB 的安装与配置
- MariaDB 的存储引擎
- MariaDB 的权限管理、日志管理、备份与恢复
- MariaDB 的复制功能

12.1 MariaDB 简介

MySQL 是世界上最流行的开源数据库,源码公开意味着任何开发者只要遵守 GPL 协议都可以对 MySQL 的源码使用或修改。MySQL 可以支持多种平台。从小型的 Web 应用到大型企业的应用,MySQL 都能经济有效地支撑。

MySQL 虽然是免费的,但同其他商业数据库一样,也具有数据库系统的通用性,提供了数据的存取、增加、修改、删除或更加复杂的数据操作。同时 MySQL 是关系型数据库系统,支持标准的结构化查询语言,同时 MySQL 为客户端提供了不同的程序接口和链接库,如 C、C++、Java、PHP 等。

这一系列优点使得 MySQL 成为最受欢迎的开源软件之一。2011 年 Oracle 收购了 Sun Microsystems 从而将 MySQL 也一并收归旗下,虽然 Oracle 并没有中止 MySQL 项目。但从 MySQL 项目的后继开发进程来看,MySQL 存在巨大的闭源风险。开源社区采用分支的方式避免这种风险,于是建立了 MySQL 的新分支 MariaDB。

MariaDB 继承了 MySQL 的所有特点,并且二者之间在许多功能上也是兼容的,同时 MariaDB 还进行了大量的改进。

12.2 MariaDB 服务的安装与配置

MariaDB 可以支持多种平台，如 Windows、UNIX、FreeBSD 或其他 Linux 系统。MariaDB 如何安装、如何配置，MariaDB 有哪些启动方式，MariaDB 服务如何停止，要了解这些知识，就要阅读本节的内容。

12.2.1 MariaDB 概述

MariaDB 有两个系列的版本，一个是 5.x 版，由于 MariaDB 的历史原因，需要与 MySQL 保持兼容，因此这个版本在接口上与 MySQL 是相通的。第二个是自 2012 年开始发行的 10.x 版，10.0.x 以 MySQL 5.5 为基础，加上来自 5.6 版中的功能及自行开发的新功能组合而成。现实的情况是，自 10.x 版开始，MariaDB 将慢慢彻底与 MySQL 分道扬镳，从而形成一套新的开源数据库产品。

从性能方面看，虽然 MySQL 有 Oracle 作为后盾，但由于不接受外界开发人员的参与等因素影响，无论是版本更新速度还是性能和功能方面都要弱于 MariaDB。

MySQL 的版本命名机制与 MySQL 相似，版本号由数字和一个后缀组成，如 MariaDB-5.1.71 版本号的解释如下。

- 第 1 个数字 5 是主版本号，相同主版本号具有相同的文件格式。
- 第 2 个数字 1 是发行级别，主版本号和发行级别组合到一起便构成了发行序列号。
- 第 3 个数字 71 是在此发行系列的版本号，随每个新分发版本递增。

同时版本号可能包含后缀，如 alpha、beta 和 rc。

alpha 表明发行包含大量未被彻底测试的新代码，包含新功能，一般作为新功能体验使用。beta 意味着该版本功能是完整的，并且所有的新代码被测试，没有增加重要的新特征，没有已知的缺陷。rc 是发布版本，表示一个发行了一段时间的 beta 版本，运行正常，只增加了很少的修复。如果没有后缀，这意味着该版本已经在很多地方运行一段时间了，而且没有非平台特定的缺陷报告，可以认为是稳定版。

12.2.2 MariaDB rpm 包安装

MariaDB 的安装可以通过源码或 rpm 包安装，如果要避免编译源代码的复杂配置，可以使用 rpm 包安装，MariaDB 安装包的主要文件及安装过程如示例 12-1 所示。

【示例 12-1】

```
#RHEL 7中默认提供的是5.5版，因此许多工具仍以mysql命名，这是为了保证兼容性
```

```
[root@localhost Packages]# ls mariadb-*
#主要包含 MariaDB 客户端的一些工具,如 mysql、mysqlbinlog 等
mariadb-5.5.44-2.el7.x86_64.rpm
#MariaDB 开发包,包含了 MariaDB 开发需要的一些头文件
mariadb-devel-5.5.44-2.el7.x86_64.rpm
#主要包含 MariaDB 开发时需要的库文件
mariadb-libs-5.5.44-2.el7.x86_64.rpm
#MariaDB 服务端,如 mysqld_safe、mysqld 等
mariadb-server-5.5.44-2.el7.x86_64.rpm
#使用 rpm 安装 MariaDB
#先安装依赖包
[root@localhost Packages]# rpm -ivh perl-Compress-Raw-Bzip2-2.061-3.el7.x86_64.rpm
Preparing...                          ################################# [100%]
Updating / installing...
   1:perl-Compress-Raw-Bzip2-2.061-3.e################################# [100%]
[root@localhost Packages]# rpm -ivh perl-Compress-Raw-Zlib-2.061-4.el7.x86_64.rpm
Preparing...                          ################################# [100%]
Updating / installing...
   1:perl-Compress-Raw-Zlib-1:2.061-4.################################# [100%]
[root@localhost Packages]# rpm -ivh perl-DBD-MySQL-4.023-5.el7.x86_64.rpm perl-DBI-1.627-4.el7.x86_64.rpm perl-Data-Dumper-2.145-3.el7.x86_64.rpm perl-IO-Compress-2.061-2.el7.noarch.rpm perl-Net-Daemon-0.48-5.el7.noarch.rpm perl-PlRPC-0.2020-14.el7.noarch.rpm
Preparing...                          ################################# [100%]
Updating / installing...
   1:perl-Net-Daemon-0.48-5.el7       ################################# [ 17%]
   2:perl-IO-Compress-2.061-2.el7     ################################# [ 33%]
   3:perl-PlRPC-0.2020-14.el7         ################################# [ 50%]
   4:perl-Data-Dumper-2.145-3.el7     ################################# [ 67%]
   5:perl-DBI-1.627-4.el7             ################################# [ 83%]
   6:perl-DBD-MySQL-4.023-5.el7       ################################# [100%]
#安装 MariaDB
[root@localhost Packages]# rpm -ivh mariadb-server-5.5.44-2.el7.x86_64.rpm mariadb-5.5.44-2.el7.x86_64.rpm
Preparing...                          ################################# [100%]
Updating / installing...
   1:mariadb-1:5.5.44-2.el7           ################################# [ 50%]
```

```
    2:mariadb-server-1:5.5.44-2.el7      ################################# [100%]
#查看安装后的文件路径
[root@localhost Packages]# which mysql mysqld_safe mysqlbinlog mysqldump
/usr/bin/mysql
/usr/bin/mysqld_safe
/usr/bin/mysqlbinlog
/usr/bin/mysqldump
#控制单元文件
[root@localhost Packages]# ls /usr/lib/systemd/system/mariadb.service
/usr/lib/systemd/system/mariadb.service
```

如需查看每个安装包包含的详细文件列表，可以使用"rpm -qpl 包名"查看，该命令列出了当前 rpm 包的文件列表及安装位置。安装过程中如果提示依赖关系，一般可以从操作系统安装盘中找到，如示例 12-2 所示。

【示例 12-2】

```
[root@localhost Packages]# rpm -ivh mariadb-server-5.5.44-2.el7.x86_64.rpm
error: Failed dependencies:
    mariadb(x86-64) = 1:5.5.44-2.el7 is needed by mariadb-server-1:5.5.44-2.el7.x86_64
    perl(DBI) is needed by mariadb-server-1:5.5.44-2.el7.x86_64
    perl(Data::Dumper) is needed by mariadb-server-1:5.5.44-2.el7.x86_64
    perl-DBD-MySQL is needed by mariadb-server-1:5.5.44-2.el7.x86_64
    perl-DBI is needed by mariadb-server-1:5.5.44-2.el7.x86_64
#在操作系统安装盘中找到并安装
[root@localhost Packages]# rpm -ivh perl-DBI-1.627-4.el7.x86_64.rpm
perl-DBD-MySQL-4.023-5.el7.x86_64.rpm    perl-Data-Dumper-2.145-3.el7.x86_64.rpm
perl-PlRPC-0.2020-14.el7.noarch.rpm      perl-Net-Daemon-0.48-5.el7.noarch.rpm
perl-IO-Compress-2.061-2.el7.noarch.rpm
Preparing...                            ################################# [100%]
Updating / installing...
  1:perl-IO-Compress-2.061-2.el7         ################################# [ 17%]
  2:perl-Net-Daemon-0.48-5.el7           ################################# [ 33%]
  3:perl-PlRPC-0.2020-14.el7             ################################# [ 50%]
  4:perl-Data-Dumper-2.145-3.el7         ################################# [ 67%]
  5:perl-DBI-1.627-4.el7                 ################################# [ 83%]
  6:perl-DBD-MySQL-4.023-5.el7           ################################# [100%]
```

安装 mariadb-server-5.5.44-2.el7.x86_64.rpm 时提示依赖的 perl-DBD-MySQL、perl-DBI 等软件包没有安装，从安装盘中一一找到并安装后，mariadb-server-5.5.44-2.el7.x86_64.rpm 顺利完成安

装，其他依赖关系可参考此方法。经过上述过程，使用 rpm 包安装 MySQL 已经完成，安装的二进制文件一般位于/usr/bin 目录。

12.2.3　MariaDB 源码安装

用户可以从 https://mariadb.org/download/ 下载最新稳定版的源代码，下面说明 MariaDB 的编译安装过程，其他版本的安装过程类似，如示例 12-3 所示。

【示例 12-3】

```
#依赖安装
#安装需要使用cmake
[root@localhost soft]# wget http://www.cmake.org/files/v2.8/cmake-2.8.5.tar.gz
--2016-04-20 17:02:49--  https://cmake.org/files/v2.8/cmake-2.8.5.tar.gz
Connecting to cmake.org (cmake.org)|66.194.253.19|:443... connected.
HTTP request sent, awaiting response... 200 OK
Length: 5517977 (5.3M) [application/x-gzip]
Saving to: 'cmake-2.8.5.tar.gz'

100%[=====================================>] 5,517,977   63.6KB/s   in 2m 43s

2016-04-20 17:05:35 (33.0 KB/s) - 'cmake-2.8.5.tar.gz' saved [5517977/5517977]
[root@localhost soft]# tar xvf cmake-2.8.5.tar.gz
[root@localhost soft]# cd cmake-2.8.5/
[root@localhost cmake-2.8.5]# ./configure
[root@localhost cmake-2.8.5]# gmake
[root@localhost cmake-2.8.5]# make install
#安装依赖包
[root@localhost Packages]# rpm -ivh ncurses-devel-5.9-13.20130511.el7.x86_64.rpm
Preparing...                          ################################# [100%]
Updating / installing...
   1:ncurses-devel-5.9-13.20130511.el7################################# [100%]
#接下来可以开始安装mariadb
#下载源码
[root@localhost soft]# wget http://archive.mariadb.org//mariadb-5.5.44/source/mariadb-5.5.44.tar.gz
--2016-04-20 15:35:25--  http://archive.mariadb.org//mariadb-5.5.44/source/mariadb-5.5.44.tar.gz
Resolving archive.mariadb.org (archive.mariadb.org)... 194.136.193.154
Connecting to archive.mariadb.org (archive.mariadb.org)|194.136.193.154|:80...
```

```
connected.
    HTTP request sent, awaiting response... 200 OK
    Length: 45672065 (44M) [application/x-gzip]
    Saving to: 'mariadb-5.5.44.tar.gz'


    100%[=====================================>] 45,672,065  4.81KB/s   in 3h 8m


    2016-04-20   18:44:22   (3.94   KB/s)   -   'mariadb-5.5.44.tar.gz'   saved
[45672065/45672065]
#解压源码
[root@localhost soft]# tar xvf mariadb-5.5.44.tar.gz
[root@localhost soft]# cd mariadb-5.5.44/
#使用cmake配置
[root@localhost mariadb-5.5.44]# cmake -DDEFAULT_CHARSET=utf8 \
> -DDEFAULT_COLLATION=utf8_general_ci \
> -DWITH_EXTRA_CHARSETS:STRING=utf8,gbk \
> -DMYSQL_TCP_PORT=3306
#编译大约需要花费5-10分钟
[root@localhost mariadb-5.5.44]# make
[root@localhost mariadb-5.5.44]# make install
```

默认情况下 MariaDB 会安装到/usr/local/mysql 目录下，-DDEFAULT_CHARSET=utf8 表示字符编码方式，-DDEFAULT_COLLATION=utf8_general_ci 表示默认排序规则，-DWITH_EXTRA_CHARSETS:STRING=utf8,gbk 是让 MariaDB 数据库可以支持更多的字符集，-DMYSQL_TCP_PORT=3306 表示监听端口为 3306。

安装过程中如果提示 "C++ not found"，可使用以下方法安装，如示例 12-4 所示。

【示例 12-4】

```
#首先挂载完光驱，然后执行以下操作
[root@localhost Packages]# rpm -ivh libstdc++-devel-4.8.5-4.el7.x86_64.rpm
Preparing...                 ################################# [100%]
Updating / installing...
   1:libstdc++-devel-4.8.5-4.el7    ################################# [100%]
[root@localhost Packages]# rpm -ivh gcc-c++-4.8.5-4.el7.x86_64.rpm
Preparing...                 ################################# [100%]
Updating / installing...
   1:gcc-c++-4.8.5-4.el7       ################################# [100%]
```

12.2.4 MariaDB 程序介绍

MariaDB 版本中提供了几种类型的命令行程序，主要有以下几类。

（1）MariaDB 服务器和服务器启动脚本

- mysqld 是 MariaDB 服务器主程序
- mysqld_safe、mysql.server 和 mysqld_multi 是服务器启动脚本
- mysql_install_db 是初始化数据目录和初始数据库
- /usr/lib/systemd/system/mariadb.service 是服务启停单元

（2）访问服务器的客户程序

- mysql 是一个命令行客户程序，用于交互式或以批处理模式执行 SQL 语句
- mysqladmin 是用于管理功能的客户程序
- mysqlcheck 执行表维护操作
- mysqldump 和 mysqlhotcopy 负责数据库备份
- mysqlimport 导入数据文件
- mysqlshow 显示信息数据库和表的相关信息
- mysqldumpslow 分析慢查询日志的工具

（3）独立于服务器操作的工具程序

- myisamchk 执行表维护操作
- myisampack 产生压缩、只读的表
- mysqlbinlog 是查看二进制日志文件的实用工具
- perror 显示错误代码的含义

除了上面介绍的这些随 MariaDB 一起发布的命令行工具外，还有一些 GUI 工具，需单独下载使用。

12.2.5 MariaDB 配置文件介绍

如果使用 rpm 包安装，MariaDB 的配置文件位于/etc/my.cnf，MariaDB 配置文件的搜索顺序可以使用以下命令查看，如示例 12-5 所示。

【示例 12-5】

```
[root@localhost ~]# /usr/libexec/mysqld --help --verbose | grep -B1 -i "my.cnf"
Default options are read from the following files in the given order:
/etc/mysql/my.cnf /etc/my.cnf ~/.my.cnf
```

上述示例结果表示该版本的 MariaDB 搜索配置文件的路径依次为/etc/mysql/my.cnf、

/etc/my.cnf 和~/.my.cnf。为便于管理，在只有一个 MariaDB 实例的情况下一般将配置文件部署在 /etc/my.cnf。

如果使用源码包安装，如安装在 /usr/local/mysql，一些参考配置文件可以位于 /usr/local/mysql/share/mysql 目录下，MariaDB 配置文件常用选项（mysqld 选项段）说明如表 12.1 所示。

表 12.1　MariaDB 配置文件常用参数说明

参数	说明
bind-address	MariaDB 实例启动后绑定的 IP
port	MariaDB 实例启动后监听的端口
socket	本地 socket 方式登录 MariaDB 时的 socket 文件路径
datadir	MariaDB 数据库相关的数据文件主目录
tmpdir	MariaDB 保存临时文件的路径
skip-external-locking	跳过外部锁定
back_log	在 MariaDB 的连接请求等待队列中允许存放的最大连接数
character-set-server	MariaDB 默认字符集
key_buffer_size	索引缓冲区，决定了 myisam 数据库索引处理的速度
max_connections	MariaDB 允许的最大链接数
max_connect_errors	客户端连接指定次数后，服务器将屏蔽该主机的连接
table_cache	设置表高速缓存的数量
max_allowed_packet	网络传输中，一次消息传输量的最大值
binlog_cache_size	在事务过程中容纳二进制日志 SQL 语句的缓存大小
sort_buffer_size	用来完成排序操作的线程使用的缓冲区大小
join_buffer_size	将为两个表之间的每个完全连接分配连接缓冲区
thread_cache_size	线程缓冲区所能容纳的最大线程个数
thread_concurrency	限制了一次有多少线程能进入内核
query_cache_size	为缓存查询结果分配的内存数量
query_cache_limit	如果查询结果超过此参数设置的大小将不进行缓存
ft_min_word_len	加入索引的词的最小长度
thread_stack	每个连接创建时分配的内存
transaction_isolation	MariaDB 数据库事务隔离级别
tmp_table_size	临时表的最大大小
net_buffer_length	服务器和客户之间通信所使用的缓冲区长度
read_buffer_size	对数据表作顺序读取时分配的 MariaDB 读入缓冲区大小
read_rnd_buffer_size	MariaDB 的随机读缓冲区大小
max_heap_table_size	HEAP 表允许的最大值
default-storage-engine	MariaDB 创建表时默认的字符集
log-bin	MariaDB 二进制文件 binlog 的路径和文件名
server-id	主从同步时标识唯一的 MariaDB 实例
slow_query_log	是否开启慢查询，为 1 表示开启
long_query_time	超过此值则认为是慢查询，记录到慢查询日志

(续表)

参数	说明
log-queries-not-using-indexes	若 SQL 语句没有使用索引，则将 SQL 语句记录到慢查询日志中
expire-logs-days	MariaDB 二进制文件 binlog 保留的最长时间
replicate_wild_ignore_table	MariaDB 主从同步时忽略的表
replicate_wild_do_table	与 replicate_wild_ignore_table 相反，指定 MariaDB 主从同步时需要同步的表
innodb_data_home_dir	InnoDB 数据文件的目录
innodb_file_per_table	启用独立表空间
innodb_data_file_path	Innodb 数据文件位置
innodb_log_group_home_dir	用来存放 InnoDB 日志文件的目录路径
innodb_additional_mem_pool_size	InnoDB 存储的数据目录信息和其他内部数据结构的内存池大小
innodb_buffer_pool_size	InnoDB 存储引擎的表数据和索引数据的最大内存缓冲区大小
innodb_file_io_threads	I/O 操作的最大线程个数
innodb_thread_concurrency	Innodb 并发线程数
innodb_flush_log_at_trx_commit	Innodb 日志提交方式
innodb_log_buffer_size	InnoDB 日志缓冲区大小
innodb_log_file_size	InnoDB 日志文件大小
innodb_log_files_in_group	Innodb 日志个数
innodb_max_dirty_pages_pct	当内存中的脏页量达到 innodb_buffer_pool 的比例时，刷新脏页到磁盘
innodb_lock_wait_timeout	InnoDB 行锁导致的死锁等待时间
slave_compressed_protocol	主从同步时是否采用压缩传输 binlog
skip-name-resolve	跳过域名解析

 不同版本的配置文件参数略有不同，具体可参考官方网站的帮助文档。如果选项名称配置错误，MariaDB 将不能启动。

12.2.6 MariaDB 的启动与停止

MariaDB 服务可以通过多种方式启动，常见的是利用 MariaDB 提供的系统服务脚本启动，另外一种是通过命令行 mysqld_safe 启动。

1．通过系统服务启动与停止

如果使用 rpm 包安装，rpm 包会自动将 MariaDB 设置为系统服务，同时可以利用 systemctl start mariadb.service 查看 MariaDB 是否为系统服务，可以使用下面的命令，如示例 12-6 所示。

【12-6】
```
[root@localhost ~]# systemctl list-unit-files | grep mariadb
mariadb.service                           disabled
```

```
#查看系统启停单元
[root@localhost ~]# ls -l /usr/lib/systemd/system/mariadb.service
-rw-r--r--. 1 root root 1697 Sep 22  2015 /usr/lib/systemd/system/mariadb.service
```

 首先利用 systemctl list-unit-files 查看系统服务，显示结果为 disabled，表示 MariaDB 并没有设置为开机自动启动模式，可以通过 systemctl enable mariadb 命令将服务设置为开机自动启动。

经过上述步骤，MariaDB 成为系统服务并且开机自动启动，如需启动或停止 MariaDB，可以使用示例 12-7 中的命令。

【示例 12-7】

```
#安装完成后提供的默认配置文件
[root@localhost ~]# cat /etc/my.cnf
[mysqld]
datadir=/var/lib/mysql
socket=/var/lib/mysql/mysql.sock
# Disabling symbolic-links is recommended to prevent assorted security risks
symbolic-links=0
# Settings user and group are ignored when systemd is used.
# If you need to run mysqld under a different user or group,
# customize your systemd unit file for mariadb according to the
# instructions in http://fedoraproject.org/wiki/Systemd

[mysqld_safe]
log-error=/var/log/mariadb/mariadb.log
pid-file=/var/run/mariadb/mariadb.pid

#
# include all files from the config directory
#
!includedir /etc/my.cnf.d
#启动 MariaDB 服务
[root@localhost ~]# systemctl start mariadb.service
#查看 MariaDB 启动状态
[root@localhost ~]# systemctl status mariadb.service
* mariadb.service - MariaDB database server
   Loaded: loaded (/usr/lib/systemd/system/mariadb.service; enabled; vendor preset: disabled)
   Active: active (running) since Thu 2016-04-21 15:30:10 CST; 50s ago
```

```
   Process:  3675  ExecStartPost=/usr/libexec/mariadb-wait-ready  $MAINPID
(code=exited, status=0/SUCCESS)
   Process: 3596 ExecStartPre=/usr/libexec/mariadb-prepare-db-dir %n (code=exited,
status=0/SUCCESS)
  Main PID: 3674 (mysqld_safe)
    CGroup: /system.slice/mariadb.service
            |-3674 /bin/sh /usr/bin/mysqld_safe --basedir=/usr
            `-3832 /usr/libexec/mysqld --basedir=/usr --datadir=/var/lib/mysql
--...
```

#部分结果省略
#利用 ps 命令查看 MariaDB 服务相关进程

```
[root@localhost ~]# ps -ef | grep mysql
mysql       3674      1  0 15:29 ?        00:00:00 /bin/sh /usr/bin/mysqld_safe
--basedir=/usr
mysql       3832   3674  5 15:30 ?        00:00:05 /usr/libexec/mysqld
--basedir=/usr    --datadir=/var/lib/mysql    --plugin-dir=/usr/lib64/mysql/plugin
--log-error=/var/log/mariadb/mariadb.log  --pid-file=/var/run/mariadb/mariadb.pid
--socket=/var/lib/mysql/mysql.sock
```

#MariaDB 启动后默认的数据目录

```
[root@localhost ~]# ls -lh /var/lib/mysql/
total 37M
-rw-rw----. 1 mysql mysql  16K Apr 21 15:30 aria_log.00000001
-rw-rw----. 1 mysql mysql   52 Apr 21 15:30 aria_log_control
-rw-rw----. 1 mysql mysql 5.0M Apr 21 15:30 ib_logfile0
-rw-rw----. 1 mysql mysql 5.0M Apr 21 15:30 ib_logfile1
-rw-rw----. 1 mysql mysql  18M Apr 21 15:30 ibdata1
drwx------. 2 mysql mysql 4.0K Apr 21 15:29 mysql
srwxrwxrwx. 1 mysql mysql    0 Apr 21 15:30 mysql.sock
drwx------. 2 mysql mysql 4.0K Apr 21 15:29 performance_schema
drwx------. 2 mysql mysql    6 Apr 21 15:29 test
```

#登录测试

```
[root@localhost ~]# mysql -uroot
Welcome to the MariaDB monitor.  Commands end with ; or \g.
Your MariaDB connection id is 2
Server version: 5.5.44-MariaDB MariaDB Server

Copyright (c) 2000, 2015, Oracle, MariaDB Corporation Ab and others.

Type 'help;' or '\h' for help. Type '\c' to clear the current input statement.
```

```
MariaDB [(none)]> select version();
+-----------------+
| version()       |
+-----------------+
| 5.5.44-MariaDB  |
+-----------------+
1 row in set (0.00 sec)

MariaDB [(none)]> quit
Bye
#通过系统服务停止 MariaDB 服务
[root@localhost ~]# systemctl stop mariadb
[root@localhost ~]# systemctl status mariadb
* mariadb.service - MariaDB database server
   Loaded: loaded (/usr/lib/systemd/system/mariadb.service; enabled; vendor preset: disabled)
   Active: inactive (dead) since Thu 2016-04-21 15:34:36 CST; 17s ago
#部分结果省略
```

查看了通过 rpm 包安装后的配置文件内容，分别指定了 datadir、socket 和启动后以什么用户运行，然后利用系统服务启动 MariaDB，命令为 systemctl start mariadb，启动后利用 systemctl status mariadb 或 ps 命令查看 MariaDB 服务状态。同时 ps 命令显示了更多的信息。

 如果 MariaDB 服务后查看相关的数据目录和文件，除通过配置文件之外，还可以通过 ps 命令查看，如上述示例中的 datadir 位于/var/lib/mysql 目录下。

MariaDB 成功启动后就可以进行正常的操作了，初始化用户名为 root，密码为空。使用 mysql -uroot 可以成功登录 mysql。

如需停止 MariaDB，可以通过 systemctl stop mariadb 的方式停止 MariaDB。

2．利用 mysqld_safe 程序启动和停止 MariaDB 服务

如果同一系统中存在多个 MariaDB 实例，使用 MariaDB 提供的系统服务已经不能满足要求，这时可以通过 MariaDB 安装程序提供的 mysqld_safe 程序启动和停止 MariaDB 服务。

由于/var/lib/mysql 为 MariaDB 服务的默认数据目录，同时可以通过配置指定其他数据目录。假设 MariaDB 数据文件目录位于/data/mysql_data_3307，端口设置为 3307，示例 12-8 演示了设置启动和停止过程。

【示例 12-8】

```
[root@localhost ~]# mkdir -p /data/mysql_data_3307
[root@localhost ~]# chown -R mysql.mysql /data/mysql_data_3307
[root@localhost ~]# mysql_install_db --datadir=/data/mysql_data_3307 --user=mysql
Installing MariaDB/MySQL system tables in '/data/mysql_data_3307' ...
160421 15:38:17 [Note] /usr/libexec/mysqld (mysqld 5.5.44-MariaDB) starting as process 4052 ...
OK
Filling help tables...
160421 15:38:17 [Note] /usr/libexec/mysqld (mysqld 5.5.44-MariaDB) starting as process 4060 ...
OK
#部分结果省略
#查看系统表相关数据库
[root@localhost ~]# ls -lh /data/mysql_data_3307
total 28K
-rw-rw----. 1 mysql mysql  16K Apr 21 15:38 aria_log.00000001
-rw-rw----. 1 mysql mysql   52 Apr 21 15:38 aria_log_control
drwx------. 2 mysql root  4.0K Apr 21 15:38 mysql
drwx------. 2 mysql mysql 4.0K Apr 21 15:38 performance_schema
drwx------. 2 mysql root    6 Apr 21 15:38 test
[root@localhost ~]# mysqld_safe --datadir=/data/mysql_data_3307 --socket=/data/mysql_data_3307/mysql.sock --port=3307 --user=mysql &
[1] 4105
[root@localhost ~]# 160421 15:40:57 mysqld_safe Logging to '/var/log/mariadb/mariadb.log'.
160421 15:40:57 mysqld_safe Starting mysqld daemon with databases from /data/mysql_data_3307

[root@localhost ~]#
[root@localhost ~]# ps -ef | grep mysqld_safe
root      4105  2888  0 15:40 pts/0    00:00:00 /bin/sh /usr/bin/mysqld_safe --datadir=/data/mysql_data_3307 --socket=/data/mysql_data_3307/mysql.sock --port=3307 --user=mysql
[root@localhost ~]# netstat -plnt|grep 3307
tcp        0      0 0.0.0.0:3307            0.0.0.0:*               LISTEN      4284/mysqld
[root@localhost ~]# mysql -S /data/mysql_data_3307/mysql.sock -uroot
Welcome to the MariaDB monitor.  Commands end with ; or \g.
```

```
Your MariaDB connection id is 1
Server version: 5.5.44-MariaDB MariaDB Server

Copyright (c) 2000, 2015, Oracle, MariaDB Corporation Ab and others.

Type 'help;' or '\h' for help. Type '\c' to clear the current input statement.

MariaDB [(none)]> \s
--------------
mysql  Ver 15.1 Distrib 5.5.44-MariaDB, for Linux (x86_64) using readline 5.1

Connection id:          1
Current database:
Current user:           root@localhost
SSL:                    Not in use
Current pager:          stdout
Using outfile:          ''
Using delimiter:        ;
Server:                 MariaDB
Server version:         5.5.44-MariaDB MariaDB Server
Protocol version:       10
Connection:             Localhost via UNIX socket
Server characterset:    latin1
Db     characterset:    latin1
Client characterset:    latin1
Conn.  characterset:    latin1
UNIX socket:            /data/mysql_data_3307/mysql.sock
Uptime:                 2 min 30 sec

Threads: 1  Questions: 4  Slow queries: 0  Opens: 0  Flush tables: 2  Open tables: 26  Queries per second avg: 0.026
```

上述示例首先创建了启动 MariaDB 服务需要的数据目录/data/mysql_data_3307，创建完成后通过 chown 将目录权限赋予 mysql 用户和 mysql 用户组。

mysql_install_db 程序用于初始化 MariaDB 系统表，比如权限管理相关的 mysql.user 表等，初始化完成以后利用 mysqld_safe 程序启动，由于此示例并没有使用配置文件，需要设置的参数通过命令行参数指定，没有设置的参数则为默认值。

系统启动完成后可以通过本地 socket 方式登录，另外一种登录方式为 TCP 方式，这点将在下一节介绍，登录命令为 "mysql -S /data/mysql_data_3307/mysql.sock -uroot"。登录完成后第 1 行为欢迎信息，第 2 行显示了 MariaDB 服务给当前连接分配的连接 ID，ID 用于标识唯一的连接。接着显示的为 MariaDB 版本信息，然后是版权声明。同时给出了查看系统帮助的方法。"\s" 命令显示了 MariaDB 服务的基本信息，如字符集、启动时间、查询数量、打开表的数量等，更多的信息可以查阅 MariaDB 帮助文档。

以上示例演示了如何通过 mysqld_safe 命令启动 MariaDB 服务，如需停止，可以使用示例 12-9 中的方法。

【示例 12-9】

```
[root@localhost ~]# mysqladmin -S /data/mysql_data_3307/mysql.sock -uroot shutdown
 160421 15:45:53 mysqld_safe mysqld from pid file /var/run/mariadb/mariadb.pid ended
[1]+  Done                    mysqld_safe --datadir=/data/mysql_data_3307 --socket=/data/mysql_data_3307/mysql.sock --port=3307 --user=mysql
```

通过命令 mysqladmin 可以方便地控制 MariaDB 服务的停止。同时 mysqladmin 支持更多的参数，比如查看系统变量信息、查看当前服务的连接等，更多信息可以通过 "mysqladmin --help" 命令查看。

除通过本地 socket 程序可以停止 MariaDB 服务外，还可以通过远程 TCP 停止 MariaDB 服务，前提为该账号具有 shutdown 权限，如示例 12-10 所示。

【示例 12-10】

```
[root@localhost ~]# mysql -S /data/mysql_data_3307/mysql.sock -uroot
MariaDB [(none)]> grant all on *.* to admin@172.16.45.114 identified by "pass123";
Query OK, 0 rows affected (0.00 sec)
[root@localhost ~]# mysqladmin -uadmin -ppass123 -h172.16.45.10 -P3307 shutdown
[root@localhost ~]#  160421 15:54:38 mysqld_safe mysqld from pid file /var/run/mariadb/mariadb.pid ended

[1]+  Done                    mysqld_safe --datadir=/data/mysql_data_3307 --socket=/data/mysql_data_3307/mysql.sock --port=3307 --user=mysql
[root@localhost ~]# mysql -S /data/mysql_data_3307/mysql.sock -uroot
ERROR 2002 (HY000): Can't connect to local MySQL server through socket '/data/mysql_data_3307/mysql.sock' (2)
```

由于具有 shutdown 等权限的用户可以远程停止 MariaDB 服务，因此日常应用中应该避免分配具有此权限的账户。

除通过命令行指定参数设置方法外，还可以指定配置文件，需要设置的参数都可以定义在文件中，使用配置文件启动和停止 MariaDB 服务的操作如示例 12-11 所示。

【示例 12-11】

```
[root@localhost mysql_data_3307]# cat -n my.cnf
   1  [mysqld]
   2  datadir = /data/mysql_data_3307
   3  socket = /data/mysql_data_3307/mysql.sock
   4  port = 3307
   5  user = mysql
[root@localhost mysql_data_3307]# mysqld_safe --defaults-file=/data/mysql_data_3307/my.cnf &
[1] 4712
[root@localhost mysql_data_3307]# 160421 15:57:38 mysqld_safe Logging to '/data/mysql_data_3307/localhost.localdomain.err'.
160421 15:57:38 mysqld_safe Starting mysqld daemon with databases from /data/mysql_data_3307
```

 如需禁止 MariaDB 服务自动搜寻配置文件，可使用参数"--defaults-file"指定配置文件位置，上述示例演示了通过配置文件的方法启动和停止 MariaDB 服务。

12.3 MariaDB 基本管理

本节主要从 MariaDB 登录方式、MariaDB 存储引擎选择方面介绍 MariaDB 的基本管理。

12.3.1 使用本地 socket 方式登录 MariaDB 服务器

登录 MariaDB 服务有两种方式，一种为本地的 socket 连接，只适用于本机登录本机；另一种为远程连接，是 TCP 连接，使用范围比较广泛，操作如示例 12-12 所示。

【示例 12-12】

```
#如果直接使用mysql命令，首先会查找本地的mysql.sock文件
[root@localhost ~]# mysql
```

```
ERROR 2002 (HY000): Can't connect to local MySQL server through socket
'/var/lib/mysql/mysql.sock' (2)
  #查找mysql.sock
  [root@localhost ~]# ps -ef |grep mysql
  mysql      5099      1  0 16:05 ?        00:00:00 /bin/sh /usr/bin/mysqld_safe
--basedir=/usr
  mysql      5256   5099  0 16:05 ?        00:00:00 /usr/libexec/mysqld
--basedir=/usr     --datadir=/var/lib/mysql     --plugin-dir=/usr/lib64/mysql/plugin
--log-error=/var/log/mariadb/mariadb.log  --pid-file=/var/run/mariadb/mariadb.pid
--socket=/var/lib/mysql/mysql.sock
  #使用本地mysql.sock登录
  [root@localhost ~]# mysql -S /var/lib/mysql/mysql.sock
  Welcome to the MariaDB monitor.  Commands end with ; or \g.
  Your MariaDB connection id is 2
  Server version: 5.5.44-MariaDB MariaDB Server

  Copyright (c) 2000, 2015, Oracle, MariaDB Corporation Ab and others.

  Type 'help;' or '\h' for help. Type '\c' to clear the current input statement.

  MariaDB [(none)]>
```

以上示例为使用默认的 root 用户登录数据库，MariaDB 安装后 root 密码默认为空。

12.3.2 使用 TCP 方式登录 MariaDB 服务器

如果需要远程连接，要使用 MariaDB 的 TCP 登录方式。通常需要提供一个 MariaDB 用户名和密码。如果服务器运行在登录服务器之外的其他机器上，还需要指定主机名。远程连接的格式如示例 12-13 所示。

远程连接 MariaDB 一般格式为：

```
mysql -uusername r -ppasswd -hhostname -Pport。
```

- -h 指定主机名或远程 MariaDB 实例的 IP。
- -u 后面跟用户名。
- -p 后面跟连接 MariaDB 的密码。
- -P 后面跟要连接的 MariaDB 端口。

【示例 12-13】

```
[root@localhost ~]# mysql -uadmin -ppassword -h172.16.45.14 -P3306
```

```
Welcome to the MariaDB monitor.  Commands end with ; or \g.
Your MariaDB connection id is 4
Server version: 5.5.44-MariaDB MariaDB Server

Copyright (c) 2000, 2015, Oracle, MariaDB Corporation Ab and others.

Type 'help;' or '\h' for help. Type '\c' to clear the current input statement.

MariaDB [(none)]> \s
--------------
mysql  Ver 15.1 Distrib 5.5.44-MariaDB, for Linux (x86_64) using readline 5.1

Connection id:          4
Current database:
Current user:           admin@172.16.45.14
SSL:                    Not in use
Current pager:          stdout
Using outfile:          ''
Using delimiter:        ;
Server:                 MariaDB
Server version:         5.5.44-MariaDB MariaDB Server
Protocol version:       10
Connection:             172.16.45.14 via TCP/IP
Server characterset:    latin1
Db     characterset:    latin1
Client characterset:    utf8
Conn.  characterset:    utf8
TCP port:               3306
Uptime:                 3 min 53 sec

Threads: 1  Questions: 8  Slow queries: 0  Opens: 0  Flush tables: 2  Open tables: 26  Queries per second avg: 0.034
```

密码可以不在命令行指定，回车后显示 Enter password，如果密码输入正确则成功登录 MariaDB。登录完毕显示一些介绍信息，比如 MariaDB 发行版本、版权信息等。"mysql>" 提示符表示等待用户输入操作命令，用户就可以进行一些基本的操作了。

如果主机名为本机，采用此种方式时登录方式仍然为 TCP，需要单独给本机 IP 或主机名分配权限。

12.3.3　MariaDB 存储引擎

MariaDB 支持多种存储引擎，需要注意的是 MariaDB 默认的存储引擎不是 MySQL 中的 MyISAM 而是全新的 Aria（原名 Maria，支持事务）。如需查看当前 MariaDB 服务器支持的存储引擎，可使用示例 12-14 中的命令。

【示例 12-14】

```
MariaDB [(none)]> show engines \G
*************************** 1. row ***************************
      Engine: MRG_MYISAM
     Support: YES
     Comment: Collection of identical MyISAM tables
Transactions: NO
          XA: NO
  Savepoints: NO
*************************** 2. row ***************************
      Engine: CSV
     Support: YES
     Comment: CSV storage engine
Transactions: NO
          XA: NO
  Savepoints: NO
*************************** 3. row ***************************
      Engine: MyISAM
     Support: YES
     Comment: MyISAM storage engine
Transactions: NO
          XA: NO
  Savepoints: NO
*************************** 4. row ***************************
      Engine: BLACKHOLE
     Support: YES
     Comment: /dev/null storage engine (anything you write to it disappears)
Transactions: NO
          XA: NO
  Savepoints: NO
*************************** 5. row ***************************
      Engine: FEDERATED
     Support: YES
```

```
          Comment: FederatedX pluggable storage engine
     Transactions: YES
               XA: NO
       Savepoints: YES
*************************** 6. row ***************************
           Engine: InnoDB
          Support: DEFAULT
          Comment: Percona-XtraDB, Supports transactions, row-level locking, and foreign keys
     Transactions: YES
               XA: YES
       Savepoints: YES
*************************** 7. row ***************************
           Engine: ARCHIVE
          Support: YES
          Comment: Archive storage engine
     Transactions: NO
               XA: NO
       Savepoints: NO
*************************** 8. row ***************************
           Engine: MEMORY
          Support: YES
          Comment: Hash based, stored in memory, useful for temporary tables
     Transactions: NO
               XA: NO
       Savepoints: NO
*************************** 9. row ***************************
           Engine: PERFORMANCE_SCHEMA
          Support: YES
          Comment: Performance Schema
     Transactions: NO
               XA: NO
       Savepoints: NO
*************************** 10. row ***************************
           Engine: Aria
          Support: YES
          Comment: Crash-safe tables with MyISAM heritage
     Transactions: NO
               XA: NO
```

```
    Savepoints: NO
10 rows in set (0.00 sec)
```

  MariaDB 常用的存储引擎有 MyISAM、InnoDB、MEMORY、MERGE、Aria 等。其中 Aria（原名 Maria）是新开发的存储引擎，开发者希望能够以此来取代 MyISAM。Aria 也可以支持事务，但默认没有打开此功能。

  MyISAM 存储引擎不支持事务，不支持外键，但其访问速度快，适用于对事务完整性没有要求的场合。

  InnoDB 存储引擎提供事务支持，并支持外键，具有提交、回滚和崩溃恢复能力。相对于 MyISAM 存储引擎，InnoDB 需要更多的磁盘空间以便存储数据和索引。

  MEMORY 存储引擎表相关的操作如创建、增删改查等操作都在内存中进行。由于数据是存在内存中的，访问速度会非常快。缺点在于数据库服务一旦重启则所有数据会丢失。

  MERGE 存储引擎可以组合一组具有相同表结构的 MyISAM 表，访问时和访问单独的表相同，本身并不存储数据，因此对表的相关操作实际上是对内部 MyISAM 表的操作。

  MySQL 表的存储引擎可以在创建表时指定，如示例 12-15 所示。

【示例 12-15】

```
#创建表时指定需要的存储引擎
MariaDB [my]> create table table_1(ID int) engine=INNODB;
Query OK, 0 rows affected (0.02 sec)


MariaDB [my]> show create table table_1\G
*************************** 1. row ***************************
       Table: table_1
Create Table: CREATE TABLE `table_1` (
  `ID` int(11) DEFAULT NULL
) ENGINE=InnoDB DEFAULT CHARSET=latin1
1 row in set (0.00 sec)
```

  已经存在的表的存储引擎是可以修改的，修改方法可以使用示例 12-16 中的命令。

【示例 12-16】

```
MariaDB [my]> alter table table_1 engine=MyISAM;
Query OK, 0 rows affected (0.02 sec)
Records: 0  Duplicates: 0  Warnings: 0


MariaDB [my]> show create table table_1\G
*************************** 1. row ***************************
       Table: table_1
Create Table: CREATE TABLE `table_1` (
```

```
    `ID` int(11) DEFAULT NULL
) ENGINE=MyISAM DEFAULT CHARSET=latin1 PAGE_CHECKSUM=1
1 row in set (0.00 sec)
```

MyISAM 和 InnoDB 区别如下。

（1）文件构成上的区别。每个 MyISAM 表都在磁盘上存储 3 个文件。如示例 12-17 所示，每种文件名和表名相同，扩展名不同：.frm 文件为表结构定义文件，.MYD 为数据文件，.MYI 扩展名的文件为索引文件。

InnoDB 文件如果采用共享表空间，则数据和索引位于 Innodb 表空间中，如 ibdata1.ibd、ibdata2.ibd 等文件中。InnoDB 如果采用 innodb_file_per_table 启用独立表空间，该选项生效后新建立的表的数据则位于独立表空间中，以表 test_5 为例，此时磁盘上会存在两个文件：test_5.frm 文件为表结构定义文件，而 test_5.ibd 存储数据和索引。

（2）事务区别。MyISAM 类型的表不支持事务，而 InnoDB 类型的表提供事务支持并提供外键等高级数据库功能。

（3）锁的粒度。InnoDB 类型的表一般情况下提供行锁，适用于更新频繁的场景，而 MyISAM 为表锁，粒度比 InnoDB 大，因此频繁更新的表不适合采用 MyISAM 存储引擎。

12.4 MariaDB 日常维护

MariaDB 的日常维护包含权限管理、日志管理、备份与恢复和复制等，本节主要介绍这方面的知识。

12.4.1 MariaDB 权限管理

MariaDB 权限管理基于主机名、用户名和数据库表，可以根据不同的主机名、用户名和数据库表分配不同的权限。当用户连接至 MariaDB 服务后，权限即被确定，用户只能做权限内的操作。

MariaDB 账户权限信息被存储在 MariaDB 数据库的 user、db、host、tables_priv、columns_priv 和 procs_priv 表中。在 MariaDB 启动时服务器将这些数据库表内容读入内存。要修改一个用户的权限，可以直接修改上面的几个表，也可以使用 GRANT 和 REVOKE 语句。推荐使用后者。如需添加新账号，可以使用 GRANT 语句，MariaDB 的常见权限说明如表 12.2 所示。

表 12.2　MariaDB 权限说明

参数	说明
CREATE	创建数据库、表
DROP	删除数据库、表
GRANT OPTION	可以对用户授权的权限

(续表)

参数	说明
REFERENCES	可以创建外键
ALTER	修改数据库、表的属性
DELETE	在表中删除数据
INDEX	创建和删除索引
INSERT	向表中添加数据
SELECT	从表中查询数据
UPDATE	修改表的数据
CREATE VIEW	创建视图
SHOW VIEW	显示视图的定义
ALTER ROUTINE	修改存储过程
CREATE ROUTINE	创建存储过程
EXECUTE	执行存储过程
FILE	读、写服务器上的文件
CREATE TEMPORARY TABLES	创建临时表
LOCK TABLES	锁定表格
CREATE USER	创建用户
PROCESS	管理服务器和客户连接进程
RELOAD	重载服务
REPLICATION CLIENT	用于复制
REPLICATION SLAVE	用于复制
SHOW DATABASES	显示数据库
SHUTDOWN	关闭服务器
SUPER	超级用户

在进行本节的操作之前需要注意，如果使用 root 用户连接到 MariaDB，应该先给 root 用户设置密码。当 root 用户密码为空时，可以使用命令 mysqladmin -u root password "password" 将密码设置为 password。

1．分配账号

如果主机 172.16.1.2 需要远程访问 MariaDB 服务器的 my.table_1 表，权限为 SELECT 和 UPDATE，则可以使用以下命令分配，操作过程如示例 12-17 所示。

【示例 12-17】

```
#分配用户名、密码和对应权限
MariaDB [(none)]> grant select,update on my.table_1 to user1@"172.16.1.2" identified by 'password';
Query OK, 0 rows affected (0.03 sec)

MariaDB [(none)]> flush privileges;
Query OK, 0 rows affected (0.00 sec)
```

```
#账户创建成功后查看mysql数据库表的变化
MariaDB [mysql]> select * from user where user='user1'\G
*************************** 1. row ***************************
                  Host: 172.16.1.2
                  User: user1
              Password: *2470C0C06DEE42FD1618BB99005ADCA2EC9D1E19
           Select_priv: N
           Insert_priv: N
           Update_priv: N
           Delete_priv: N
           Create_priv: N
             Drop_priv: N
           Reload_priv: N
         Shutdown_priv: N
          Process_priv: N
             File_priv: N
            Grant_priv: N
       References_priv: N
            Index_priv: N
            Alter_priv: N
          Show_db_priv: N
            Super_priv: N
 Create_tmp_table_priv: N
      Lock_tables_priv: N
          Execute_priv: N
       Repl_slave_priv: N
      Repl_client_priv: N
      Create_view_priv: N
        Show_view_priv: N
   Create_routine_priv: N
    Alter_routine_priv: N
      Create_user_priv: N
            Event_priv: N
          Trigger_priv: N
Create_tablespace_priv: N
              ssl_type:
            ssl_cipher:
           x509_issuer:
```

```
            x509_subject:
         max_questions: 0
          max_updates: 0
        max_connections: 0
     max_user_connections: 0
                plugin:
    authentication_string:
1 row in set (0.08 sec)

MariaDB [mysql]> select * from db where user='user1'\G
Empty set (0.04 sec)

MariaDB [mysql]> select * from tables_priv where user='user1'\G
*************************** 1. row ***************************
       Host: 172.16.1.2
         Db: my
       User: user1
 Table_name: table_1
    Grantor: root@localhost
  Timestamp: 2016-04-21 18:56:39
 Table_priv: Select,Update
Column_priv:
1 row in set (0.02 sec)
```

上述示例为 MariaDB 服务器给远程主机 172.16.1.2 分配了访问表 my.table_1 的读取和更新权限。当用户登录时，首先检查 user 表，发现对应记录，但由于各个权限都为 N，因此继续寻找 db 表中的记录，如果没有则继续寻找 tables_priv 表中的记录，通过对比发现当前连接的账户具有 my.table_1 表的 SELECT 和 UPDATE 权限，权限验证通过，用户登录成功。

MariaDB 权限按照 user→db→tables_priv→columns_priv 的顺序检查，如果 user 表中对应的权限为 Y，则不会检查后面表中的权限。

2．查看或修改账户权限

如需查看当前用户的权限，可以使用 SHOW GRANTS FOR 命令，如示例 12-18 所示。

【示例 12-18】

```
MariaDB [mysql]> show grants for user1@172.16.1.2 \G
*************************** 1. row ***************************
Grants for user1@172.16.1.2: GRANT USAGE ON *.* TO 'user1'@'172.16.1.2' IDENTIFIED
```

```
BY PASSWORD '*2470C0C06DEE42FD1618BB99005ADCA2EC9D1E19'
*************************** 2. row ***************************
Grants for user1@172.16.1.2: GRANT SELECT, UPDATE ON `my`.`table_1` TO 'user1'@'172.16.1.2'
2 rows in set (0.00 sec)
```

上述示例查看指定账户和主机的权限，user1@172.16.1.2 具有的权限为三条记录的综合。密码为经过 MD5 算法加密后的结果。USAGE 权限表示当前用户只具有连接数据库的权限，但不能操作数据库表，其他记录表示该账户具有表 my.table_1 的查询和更新权限。

 MariaDB 用户登录成功后权限加载到内存中，此时如果在另一会话中更改该账户的权限并不会影响之前会话中用户的权限，如需使用最新的权限，用户需要重新登录。

3．回收账户权限

如需回收账户的权限，MariaDB 提供了 REVOKE 命令，可以对应账户的部分或全部权限，注意此权限操作的账户需具有 GRANT 权限。使用方法如示例 12-19 所示。

【示例 12-19】

```
MariaDB [mysql]> revoke insert on *.* from test3@'172.16.1.2';
Query OK, 0 rows affected (0.00 sec)

MariaDB [mysql]> revoke all on *.* from test3@'172.16.1.2';
Query OK, 0 rows affected (0.00 sec)
```

账户所有权限回收后用户仍然可以连接该 MariaDB 服务器，如需彻底删除用户，可以使用 DROP USER 命令，如示例 12-20 所示。

【示例 12-20】

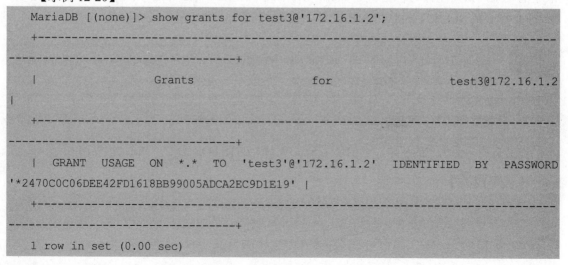

```
MariaDB [(none)]> drop user test3@'172.16.1.2';
Query OK, 0 rows affected (0.00 sec)


MariaDB [(none)]> show grants for test3@'172.16.1.2';
ERROR 1141 (42000): There is no such grant defined for user 'test3' on host
'172.16.1.2'
```

12.4.2 MariaDB 日志管理

MariaDB 服务提供了多种日志，用于记录数据库的各种操作，通过日志可以追踪 MariaDB 服务器的运行状态，及时发现服务运行中的各种问题。MariaDB 服务支持的日志有二进制日志、错误日志、访问日志和慢查询日志。由于 MariaDB 与 MySQL 在日志处理机制上几乎相同，因此本节中的日志来自 MySQL 真实日志片段，以此作示例讲解。

1．二进制日志

二进制日志也通常被称为 binlog，它记录了数据库表的所有 DDL 和 DML 操作，但并不包括数据查询语句。

如需启用二进制日志，可以通过在配置文件中添加 "--log-bin=[file-name]" 选项指定二进制文件存放的位置，位置可以为相对路径或绝对路径。

由于 binlog 以二进制方式存储，如需查看其内容需要通过 MariaDB 提供的工具 mysqlbinlog 查看，如示例 12-21 所示。

【示例 12-21】

```
[root@MySQL_192_168_19_230 binlog]# mysqlbinlog mysql-bin.000005|cat -n
    1  /*!40019 SET @@session.max_insert_delayed_threads=0*/;
    2  /*!50003 SET @OLD_COMPLETION_TYPE=@@COMPLETION_TYPE,COMPLETION_TYPE=0*/;
    3  DELIMITER /*!*/;
    4  # at 4
    5  #130809 18:20:51 server id 1  end_log_pos 106   Start: binlog v 4, server
v 5.1.71-log created 130809 18:20:51
    6  # Warning: this binlog is either in use or was not closed properly.
    7  BINLOG '
    8  g8IEUg8BAAAAZgAAAGoAAAABAAQANS4xLjY2LWxvZwAAAAAAAAAAAAAAAAAAAAAAAAAAAAAAAA
    9  AAAAAAAAAAAAAAAAAAAAAAEzgNAAgAEgAEBAQEEgAAUwAEGggAAAAICAgC
   10  '/*!*/;
   11  # at 106
   12  #130809 18:21:25 server id 1  end_log_pos 228   Query    thread_id=3
exec_time=0    error_code=0
```

```
13 use testDB_1/*!*/;
14 SET TIMESTAMP=1376043685/*!*/;
15 SET @@session.pseudo_thread_id=3/*!*/;
16 SET @@session.foreign_key_checks=1, @@session.sql_auto_is_null=1, @@session.
unique_checks=1, @@session.autocommit=1/*!*/;
17 SET @@session.sql_mode=0/*!*/;
18 SET @@session.auto_increment_increment=1, @@session.auto_increment_
offset=1/*!*/;
19 /*!\C latin1 *//*!*/;
20 SET @@session.character_set_client=8,@@session.collation_connection=8,
@@session.collation_server=8/*!*/;
21 SET @@session.lc_time_names=0/*!*/;
22 SET @@session.collation_database=DEFAULT/*!*/;
23 update users_myisam set name="xxx" where name='petter'
24 /*!*/;
25 # at 228
26 #130809 18:21:32 server id 1  end_log_pos 350   Query    thread_id=3
exec_time=0    error_code=0
27 SET TIMESTAMP=1376043692/*!*/;
28 update users_myisam set name="xxx" where name='myisam'
29 /*!*/;
30 DELIMITER ;
31 # End of log file
32 ROLLBACK /* added by mysqlbinlog */;
33 /*!50003 SET COMPLETION_TYPE=@OLD_COMPLETION_TYPE*/;
```

第 5 行记录了当前 MariaDB 服务的 server id、偏移量、binlog 版本、MariaDB 版本等信息，第 26~28 行则记录了执行的 SQL 及时间。

如需删除 binlog，可以使用 "purge master logs" 命令，该命令可以指定删除的 binlog 序号或删除指定时间之前的日志，如示例 12-22 所示。

【示例 12-22】

```
#删除指定序号之前的二进制日志
PURGE BINARY LOGS TO 'mysql-bin.010';
#删除指定时间之前的二进制日志
PURGE BINARY LOGS BEFORE '2016-04-01 22:46:26';
```

除通过以上方法外，还可以在配置文件中指定 "expire_logs_days=#" 参数设置二进制文件的保留天数，此参数也可以通过 MariaDB 变量设置，如需删除 7 天之前的 binlog 可以使用示例 12-23 的命令。

【示例 12-23】

```
MariaDB [(none)]> set global expire_logs_days=7;
Query OK, 0 rows affected (0.00 sec)
```

此参数设置了 binlog 日志的过期天数，此时 MariaDB 可以自动清理指定天数之前的二进制日志文件。

2．操作错误日志

MariaDB 的操作错误日志记录了 MariaDB 启动、运行至停止过程中的相关异常信息，在 MariaDB 故障定位方面有重要的作用。

可以通过在配置文件中设置 "--log-error=[file-name]" 指定错误日志存放的位置，如果没有设置，则错误日志默认位于 MariaDB 服务的 datadir 目录下。

错误日志如示例 12-24 所示。

【示例 12-24】

```
[root@rhel7 tmp]# cat /data/master/dbdata/rhel7.err
   1 130810 00:00:09 mysqld_safe Starting mysqld daemon with databases from /data/master/dbdata
   2 /usr/libexec/mysqld: Can't find file: './mysql/plugin.frm' (errno: 13)
   3 130810  0:00:09 [ERROR] Can't open the mysql.plugin table. Please run mysql_upgrade to create it.
   4 130810  0:00:09 InnoDB: Initializing buffer pool, size = 8.0M
   5 130810  0:00:09 InnoDB: Completed initialization of buffer pool
   6 InnoDB: The first specified data file ./ibdata1 did not exist:
   7 InnoDB: a new database to be created!
   8 130810  0:00:09 InnoDB: Setting file ./ibdata1 size to 10 MB
   9 InnoDB: Database physically writes the file full: wait...
  10 130810  0:00:09 InnoDB: Log file ./ib_logfile0 did not exist: new to be created
  11 InnoDB: Setting log file ./ib_logfile0 size to 5 MB
  12 InnoDB: Database physically writes the file full: wait...
  13 130810  0:00:10 InnoDB: Log file ./ib_logfile1 did not exist: new to be created
  14 InnoDB: Setting log file ./ib_logfile1 size to 5 MB
  15 InnoDB: Database physically writes the file full: wait...
  16 InnoDB: Doublewrite buffer not found: creating new
  17 InnoDB: Doublewrite buffer created
  18 InnoDB: Creating foreign key constraint system tables
  19 InnoDB: Foreign key constraint system tables created
```

```
    20  130810   0:00:10  InnoDB: Started; log sequence number 0 0
    21  130810   0:00:10  [ERROR] Can't start server: Bind on TCP/IP port: Address
already in use
    22  130810   0:00:10  [ERROR] Do you already have another mysqld server running
on port: 3306 ?
    23  130810   0:00:10  [ERROR] Aborting
    24  130810   0:00:10  InnoDB: Starting shutdown...
    25  130810   0:00:15  InnoDB: Shutdown completed; log sequence number 0 44233
    26  130810   0:00:15  [Note] /usr/libexec/mysqld: Shutdown complete
    27       130810      00:00:15   mysqld_safe    mysqld   from   pid   file
/data/master/dbdata/rhel7.pid ended
```

以上日志信息记录了第 1 次运行 MariaDB 时的错误信息,其中第 2~3 行的错误信息说明在启动 MariaDB 之前并没有初始化 MariaDB 系统表,错误码 13 对应的错误提示可以使用命令"perror 13"查看。第 21~23 行则说明系统中已经启动了同样端口的实例,当前启动的 MariaDB 实例将自动退出。

3.访问日志

此日志记录了所有关于客户端发起的连接、查询和更新语句,由于其记录了所有操作,在相对繁忙的系统中建议将此设置关闭。

该日志可以通过在配置文件中设置"--log=[file-name]"指定访问日志存放的位置,另外一种方法是可以在登录 MariaDB 实例后通过设置变量启用此日志,如示例 12-25 所示。

【示例 12-25】

```
#启用该日志
MariaDB [(none)]> set global general_log=on;
Query OK, 0 rows affected (0.01 sec)
#查询日志位置
MariaDB [(none)]> show variables like '%general_log%';
+------------------+----------------+
| Variable_name    | Value          |
+------------------+----------------+
| general_log      | ON             |
| general_log_file | localhost.log  |
+------------------+----------------+
2 rows in set (0.04 sec)
#关闭该日志
MariaDB [(none)]> set global general_log=off;
Query OK, 0 rows affected (0.00 sec)
```

如果没有指定[file-name]，则默认将主机名（hostname）作为文件名存放在数据目录中。文件记录内容如示例 12-26 所示。

【示例 12-26】

```
[root@MySQL_192_168_19_230 ~]# cat -n /data/slave/dbdata/MySQL_192_168_19_230.log
    1  /usr/libexec/mysqld, Version: 5.1.71-log (Source distribution). started with:
    2  Tcp port: 3306  Unix socket: /data/slave/dbdata/mysql.sock
    3  Time              Id Command    Argument
    4  130809 18:43:20    5 Query     show variables like '%general_log%'
    5  130809 18:44:24    5 Query     update users_myisam set name="xxx" where name='petter'
    6  130809 18:44:31    5 Query     SELECT DATABASE()
    7                     5 Init DB   testDB_1
    8                     5 Query     show databases
    9                     5 Query     show tables
   10                     5 Field List         users_myisam
   11  130809 18:44:32    5 Query     update users_myisam set name="xxx" where name='petter'
   12  130809 18:44:33    5 Quit
   13  130809 18:45:00    6 Connect   root@localhost on
   14                     6 Query     select @@version_comment limit 1
   15  130809 18:45:05    6 Query     set global general_log=off
```

上述日志记录了所有客户端的操作，系统管理员可根据此日志发现异常信息以便及时处理。

4．慢查询日志

慢查询日志是记录了执行时间超过参数 long_query_time（单位是秒）所设定值的 SQL 语句日志，对于 SQL 审核和开发者发现性能问题以便及时进行应用程序的优化具有重要意义。

如需启用该日志可以在配置文件中设置 slow_query_log 来指定是否开启慢查询。如果没有指定文件名，默认将 hostname-slow.log 作为文件名，并存放在数据目录中。配置如示例 12-27 所示。

【示例 12-27】

```
[root@MySQL_192_168_19_101 ~]# cat /etc/master.cnf
[mysqld]
slow_query_log = 1
long_query_time = 1
log-queries-not-using-indexes
```

```
[root@MySQL_192_168_19_101 ~]# cat /data/master/dbdata/MySQL_192_168_19_101-
slow.log
/usr/libexec/mysqld, Version: 5.1.71-log (Source distribution). started with:
Tcp port: 3306  Unix socket: /data/master/dbdata/mysql.sock
Time                 Id Command    Argument
# Time: 130811  0:11:41
# User@Host: root[root] @ localhost []
# Query_time: 1.016963  Lock_time: 0.000000 Rows_sent: 1  Rows_examined: 0
SET timestamp=1376151101;
select sleep(1);
```

说明如下。

- long_query_time = 1 定义超过 1 秒的查询计数到变量 Slow_queries。
- log-slow-queries = /usr/local/mysql/data/slow.log 定义慢查询日志路径。
- log-queries-not-using-indexes 说明未使用索引的查询也被记录到慢查询日志中（可选）。

MySQL 提供了慢日志分析的工具 mysqldumpslow，可以按时间或出现次数统计慢查询的情况，常用参数如表 12.3 所示。

表 12.3 mysqldumpslow 参数说明

参数	说明
-s	排序参数，可选的有： al: 平均锁定时间 ar: 平均返回记录数 at: 平均查询时间
-t	只显示指定的行数

用此工具可以分析系统中哪些 SQL 是性能的瓶颈，以便进行优化，比如加索引、优化应用程序等。

12.4.3 MariaDB 备份与恢复

为了在数据库数据丢失或被非法篡改时恢复数据，数据库的备份是非常重要的。MariaDB 的备份方式有通过直接备份数据文件或使用 mysqldump 命令将数据库数据导出到文本文件。直接备份数据库文件适用于 MyISAM 和 InnoDB 存储引擎，由于备份时数据库表正在读写，备份出的文件可能损坏无法使用，不推荐直接使用此方法。另外一种可以实时备份的开源工具为 xtrabackup，本节主要介绍这两种备份工具的使用。

1．使用 mysqldump 进行 MariaDB 备份与恢复

mysqldump 是 MariaDB 提供的数据导出工具，适用于大多数需要备份数据的场景。表数据可

以导出成 SQL 语句或文本文件，常见的使用方法如示例 12-28 所示。

【示例 12-28】
```
#导出名为 my 的整个数据库
[root@localhost ~]# mysqldump -uroot -p my>my.sql
#导出一个表
[root@localhost ~]# mysqldump -uroot -p my table_1>my.table_1.sql
#只导出数据库表结构
[root@localhost ~]# mysqldump -uroot -p -d --add-drop-table my>my.sql
-d 没有数据 --add-drop-table 在每个 create 语句之前增加一个 drop table
#恢复数据库
[root@localhost ~]# mysql -uroot -p test<test.sql
#恢复数据的另外一种方法
[root@localhost ~]# mysql -uroot -p  my
MariaDB [my]> source /root/my.sql
```

mysqldump 支持丰富的选项，mysqldump 部分选项说明如表 12.4 所示。

表 12.4 mysqldump 部分选项说明

参数	说明
-A	等同于--all-databases，导出全部数据库
--add-drop-database	每个数据库创建之前添加 drop 语句
--add-drop-table	每个数据表创建之前添加 drop 语句，默认为启用状态
--add-locks	在每个表导出之前增加 LOCK TABLES 并且之后增加 UNLOCK TABLE，默认为启用状态
-c	等同于--complete-insert，导出时使用完整的 insert 语句
-B	等同于--databases，导出多个数据库
--default-character-set	设置默认字符集
-x	等同于--lock-all-tables，提交请求锁定所有数据库中的所有表，以保证数据的一致性
-l	等同于--lock-tables，开始导出前，锁定所有表
-n	等同于--no-create-db，只导出数据，而不添加 CREATE DATABASE 语句
-t	等同于--no-create-info，只导出数据，而不添加 CREATE TABLE 语句
-d	等同于--no-data，不导出任何数据，只导出数据库表结构
--tables	此参数会覆盖--databases (-B)参数，指定需导出的表名
-w	等同于--WHERE，只导出给定的 WHERE 条件选择的记录

以上给出了 mysqldump 常用参数说明，更多的参数含义说明可参考系统帮助"man mysqldump"。

2．使用 XtraBackup 在线备份

使用 mysqldump 进行数据库或表的备份非常方便，操作简单，使用灵活，在小数据量时，备份和恢复时间可以接受，如果数据量较大，mysqldump 恢复的时间会很长而难以接受。XtraBackup

是一款高效的备份工具,备份时并不会影响原数据库的正常更新,最新版本为 2.3.4 可以在 https://www.percona.com/downloads/下载。XtraBackup 提供了 Linux 下常见的安装方式,包括 RPM 安装、源码编译方式以及二进制版本安装,本节以源码安装 percona-xtrabackup-2.3.3 为例说明 XtraBackup 的使用方法,如示例 12-29 所示。

【示例 12-29】

```
#编译安装需要使用 cmake,请参考之前的示例12-3,此处不再介绍
#安装依赖软件包
[root@localhost Packages]# rpm -ivh m4-1.4.16-10.el7.x86_64.rpm
autoconf-2.69-11.el7.noarch.rpm                automake-1.13.4-3.el7.noarch.rpm
perl-Test-Harness-3.28-3.el7.noarch.rpm   perl-Thread-Queue-3.02-2.el7.noarch.rpm
libaio-devel-0.3.109-13.el7.x86_64.rpm
    warning: m4-1.4.16-10.el7.x86_64.rpm: Header V3 RSA/SHA256 Signature, key ID
fd431d51: NOKEY
    Preparing...                          ################################# [100%]
    Updating / installing...
       1:perl-Thread-Queue-3.02-2.el7      ################################# [ 17%]
       2:perl-Test-Harness-3.28-3.el7      ################################# [ 33%]
       3:m4-1.4.16-10.el7                  ################################# [ 50%]
       4:autoconf-2.69-11.el7              ################################# [ 67%]
       5:automake-1.13.4-3.el7             ################################# [ 83%]
       6:libaio-devel-0.3.109-13.el7       ################################# [100%]
    [root@localhost Packages]# rpm -ivh bison-2.7-4.el7.x86_64.rpm
libtool-2.4.2-20.el7.x86_64.rpm      ncurses-devel-5.9-13.20130511.el7.x86_64.rpm
libgcrypt-devel-1.5.3-12.el7_1.1.x86_64.rpm
libgpg-error-devel-1.12-3.el7.x86_64.rpm libcurl-devel-7.29.0-25.el7.x86_64.rpm
#安装过程省略
#除以上软件包外,还要安装libev,此软件包需要从互联网上下载
    [root@localhost          soft]#                                      wget
ftp://rpmfind.net/linux/epel/7/x86_64/l/libev-devel-4.15-3.el7.x86_64.rpm
    --2016-04-22                                                    22:53:34--
ftp://rpmfind.net/linux/epel/7/x86_64/l/libev-devel-4.15-3.el7.x86_64.rpm
           => 'libev-devel-4.15-3.el7.x86_64.rpm'
    Resolving rpmfind.net (rpmfind.net)... 195.220.108.108
    Connecting to rpmfind.net (rpmfind.net)|195.220.108.108|:21... connected.
    Logging in as anonymous ... Logged in!
    ==> SYST ... done.    ==> PWD ... done.
    ==> TYPE I ... done.  ==> CWD (1) /linux/epel/7/x86_64/l ... done.
    ==> SIZE libev-devel-4.15-3.el7.x86_64.rpm ... 99440
```

```
==> PASV ... done.    ==> RETR libev-devel-4.15-3.el7.x86_64.rpm ... done.
Length: 99440 (97K) (unauthoritative)

100%[====================================>] 99,440      18.6KB/s   in 37s

2016-04-22 22:54:18 (2.59 KB/s) - 'libev-devel-4.15-3.el7.x86_64.rpm' saved [99440]
[root@localhost soft]# wget ftp://rpmfind.net/linux/epel/7/x86_64/l/libev-4.15-3.el7.x86_64.rpm
--2016-04-22 22:55:57--  ftp://rpmfind.net/linux/epel/7/x86_64/l/libev-4.15-3.el7.x86_64.rpm
         => 'libev-4.15-3.el7.x86_64.rpm'
Resolving rpmfind.net (rpmfind.net)... 195.220.108.108
Connecting to rpmfind.net (rpmfind.net)|195.220.108.108|:21... connected.
Logging in as anonymous ... Logged in!
==> SYST ... done.    ==> PWD ... done.
==> TYPE I ... done.  ==> CWD (1) /linux/epel/7/x86_64/l ... done.
==> SIZE libev-4.15-3.el7.x86_64.rpm ... 43764
==> PASV ... done.    ==> RETR libev-4.15-3.el7.x86_64.rpm ... done.
Length: 43764 (43K) (unauthoritative)

100%[====================================>] 43,764      4.12KB/s   in 10s

2016-04-22 22:56:19 (4.12 KB/s) - 'libev-4.15-3.el7.x86_64.rpm' saved [43764]
[root@localhost soft]# rpm -ivh libev-4.15-3.el7.x86_64.rpm libev-devel-4.15-3.el7.x86_64.rpm
warning: libev-4.15-3.el7.x86_64.rpm: Header V3 RSA/SHA256 Signature, key ID 352c64e5: NOKEY
Preparing...                          ################################# [100%]
Updating / installing...
   1:libev-4.15-3.el7                  ################################# [ 50%]
   2:libev-devel-4.15-3.el7            ################################# [100%]
#按下来可以开始编译安装
#下载源码
[root@localhost soft]# wget https://www.percona.com/downloads/XtraBackup/Percona-XtraBackup-2.3.3/source/tarball/percona-xtrabackup-2.3.3.tar.gz
--2016-04-22 22:07:59--
```

```
https://www.percona.com/downloads/XtraBackup/Percona-XtraBackup-2.3.3/source/tarball/percona-xtrabackup-2.3.3.tar.gz
    Resolving www.percona.com (www.percona.com)... 74.121.199.234
    Connecting to www.percona.com (www.percona.com)|74.121.199.234|:443... connected.
    HTTP request sent, awaiting response... 200 OK
    Length: 34864301 (33M) [application/x-gzip]
    Saving to: 'percona-xtrabackup-2.3.3.tar.gz'

    100%[===========================================>] 34,864,301  47.3KB/s   in 15m 41s

    2016-04-22 22:23:43 (36.2 KB/s) - 'percona-xtrabackup-2.3.3.tar.gz' saved [34864301/34864301]

    [root@localhost soft]# tar xvf percona-xtrabackup-2.3.3.tar.gz
    [root@localhost soft]# cd percona-xtrabackup-2.3.3/
    [root@localhost percona-xtrabackup-2.3.3]# cmake -DBUILD_CONFIG=xtrabackup_release -DWITH_MAN_PAGES=OFF
    [root@localhost percona-xtrabackup-2.3.3]# make
    [root@localhost percona-xtrabackup-2.3.3]# make install
#安装完成后位于目录/usr/local/xtrabackup/中
#添加环境支持
    [root@localhost percona-xtrabackup-2.3.3]# cd /usr/local/xtrabackup/bin/
    [root@localhost bin]# echo "PATH=/usr/local/xtrabackup/bin:\$PATH">>/etc/profile
    [root@localhost bin]# echo "export PATH" >> /etc/profile
    [root@localhost ~]# source /etc/profile
#编译安装过程相对较为复杂,也可以直接下载RPM包进行安装(RPM包安装仍然需要安装依赖软件包)
#创建一个备份
    [root@localhost ~]# innobackupex --user=root --password=123456 /backup/
    160423 22:44:31 innobackupex: Starting the backup operation

    IMPORTANT: Please check that the backup run completes successfully.
               At the end of a successful backup run innobackupex
               prints "completed OK!".
#部分结果省略
    160423 22:44:38 Executing UNLOCK TABLES
    160423 22:44:38 All tables unlocked
    160423 22:44:38 Backup created in directory '/backup//2016-04-23_22-44-31'
    160423 22:44:38 [00] Writing backup-my.cnf
```

```
160423 22:44:38 [00]          ...done
160423 22:44:38 [00] Writing xtrabackup_info
160423 22:44:38 [00]          ...done
```
#当出现以下信息时，表示备份成功
```
xtrabackup: Transaction log of lsn (1602621) to (1602621) was copied.
160423 22:44:38 completed OK!
```
#查看备份文件
#在目录中会有一个以当前时间命名的目录
```
[root@localhost ~]# ls /backup/
2016-04-23_22-44-31
```
#数据库已经备份在此目录中
```
[root@localhost ~]# cd /backup/2016-04-23_22-44-31/
[root@localhost 2016-04-23_22-44-31]# ls
backup-my.cnf   mysql                xtrabackup_checkpoints
ibdata1         performance_schema   xtrabackup_info
my              test                 xtrabackup_logfile
```
#备份的文件还不能用于恢复数据库，这是因为在备份中可能还包含有未提交的事务或未保存数据的事务
#这种情况称为数据文件不一致
#可以运行以下命令让数据保持一致性
```
[root@localhost backup]# innobackupex --apply-log /backup/2016-04-23_22-44-31/
160423 22:50:54 innobackupex: Starting the apply-log operation

IMPORTANT: Please check that the apply-log run completes successfully.
           At the end of a successful apply-log run innobackupex
           prints "completed OK!".


innobackupex version 2.3.3 based on MySQL server 5.6.24 Linux (x86_64) (revision id: 525ca7d)
xtrabackup: cd to /backup/2016-04-23_22-44-31/
xtrabackup: This target seems to be not prepared yet.
xtrabackup: xtrabackup_logfile detected: size=2097152, start_lsn=(1602621)
xtrabackup: using the following InnoDB configuration for recovery:
xtrabackup:   innodb_data_home_dir = ./
……
InnoDB: New log files created, LSN=1602631
InnoDB: Highest supported file format is Barracuda.
InnoDB: 128 rollback segment(s) are active.
InnoDB: Waiting for purge to start
InnoDB: 5.6.24 started; log sequence number 1603084
```

```
xtrabackup: starting shutdown with innodb_fast_shutdown = 1
InnoDB: FTS optimize thread exiting.
InnoDB: Starting shutdown...
#以下输出表示成功
InnoDB: Shutdown completed; log sequence number 1603094
160423 22:50:59 completed OK!
```

安装过程开始之前需要先安装依赖软件包，一定要确保所有的包都安装完成，否则安装过程会失败。编译安装时，首先解压源码包，然后使用之前示例中安装的 cmake 执行配置，如果此时依赖软件包未安装会提示错误，解决方法是安装依赖软件包，然后删除 cmake 生成的 CMakeCache.txt 文件重新执行配置。之后再编译和安装即可完成安装。

通过设置环境变量 PATH 指定了二进制文件的寻找路径，然后执行 innobackupex 命令备份数据库，参数需要指定 MariaDB 的用户名和密码。备份成功后还需要使用--apply-log 选项确保数据的一致性。

恢复过程如示例 12-30 所示。

【示例 12-30】

```
#模拟一个数据库损坏的示例
#本示例的数据库文件保存于/var/lib/mysql
[root@localhost ~]# cd /var/lib/mysql
[root@localhost mysql]# rm -rf *
[root@localhost mysql]# ls
#此时所有的文件都已被删除
#恢复数据
[root@localhost mysql]# innobackupex --copy-back /backup/2016-04-23_22-44-31/
160423 23:06:38 innobackupex: Starting the copy-back operation

IMPORTANT: Please check that the copy-back run completes successfully.
           At the end of a successful copy-back run innobackupex
           prints "completed OK!".

innobackupex version 2.3.3 based on MySQL server 5.6.24 Linux (x86_64) (revision id: 525ca7d)
    160423 23:06:38 [01] Copying ib_logfile0 to /var/lib/mysql/ib_logfile0
    160423 23:06:39 [01]        ...done
……
    160423 23:06:41 [01] Copying ./my/TAB_2.frm to /var/lib/mysql/my/TAB_2.frm
    160423 23:06:41 [01]        ...done
    160423 23:06:41 [01] Copying ./xtrabackup_info to /var/lib/mysql/xtrabackup_info
```

```
#以下输出表示成功
160423 23:06:41 [01]            ...done
160423 23:06:41 completed OK!
#设置恢复文件的属主和属组
#重启 mariadb 服务,如果没有什么错误恢复成功
[root@localhost mysql]# chown -R mysql.mysql /var/lib/mysql
[root@localhost mysql]# systemctl restart mariadb
```

12.4.4 MariaDB 复制

借助 MariaDB 提供的复制功能,应用者可以经济高效地提高应用程序的性能、扩展力和高可用性。全球许多流量较大的网站都通过 MariaDB 复制来支持数以亿计、呈指数级增长的用户群,其中不乏 eBay、Facebook、Tumblr、Twitter 和 YouTube 等互联网巨头。MariaDB 复制,既支持简单的主从拓扑,也可实现复杂、极具可伸缩性的链式集群。

注意,当使用 MariaDB 复制时,所有对复制中的表的更新必须在主服务器上进行,否则可能引起主服务器上的表进行的更新与对从服务器上的表所进行的更新产生冲突。

利用 MariaDB 进行复制有以下好处。

(1)增强 MariaDB 服务健壮性

数据库复制功能实现了主服务器与从服务器之间数据的同步,增加了数据库系统的可用性。当主服务器出现问题时,数据库管理员可以马上让从服务器作为主服务器以便接管服务。之后有充足的时间检查主服务器的故障。

(2)实现负载均衡

通过在主服务器和从服务器之间实现读写分离,可以更快地响应客户端的请求。如果主服务器上只实现数据的更新操作,包括数据记录的更新、删除、插入等操作,而不关心数据的查询请求,数据库管理员会将数据的查询请求全部转发到从服务器中,同时通过设置多台从服务器处理用户的查询请求。

通过将数据更新与查询分别放在不同的服务器上进行,既可以提高数据的安全性,又可以缩短应用程序的响应时间、提高系统的性能。用户可根据数据库服务的负载情况灵活、弹性地添加或删除实例,以便动态按需调整容量。

(3)实现数据备份

首先通过 MariaDB 实时地将数据从主服务器上复制到从服务器上,从服务器可以设置在本地也可以设置在异地,从而增加了容灾的健壮性。为避免异地传输速度过慢,MariaDB 服务可以通过设置参数 slave_compressed_protocol 启用 binlog 压缩传输,从而使数据传输效率大大提高。通过异地备份增加了数据的安全性。

当使用 mysqldump 导出数据进行备份时,如果作用于主服务器可能会影响主服务器的服务,而在从服务器进行数据的导出操作不但能达到数据备份的目的而且不会影响主服务器上的客户请求。

MariaDB 使用 3 个线程来执行复制功能，其中一个在主服务器上，另两个在从服务器上。当执行 START SLAVE 时，主服务器创建一个线程负责发送二进制日志。从服务器创建一个 I/O 线程，负责读取主服务器上的二进制日志，然后将该数据保存到从服务器数据目录中的中继日志文件中。从服务器的 SQL 线程负责读取中继日志并重做日志中包含的更新，从而达到主从数据库数据的一致性。整个过程如示例 12-31 所示。

【示例 12-31】

```
#主服务器上, SHOW PROCESSLIST 的输出
MariaDB [(none)]> show processlist \G
*************************** 1. row ***************************
      Id: 5
    User: rep
    Host: 172.16.45.17:56655
      db: NULL
 Command: Binlog Dump
    Time: 601
   State: Master has sent all binlog to slave; waiting for binlog to be updated
    Info: NULL
Progress: 0.000
*************************** 2. row ***************************
      Id: 8
    User: root
    Host: localhost
      db: NULL
 Command: Query
    Time: 0
   State: NULL
    Info: show processlist
Progress: 0.000
2 rows in set (0.00 sec)
#在从服务器上, SHOW PROCESSLIST 的输出
MariaDB [(none)]> show processlist \G
*************************** 1. row ***************************
      Id: 3
    User: system user
    Host:
      db: NULL
 Command: Connect
    Time: 677
```

```
        State: Waiting for master to send event
         Info: NULL
     Progress: 0.000
*************************** 2. row ***************************
           Id: 4
         User: system user
         Host: 
           db: NULL
      Command: Connect
         Time: 416
        State: Slave has read all relay log; waiting for the slave I/O thread to update it
         Info: NULL
     Progress: 0.000
```

这里，主服务器的 ID 为 5 的线程是一个连接从服务器的复制线程。该信息表示所有主要更新已经被发送到从服务器，主服务器正等待更多的更新出现。

从服务器的信息表示线程 4 是同主服务器通信的 I/O 线程，线程 3 是处理保存在中继日志中的更新的 SQL 线程。SHOW PROCESSLIST 运行时，两个线程均空闲，等待其他更新。

 Time 列的值可以显示从服务器比主服务器滞后多长时间。

12.4.5 MariaDB 复制搭建过程

本节示例涉及的主从数据库信息为：主 MariaDB 服务器为 172.16.45.14:3306，从 MariaDB 服务器为 172.16.45.17:3306。为便于演示主从复制的部署过程，以上两个实例都为新部署的实例。

步骤 01 确认主从服务器上安装了相同版本的数据库，本节以 MariaDB 5.5.44 为例。

步骤 02 确认主从服务器已经启动并正常提供服务，主从服务器的关键配置如示例 12-32 所示。

【示例 12-32】

```
#my.cnf 中的主要配置项
[root@localhost ~]# cat /etc/my.cnf
[mysqld]
datadir=/var/lib/mysql
socket=/var/lib/mysql/mysql.sock
symbolic-links=0
bind-address = 172.16.45.14
log-bin = /var/lib/mysql/binlog/mysql-bin
server-id = 1
```

```
[root@localhost ~]# cat /etc/my.cnf
[mysqld]
datadir=/var/lib/mysql
socket=/var/lib/mysql/mysql.sock
symbolic-links=0
bind-address = 172.16.45.17
log-bin = /var/lib/mysql/binlog/mysql-bin
server-id = 2
#在主从服务器上分别执行以下命令
[root@localhost ~]# mkdir -p /var/lib/mysql/binlog
[root@localhost ~]# touch /var/lib/mysql/binlog/mysql-bin.index
[root@localhost ~]# chown -R mysql.mysql /var/lib/mysql/binlog
#完成上述步骤后就可以启动服务
[root@localhost ~]# systemctl start mariadb.service
```

步骤 03 在 MariaDB 主服务器上,分配一个复制使用的账户给 MariaDB 从服务器,并授予 replication slave 权限,如示例 12-33 所示。

【示例 12-33】
```
MariaDB [(none)]> grant replication slave on *.* to rep@172.16.45.17;
Query OK, 0 rows affected (0.00 sec)
```

步骤 04 登录主服务器得到当前 binlog 的文件名和偏移量,如示例 12-34 所示。

【示例 12-34】
```
MariaDB [(none)]> show master logs;
+------------------+-----------+
| Log_name         | File_size |
+------------------+-----------+
| mysql-bin.000001 |       245 |
+------------------+-----------+
1 row in set (0.01 sec)
```

步骤 05 登录从服务器设置主备关系。

对从数据库服务器做相应的设置,指定复制使用的用户、主服务器的 IP、端口,开始执行复制的文件和偏移量等,如示例 12-35 所示。

【示例 12-35】
```
MariaDB [(none)]> change master to
    -> master_host='172.16.45.14',
    -> master_port=3306,
```

```
        -> master_user='rep',
        -> master_password='',
        -> master_log_file='mysql-bin.000001';
Query OK, 0 rows affected (0.03 sec)
```

步骤 06 登录从服务器上启动 slave 线程并检查同步状态,如示例 12-36 所示。

【示例 12-36】

```
MariaDB [(none)]> start slave;
Query OK, 0 rows affected (0.00 sec)

MariaDB [(none)]> show slave status \G
*************************** 1. row ***************************
               Slave_IO_State: Waiting for master to send event
                  Master_Host: 172.16.45.14
                  Master_User: rep
                  Master_Port: 3306
                Connect_Retry: 60
              Master_Log_File: mysql-bin.000001
          Read_Master_Log_Pos: 245
               Relay_Log_File: mariadb-relay-bin.000002
                Relay_Log_Pos: 529
        Relay_Master_Log_File: mysql-bin.000001
             Slave_IO_Running: Yes
            Slave_SQL_Running: Yes
              Replicate_Do_DB:
          Replicate_Ignore_DB:
           Replicate_Do_Table:
       Replicate_Ignore_Table:
      Replicate_Wild_Do_Table:
  Replicate_Wild_Ignore_Table:
                   Last_Errno: 0
                   Last_Error:
                 Skip_Counter: 0
          Exec_Master_Log_Pos: 245
              Relay_Log_Space: 825
              Until_Condition: None
               Until_Log_File:
                Until_Log_Pos: 0
           Master_SSL_Allowed: No
```

```
                Master_SSL_CA_File:
                Master_SSL_CA_Path:
                   Master_SSL_Cert:
                 Master_SSL_Cipher:
                    Master_SSL_Key:
             Seconds_Behind_Master: 0
 Master_SSL_Verify_Server_Cert: No
                     Last_IO_Errno: 0
                     Last_IO_Error:
                    Last_SQL_Errno: 0
                    Last_SQL_Error:
         Replicate_Ignore_Server_Ids:
                  Master_Server_Id: 1
1 row in set (0.01 sec)
```

如果 Slave_IO_Running 和 Slave_SQL_Running 都为 Yes 说明主从已经正常工作了。如果其中一个为 NO，则需要根据 Last_IO_Errno 和 Last_IO_Error 显示的信息定位主从同步失败的原因。

步骤 07 主从同步测试，如示例 12-37 所示。

【示例 12-37】

```
#登录主服务器执行
[root@localhost ~]# mysql -S /var/lib/mysql/mysql.sock -p
Enter password:
Welcome to the MariaDB monitor.  Commands end with ; or \g.
Your MariaDB connection id is 7
Server version: 5.5.44-MariaDB-log MariaDB Server

Copyright (c) 2000, 2015, Oracle, MariaDB Corporation Ab and others.

Type 'help;' or '\h' for help. Type '\c' to clear the current input statement.
#创建数据库作为示例
MariaDB [(none)]> create database ms;
Query OK, 1 row affected (0.00 sec)

MariaDB [(none)]> create database mydatabase;
Query OK, 1 row affected (0.00 sec)

MariaDB [(none)]> show master logs;
+--------------------+------------+
| Log_name           | File_size  |
+--------------------+------------+
```

```
| mysql-bin.000001 |      419 |
+------------------+----------+
1 row in set (0.00 sec)
```
#执行完上述步骤后，登录从服务器查看是否同步成功
```
MariaDB [(none)]> show databases;
+--------------------+
| Database           |
+--------------------+
| information_schema |
| binlog             |
| ms                 |
| mydatabase         |
| mysql              |
| performance_schema |
| test               |
+--------------------+
7 rows in set (0.03 sec)
```
#可以看到新建的数据库已经同步成功
```
MariaDB [(none)]> show slave status \G
*************************** 1. row ***************************
               Slave_IO_State: Waiting for master to send event
                  Master_Host: 172.16.45.14
                  Master_User: rep
                  Master_Port: 3306
                Connect_Retry: 60
              Master_Log_File: mysql-bin.000001
          Read_Master_Log_Pos: 419
               Relay_Log_File: mariadb-relay-bin.000002
                Relay_Log_Pos: 703
        Relay_Master_Log_File: mysql-bin.000001
             Slave_IO_Running: Yes
            Slave_SQL_Running: Yes
              Replicate_Do_DB:
          Replicate_Ignore_DB:
           Replicate_Do_Table:
       Replicate_Ignore_Table:
      Replicate_Wild_Do_Table:
  Replicate_Wild_Ignore_Table:
                   Last_Errno: 0
                   Last_Error:
                 Skip_Counter: 0
          Exec_Master_Log_Pos: 419
              Relay_Log_Space: 999
```

```
                   Until_Condition: None
                   Until_Log_File:
                    Until_Log_Pos: 0
               Master_SSL_Allowed: No
               Master_SSL_CA_File:
               Master_SSL_CA_Path:
                  Master_SSL_Cert:
                Master_SSL_Cipher:
                   Master_SSL_Key:
            Seconds_Behind_Master: 0
    Master_SSL_Verify_Server_Cert: No
                    Last_IO_Errno: 0
                    Last_IO_Error:
                   Last_SQL_Errno: 0
                   Last_SQL_Error:
      Replicate_Ignore_Server_Ids:
                 Master_Server_Id: 1
1 row in set (0.00 sec)
```

首先登录主数据库，然后创建表，同时此语句会被写入到主数据库的 binlog 日志中，从数据库的 IO 线程读取到该日志写入到本地的中继日志，从数据库的 SQL 线程重新执行该语句，从而使主从数据库数据一致。

12.5 小结

MariaDB 因其开源、高效和使用方便等优点赢得了开发者的信赖。本章从 MariaDB 的安装与配置开始介绍，让读者可以初步掌握 Linux 系统中 MariaDB 的安装方法与配置过程。

MariaDB 日常使用中经常遇到的如登录方式、存储引擎选择等操作，本章也通过详细的示例给出了应用过程。

12.6 习题

一、填空题

1. 登录 MariaDB 服务有两种方式，一种为_____，另一种为_____。
2. MariaDB 常用的存储引擎有_____、_____、_____和_____等，其中_____提供事务支持，其他存储引擎则不支持事务功能。

二、选择题

关于备份描述错误的有（　　）。

A. MariaDB 的备份方式可以通过直接备份数据文件或使用 mysqldump 命令将数据库数据导出到文本文件

B. 直接备份数据库文件适用于 MyISAM 和 InnoDB 存储引擎

C. mysqldump 是 MariaDB 提供的数据导出工具，适用于大多数需要备份数据的场景

D. 使用 mysqldump，表数据只能导出成 SQL 语句

第 13 章
安装和配置Oracle数据库管理系统

> Oracle 是目前最为流行的数据库管理系统之一，尤其是在中、高端领域，例如电信、证券等行业，Oracle 更是占据了绝大部分的市场份额。由于 Linux 系统成本较低，对于服务器硬件的兼容性强，从而使得它成为运行 Oracle 数据库管理系统的最佳环境。本章将介绍如何在 Linux 上面安装和配置 Oracle 数据库管理系统。

本章主要涉及的知识点有：

- Oracle 数据库管理系统简介
- Oracle 数据库体系结构
- 安装 Oracle 数据库服务器软件
- 创建数据库
- 配置 Oracle 数据库管理系统

13.1　Oracle 数据库管理系统简介

Oracle 数据库管理系统是一个比较复杂的软件系统。为了能够使初学者对于该软件有个初步了解，便于后面的学习，本节将对 Oracle 的相关情况进行简单介绍。

13.1.1　Oracle 的版本命名机制

Oracle 公司对于 Oracle 数据库管理系统的版本命名有着非常明确的规则，这一点可以从官方的文档中了解到。在软件不断升级的过程中，Oracle 数据库管理系统的命名规则也发生了几次变化。

从 Oracle 7 开始，Oracle 的版本号包括 4 部分内容，这个风格一直沿用到 Oracle 8i 之前。图 13.1 显示了早期的 Oracle 版本号的各组成部分。

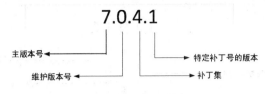

图 13.1　早期的 Oracle 版本号

从图中可以看出，早期的 Oracle 版本号有 4 个组成部分，含义如下。

- 主版本号：即产品的大版本号，当主版本号发生变化时，表示较之前的版本有着重大功能的变革。例如从 Oracle 9 升级到 Oracle 10，这种大版本升级带来的是全方位的变化，不仅数据库的数据格式发生变化，还包括 RDBMS 软件功能、特性的改进和丰富，也包括应用软件必要的改造等。
- 维护版本号：即在同一个大版本下做的改进，旨在标识不同的版本之间修复了一些重要的 Bug 等。Oracle 7、8 和 9 这 3 个版本的维护版本号都是从 0 开始。但是从 Oracle 10g 开始，维护版本号从 1 开始，例如 10.1、10.2 等。
- 补丁集：在两次产品版本之间发布的一组经过全面测试的累积整体修复程序，例如 10.2.0.4、10.2.0.5。其出现的原因是在当前的一个维护版本中出现了一些重大的问题，等不到下一个维护版本发布。
- 特定补丁号的版本：其含义是针对某些特定重要问题或者 Bug 的修复，也就是在补丁集没有发布之前的一个针对特定问题的补丁号。

从 Oracle 8i 开始，Oracle 的发行版本号包含 5 个部分，在原来的第 1 个数字和第 2 个数字之间增加了一个数字，表示新功能发布，如图 13.2 所示。例如，在 Oracle 8i 中，Oracle 开始有了图形化的安装工具，与 Java 的结合也更加紧密，成为第 1 个 Java 数据库。另外，最后两位数字的含义也发生了变化，分别称为通用补丁集和平台专用补丁集。

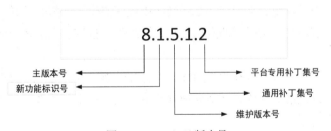

图 13.2　Oracle 8i 版本号

从 Oracle 9.2 开始，版本号的 5 个组成部分含义又做了一些改变，如图 13.3 所示。第 1 个数字依然是代表主版本号，含义不变。第 2 个数字为维护版本号。第 3 个数字是新增加应用服务器版本号，很明显就是专门为 Oracle 9i Application Server 增加的版本号。第 4 个数字为组件专用版本号，表示与 Oracle 数据库管理系统相关的一些中间件的版本。第 5 个数字没有变化，仍然是平台专用版本号。

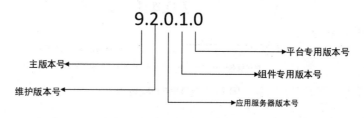

图 13.3　Oracle 9i 的版本号

除了数字方面的版本号，读者可能还会发现，从 Oracle 8 开始，每个主版本号后面都会有一个字母，例如 Oracle 8i、Oracle 9i、Oracle 10g、Oracle 11g，目前最新的版本是 Oracle 12c。这些字母都有具体的含义，表示 Oracle 数据库管理系统随着当时信息技术发展而提供的一些特性。其中字母 i 表示国际互联网（Internet），因为 Oracle 8i 发布的时候是 1999 年左右，Oracle 9i 发布的时候大约是 2001 年，当时正是互联网发展迅速的时期。字母 g 表示网格（Grid），同样也是因为 2003 年左右是网格计算技术兴起的时期，表示 Oracle 10g 和 11g 都提供了网格计算的相关技术。字母 c 表示云计算（Cloud），2013 年是云计算技术非常热门的时期，表示 Oracle 12c 已经为云计算提供了相关的技术。

13.1.2　Oracle 的版本选择

Oracle 的版本选择受许多因素的影响，包括应用环境、运营成本、操作系统平台以及硬件环境等。用户可以根据自己的实际情况进行选择。

从 Oracle 10g 开始，对于每个主版本，Oracle 数据库管理系统都提供了标准版 1（Standard Edition One）、标准版（Standard Edition）以及企业版（Enterprise Edition）3 个版本供用户选择，用于生产环境。

其中标准版 1 为工作组、部门级和互联网应用程序提供了非常好的易用性和性价比。它包含了构建关键商务的应用程序所必需的全部工具。标准版 1 仅许可在最多为两个处理器的服务器上使用。

标准版提供了与标准版 1 同样的易用性、能力和性能，并且提供了对更大型的计算机和服务集群的支持。它可以在最高容量为 4 个处理器的单台服务器上，或者在一个支持最多 4 个处理器的服务器的集群上使用。

企业版为关键任务的应用程序，例如大业务量的在线事务处理（OLTP）环境、查询密集的数据仓库和要求苛刻的互联网应用程序，提供了高效、可靠、安全的数据管理。Oracle 数据库企业版为企业提供了满足当今关键任务应用程序的可用性和可伸缩性需求的工具和功能。它包含 Oracle 数据库的所有组件。

除了以上可以用于生产环境的版本之外，Oracle 还提供了一些免费版，例如 Oracle 数据库 10g 个人版（Oracle Database 10g Personal Edition）和 Oracle 11g 快捷版（Oracle Database 11g Express Edition）这些版本主要为开发者提供一个测试环境，一般不用于生产环境中。

在每个版本当中，Oracle 都为当前的主流操作系统提供了相应的版本，例如 Oracle 11g 就提供了 Windows、Linux、Solaris 以及 HP-UX 4 种操作系统的发行版,并且为每种操作系统都提供了 32 和 64 位的版本。

> Oracle 的发行版可能会随着当时的软硬件发展水平而变化,例如 Oracle 12c 就只为 Windows 提供了 64 位的发行版,这主要是因为目前已经很少在 32 位的 Windows 上面安装和使用 Oracle 数据库管理系统了。

13.2 Oracle 数据库体系结构

了解和掌握 Oracle 数据库的体系结构是学习 Oracle 的重中之重,许多初学者就是因为不从整体上了解 Oracle 的系统结构,才使得自己在学习了多年 Oracle 之后,仍然不得其门而入,遇到问题后也不知如何处理。本节将对 Oracle 数据库系统的体系结构进行宏观讲解。

13.2.1 认识 Oracle 数据库管理系统

Oracle 数据库管理系统是一套相对较为复杂的软件系统,它由多个部分构成。图 13.4 描述了 Oracle 整个体系结构。

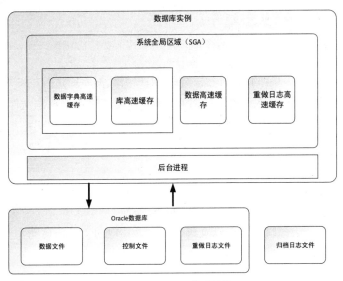

图 13.4 Oracle 体系结构

从图 13.4 可以看出,Oracle 数据库管理系统主要由数据库实例和数据库组成。在 Oracle 中,这两部分相对较为独立。在创建 Oracle 数据库的时候,用户总是先创建一个实例,然后再创建数据库。在只有一个实例的环境中,实例与数据库是一对一的。当然,在某些情况下,可以多个实例共用一个数据库,从而形成多对一的关系。

图 13.4 仅仅描述了一个简化的 Oracle 系统结构,在实际应用环境中,除了图 13.4 所示的组成部分之外,还可能会有用户进程以及应用程序等。

13.2.2 物理存储结构

Oracle 数据库的物理结构主要由一系列的磁盘文件组成,是数据库中的数据在磁盘上面的存储方式。Oracle 中的文件比较多,包括数据文件、日志文件、控制文件以及归档文件等,用户需要把这些文件的功能搞清楚,管理起 Oracle 系统来才会得心应手。下面对这些文件的功能进行简单的介绍。

1．数据文件

数据文件是数据库中所有用户数据的实际存储位置,所有数据文件大小的和构成了数据库的大小。数据文件又分为永久性数据文件和临时性数据文件。Oracle 11g 数据库在创建的时候,会默认创建 5 个永久性的文件和一个临时性的文件。

2．控制文件

控制文件是记录数据库结构信息的重要的二进制文件,由 Oracle 系统进行读写操作,系统管理员不能直接操作该文件。控制文件中主要保存数据库名称以及数据文件位置等信息。Oracle 11g 数据库默认创建两个控制文件。

3．重做日志文件

重做日志文件是以重做记录的形式记录、保存用户对数据库所进行的变更操作,是数据库中非常重要的物理文件。当 Oracle 系统崩溃的时候,用户需要通过重做日志文件来恢复数据库实例。Oracle 11g 数据库在创建时,会默认创建 3 个重做日志文件组。

4．初始化参数文件

初始化参数文件是数据库启动过程中必需的文件,Oracle 实例启动时,会读入初始化参数文件中的每个参数配置,并使用这些参数来配置 Oracle 实例。

除了以上文件之外,还有口令文件以及跟踪文件等其他的文件,这些文件的作用相对较小,读者可以参考相关书籍,在此不再详细介绍。

13.2.3 逻辑存储结构

Oracle 数据库的逻辑结构从逻辑的角度来分析数据库系统的构成,即从逻辑上来描述 Oracle 数据库数据的组织和管理形式。通常情况下,Oracle 数据库的逻辑存储结构分为数据块、区、段和表空间 4 种。

数据块是 Oracle 数据库最小的逻辑单元,也是数据库执行输入、输出操作的最小单位,由一个或多个操作系统块构成。

区由若干个数据块组成。区是 Oracle 最小的存储分配单元。引入区的目的是为了提高系统存储空间分配的效率。

段是由一个或多个连续或不连续的区组成的逻辑存储单元，是表空间的组成单位。

表空间是 Oracle 数据库最大的逻辑存储结构单元。实际上，系统管理员主要是通过表空间来管理 Oracle 数据库的存储空间的。根据存储数据不同，表空间可以分为系统表空间和非系统表空间，前者主要用来存储数据库系统的信息，后者则主要用来存储用户数据。表 13.1 列出了常见的表空间以及功能。

表 13.1 常见表空间类型

名称	类型	说明
system	系统表空间	存储数据字典、数据库对象定义以及 PL/SQL 程序源代码等系统信息
sysaux	系统表空间	辅助系统表空间，存储数据库组件等信息
temp	临时表空间	存储临时数据，用于排序等操作
undotbs1	撤销表空间	存储回滚信息
users	用户表空间	存储用户数据

通常情况下，一个数据库可以包含多个表空间，但是一个表空间只能属于一个数据库，即表空间不能跨数据库。

13.2.4 数据库实例

Oracle 数据库实例包括数据库服务器的内存以及相关的处理程序。其中，与数据库性能关系最大的是 SGA，即系统全局区（System Global Area）。SGA 包括 3 个组成部分。

- 数据缓冲区。用于缓存从数据文件中检索出来的数据块，可以大大提高查询和更新数据的性能。
- 日志缓冲区。主要是重做日志缓冲区，对数据库的任何修改都按顺序被记录在该缓冲区中。
- 共享池。使相同的 SQL 语句不再编译，提高了 SQL 的执行速度。

除此之外，还包括一些后台进程，主要有系统监控进程、数据库写进程、日志写进程以及检查点进程等。关于这些进程的功能，不再详细介绍。

13.3 安装 Oracle 数据库服务器

对于 Linux 来说，安装 Oracle 是一个相对较为简单的操作。但是安装前的准备工作比较充分，则可以按部就班地顺利完成 Oracle 在 Linux 上的安装。本节将以目前最新的版本 Oracle 12c 为例来说明如何在 RedHat Enterprise 上面安装 Oracle。

13.3.1 检查软硬件环境

Oracle 对于软件平台的支持非常广泛，几乎所有的主流操作系统都有相应的版本提供，例如 Windows、Solaris 以及各种 Linux 发行版，用户可以通过查看 Oracle 12c 的相关文档来了解 Oracle 12c 所支持的操作系统。另外，与之前的版本不同，Oracle 12c 现在只支持 64 位操作系统，不再支持 32 位操作系统。

Oracle 对于服务器硬件的要求比较苛刻，因为数据库的某些操作，例如排序和连接都需要大量的内存来支持。通常情况下，Oracle 12c 的最小物理内存要求为 1GB。此外，还应该设置相应数量的交换空间（Swap），以供 Oracle 临时使用。交换空间的设置与物理内存密切相关，用户可以参考表 13.2 来设置。

表 13.2 Linux 交换空间设置

物理内存	交换空间
1~2GB	物理内存的 1.5 倍
2~16GB	与物理内存相等
超过 16GB	16GB

在 RHEL 7 中，用户可以通过以下命令来查看系统的物理内存和交换空间的大小，如下所示：

```
[root@localhost ~]# grep MemTotal /proc/meminfo
MemTotal:        2033528 kB
[root@localhost ~]# grep SwapTotal /proc/meminfo
SwapTotal:       4194296 kB
```

在上面的命令中，/proc/meminfo 是存在于 proc 虚拟文件系统中的一个文件，该文件记录了当前系统的内存信息。其中物理内存以 MemTotal 表示，交换内存以 SwapTotal 表示，grep 命令正是通过这两个标记来查找相关的信息。可以得知，当前系统的物理内存约为 2GB，交换内存空间约为 4GB。虽然官方文档建议的内存和交换空间较小，但为了保证安装成功，建议内存不少于 2G，交换空间大小不少于 3G，否则可能会导致一些意外的错误。

在磁盘空间方面，Oracle 12c 不同的版本磁盘空间要求也不同，标准版最小要求为 6.1GB，企业版则为 6.4G。在这里强烈建议磁盘可用空间至少为 20G，当然，作为数据库服务器，磁盘空间越大越好。并且，出于数据安全要求，Oracle 的数据库文件不应该放在单独的磁盘上面，最好放在磁盘阵列，例如 RAID 5 或者 RAID 1 上面。另一个容易忽略的问题是，官方文档对系统临时文件目录/tmp 也提出了空间要求，官方建议至少 1G 可用空间。

用户可以通过 df 命令来查看当前服务器的文件系统以及空间大小，如下所示：

```
[root@localhost ~]# df -h
```

```
Filesystem              Size  Used Avail Use% Mounted on
/dev/mapper/rhel-root    48G   21G   28G  43% /
devtmpfs                978M     0  978M   0% /dev
tmpfs                   993M  525M  469M  53% /dev/shm
tmpfs                   993M   17M  976M   2% /run
tmpfs                   993M     0  993M   0% /sys/fs/cgroup
/dev/sda1               497M  140M  357M  29% /boot
tmpfs                   199M   16K  199M   1% /run/user/0
/dev/sr0                3.8G  3.8G     0 100% /media
```

上面这个示例仅为实验环境的空间分布，在生产环境中建议单独为 Oracle 12c 相关目录分配空间，如目录/u01 等。

13.3.2 下载 Oracle 安装包

当用户明确了当前服务器的软硬件环境符合 Oracle 的要求之后，就可以到 Oracle 的官方网站下载相应的版本，如图 13.5 所示。Oracle 提供了两个版本供用户下载，其一是企业版（Enterprise Edition），其二是标准版（Standard Edition，SE2 表示标准第二版）。在 RHEL 7 上面安装 Oracle 12c 需要下载 Linux x86-64 版本，用户可以根据自己的实际情况来选择。在本例中，下载的是企业版的 Linux x86-64 位的版本。

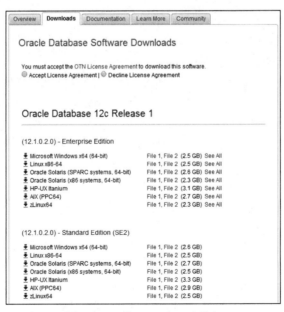

图 13.5　下载 Oracle 11g 安装包

登录该网站并单选中"Accept License Agreement"，然后单击相应的版本后的文件就可以下载对应的安装文件压缩包。从官方网站下载的 Oracle 安装包有两个文件，其文件名分别为

linuxamd64_12102_database_1of2.zip 和 linuxamd64_12102_database_2of2.zip，用户需要将这两个压缩文件分别解压后，再合并在一起，这样才能组成完整的安装文件。

另外，强烈建议下载安装包的同时将官方文档也一并下载，以备查询使用。下载官方文档的方法是，在图 13.5 所示页面上部选择 "Documentation"，在弹出的界面中选择相应版本的文档下载即可。下载官方文档后，将官方文档解压，然后在解压的文件中找到 index.htm 或 index.html 并使用浏览器打开即可阅读。Oracle 的官方文档十分详尽，用户可以在其中找到许多资料，建议时常阅读。

13.3.3 依赖软件包安装

在正式开始安装 Oracle 12c 之前，最重要的一步为安装依赖软件包。Oracle 12c 依赖的软件包列表可以参考官方手册名为 Database Quick Installation Guide（快速安装指南）中的 6.1 节，在 6.1 节中详细列举了依赖软件包的名称和版本（最低版本，向上兼容）。大部分依赖软件包都可以在安装光盘中找到，安装过程如示例 13-1 所示。

【示例 13-1】

```
#以下安装步骤在光盘中的 Packages 目录中进行
#安装以下安装包时需要注意软件包的版本
#以下安装的许多软件包名称一样，但硬件版本却不同
#硬件版本有 i686 和 x86_64 两种
#这两种版本都需要安装，具体可参考官方文档中的相关描述
[root@localhost Packages]# rpm -ivh binutils-2.23.52.0.1-55.el7.x86_64.rpm compat-libcap1-1.10-7.el7.x86_64.rpm
    Preparing...              ################################# [100%]
        package binutils-2.23.52.0.1-55.el7.x86_64 is already installed
[root@localhost Packages]# rpm -ivh gcc-4.8.5-4.el7.x86_64.rpm cpp-4.8.5-4.el7.x86_64.rpm glibc-devel-2.17-105.el7.x86_64.rpm glibc-headers-2.17-105.el7.x86_64.rpm kernel-headers-3.10.0-327.el7.x86_64.rpm libmpc-1.0.1-3.el7.x86_64.rpm mpfr-3.1.1-4.el7.x86_64.rpm
    Preparing...              ################################# [100%]
    Updating / installing...
      1:mpfr-3.1.1-4.el7         ################################# [ 14%]
      2:libmpc-1.0.1-3.el7       ################################# [ 29%]
      3:cpp-4.8.5-4.el7          ################################# [ 43%]
      4:kernel-headers-3.10.0-327.el7  ################################# [ 57%]
      5:glibc-headers-2.17-105.el7     ################################# [ 71%]
      6:glibc-devel-2.17-105.el7       ################################# [ 86%]
      7:gcc-4.8.5-4.el7          ################################# [100%]
```

```
[root@localhost    Packages]#    rpm    -ivh    gcc-c++-4.8.5-4.el7.x86_64.rpm
libstdc++-devel-4.8.5-4.el7.x86_64.rpm
Preparing...                      ################################# [100%]
Updating / installing...
   1:libstdc++-devel-4.8.5-4.el7   ################################# [ 50%]
   2:gcc-c++-4.8.5-4.el7           ################################# [100%]
[root@localhost   Packages]#   rpm   -ivh   glibc-2.17-105.el7.i686.rpm
glibc-2.17-105.el7.x86_64.rpm    nss-softokn-freebl-3.16.2.3-13.el7_1.i686.rpm
nss-softokn-freebl-3.16.2.3-13.el7_1.x86_64.rpm
Preparing...                      ################################# [100%]
        package nss-softokn-freebl-3.16.2.3-13.el7_1.x86_64 is already installed
        package glibc-2.17-105.el7.x86_64 is already installed
[root@localhost   Packages]#   rpm  -ivh  glibc-devel-2.17-105.el7.i686.rpm
glibc-2.17-105.el7.i686.rpm nss-softokn-freebl-3.16.2.3-13.el7_1.i686.rpm
Preparing...                      ################################# [100%]
Updating / installing...
   1:nss-softokn-freebl-3.16.2.3-13.el################################# [ 33%]
   2:glibc-2.17-105.el7            ################################# [ 67%]
   3:glibc-devel-2.17-105.el7      ################################# [100%]
[root@localhost Packages]# rpm -ivh ksh-20120801-22.el7_1.2.x86_64.rpm
Preparing...                      ################################# [100%]
Updating / installing...
   1:ksh-20120801-22.el7_1.2       ################################# [100%]
[root@localhost Packages]# rpm -ivh libaio-0.3.109-13.el7.i686.rpm
Preparing...                      ################################# [100%]
Updating / installing...
   1:libaio-0.3.109-13.el7         ################################# [100%]
[root@localhost Packages]# rpm -ivh libaio-0.3.109-13.el7.x86_64.rpm
Preparing...                      ################################# [100%]
        package libaio-0.3.109-13.el7.x86_64 is already installed
[root@localhost   Packages]#   rpm   -ivh   libaio-devel-0.3.109-13.el7.x86_64.rpm
libaio-devel-0.3.109-13.el7.i686.rpm
Preparing...                      ################################# [100%]
Updating / installing...
   1:libaio-devel-0.3.109-13.el7   ################################# [ 50%]
   2:libaio-devel-0.3.109-13.el7   ################################# [100%]
[root@localhost Packages]# rpm -ivh libgcc-4.8.5-4.el7.i686.rpm
Preparing...                      ################################# [100%]
Updating / installing...
```

```
    1:libgcc-4.8.5-4.el7              ################################# [100%]

[root@localhost Packages]# rpm -ivh libgcc-4.8.5-4.el7.x86_64.rpm
Preparing...                          ################################# [100%]
    package libgcc-4.8.5-4.el7.x86_64 is already installed

[root@localhost Packages]# rpm -ivh  libstdc++-devel-4.8.5-4.el7.x86_64.rpm
libstdc++-4.8.5-4.el7.x86_64.rpm
Preparing...                          ################################# [100%]
    package libstdc++-4.8.5-4.el7.x86_64 is already installed
    package libstdc++-devel-4.8.5-4.el7.x86_64 is already installed

[root@localhost  Packages]#  rpm  -ivh  libstdc++-devel-4.8.5-4.el7.i686.rpm
libstdc++-4.8.5-4.el7.i686.rpm
Preparing...                          ################################# [100%]
Updating / installing...
  1:libstdc++-4.8.5-4.el7              ################################# [ 50%]
  2:libstdc++-devel-4.8.5-4.el7        ################################# [100%]

[root@localhost     Packages]#    rpm    -ivh    libXi-1.7.4-2.el7.i686.rpm
libX11-1.6.3-2.el7.i686.rpm                       libXau-1.0.8-2.1.el7.i686.rpm
libXext-1.3.3-3.el7.i686.rpm libxcb-1.11-4.el7.i686.rpm
Preparing...                          ################################# [100%]
Updating / installing...
  1:libXau-1.0.8-2.1.el7               ################################# [ 20%]
  2:libxcb-1.11-4.el7                  ################################# [ 40%]
  3:libX11-1.6.3-2.el7                 ################################# [ 60%]
  4:libXext-1.3.3-3.el7                ################################# [ 80%]
  5:libXi-1.7.4-2.el7                  ################################# [100%]

[root@localhost    Packages]#    rpm    -ivh    libXi-1.7.4-2.el7.x86_64.rpm
libX11-1.6.3-2.el7.x86_64.rpm                     libXau-1.0.8-2.1.el7.x86_64.rpm
libXext-1.3.3-3.el7.x86_64.rpm libxcb-1.11-4.el7.x86_64.rpm
Preparing...                          ################################# [100%]
    package libXau-1.0.8-2.1.el7.x86_64 is already installed
    package libxcb-1.11-4.el7.x86_64 is already installed
    package libX11-1.6.3-2.el7.x86_64 is already installed
    package libXext-1.3.3-3.el7.x86_64 is already installed
    package libXi-1.7.4-2.el7.x86_64 is already installed
```

```
[root@localhost Packages]# rpm -ivh make-3.82-21.el7.x86_64.rpm
Preparing...                          ################################# [100%]
        package make-1:3.82-21.el7.x86_64 is already installed


[root@localhost Packages]# rpm -ivh sysstat-10.1.5-7.el7.x86_64.rpm
Preparing...                          ################################# [100%]
        package sysstat-10.1.5-7.el7.x86_64 is already installed
[root@localhost Packages]# rpm -ivh compat-libcap1-1.10-7.el7.i686.rpm
Preparing...                          ################################# [100%]
Updating / installing...
   1:compat-libcap1-1.10-7.el7        ################################# [100%]
#光盘中的软件包安装完毕
#Oracle 12c 还需要一个名为 compat-libstdc++-33 的软件包
#版本为 x86_64，RHEL 7中并没有此软件包，可以使用 RHEL 6中的相应软件包代替
#版本为 compat-libstdc++-33-3.2.3或之后的版本，安装过程如下
[root@localhost Packages]# cd /data/soft/
[root@localhost                       soft]#                              wget
ftp://ftp.icm.edu.pl/vol/rzm5/linux-centos/6.7/os/x86_64/Packages/compat-libstdc+
+-33-3.2.3-69.el6.x86_64.rpm
  --2016-04-28                                                    12:36:20--
ftp://ftp.icm.edu.pl/vol/rzm5/linux-centos/6.7/os/x86_64/Packages/compat-libstdc+
+-33-3.2.3-69.el6.x86_64.rpm
           => 'compat-libstdc++-33-3.2.3-69.el6.x86_64.rpm'
Resolving ftp.icm.edu.pl (ftp.icm.edu.pl)... 193.219.28.2
Connecting to ftp.icm.edu.pl (ftp.icm.edu.pl)|193.219.28.2|:21... connected.
Logging in as anonymous ... Logged in!
==> SYST ... done.    ==> PWD ... done.
==> TYPE I ... done.  ==> CWD (1) /vol/rzm5/linux-centos/6.7/os/x86_64/Packages ...
done.
==> SIZE compat-libstdc++-33-3.2.3-69.el6.x86_64.rpm ... 187476
==> PASV ... done.    ==> RETR compat-libstdc++-33-3.2.3-69.el6.x86_64.rpm ...
done.
Length: 187476 (183K) (unauthoritative)


100%[=============================================>] 187,476     158KB/s    in
1.2s


2016-04-28 12:36:33 (158 KB/s) - 'compat-libstdc++-33-3.2.3-69.el6.x86_64.rpm'
```

```
saved [187476]
    [root@localhost soft]# rpm -ivh compat-libstdc++-33-3.2.3-69.el6.x86_64.rpm
    Preparing...                          ################################# [100%]
    Updating / installing...
       1:compat-libstdc++-33-3.2.3-69.el6 ################################# [100%]
    #接下来需要安装Oracle ODBC驱动,使用光盘安装
    #同时安装x86_64和i686两个版本
    [root@localhost Packages]# rpm -ivh unixODBC-2.3.1-11.el7.i686.rpm
unixODBC-devel-2.3.1-11.el7.i686.rpm   libtool-ltdl-2.4.2-20.el7.i686.rpm
ncurses-libs-5.9-13.20130511.el7.i686.rpm readline-6.2-9.el7.i686.rpm
    Preparing...                          ################################# [100%]
    Updating / installing...
       1:ncurses-libs-5.9-13.20130511.el7 #################################  [ 20%]
       2:readline-6.2-9.el7               #################################  [ 40%]
       3:libtool-ltdl-2.4.2-20.el7        #################################  [ 60%]
       4:unixODBC-2.3.1-11.el7            #################################  [ 80%]
       5:unixODBC-devel-2.3.1-11.el7      ################################# [100%]
    [root@localhost Packages]# rpm -ivh unixODBC-2.3.1-11.el7.x86_64.rpm
unixODBC-devel-2.3.1-11.el7.x86_64.rpm
    Preparing...                          ################################# [100%]
    Updating / installing...
       1:unixODBC-2.3.1-11.el7            #################################  [ 50%]
       2:unixODBC-devel-2.3.1-11.el7      ################################# [100%]
```

从上面的示例可以看到 Oracle 12c 依赖的软件包非常多,安装完成后建议使用命令 rpm -q 一一查询,以免遗漏。关于以上示例还需要说明的是,每个软件包都需要安装相应的版本,如果版本过低 Oracle 12c 安装将无法顺利完成,可阅读官方文档中的说明了解。

13.3.4 创建 Oracle 用户组和用户

官方文档中明确要求不能以 root 用户的身份来安装 Oracle,因此,用户需要另外创建用户组和用户来执行安装操作。按照惯例,执行 Oralce 安装任务的用户组应该命名为 oinstall,执行数据库管理任务的用户组应该命名为 dba。另外,执行与 Oracle 数据库管理系统相关操作的用户应该命名为 oracle,该用户可以同时属于 oinstall 和 dba 这两个用户组。

创建用户组的命令如下:

```
[root@localhost ~]# groupadd oinstall
[root@localhost ~]# groupadd dba
```

创建 oracle 用户的命令如下:

```
[root@localhost ~]# useradd -g oinstall -G dba oracle
[root@localhost ~]# id oracle
uid=1001(oracle) gid=1002(oinstall) groups=1002(oinstall),1001(dba)
```

13.3.5 修改内核参数

为了能够使得 Oracle 更好地运行，用户需要修改某些相关的系统参数，这些参数主要涉及内存和文件系统。在 RHEL 7.2 中，内核参数存储在/etc/sysctl.conf 文件中。使用 vim 命令打开该文件，并在文件结尾添加以下内容：

```
fs.aio-max-nr = 1048576
fs.file-max = 6815744
kernel.shmall = 2097152
kernel.shmmax = 1041166336
kernel.shmmni = 4096
kernel.sem = 250 32000 100 128
net.ipv4.ip_local_port_range = 9000 65500
net.core.rmem_default = 262144
net.core.rmem_max = 4194304
net.core.wmem_default = 262144
net.core.wmem_max = 1048586
```

在上面的代码中，fs.aio-max-nr 表示文件系统最大异步 I/O 数。fs.file-max 表示文件句柄的最大数量。kernel.shmall 表示可用共享内存的总量，通常不需要修改。kernel.shmmni 和 kernel.shmmax 分别表示可用共享内存的最小值和最大值，这两个参数通常也不需要修改。kernel.sem 表示设置的信号量，这 4 个参数内容大小固定。net.ipv4.ip_local_port_range 表示本地端口范围。net.core.rmem_default 表示接收套接字缓冲区大小的默认值，net.core.rmem_max 表示接收套接字缓冲区大小的最大值，net.core.wmem_default 表示发送套接字缓冲区大小的默认值，net.core.wmem_max 表示发送套接字缓冲区大小的最大值，这 4 个参数都以字节为单位。

 文件句柄表示在 Linux 系统中可以打开的文件数量。另外官方文档中建议的内核参数 kernel.shmmax 值 536870912 会触发警告，值 1041166336 则不会。

修改完内核参数之后，用户可以通过重新启动操作系统使得这些改动生效。如果不想立即重新启动操作系统，也可以通过 sysctl 命令来载入配置文件，使得前面的改动即时生效，如下所示：

```
[root@localhost ~]# sysctl -p
```

13.3.6 修改用户限制

在 Linux 系统中，出于安全考虑，对于用户可以使用的文件句柄数量进行了限制，其默认值通常为 1024。用户可以使用 ulimit 命令来查看，如示例 13-2 所示。

【示例 13-2】

```
[root@localhost ~]# ulimit -a
core file size          (blocks, -c)   0
data seg size           (kbytes, -d)   unlimited
scheduling priority     (-e)           0
file size               (blocks, -f)   unlimited
pending signals         (-i)           14795
max locked memory       (kbytes, -l)   64
max memory size         (kbytes, -m)   unlimited
open files              (-n)           1024
pipe size               (512 bytes, -p) 8
POSIX message queues    (bytes, -q)    819200
real-time priority      (-r)           0
stack size              (kbytes, -s)   10240
cpu time                (seconds, -t)  unlimited
max user processes      (-u)           14795
virtual memory          (kbytes, -v)   unlimited
file locks              (-x)           unlimited
```

在 Oracle 运行的过程中，很容易会超过这个限制，从而导致数据库读写文件错误。所以，在安装 Oracle 之前，最好先调整该参数，以适应 Oracle 的需求。在 RHEL 中，这些参数保存在 /etc/security/limits.conf 文件中。通过 vim 命令打开该文件，在文件结尾增加以下代码：

```
oracle   soft   nproc    2047
oracle   hard   nproc    16384
oracle   soft   nofile   1024
oracle   hard   nofile   65536
oracle   soft   stack    10240
oracle   hard   stack    10240
```

在上面的代码中，第 1 列表示用户名，第 2 列表示设置的类型，其中 soft 表示当前的默认值，而 hard 表示最大值。第 3 列是项目，其中 nproc 表示进程数，nofile 表示打开的文件数，stack 表示最大栈大小。

 修改完成之后，需要重新启动 RHEL，使得改动生效。

13.3.7 修改用户配置文件

在 Oracle 中，有一些环境变量非常重要，例如 ORACLE_BASE、ORACLE_HOME 以及 TMP 等，其中 ORACLE_BASE 表示 Oracle 相关软件的起始目录，是 Oracle 软件和管理文件的最上层目录，ORACLE_HOME 表示 Oracle 数据库的主目录。

通过 su 命令切换到 oracle 用户，然后修改 Bash Shell 的用户配置文件.bash_profile，如示例 13-3 所示。

【示例 13-3】

```
[root@localhost ~]# su - oracle
[oracle@localhost ~]$ vim .bash_profile
```

在下面一行：

```
export PATH
```

前面插入以下代码：

```
ORACLE_BASE=/u01/app/oracle
export ORACLE_BASE
ORACLE_HOME=$ORACLE_BASE/product/12.1.0/db_1
export ORACLE_HOME
PATH=$ORACLE_HOME/bin:$PATH
TMP=/tmp
TMPDIR=/tmp
export TMP TMPDIR
```

从上面的代码可以得知，Oracle 使用的临时目录为/tmp。另外，以上设置将在 oracle 用户重新登录后生效，或使用命令 source ~/.bash_profie。

 .bash_profile 是 Bash Shell 的用户配置文件，如果 oracle 用户使用其他的 Shell，则应该修改相应的文件。

13.3.8 准备安装目录和安装文件

接下来准备 Oracle 数据库安装的目录，命令如下：

```
[root@localhost ~]# mkdir -p /u01/app
[root@localhost ~]# chown -R oracle:oinstall /u01/app
[root@localhost ~]# chmod -R 775 /u01/app
```

上面的命令表示，创建了目录之后，需要使用 chown 命令将/u01/app 目录的所有者修改为

oinstall 用户组的 oracle 用户。另外，为了能够使得同组的用户完全控制该目录，需要将该目录的权限设置为 775。

接下来需要将下载的安装文件解压，过程如示例 13-4 所示。

【示例 13-4】

```
[root@localhost ~]# cd /data/soft/
[root@localhost soft]# unzip linuxamd64_12102_database_1of2.zip
[root@localhost soft]# unzip linuxamd64_12102_database_2of2.zip
[root@localhost soft]# ls
compat-libstdc++-33-3.2.3-69.el6.x86_64.rpm    linuxamd64_12102_database_1of2.zip
database                                        linuxamd64_12102_database_2of2.zip
```

解压完成后，安装文件位于 database 目录中。接下来就需要让之前的所有设置都生效，如果不清楚设置如何才能生效，可以重新启动系统。

13.3.9　安装软件

接下来介绍具体的安装过程，安装过程是在图形界面中完成的，因此需要登录图形界面。以 oracle 用户登录 RHEL，进入 Oracle 11g 安装文件所在的目录下的 database 目录中，执行 runInstaller 启动安装向导，如下所示：

```
#以下命令在图形界面的终端中执行
#注意执行命令的用户
#让所有用户都能访问 Xserver
[root@localhost ~]# xhost +
access control disabled, clients can connect from any host
#切换到 oracle 用户并切换到安装文件目录
[root@localhost ~]# su - oracle
[oracle@localhost ~]$ cd /data/soft/database/
#为防止乱码产生将语言变量设置为空
#此时将默认采用英语
[oracle@localhost database]$ LANG=
#设置显示变量
[oracle@localhost database]$ export DISPLAY=:0.0
#启动安装向导，此命令执行后需要等待一段时间才能看到安装向导
```

```
[oracle@localhost database]$ ./runInstaller
```

Oracle 12c 安装向导的界面分为左右两部分，左边为整个流程图，右边是当前所要进行的操作。下面给出详细的安装步骤。

步骤 01 Oracle 安全更新订阅（Configure Security Updates）页面如图 13.6 所示。如果用户不需要设置，可以取消 "I wish to receive security updates via My Oracle Support" 前的对勾，单击【Next】按钮在弹出的警告窗口中单击【Yes】按钮进入下一步。

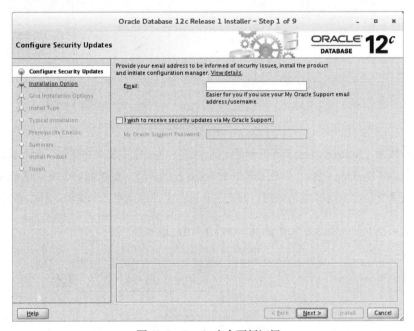

图 13.6 Oracle 安全更新订阅

步骤 02 接下来将进入选项【Installation Option】，如图 13.7 所示。Oracle 12c 提供了 3 个选项，分别是创建和配置数据库、安装 Oracle 软件以及升级现有的数据库。通常情况下，用户应该选择第 1 个选项，该选项会执行一次完整的 Oracle 安装操作，不仅安装了 Oracle 软件，还创建数据库。而第 2 个选项则仅仅安装 Oracle 软件本身，不会创建数据库，用户需要单独创建数据库。

在本例中，选择第 1 个选项。单击【Next】按钮，进入下一步。

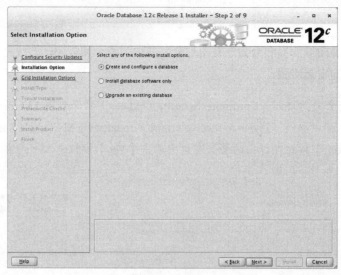

图 13.7　安装选项

步骤 03 系统级别（System Class）页面如图 13.8 所示。Oracle 安装向导提供了两个级别，分别是桌面级别（Desktop Class）和服务器级别（Server Class）。如果用户需要测试 Oracle 或者进行相关开发，可以选择桌面级别；如果想要用在生产环境中，则需要选择服务器级别。

在本例中，选择服务器级别，单击【Next】按钮，进入下一步。

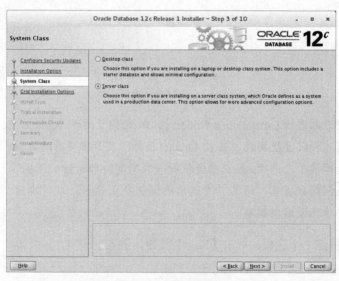

图 13.8　选择系统级别

步骤 04 网格安装选项（Grid Installation Options）页面如图 13.9 所示。网格选项包括三个选项，分别是单实例（Single instance）安装、集群（Real Application Clusters）环境和集群节点（RAC Node）环境。在本例中，选择单实例安装，单击【Next】按钮，进入下一步。

第 13 章 安装和配置 Oracle 数据库管理系统

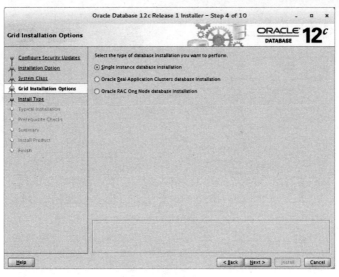

图 13.9 配置网格选项

步骤 05 安装类型（Installation Type）页面如图 13.10 所示。其中包括典型安装和高级安装两个选项。对于初学者来说，执行典型安装比较容易上手，而高级安装则通常针对对 Oracle 比较熟悉的用户。在本例中，选择典型安装，单击【Next】按钮，进入下一步。

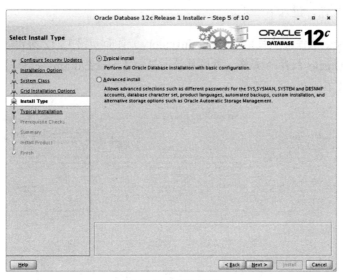

图 13.10 安装类型

步骤 06 典型安装配置（Typical Install configuration）页面如图 13.11 所示。由于在前面已经设置了相关的系统变量，所以 Oracle 安装向导会自动根据这些系统变量来设置相关选项。

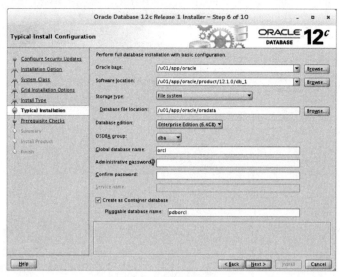

图 13.11 典型安装选项

用户只需要修改数据库版本（Database edition），全局数据库名称（Global database name）以及管理员密码（Administrative password）即可。在本例中，数据库版本选择企业版（Enterprise Edition），全局数据库名称填入 orcl，管理员密码可以根据自己的实际情况来设定。设置完成之后，单击【Next】按钮，进入下一步。

步骤 07 设置 Oracle 软件清单目录（Create Inventory）页面如图 13.12 所示。软件清单目录会包含所有 Oracle 软件的清单，将该目录设置为【/oracle/oraInventory】，单击【Next】按钮，进入下一步。

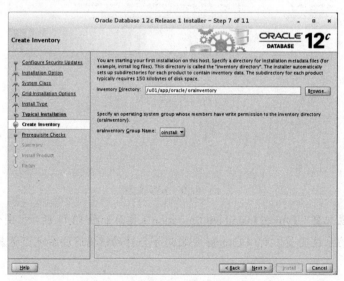

图 13.12 设置 Oracle 软件清单目录

步骤 08 执行先决条件检查（Perform Prerequisite Checks），如图 13.13 所示。如果当前的软硬件环境在某些方面不符合 Oracle 12c 的需求，则会给出提示，用户可以根据情况来修正某些问题。如果实在不能满足需求，也可以勾选【Ignore All】忽略问题进行安装，但这可能会导致安装失败或程序运行不正常。如果当前软硬件环境满足需求则不会显示此页面。

图 13.13　执行先决条件检查

 尽管用户应该尽量去满足 Oracle 的安装需求，但是对于某些条件，则可以忽略。

步骤 09　安装概要（Summary）页面如图 13.14 所示。在正式执行安装操作之前，Oracle 安装向导会给出一个关于本次安装的汇总，以便于用户确认。如果用户觉得存在某些问题，可以单击【Back】按钮，返回到前面去修改；否则，可以单击【Install】按钮，开始正式安装。

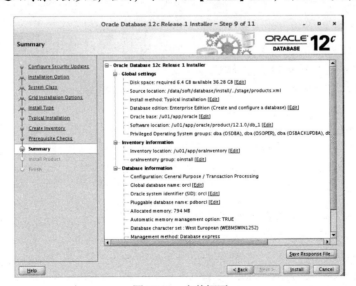

图 13.14　安装概要

步骤 10　安装过程页面如图 13.15 所示。当进度条达到 100% 以后，表示 Oracle 软件已经安装完成。

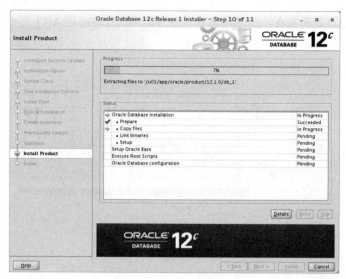

图 13.15　安装过程

步骤 11　在安装过程中会提示用户执行两个脚本才能进一步安装，如图 13.16 所示。

右击桌面，在弹出的快捷菜单上面选择【在终端中打开】，打开终端窗口，通过 su 命令切换到 root 用户，执行以下脚本：

```
[root@localhost soft]# cd /u01/app/oraInventory/
[root@localhost oraInventory]# ./orainstRoot.sh
Changing permissions of /u01/app/oraInventory.
Adding read,write permissions for group.
Removing read,write,execute permissions for world.

Changing groupname of /u01/app/oraInventory to oinstall.
The execution of the script is complete.
[root@localhost oraInventory]# cd ..
[root@localhost app]# cd oracle/product/12.1.0/db_1/
[root@localhost db_1]# ./root.sh
Performing root user operation.

The following environment variables are set as:
    ORACLE_OWNER= oracle
    ORACLE_HOME=  /u01/app/oracle/product/12.1.0/db_1

Enter the full pathname of the local bin directory: [/usr/local/bin]:
    Copying dbhome to /usr/local/bin ...
    Copying oraenv to /usr/local/bin ...
    Copying coraenv to /usr/local/bin ...
```

第 13 章 安装和配置 Oracle 数据库管理系统

```
Creating /etc/oratab file...
Entries will be added to the /etc/oratab file as needed by
Database Configuration Assistant when a database is created
Finished running generic part of root script.
Now product-specific root actions will be performed.
```

执行完上述操作后，返回执行配置脚本界面单击【OK】按钮继续安装。

步骤 12 数据库配置向导（Database Configuration Assistant）页面如图 13.17 所示。当 Oracle 软件安装完成之后，便自动启动数据库配置向导，以帮助用户完成数据库的创建。

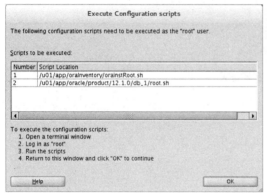
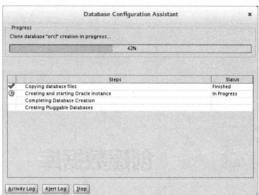

图 13.16　执行配置脚本　　　　　　　图 13.17　数据库配置向导

步骤 13 设置密码，如图 13.18 所示。如果用户想要修改 Oracle 系统用户的密码，可以单击【Password Management】按钮，进行设置。

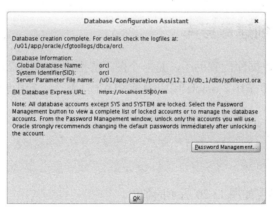

图 13.18　设置密码

当上面的步骤都执行完成之后，Oracle 就安装完成了，这时会出现如图 13.19 所示的窗口，单击【Close】按钮，退出安装向导。

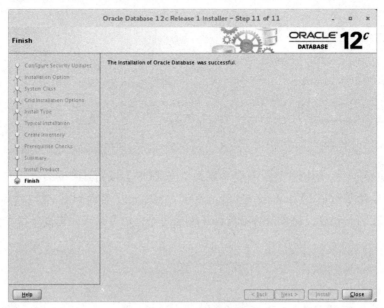

图 13.19　安装完成

13.4　创建数据库

通常情况下，系统管理员可以通过 3 种方式来创建数据库，分别为使用 Oracle 数据库配置助手（Oracle Database Configuration Assistant）、命令行，以及运行自定义批处理脚本。其中前面两种是经常用到的方法，本节将介绍使用 DBCA 和命令行来创建数据库。

13.4.1　用 DBCA 创建数据库

DBCA，即 Oracle 数据库配置助手，是一个图形界面的数据库管理工具。该工具通常位于 Oracle 主目录下面的 bin 目录中。oracle 用户登录 RHEL，在命令行中输入 dbca 就可以启动，如下所示：

```
#由于在13.3.7节中已经设置了环境变量 PATH，因此可以直接使用命令
[oracle@localhost bin]$ dbca
```

DBCA 启动之后，出现如图 13.20 所示的画面。

第 13 章　安装和配置 Oracle 数据库管理系统

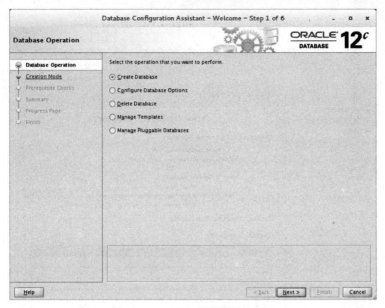

图 13.20　DBCA 数据库操作界面

在 DBCA 的数据库操作（Database Operation）界面中，显示了许多关于数据库操作的选项，如果用户需要创建数据库，则应该选择第一个选项，即创建一个数据库（Create Database）。然后单击【Next】按钮，进行下面的操作。

接下来会显示创建模式（Creation Mode）界面，如图 13.21 所示。

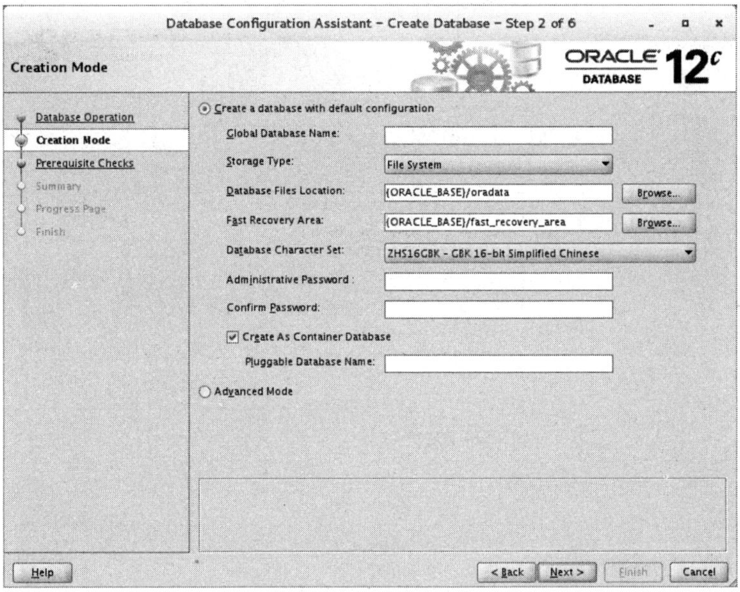

图 13.21　创建模式界面

在创建模式界面中，用户需要输入全局数据库名称（Global Database Name），选择数据库文件保存的路径、数据库的字符集（通常选择 ZHS16GBK 即可）以及数据库的管理密码等。设置完成后，单击【Next】按钮进入下一步。

接下来将显示创建摘要（Summary）界面，如图 13.22 所示。

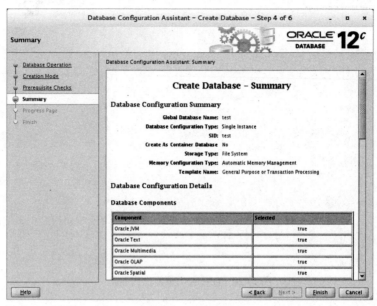

图 13.22　创建摘要

在创建摘要界面中显示了即将创建的数据库详情，如果还需要进行修改可单击【Back】按钮返回修改。如果不需要修改可以单击【Finish】按钮开始创建数据库，如图 13.23 所示。

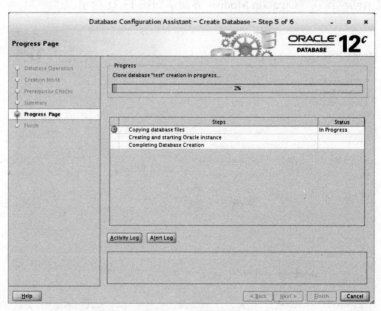

图 13.23　创建数据库

创建数据库需要一些时间，创建完成后将显示完成界面，如图 13.24 所示。在完成界面同样可以执行密码管理操作，最后单击【Close】按钮即可退出创建界面。

第 13 章 安装和配置 Oracle 数据库管理系统

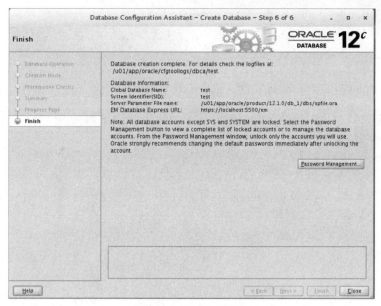

图 13.24 创建完成界面

13.4.2 手工创建数据库

前面介绍的两种方法都是在图形界面下完成数据库的创建操作。尽管这些方法都非常方便，但是在某些情况下系统管理员可能无法使用图形界面来创建数据库。例如通过 SSH 远程连接 RHEL 的时候。在这种情况下，用户只能通过命令行来执行操作。

幸运的是，最初的 Oracle 是没有图形界面的，并且到目前为止，仍然保留了通过命令行创建数据库的途径。下面介绍如何通过命令行手动创建 Oracle 数据库。

（1）通过 SSH 客户端（例如 SSH Secure Shell Client）连接到 RHEL，然后通过 su 命令切换到 oracle 用户，如下所示：

```
[root@localhost ~]# su - oracle
```

（2）创建初始化参数文件。Oracle 实例在启动的时候会自动读取一个初始化参数文件，该文件启动所必需的一些参数，默认情况下，该文件的名称为 init<SID>.ora，其中 SID 表示实例名。在手工创建数据库的情况下，该文件需要系统管理员自己创建。在 RHEL 中，该文件的默认位置为 $ORACLE_HOME/dbs。在本例中，创建一个名称为 initoratest.ora 的文件，表明需要创建的数据库名为 oratest.ora，其内容如下所示：

```
db_name='oratest'
processes = 150
audit_trail ='db'
db_block_size=8192
db_domain=''
dispatchers='(PROTOCOL=TCP) (SERVICE=ORCLXDB)'
```

```
open_cursors=300
compatible ='12.1.0'
control_files = (ora_cont0, ora_cont1)
```

（3）通过 sqlplus 连接到 Oracle 实例，然后启动实例。

```
#在连接之前需要在oracle用户的家目录中的.bash_profile文件中加入以下内容
#orcl 为之前创建的数据库
export ORACLE_SID=orcl
#加入以上语句之后就可以连接数据库了
[oracle@localhost ~]$ sqlplus /nolog

SQL*Plus: Release 12.1.0.2.0 Production on Fri Apr 29 16:54:00 2016

Copyright (c) 1982, 2014, Oracle.  All rights reserved.

SQL> conn system as sysdba
Enter password:
Connected to an idle instance.
SQL> startup pfile=/u01/app/oracle/product/12.1.0/db_1/dbs/initoratest.ora nomount
ORACLE instance started.

Total System Global Area  222298112 bytes
Fixed Size                  2922760 bytes
Variable Size             163579640 bytes
Database Buffers           50331648 bytes
Redo Buffers                5464064 bytes
```

在上面的命令中，system 用户必须以 dba 的身份登录才可以启动实例。另外，startup 命令通过 pfile 参数指定步骤（1）中创建的参数文件。由于还没有创建数据库，所以只能指定 nomount 参数，暂时不挂载数据库。

（4）创建数据库。使用 create database 命令创建数据库，如下所示：

```
SQL> create database oratest character set zhs16GBK;

Database created.
```

在上面的代码中，最后一行表示数据库已经成功创建。

13.4.3 打开数据库

在某些情况下，需要系统管理员按照一定的步骤手工打开数据库。首先，需要以系统管理员的身份连接到 Oracle 软件；然后使用含有 nomount 选项的 startup 命令启动数据库实例；接下来，使用 alter database 命令修改数据库状态为 mount，即挂载数据库；最后，通过 alter database 命令将数据库的状态修改为 open。操作过程如示例 13-5 所示。

【示例 13-5】

```
[oracle@localhost bin]$ sqlplus /nolog

SQL*Plus: Release 11.2.0.1.0 Production on Sun Mar 23 06:02:21 2014

Copyright (c) 1982, 2009, Oracle.  All rights reserved.

SQL> conn system as sysdba
Enter password:
Connected.
SQL> startup nomount
ORACLE instance started.

Total System Global Area  217157632 bytes
Fixed Size                  2211928 bytes
Variable Size             159387560 bytes
Database Buffers           50331648 bytes
Redo Buffers                5226496 bytes
SQL> alter database mount;

Database altered.

SQL> alter database open;

Database altered.
```

13.4.4 关闭数据库

关闭数据库需要使用 shutdown 命令，该命令有多个选项，这些选项分别表示不同的功能，例如 normal 选项按照正常的步骤关闭数据库实例；immediate 选项表示在尽可能短的时间内关闭数据库实例；transactional 表示在尽可能短的时间内关闭数据库，并且保证当前所有活动的事务都可以被提交；abort 表示立即关闭数据库实例，当前面的选项都无效的时候，可以使用该选项。示例 13-6 为通过 immediate 选项来关闭数据库实例。

【示例 13-6】

```
SQL> shutdown immediate;
Database closed.
Database dismounted.
ORACLE instance shut down.
```

13.5 小结

本章介绍了如何在 RHEL 上面安装和配置 Oracle 数据库管理系统。主要包括 Oracle 数据库管理系统简介、Oracle 数据库体系结构、安装 Oracle 数据库服务器以及创建数据库等。重点介绍了 Oracle 服务器的安装过程，以及如何通过 DBCA 和手工创建数据库。

13.6 习题

1. 下面哪一条是错误的启动语句？（   ）
   A. STARTUP NORMAL   B. STARTUP NOMOUNT
   C. START MOUNT   D. STARTUP FORCE

2. 下面哪一个不是数据库物理存储结构中的对象？（   ）
   A. 数据文件   B. 重做日志文件
   C. 控制文件   D. 表空间

3. 下面哪个组件不是 Oracle 实例的组成部分？（   ）
   A. 系统全局区 SGA   B. PMON 后台进程
   C. 控制文件   D. 调度进程

第 14 章 Apache 服务和 LAMP

Apache 是世界上应用最广泛的 Web 服务器之一，尤其是现在，使用 LAMP（Linux+Apache+MySQL+PHP）来搭建 Web 应用已经是一种流行的方式。因此，掌握 Apache 的配置是系统工程师必备的技能之一。本章首先介绍与 LAMP 密切相关的 HTTP 协议，然后介绍 Apache 服务的安装与配置，最后给出使用 LAMP 时的常见问题。

本章主要涉及的知识点有：

- Apache 的安装与配置
- LAMP 应用
- 演示如何使用 LAMP 搭建 Web 服务。

现在越来越多的企业已经将 MySQL 换成 MariaDB，MariaDB 服务的安装与管理可以参考第 12 章，二者的管理方式十分相近，本书不再赘述。另外，本章不涉及 LAMP 性能优化的内容，如需了解相关知识，请参阅相关书籍。

14.1 Apache HTTP 服务的安装与配置

本节首先介绍 HTTP 协议，然后介绍 Apache 的安装与配置。

14.1.1 HTTP 协议简介

超文本传送协议（Hypertext Transfer Protocol，HTTP）是因特网（World Wide Web，WWW，也简称为 Web）的基础。HTTP 服务器与 HTTP 客户机（通常为网页浏览器）之间的会话如图 14.1 所示。

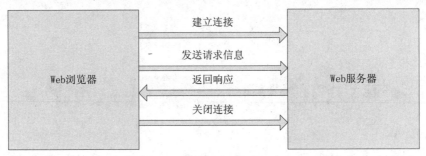

图 14.1　HTTP 服务端与 HTTP 客户端的交互过程

下面对这一交互过程进行详细分析。

1．客户端与服务器建立连接

首先客户端与服务器建立连接，就是 SOCKET 连接，因此要指定机器名称、资源名称和端口号，可以通过 URL 来提供这些信息。URL 的格式如示例 14-1 所示。

【示例 14-1】

```
HTTP://<IP 地址>/[端口号]/[路径][ <其他信息>]
http://dev.mysql.com/get/Downloads/MySQL-5.1/mysql-5.1.49.tar.gz
```

2．客户端向服务器提出请求

请求信息包括希望返回的文件名和客户端信息。客户端信息以请求头发送给服务器，请求头包括 HTTP 方法和头字段。

HTTP 方法常用的有 GET、HEAD、POST，头字段主要包含以下字段。

- DATE：请求发送的日期和时间。
- PARGMA：用于向服务器传输并实现无关的信息。这个字段还用于告诉代理服务器，要从实际服务器而不是从高速缓存存取资源。
- FORWARDED：可以用来追踪机器之间，而不是客户机和服务器之间的消息。这个字段可以用来追踪代理服务器之间的传递路由。
- MESSAGE_ID：用于唯一地标识消息。
- ACCEPT：通知服务器客户所能接受的数据类型和尺寸。
- FROM：当客户应用程序希望服务器提供有关其电子邮件地址时使用。
- IF-MODEFIED-SINCE：如果所请求的文档自从所指定的日期以来没有发生变化，则服务器不应发送该对象。如果所发送的日期格式不合法，或晚于服务器的日期，服务器会忽略该字段。
- BEFERRER：向服务器进行资源请求用到的对象。
- MIME-VERTION：用于处理不同类型文件的 MIME 协议版本号。
- USER-AGENT：有关发出请求的客户信息。

3．服务器对请求做出应答

服务器收到一个请求，就会立刻解释请求中所用到的方法，并开始处理应答。服务器的应答消息也包含头字段形式的报文信息。状态码是一个 3 位数字码，主要分为 4 类：

- 以 2 开头，表示请求被成功处理。
- 以 3 开头，表示请求被重定向。
- 以 4 开头，表示客户的请求有错。
- 以 5 开头，表示服务器不能满足请求。

响应报文除了返回状态行之外，还向客户返回以下几个头字段。

- DATE：服务器的时间。
- LAST-MODIFIED：网页最后被修改的时间。
- SERVER：服务器信息。
- CONTENT_TYPE：数据类型。
- RETRY_AFTER：服务器太忙时返回这个字段。

4．关闭客户与服务器之间的连接

此步主要关闭客户端与服务器的连接。

14.1.2 Apache 服务的安装、配置与启动

Apache 由于其跨平台和安全性被广泛使用，其特点是简单、快速、性能稳定，并可作为代理服务器来使用。可以支持 SSL 技术，并且支持多个虚拟主机，是 Web 服务的优先选择。

本机主要以 httpd-2.4.18.tar.gz 源码安装 Apache HTTP 服务为例说明其安装过程。如果系统要使用 https 协议来进行访问，需要 Apache 支持 SSL。因此，在开始安装 Apache 软件之前，首先要安装 OpenSSL，其源码可以在 http://www.openssl.org 下载。安装 OpenSSL 的步骤如示例 14-2 所示。

【示例 14-2】

```
#下载源码包
[root@localhost soft]# wget https://www.openssl.org/source/openssl-1.0.1s.tar.gz
--2016-05-03 15:49:00--  https://www.openssl.org/source/openssl-1.0.1s.tar.gz
Resolving     www.openssl.org     (www.openssl.org)...     194.97.150.234,
2001:608:c00:180::1:ea
Connecting   to   www.openssl.org   (www.openssl.org)|194.97.150.234|:443...
connected.
HTTP request sent, awaiting response... 200 OK
Length: 4551210 (4.3M) [application/x-gzip]
```

```
Saving to: 'openssl-1.0.1s.tar.gz'

100%[======================================>] 4,551,210    152KB/s   in 28s

2016-05-03 15:49:44 (159 KB/s) - 'openssl-1.0.1s.tar.gz' saved [4551210/4551210]
```
#解压源码包
```
[root@localhost soft]# tar xvf openssl-1.0.1s.tar.gz
[root@localhost soft]# cd openssl-1.0.1s
```
#配置编译选项
```
[root@localhost openssl-1.0.1s]# ./config --prefix=/usr/local/ssl --shared
```
#编译
```
[root@localhost openssl-1.0.1s]# make
[root@localhost openssl-1.0.1s]# make install
```
#将动态库路径加入系统路径中
```
[root@localhost openssl-1.0.1s]# echo /usr/local/ssl/lib/ >>/etc/ld.so.conf
```
#加载动态库以便系统共享
```
[root@localhost openssl-1.0.1s]# ldconfig
```

在安装完 OpenSSL 后，接下来就可以安装 Apache 了，安装步骤如示例 14-3 所示。

【示例 14-3】

#安装之前需要先安装依赖软件包
#下载安装 apr
```
[root@localhost soft]# wget http://apache.fayea.com/apr/apr-1.5.2.tar.gz
--2016-05-03 16:07:59--  http://apache.fayea.com/apr/apr-1.5.2.tar.gz
Resolving apache.fayea.com (apache.fayea.com)... 119.6.242.165, 119.6.242.164
Connecting to apache.fayea.com (apache.fayea.com)|119.6.242.165|:80... connected.
HTTP request sent, awaiting response... 200 OK
Length: 1031613 (1007K) [application/x-gzip]
Saving to: 'apr-1.5.2.tar.gz'

100%[======================================>] 1,031,613   --.-K/s   in 0.1s

2016-05-03 16:08:00 (7.20 MB/s) - 'apr-1.5.2.tar.gz' saved [1031613/1031613]
[root@localhost soft]# tar xvf apr-1.5.2.tar.gz
[root@localhost soft]# cd apr-1.5.2
[root@localhost apr-1.5.2]# ./configure --prefix=/usr/local/apr
[root@localhost apr-1.5.2]# make
[root@localhost apr-1.5.2]# make install
```

```
#安装apr-util
[root@localhost soft]# wget http://apache.fayea.com/apr/apr-util-1.5.4.tar.gz
--2016-05-03 16:08:30--  http://apache.fayea.com/apr/apr-util-1.5.4.tar.gz
Resolving apache.fayea.com (apache.fayea.com)... 119.6.242.165, 119.6.242.164
Connecting to apache.fayea.com (apache.fayea.com)|119.6.242.165|:80... connected.
HTTP request sent, awaiting response... 200 OK
Length: 874044 (854K) [application/x-gzip]
Saving to: 'apr-util-1.5.4.tar.gz'

100%[======================================>] 874,044    4.79MB/s   in 0.2s

2016-05-03 16:08:31 (4.79 MB/s) - 'apr-util-1.5.4.tar.gz' saved [874044/874044]
[root@localhost soft]# tar xvf apr-util-1.5.4.tar.gz
[root@localhost soft]# cd apr-util-1.5.4
#注意编译时需要上一步中安装的apr，因此使用了with-apr选项
[root@localhost apr-util-1.5.4]# ./configure --prefix=/usr/local/apr-util --with-apr=/usr/local/apr
[root@localhost apr-util-1.5.4]# make
[root@localhost apr-util-1.5.4]# make install
#安装pcre
[root@localhost soft]# wget http://netix.dl.sourceforge.net/project/pcre/pcre/8.38/pcre-8.38.tar.gz
--2016-05-03 16:33:56--  http://netix.dl.sourceforge.net/project/pcre/pcre/8.38/pcre-8.38.tar.gz
Resolving netix.dl.sourceforge.net (netix.dl.sourceforge.net)... 87.121.121.2
Connecting to netix.dl.sourceforge.net (netix.dl.sourceforge.net)|87.121.121.2|:80... connected.
HTTP request sent, awaiting response... 200 OK
Length: 2053336 (2.0M) [application/x-gzip]
Saving to: 'pcre-8.38.tar.gz'

100%[======================================>] 2,053,336   866KB/s   in 2.3s

2016-05-03 16:34:00 (866 KB/s) - 'pcre-8.38.tar.gz' saved [2053336/2053336]
[root@localhost soft]# tar xvf pcre-8.38.tar.gz
[root@localhost soft]# cd pcre-8.38
[root@localhost pcre-8.38]# ./configure --prefix=/usr/local/pcre
[root@localhost pcre-8.38]# make
```

```
[root@localhost pcre-8.38]# make install
#接下来就可以安装apache了
#下载源码包
[root@localhost soft]# wget http://mirror.bit.edu.cn/apache/httpd/httpd-2.4.18.tar.gz
--2016-05-05 17:59:32--  http://mirror.bit.edu.cn/apache/httpd/httpd-2.4.18.tar.gz
Resolving mirror.bit.edu.cn (mirror.bit.edu.cn)... 219.143.204.117, 2001:da8:204:2001:250:56ff:fea1:22
Connecting to mirror.bit.edu.cn (mirror.bit.edu.cn)|219.143.204.117|:80... connected.
HTTP request sent, awaiting response... 200 OK
Length: 7051797 (6.7M) [application/octet-stream]
Saving to: 'httpd-2.4.18.tar.gz'

100%[======================================>] 7,051,797   891KB/s   in 6.9s

2016-05-05 17:59:39 (998 KB/s) - 'httpd-2.4.18.tar.gz' saved [7051797/7051797]
#解压源码包
[root@localhost soft]# tar xvf httpd-2.4.18.tar.gz
[root@localhost soft]# cd httpd-2.4.18
#配置编译选项
[root@localhost httpd-2.4.18]# ./configure --prefix=/usr/local/apache2 \
> --enable-so \
> --enable-rewrite \
> --enable-ssl \
> --with-ssl=/usr/local/ssl \
> --with-apr=/usr/local/apr \
> --with-apr-util=/usr/local/apr-util \
> --with-pcre=/usr/local/pcre
#编译
[root@localhost httpd-2.4.18]# make
[root@localhost httpd-2.4.18]# make install
```

Apache 是模块化的服务器，核心服务器中只包含功能最常用的模块，而扩展功能由其他模块提供。设置过程中，可以指定包含哪些模块。Apache 有两种使用模块的方法。

- 一是静态编译至二进制文件。如果操作系统支持动态共享对象（DSO），而且能为 autoconf 所检测，则模块可以使用动态编译。DSO 模块的存储是独立于核心的，可以被核心使用由 mod_so 模块提供的运行时刻配置指令包含或排除。如果编译中包含任何动态模块，则 mod_so 模块会被自动包含进核心。如果希望核心能够装载 DSO，而不实际编译任何动态模块，需要明确指定--enable-so。在当前的示例中，核心模块功能全部启用。
- 二是需要启用 SSL 加密和 mod_rewrite，并且采用动态编译模式以便后续可以动态添加模块而不重新编译 apache，因此需要启用 mod_so。

基于上面的分析，配置编译选项时推荐使用以下方法，如示例 14-4 所示。

【示例 14-4】

```
[root@localhost httpd-2.4.18]# ./configure --prefix=/usr/local/apache2 \
> --enable-so \
> --enable-rewrite \
> --enable-ssl \
> --with-ssl=/usr/local/ssl \
> --with-apr=/usr/local/apr \
> --with-apr-util=/usr/local/apr-util \
> --with-pcre=/usr/local/pcre
[root@localhost httpd-2.4.18]# make
[root@localhost httpd-2.4.18]# make install
```

由于每个项目和网站的情况不同，如果还需要支持其他的模块，可以在编译时使用相应的选项。经过上面的过程，Apache 已经安装完毕，安装目录位于/usr/local/apache2 目录下。常见的目录说明如表 14.1 所示。

表 14.1 Apache 目录说明

参数	说明
/usr/local/apache2/bin	Apache bin 文件位置
/usr/local/apache2/modules	Apache 需要的模块
/usr/local/apache2/logs	Apache log 文件位置
/usr/local/apache2/htdocs	Apache 资源位置
/usr/local/apache2/conf	Apache 配置文件

Apache 主配置文件 httpd.conf 包含丰富的选项配置供用户选择，下面是一些常用配置的含义说明，如示例 14-5 所示。

【示例 14-5】

```
#设置服务器的基础目录，默认为 Apache 安装目录
ServerRoot "/usr/local/apache2"
#设置服务器监听的 IP 和端口
Listen 80
#设置动态加载的 DSO 模块
#如需提供基于文本文件的认证则启用此模块
LoadModule authn_file_module modules/mod_authn_file.so
```

#如需提供基于 DBM 文件的认证则启用此模块
#LoadModule authn_dbm_module modules/mod_authn_dbm.so
#如需提供匿名用户认证则启用此模块
LoadModule authn_anon_module modules/mod_authn_anon.so
#如需提供基于 SQL 数据库的认证则启用此模块
#LoadModule authn_dbd_module modules/mod_authn_dbd.so
#该模块允许身份验证缓存
#LoadModule authn_socache_module modules/mod_authn_socache.so
#认证核心模块
LoadModule authn_core_module modules/mod_authn_core.so
#基于主机名或 IP 地址的认证模块
LoadModule authz_host_module modules/mod_authz_host.so
#允许使用明文的组认证文件
LoadModule authz_groupfile_module modules/mod_authz_groupfile.so
#用户认证模块
LoadModule authz_user_module modules/mod_authz_user.so
#使用 DBM 进行组认证
#LoadModule authz_dbm_module modules/mod_authz_dbm.so
#基于文件所有者的认证模块
#LoadModule authz_owner_module modules/mod_authz_owner.so
#基于 SQL 数据库的用户认证模块
#LoadModule authz_dbd_module modules/mod_authz_dbd.so
#核心认证模块
LoadModule authz_core_module modules/mod_authz_core.so
#基于域名或 IP 地址的组认证模块
LoadModule access_compat_module modules/mod_access_compat.so
#HTTP 认证基础模块
LoadModule auth_basic_module modules/mod_auth_basic.so
#形式认证模块
#LoadModule auth_form_module modules/mod_auth_form.so
#如需提供 MD5 摘要认证则启用此模块
#LoadModule auth_digest_module modules/mod_auth_digest.so
#此模块可用于限制表单提交方式
#LoadModule allowmethods_module modules/mod_allowmethods.so
#此模块提供文件描述符缓存支持,从而提高性能
#LoadModule file_cache_module modules/mod_file_cache.so
#此模块提供基于 URI 键的内容动态缓存从而提高性能,必须与 mod_disk_cache/mod_mem_cache 同时使用
#LoadModule cache_module modules/mod_cache.so

```
#基于磁盘的 HTTP 缓存过滤器存储模块
#LoadModule cache_disk_module modules/mod_cache_disk.so
#共享对象缓存,这是一个 HTTP 缓存过滤器基础
#LoadModule cache_socache_module modules/mod_cache_socache.so
#以下是三个提供不同功能的共享对象缓存模块
#LoadModule socache_shmcb_module modules/mod_socache_shmcb.so
#LoadModule socache_dbm_module modules/mod_socache_dbm.so
#LoadModule socache_memcache_module modules/mod_socache_memcache.so
#配置宏文件支持模块
#LoadModule macro_module modules/mod_macro.so
#该模块用于管理 SQL 数据库连接
#LoadModule dbd_module modules/mod_dbd.so
#此模块用于转存 I/O 错误到日志文件
#LoadModule dumpio_module modules/mod_dumpio.so
#此模块用于支持请求缓存
#LoadModule buffer_module modules/mod_buffer.so
#此模块用于支持客户端带宽限制
#LoadModule ratelimit_module modules/mod_ratelimit.so
#允许用户设置请求超时和最小数据速度
LoadModule reqtimeout_module modules/mod_reqtimeout.so
#此模块允许使用外部过滤器
#LoadModule ext_filter_module modules/mod_ext_filter.so
#处理 HTTP 请求的过滤器
#LoadModule request_module modules/mod_request.so
#用于实现服务器包含文档(SSI)处理
#LoadModule include_module modules/mod_include.so
#根据上下文实际情况对输出过滤器进行动态配置
LoadModule filter_module modules/mod_filter.so
#用于执行搜索替换操作
#LoadModule substitute_module modules/mod_substitute.so
#用于在请求和响应中执行 sed 替换操作
#LoadModule sed_module modules/mod_sed.so
#支持压缩传输模块
#LoadModule deflate_module modules/mod_deflate.so
#如果需要根据文件扩展名决定应答的行为和内容可加载此模块
LoadModule mime_module modules/mod_mime.so
#如果需记录日志和定制日志文件格式可加载此模块
LoadModule log_config_module modules/mod_log_config.so
#调试日志,不建议开启
```

```
#LoadModule log_debug_module modules/mod_log_debug.so
#如需对每个请求的输入/输出字节数以及HTTP头进行日志记录可启用此模块
#LoadModule logio_module modules/mod_logio.so
#如果允许Apache修改或清除传送到CGI脚本和SSI页面的环境变量则启用此模块
LoadModule env_module modules/mod_env.so
#如果允许通过配置文件控制HTTP的"Expires:"和"Cache-Control:"头内容,加载此模块(推荐),否则注释掉
#LoadModule expires_module modules/mod_expires.so
#如果允许通过配置文件控制任意的HTTP请求和应答头信息则启用此模块
LoadModule headers_module modules/mod_headers.so
#此模块允许为每个请求提供唯一标识的环境变量
#LoadModule unique_id_module modules/mod_unique_id.so
#此模块允许根据请求特性来设置环境变量
LoadModule setenvif_module modules/mod_setenvif.so
#版本依赖性配置模块
LoadModule version_module modules/mod_version.so
#此模块用来辅助服务器获取客户端的IP地址(在代理环境中)
#LoadModule remoteip_module modules/mod_remoteip.so
#此模块提供代理支持
#LoadModule proxy_module modules/mod_proxy.so
#模块mod_proxy的延伸,用于连接请求处理
#LoadModule proxy_connect_module modules/mod_proxy_connect.so
#下面几个是代理模块的相关功能支持模块
#LoadModule proxy_ftp_module modules/mod_proxy_ftp.so
#LoadModule proxy_http_module modules/mod_proxy_http.so
#LoadModule proxy_fcgi_module modules/mod_proxy_fcgi.so
#LoadModule proxy_scgi_module modules/mod_proxy_scgi.so
#mod_proxy的扩展,提供Websockets支持
#LoadModule proxy_wstunnel_module modules/mod_proxy_wstunnel.so
#mod_proxy的扩展,提供Apache JServ Protocol支持
#LoadModule proxy_ajp_module modules/mod_proxy_ajp.so
#mod_proxy的扩展,提供负载均衡支持
#LoadModule proxy_balancer_module modules/mod_proxy_balancer.so
#mod_proxy的扩展,用于提供动态反向代理
#LoadModule proxy_express_module modules/mod_proxy_express.so
#提供Session支持
#LoadModule session_module modules/mod_session.so
#基于Cookie的会话支持
#LoadModule session_cookie_module modules/mod_session_cookie.so
```

```
#基于DBD/SQL的会话支持
#LoadModule session_dbd_module modules/mod_session_dbd.so
#共享内存槽支持
#LoadModule slotmem_shm_module modules/mod_slotmem_shm.so
#提供安全套接字层和传输层安全协议支持
#LoadModule ssl_module modules/mod_ssl.so
#下面几个模块是为代理负载均衡模块提供不同算法的模块
#LoadModule lbmethod_byrequests_module modules/mod_lbmethod_byrequests.so
#LoadModule lbmethod_bytraffic_module modules/mod_lbmethod_bytraffic.so
#LoadModule lbmethod_bybusyness_module modules/mod_lbmethod_bybusyness.so
#LoadModule lbmethod_heartbeat_module modules/mod_lbmethod_heartbeat.so
#Unix平台请求安全的模块,决定运行Apache服务的用户组
LoadModule unixd_module modules/mod_unixd.so
#提供DAV协议支持
#LoadModule dav_module modules/mod_dav.so
#此模块用于生成描述服务器状态的Web页面,只建议在追踪服务器性能和问题时加载
LoadModule status_module modules/mod_status.so
#如需自动对目录中的内容生成列表则加载此模块
LoadModule autoindex_module modules/mod_autoindex.so
#用于生成Apache配置情况的Web页面,不建议加载会带来安全问题
#LoadModule info_module modules/mod_info.so
#此模块在线程型MPM(worker)上用一个外部CGI守护进程执行CGI脚本,如果正在多线程模式下使用
CGI程序,推荐替换mod_cgi加载
#LoadModule cgid_module modules/mod_cgid.so
此模块为mod_dav访问服务器上的文件系统提供支持,如果加载mod_dav,则也应加载此模块,否则注释掉
#LoadModule dav_fs_module modules/mod_dav_fs.so
#如需提供大批量虚拟主机的动态配置支持则启用此模块
#LoadModule vhost_alias_module modules/mod_vhost_alias.so
#如需提供内容协商支持(从几个有效文档中选择一个最匹配客户端要求的文档),加载此模块(推荐),否
则注释掉
#LoadModule negotiation_module modules/mod_negotiation.so
#如需指定目录索引文件以及为目录提供"尾斜杠"重定向,加载此模块(推荐),否则注释掉
LoadModule dir_module modules/mod_dir.so
#如需针对特定的媒体类型或请求方法执行CGI脚本则启用此模块
#LoadModule actions_module modules/mod_actions.so
#如果希望服务器自动纠正URL中的拼写错误,加载此模块(推荐),否则注释掉
#LoadModule speling_module modules/mod_speling.so
#如果允许在URL中通过"/~username"形式从用户自己的主目录中提供页面则启用此模块
#LoadModule userdir_module modules/mod_userdir.so
```

```
#此模块提供从文件系统的不同部分到文档树的映射和URL重定向，推荐加载
LoadModule alias_module modules/mod_alias.so
#如需基于一定规则实时重写URL请求，加载此模块（推荐），否则注释掉
#LoadModule rewrite_module modules/mod_rewrite.so
#设置子进程的用户和组
<IfModule unixd_module>
User daemon
Group daemon
</IfModule>
#设置管理员邮箱地址
ServerAdmin root@test.com
#设置服务器，用于辨识主机名和端口
ServerName www.test.com:80
#服务器文件系统访问权限设置
<Directory />
    AllowOverride none
    Require all denied
</Directory>

#设置默认Web文档根目录
DocumentRoot "/usr/local/apache2/htdocs"
#设置Web文档根目录的默认属性
<Directory "/usr/local/apache2/htdocs">
    Options Indexes FollowSymLinks
    AllowOverride None
    Require all granted
</Directory>
#设置默认目录资源列表文件
<IfModule dir_module>
    DirectoryIndex index.html
</IfModule>
#拒绝对.ht开头文件的访问，以保护.htaccess文件
<Files ".ht*">
    Require all denied
</Files>
#指定错误日志文件
ErrorLog "logs/error_log"
#指定日志消息的级别
LogLevel warn
```

```
#定义访问日志的格式
<IfModule log_config_module>
    LogFormat "%h %l %u %t \"%r\" %>s %b \"%{Referer}i\" \"%{User-Agent}i\"" combined
    LogFormat "%h %l %u %t \"%r\" %>s %b" common

    <IfModule logio_module>
        LogFormat "%h %l %u %t \"%r\" %>s %b \"%{Referer}i\" \"%{User-Agent}i\" %I %O" combinedio
    </IfModule>
    CustomLog "logs/access_log" common
</IfModule>
#设定默认CGI脚本目录及别名
<IfModule alias_module>
    ScriptAlias /cgi-bin/ "/usr/local/apache2/cgi-bin/"
</IfModule>
#设置默认CGI脚本的目录属性
<Directory "/usr/local/apache2/cgi-bin">
    AllowOverride None
    Options None
    Require all granted
</Directory>
<IfModule mime_module>
#WEB指定MIME类型映射文件
    TypesConfig conf/mime.types
#WEB增加.Z和.tgz的类型映射
    AddType application/x-compress .Z
    AddType application/x-gzip .gz .tgz
</IfModule>
#启用内存映射
EnableMMAP on
#使用操作系统内核的sendfile支持来将文件发送到客户端
EnableSendfile on
#代理默认配置
<IfModule proxy_html_module>
Include conf/extra/proxy-html.conf
</IfModule>
#SSL默认配置
```

```
<IfModule ssl_module>
SSLRandomSeed startup builtin
SSLRandomSeed connect builtin
</IfModule>
```

设置 prefork 模块相关参数如下，这里会重点说明一下各个指令的意义。

```
<IfModule mpm_prefork_module>
    StartServers          5
    MinSpareServers       5
    MaxSpareServers      10
    ServerLimit        4000
    MaxClients         4000
    MaxRequestsPerChild   0
</IfModule>
```

指令说明如下。

- StartServers：设置服务器启动时建立的子进程数量。因为子进程数量动态地取决于负载的轻重，所以一般没有必要调整这个参数。
- MinSpareServers：设置空闲子进程的最小数量。所谓空闲子进程是指没有正在处理请求的子进程。如果当前空闲子进程数少于 MinSpareServers，那么 Apache 将以最大每秒一个的速度产生新的子进程。只有在非常繁忙的机器上才需要调整这个参数。将此参数设得太大通常是一个坏主意。
- MaxSpareServers：设置空闲子进程的最大数量。如果当前有超过 MaxSpareServers 数量的空闲子进程，那么父进程将杀死多余的子进程。只有在非常繁忙的机器上才需要调整这个参数。将此参数设得太大通常是一个坏主意。如果将该指令的值设置为比 MinSpareServers 小，Apache 将会自动将其修改成 MinSpareServers+1。
- ServerLimit：服务器允许配置的进程数上限。只有在需要将 MaxClients 设置成高于默认值 256 时才需要使用。要将此指令的值保持和 MaxClients 一样。修改此指令的值必须完全停止服务后再启动才能生效，以 restart 方式重启将不会生效。
- MaxClients：用于客户端请求的最大请求数量（最大子进程数），任何超过 MaxClients 限制的请求都将进入等候队列。默认值是 256，如果要提高这个值必须同时提高 ServerLimit 的值。笔者建议将初始值设为以 MB 为单位的最大物理内存/2，然后根据负载情况进行动态调整。比如一台 4GB 内存的机器，那么初始值就是 4000/2=2000。
- MaxRequestsPerChild：设置每个子进程在其生存期内允许伺服的最大请求数量。到达 MaxRequestsPerChild 的限制后，子进程将会结束。如果 MaxRequestsPerChild 为 0，子进程将永远不会结束。将 MaxRequestsPerChild 设置成非零值有两个好处：可以防止（偶然的）内存泄漏无限进行而耗尽内存；给进程一个有限寿命，从而有助于当服务器负载减轻时减少活动进程的数量。

下面设置 worker 模块相关参数。

```
<IfModule mpm_worker_module>
    StartServers         5
    ServerLimit         20
    ThreadLimit        200
    MaxClients        4000
    MinSpareThreads     25
    MaxSpareThreads    250
    ThreadsPerChild    200
    MaxRequestsPerChild  0
</IfModule>
```

指令说明如下。

- StartServers：设置服务器启动时建立的子进程数量。因为子进程数量动态地取决于负载的轻重，所以一般没有必要调整这个参数。
- ServerLimit 服务器允许配置的进程数上限。只有在需要将 MaxClients 和 ThreadsPerChild 设置成超过默认的 16 个子进程时才使用这个指令。不要将该指令的值设置得比 MaxClients 和 ThreadsPerChild 需要的子进程数量高。修改此指令的值必须完全停止服务后再启动才能生效，以 restart 方式重启将不会生效。
- ThreadLimit 设置每个子进程可配置的线程数 ThreadsPerChild 上限，该指令的值应当和 ThreadsPerChild 可能达到的最大值保持一致。修改此指令的值必须完全停止服务后再启动才能生效，以 restart 方式重启动将不会生效。
- MaxClients：用于伺服客户端请求的最大接入请求数量（最大线程数）。任何超过 MaxClients 限制的请求都将进入等候队列。默认值是 400，16（ServerLimit）乘以 25（ThreadsPerChild）的结果。因此要增加 MaxClients 时，必须同时增加 ServerLimit 的值。笔者建议将初始值设为以 MB 为单位的最大物理内存/2，然后根据负载情况进行动态调整。比如一台 4GB 内存的机器，初始值就是 4000/2=2000。
- MinSpareThreads：最小空闲线程数，默认值是 75。这个 MPM 将基于整个服务器监视空闲线程数。如果服务器中总的空闲线程数太少，子进程将产生新的空闲线程。
- MaxSpareThreads：设置最大空闲线程数。默认值是 250。这个 MPM 将基于整个服务器监视空闲线程数。如果服务器中总的空闲线程数太多，子进程将杀死多余的空闲线程。
MaxSpareThreads 的取值范围是有限制的。Apache 将按照如下限制自动修正你设置的值：worker 要求其大于等于 MinSpareThreads 加上 ThreadsPerChild 的和。
- ThreadsPerChild：每个子进程建立的线程数。默认值是 25。子进程在启动时建立这些线程后就不再建立新的线程了。每个子进程所拥有的所有线程的总数要足够大，以便可以处理可能的请求高峰。
- MaxRequestsPerChild：设置每个子进程在其生存期内允许伺服的最大请求数量。

14.1.3 Apache 基于 IP 的虚拟主机配置

Apache 配置虚拟主机支持 3 种方式：基于 IP 的虚拟主机配置，基于端口的虚拟主机配置，基于域名的虚拟主机配置。本节主要介绍基于 IP 的虚拟主机配置。

如果同一台服务器有多个 IP，可以使用基于 IP 的虚拟主机配置，将不同的服务绑定在不同的 IP 上。

步骤 01 假设服务器有一个 IP 地址为 172.16.45.14，首先使用 ifconfig 在同一个网络接口 eno16777736 上绑定其他 3 个 IP，如示例 14-6 所示。

【示例 14-6】

```
[root@localhost ~]# ifconfig eno16777736:1 172.16.45.101
[root@localhost ~]# ifconfig eno16777736:2 172.16.45.102
[root@localhost ~]# ifconfig eno16777736:3 172.16.45.103
[root@localhost ~]# ifconfig
eno16777736: flags=4163<UP,BROADCAST,RUNNING,MULTICAST>  mtu 1500
        inet 172.16.45.14  netmask 255.255.255.0  broadcast 172.16.45.255
        inet6 fe80::20c:29ff:feb5:c776  prefixlen 64  scopeid 0x20<link>
        ether 00:0c:29:b5:c7:76  txqueuelen 1000  (Ethernet)
        RX packets 327  bytes 28557 (27.8 KiB)
        RX errors 0  dropped 0  overruns 0  frame 0
        TX packets 219  bytes 30561 (29.8 KiB)
        TX errors 0  dropped 0  overruns 0  carrier 0  collisions 0

eno16777736:1: flags=4163<UP,BROADCAST,RUNNING,MULTICAST>  mtu 1500
        inet 172.16.45.101  netmask 255.255.0.0  broadcast 172.16.255.255
        ether 00:0c:29:b5:c7:76  txqueuelen 1000  (Ethernet)

eno16777736:2: flags=4163<UP,BROADCAST,RUNNING,MULTICAST>  mtu 1500
        inet 172.16.45.102  netmask 255.255.0.0  broadcast 172.16.255.255
        ether 00:0c:29:b5:c7:76  txqueuelen 1000  (Ethernet)

eno16777736:3: flags=4163<UP,BROADCAST,RUNNING,MULTICAST>  mtu 1500
        inet 172.16.45.103  netmask 255.255.0.0  broadcast 172.16.255.255
        ether 00:0c:29:b5:c7:76  txqueuelen 1000  (Ethernet)

lo: flags=73<UP,LOOPBACK,RUNNING>  mtu 65536
        inet 127.0.0.1  netmask 255.0.0.0
        inet6 ::1  prefixlen 128  scopeid 0x10<host>
```

```
          loop  txqueuelen 0  (Local Loopback)
          RX packets 4  bytes 340 (340.0 B)
          RX errors 0  dropped 0  overruns 0  frame 0
          TX packets 4  bytes 340 (340.0 B)
          TX errors 0  dropped 0 overruns 0  carrier 0  collisions 0
```

步骤 02 3 个 IP 对应的域名如下，配置主机的 host 文件以便于测试，如示例 14-7 所示。

【示例 14-7】
```
[root@localhost ~]# cat /etc/hosts
127.0.0.1   localhost localhost.localdomain localhost4 localhost4.localdomain4
::1         localhost localhost.localdomain localhost6 localhost6.localdomain6
172.16.45.101   www.test101.com
172.16.45.102   www.test102.com
172.16.45.103   www.test103.com
```

步骤 03 建立虚拟主机存放网页的根目录，并创建首页文件 index.html，如示例 14-8 所示。

【示例 14-8】
```
[root@localhost ~]# mkdir /data/www
[root@localhost ~]# cd /data/www
[root@localhost www]# mkdir 101
[root@localhost www]# mkdir 102
[root@localhost www]# mkdir 103
[root@localhost www]# echo "172.16.45.101" > 101/index.html
[root@localhost www]# echo "172.16.45.102" > 102/index.html
[root@localhost www]# echo "172.16.45.103" > 103/index.html
```

步骤 04 修改 httpd.conf，在文件末尾加入以下配置，如示例 14-9 所示。

【示例 14-9】
```
Listen 172.16.45.101:80
Listen 172.16.45.102:80
Listen 172.16.45.103:80
#在老版本的 Apache 中使用 NameVirtualHost 来配置虚拟主机
#在新版本中已经不适用，会导致 Apache 报错，但不影响运行
#因此下面三条配置项可删除
#NameVirtualHost 172.16.45.101:80
#NameVirtualHost 172.16.45.102:80
#NameVirtualHost 172.16.45.103:80
#以下表示加载 vhost 目录中所有以.conf 结尾的配置文件
```

```
Include conf/vhost/*.conf
```

步骤 05 编辑每个 IP 的配置文件，如示例 14-10 所示。

【示例 14-10】

```
[root@localhost conf]# mkdir vhost
[root@localhost conf]# cd vhost/
[root@localhost vhost]# cat www.test101.conf
<VirtualHost 172.16.45.101:80>
        ServerName www.test101.com
        DocumentRoot /data/www/101
        <Directory "/data/www/101/">
                Options Indexes FollowSymLinks
                AllowOverride None
                Require all granted
        </Directory>
</VirtualHost>
[root@localhost vhost]# cat www.test102.conf
<VirtualHost 172.16.45.102:80>
        ServerName www.test102.com
        DocumentRoot /data/www/102
        <Directory "/data/www/102/">
                Options Indexes FollowSymLinks
                AllowOverride None
                Require all granted
        </Directory>
</VirtualHost>
[root@localhost vhost]# cat www.test103.conf
<VirtualHost 172.16.45.103:80>
        ServerName www.test103.com
        DocumentRoot /data/www/103
        <Directory "/data/www/103/">
                Options Indexes FollowSymLinks
                AllowOverride None
                Require all granted
        </Directory>
</VirtualHost>
[root@localhost vhost]# cat /data/www/101/index.html
172.16.45.101
[root@localhost vhost]# cat /data/www/102/index.html
```

```
172.16.45.102
[root@localhost vhost]# cat /data/www/103/index.html
172.16.45.103
```

步骤 06 配置完以后可以启动 Apache 服务并进行测试，如示例 14-11 所示。

【示例 14-11】
```
[root@localhost conf]# /usr/local/apache2/bin/apachectl start
[root@localhost conf]# curl http://www.test101.com
172.16.45.101
[root@localhost conf]# curl http://www.test102.com
172.16.45.102
[root@localhost conf]# curl http://www.test103.com
172.16.45.103
```

14.1.4 Apache 基于端口的虚拟主机配置

如果一台服务器只有一个 IP 或需要通过不同的端口访问不同的虚拟主机，可以使用基于端口的虚拟主机配置。

步骤 01 假设服务器有一个 IP 地址为 172.16.45.104，如示例 14-12 所示。

【示例 14-12】
```
[root@localhost ~]# ifconfig eno16777736:4 172.16.45.104
[root@localhost ~]# ifconfig eno16777736:4
eno16777736:4: flags=4163<UP,BROADCAST,RUNNING,MULTICAST>  mtu 1500
        inet 172.16.45.104  netmask 255.255.0.0  broadcast 172.16.255.255
        ether 00:0c:29:b5:c7:76  txqueuelen 1000  (Ethernet)
```

步骤 02 需要配置的虚拟主机分别为 7081、8081 和 9081，配置主机的 host 文件以便于测试。

【示例 14-13】
```
[root@localhost ~]# grep 104 /etc/hosts
172.16.45.104    www.test104.com
```

步骤 03 建立虚拟主机存放网页的根目录，并创建首页文件 index.html。

【示例 14-14】
```
[root@localhost ~]# cd /data/
[root@localhost data]# mkdir port
[root@localhost data]# cd port/
[root@localhost port]# mkdir 7081
```

```
[root@localhost port]# mkdir 8081
[root@localhost port]# mkdir 9081
[root@localhost port]# echo "port 7081" > 7081/index.html
[root@localhost port]# echo "port 8081" > 8081/index.html
[root@localhost port]# echo "port 9081" > 9081/index.html
```

步骤 04 修改 httpd.conf，在文件末尾加入以下配置，如示例 14-15 所示。

【示例 14-15】

```
Listen 172.16.45.104:7081
Listen 172.16.45.104:8081
Listen 172.16.45.104:9081
```

步骤 05 编辑每个 IP 的配置文件，如示例 14-16 所示。

【示例 14-16】

```
[root@localhost vhost]# cat www.test104.7081.conf
<VirtualHost 172.16.45.104:7081>
        ServerName www.test104.com
        DocumentRoot /data/port/7081
        <Directory "/data/port/7081/">
                Options Indexes FollowSymLinks
                AllowOverride None
                Require all granted
        </Directory>
</VirtualHost>
[root@localhost vhost]# cat www.test104.8081.conf
<VirtualHost 172.16.45.104:8081>
        ServerName www.test104.com
        DocumentRoot /data/port/8081
        <Directory "/data/port/8081/">
                Options Indexes FollowSymLinks
                AllowOverride None
                Require all granted
        </Directory>
</VirtualHost>
[root@localhost vhost]# cat www.test104.9081.conf
<VirtualHost 172.16.45.104:9081>
        ServerName www.test104.com
        DocumentRoot /data/port/9081
```

```
        <Directory "/data/port/9081/">
            Options Indexes FollowSymLinks
            AllowOverride None
            Require all granted
        </Directory>
</VirtualHost>
[root@localhost vhost]# cat /data/port/7081/index.html
port 7081
[root@localhost vhost]# cat /data/port/8081/index.html
port 8081
[root@localhost vhost]# cat /data/port/9081/index.html
port 9081
```

步骤 06 配置完以后可以启动 Apache 服务并进行测试，如示例 14-17 所示。

【示例 14-17】
```
[root@localhost vhost]# /usr/local/apache2/bin/apachectl start
[root@localhost vhost]# curl http://www.test104.com:7081
port 7081
[root@localhost vhost]# curl http://www.test104.com:8081
port 8081
[root@localhost vhost]# curl http://www.test104.com:9081
port 9081
```

14.1.5 Apache 基于域名的虚拟主机配置

使用基于域名的虚拟主机配置是比较流行的方式，可以在同一个 IP 上配置多个域名并且都通过 80 端口访问。

步骤 01 假设服务器有一个 IP 地址为 172.16.45.105，如示例 14-18 所示。

【示例 14-18】
```
[root@localhost ~]# ifconfig eno16777736:5 172.16.45.105
[root@localhost ~]# ifconfig eno16777736:5
eno16777736:5: flags=4163<UP,BROADCAST,RUNNING,MULTICAST>  mtu 1500
        inet 172.16.45.105  netmask 255.255.0.0  broadcast 172.16.255.255
        ether 00:0c:29:b5:c7:76  txqueuelen 1000  (Ethernet)
```

步骤 02 172.16.45.105 对应的域名如示例 14-19 所示，配置主机的 host 文件，便于测试。

【示例 14-19】
```
[root@localhost ~]# grep 105 /etc/hosts
172.16.45.105    www.oa.com
172.16.45.105    www.bbs.com
172.16.45.105    www.test.com
```

步骤 03 建立虚拟主机存放网页的根目录，并创建首页文件 index.html，如示例 14-20 所示。

【示例 14-20】
```
[root@localhost ~]# cd /data/www/
[root@localhost www]# mkdir www.oa.com
[root@localhost www]# mkdir www.bbs.com
[root@localhost www]# mkdir www.test.com
[root@localhost www]# echo www.oa.com >www.oa.com/index.html
[root@localhost www]# echo www.bbs.com >www.bbs.com/index.html
[root@localhost www]# echo www.test.com >www.test.com/index.html
```

步骤 04 修改 httpd.conf，在文件末尾加入以下配置，如示例 14-21 所示。

【示例 14-21】
```
Listen 172.16.45.105:80
```

步骤 05 编辑每个域名的配置文件，如示例 14-22 所示。

【示例 14-22】
```
[root@localhost vhost]# cat www.oa.com.conf
<VirtualHost 172.16.45.105:80>
        ServerName www.oa.com
        DocumentRoot /data/www/www.oa.com
        <Directory "/data/www/www.oa.com/">
                Options Indexes FollowSymLinks
                AllowOverride None
                Require all granted
        </Directory>
</VirtualHost>
[root@localhost vhost]# cat www.bbs.com.conf
<VirtualHost 172.16.45.105:80>
        ServerName www.bbs.com
        DocumentRoot /data/www/www.bbs.com
        <Directory "/data/www/www.bbs.com/">
                Options Indexes FollowSymLinks
                AllowOverride None
```

```
            Require all granted
        </Directory>
</VirtualHost>
[root@localhost vhost]# cat www.test.com.conf
<VirtualHost 172.16.45.105:80>
        ServerName www.test.com
        DocumentRoot /data/www/www.test.com
        <Directory "/data/www/www.test.com/">
            Options Indexes FollowSymLinks
            AllowOverride None
            Require all granted
        </Directory>
</VirtualHost>
[root@localhost vhost]# cat /data/www/www.oa.com/index.html
www.oa.com
[root@localhost vhost]# cat /data/www/www.bbs.com/index.html
www.bbs.com
[root@localhost vhost]# cat /data/www/www.test.com/index.html
www.test.com
```

步骤 06 配置完以后可以启动 Apache 服务并进行测试。在浏览器上测试是同样的效果，如示例 14-23 所示。

【示例 14-23】
```
[root@localhost vhost]# /usr/local/apache2/bin/apachectl start
[root@localhost vhost]# curl www.oa.com
www.oa.com
[root@localhost vhost]# curl www.bbs.com
www.bbs.com
[root@localhost vhost]# curl www.test.com
www.test.com
```

为了使用基于域名的虚拟主机，必须指定服务器 IP 地址和可能的端口来使主机接受请求，这个使用 Listen 来进行配置。

在 NameVirtualHost 指令中指定 IP 地址并不会使服务器自动侦听那个 IP 地址。请参阅 Apache 服务和 LAMP 一章中关于 IP 和端口的内容获取更多详情。另外，这里设定的 IP 地址必须对应服务器上的一个网络接口。

如果需要在现有的 Web 服务器上增加虚拟主机，必须为现存的主机建造一个<VirtualHost>定义块。可以用一个固定的 IP 地址来代替<VirtualHost>指令中的"*",以达到某些特定的目的。比如说,在一个 IP 地址上运行一个基于域名的虚拟主机,而在另外一个 IP 地址上运行一个基于 IP 或是另外一套基于域名的虚拟主机。如果希望能通过不止一个域名被访问,可以把 ServerAlias 指令放入<VirtualHost>小节中来解决这个问题。比如说在上面的第一个<VirtualHost>配置段中 ServerAlias 指令中列出的名字就是用户可以用来访问同一个 web 站点的其他名字。

第一个列出的虚拟主机充当了默认虚拟主机的角色。当一个虚拟主机的 IP 地址与主服务器的配置项相符时,主服务器中的 DocumentRoot 将永远不会被用到。所以,如果需要创建一段特殊的配置用于处理不对应任何一个虚拟主机的请求的话,只要简单地把这段配置放到<VirtualHost>段中,并把它放到配置文件的最前面即可。

至此,3 种虚拟主机配置方法介绍完毕,有关配置文件的其他选项可以参考相关资料或 Apache 的帮助手册。

14.1.6 Apache 安全控制与认证

Apache 提供了多种安全控制手段,包括设置 Web 访问控制、用户登录密码认证及.htaccess 文件等。通过这些技术手段,可以进一步提升 Apache 服务器的安全级别,减少服务器受攻击或数据被窃取的风险。

1.Apache 安全控制

要进行 Apache 的访问控制,首先要了解 Apache 的虚拟目录。虚拟目录可以用指定的指令设置,设置虚拟目录的好处除便于访问之外,还可以增强安全性,类似于软链接的概念,客户端并不知道文件的实际路径。虚拟目录的格式如示例 14-24 所示。

【示例 14-24】
```
<Diretory 目录的路径>
    目录相关的配置参数和指令
</Diretory>
```

每个 Diretory 段都以<Diretory>开始,以</Diretory>结束,段作用于<Diretory>中指定的目录及其里面的所有文件和子目录。在段中可以设置与目录相关的参数和指令,包括访问控制和认证。2.4 版的 Apache 在访问控制方面与之前的 2.2 版有较大改变,2.4 版中的控制指令主要使用 Require,控制方法主要有基于 IP 地址、域名、http 方法、用户等。

(1)允许、拒绝所有访问指令

允许、拒绝所有访问:

```
允许所有主机的访问
Require all granted
拒绝所有主机的访问
```

```
Require all denied
```

 拒绝所有主机访问通常与允许某个 IP 地址或网络等一起使用。

(2) 基于 IP 地址或网络

当对象是 IP 地址或网络时：

允许主机访问
```
Require ip 192.168.133.23
```
允许某个网络
```
Require ip 192.168.244.0/24
```
禁止主机访问
```
Require not ip 192.168.123.22
```

(3) 基于域名

通常不建议使用基于域名的访问控制，因为解析过程可能会导致访问速度变慢：

```
#禁止 www.test.com 访问
Require not host www.test.com
#允许 www.test1.com 访问
Require host www.test1.com
```

当访问没有权限的地址时，会出现以下提示信息：

```
Forbidden
You don't have permission to access /dir on this server
```

现在，假设有一个名为 bm 的目录，通过此目录可以访问网站的一些管理信息，系统管理员希望该目录只能由自己的机器 192.168.1.105 访问，其他用户都不能访问。可以通过以下步骤实现。

首先配置 httpd.conf 或对应虚拟主机的配置文件，如示例 14-25 所示。

【示例 14-25】
```
Alias /testdir/ "/usr/local/apache2/bm/"
<Directory "/usr/local/apache2/htdocs/bm">
    Options Indexes FollowSymLinks
    AllowOverride None
    Require ip 192.168.1.105
</Directory>
```

保存后重启 Apache 服务。

在 IP 地址为 192.168.1.105 的机器上直接打开浏览器访问 http://domainname/bm 进行测试，可以看到只有指定的客户端可以访问，访问控制的目的已经达到。

2．Apache 认证

除了可以使用以上介绍的指令控制特定的目录访问之外，如果服务器中有敏感信息需要授权的用户才能访问，Apache 提供了认证与授权机制，当用户访问使用此机制控制的目录时，会提示用户输入用户名和密码，只有输入正确用户名和密码的主机才可以正常访问该资源。

Apache 的认证类型分为两种：基本（Basic）认证和摘要（Digest）认证。摘要认证比基本认证更加安全，但是并非所有的浏览器都支持摘要认证，所以本节只针对基本认证进行介绍。基本认证方式其实相当简单，当 Web 浏览器请求经此认证模式保护的 URL 时，将会出现一个对话框，要求用户输入用户名和口令。用户输入后，传给 Web 服务器，Web 服务器验证它的正确性。如果正确，则返回页面；否则将返回 401 错误。

要使用用户认证，首先要创建保存用户名和口令的认证口令文件。在 Apache 中提供了 htpasswd 命令，用于创建和修改认证口令文件，该命令在<Apache 安装目录>/bin 目录下。关于该命令的完整选项和参数说明可以通过直接运行 htpasswd 获取。

要在/usr/local/apache2/conf 目录下创建一个名为 users 的认证口令文件，并在口令文件中添加一个名为 admin 的用户。

命令运行后会提示用户输入 admin 用户的口令并再次确认，运行结果如示例 14-26 所示。

【示例 14-26】
```
[root@localhost bin]# ./htpasswd -c /usr/local/apache2/conf/users.list admin
New password:
Re-type new password:
Adding password for user admin
```

认证口令文件创建后，如果还要再向文件里添加一个名为 user1 的用户，可以执行如下命令，如示例 14-27 所示。

【示例 14-27】
```
[root@localhost bin]# ./htpasswd /usr/local/apache2/conf/users.list user1
New password:
Re-type new password:
Adding password for user user1
[root@localhost bin]# cat /usr/local/apache2/conf/users.list
admin:$apr1$3WOS/OQl$kKMR/nNPbq7tj8FNEpFKJ/
user1:$apr1$.Zut/10S$GyOSddLBleOzztieysrB/1
```

与/etc/shadow 文件类似，认证口令文件中的每一行为一个用户记录，每条记录包含用户名和加密后的口令。

htpasswd 命令没有提供删除用户的选项，如果要删除用户，直接通过文本编辑器打开认证口令文件把指定的用户删除即可。

创建完认证口令文件后，还要对配置文件进行修改，用户认证是在 httpd.conf 配置文件的 <Directory>段中进行设置的，其配置涉及的主要指令如下。

（1）AuthName 指令。AuthName 指令设置了使用认证的域，此域会出现在显示给用户的密码提问对话框中，也帮助客户端程序确定应该发送哪个密码。其指令格式如下：

```
AuthName    域名称
```

域名称没有特别限制，用户可以根据自己的喜好进行设置。

（2）AuthType 指令。AuthType 指令主要用于选择一个目录的用户认证类型，目前只有两种认证方式可以选择，即 Basic 和 Digest，分别代表基本认证和摘要认证，该指令格式如下：

```
AuthType Basic/Digest
```

（3）AuthUserFile 指令。AuthUserFile 指令用于设定一个纯文本文件的名称，其中包含用于认证的用户名和密码的列表，该指令格式如下：

```
AuthUserFile 文件名
```

（4）Require 指令。Require 指令用于设置哪些认证用户允许访问指定的资源。这些限制由授权支持模块实现，其格式有以下两种：

```
Require user 用户名 [用户名] ...
Require valid-user
```

- 用户名：认证口令文件中的用户，可以指定一个或多个，设置后只有指定的用户才有权限进行访问。
- valid-user：授权给认证口令文件中的所有用户。

现在，假设网站管理员希望对 bm 目录做进一步控制，配置该目录只有经过验证的 admin 用户才能够访问，用户口令存放在 users.list 口令认证文件中。要实现这样的效果，需要把 vhost 目录中的配置文件 www.oa.com.conf 的配置信息替换为下面的内容，如示例 14-28 所示。

【示例 14-28】
```
<VirtualHost 172.16.45.105:80>
    ServerName www.oa.com
    DocumentRoot /data/www/www.oa.com
    <Directory "/data/www/www.oa.com/">
        Options Indexes FollowSymLinks
        AllowOverride None
        #使用 AuthType 指令设置认证类型，此处为基本认证方式
        AuthType Basic
        #使用 AuthName 指令设置域名称，此处设置的域名称会显示在提示输入密码的对话框中
        AuthName "auth"
```

```
        #使用AuthUserFile指令设置认证口令文件的位置
        AuthUserFile /usr/local/apache2/conf/users.list
        #指定允许访问的用户
        Require user admin
    </Directory>
</VirtualHost>
```

重启 Apache 服务后使用浏览器访问 http://www.oa.com 进行测试，如图 14.2 所示。输入用户名和密码，单击【确定】按钮。

图 14.2　认证窗口

验证成功后将进入如图 14.3 所示的页面，否则将会要求重新输入。如果单击【取消】按钮将会返回如图 14.4 所示的错误页面。

图 14.3　访问成功页面　　　　　图 14.4　认证错误页面

3．.htaccess 设置

.htaccess 文件又称为分布式配置文件，该文件可以覆盖 httpd.conf 文件中的配置，但是它只能设置对目录的访问控制和用户认证。.htaccess 文件可以有多个，每个.htaccess 文件的作用范围仅限于该文件所存放的目录以及该目录下的所有子目录。虽然.htaccess 能实现的功能在<Directory>段中都能够实现，但是因为在.htaccess 修改配置后并不需要重启 Apache 服务就能生效，所以在一些对停机时间要求较高的系统中可以使用。

启用.htaccess 文件需要做以下设置。

（1）打开 www.oa.com.conf 配置文件，将配置信息替换为下面的内容，如示例 14-29 所示。

【示例 14-29】

```
<VirtualHost 172.16.45.105:80>
    ServerName www.oa.com
    DocumentRoot /data/www/www.oa.com
    <Directory "/data/www/www.oa.com/">
```

```
        Options Indexes FollowSymLinks
        #允许.htaccess 文件覆盖 httpd.conf 文件中的 www.oa.com 目录配置
        AllowOverride All
        Require all granted
    </Directory>
</VirtualHost>
```

修改主要包括两个方面：

- 删除原有关于访问控制和用户认证的参数和指令，因为这些指令将会被写到.htaccess 文件中去。
- 添加 AllowOverride All 参数，允许.htaccess 文件覆盖 httpd.conf 文件中关于 bm 目录的配置。如果不做这项设置，.htaccess 文件中的配置将不能生效。

（2）重启 Apache 服务，在/data/www/www.oa.com 目录下创建一个文件.htaccess，如示例 14-30 所示。

【示例 14-30】
```
AuthType Basic
        #使用 AuthName 指令设置
        AuthName "auth"
        #使用 AuthUserFile 指令设置认证口令文件的位置
        AuthUserFile /usr/local/apache2/conf/users.list
        #使用 require 指令设置 admin 用户可以访问
        Require user admin
```

其他测试过程与上一节类似，此处不再赘述。

14.2 LAMP 集成的安装、配置与测试实战

第 12 章介绍过 MariaDB 的配置和安装，14.1 节又介绍了 Apache 的安装与配置。本节主要介绍 Linux 环境下利用源码实现 Apache、MariaDB、PHP 的集成环境的安装过程。

PHP 为 Professional Hypertext Preprocessor 的缩写，最新发布版本为 7.0.6，与此同步发行的还有 5.x，目前 5.x 的最新版本为 5.6.21。7.x 版作为最新的版本，其删除了原来 5.x 中许多废弃的函数，显著提高了 PHP 运行时的效率，但由于推出时间较短，目前使用的企业较少。因此本书仍以 5.x 为例做介绍。

PHP 具有非常强大的功能，所有 CGI 的功能 PHP 都可以实现，而且它支持几乎所有流行的数据库以及操作系统。和其他技术相比，PHP 本身免费且是开源代码。因为 PHP 可以被嵌入于

HTML 语言，它相对于其他语言来说，编辑简单，实用性强，更适合初学者。PHP 运行在服务器端，可以部署在 UNIX、Linux、Windows、Mac OS 下。另外，PHP 还支持面向对象编程。本节主要以 PHP 5.6.21 源码安装为例说明 PHP 的安装过程，因不同版本之间可能略有差别，需要根据业务特性选择合适的版本。

要从源代码安装 Apache、MariaDB、PHP，PHP 用户可以从 http://www.php.net 下载最新稳定版的源代码，PHP 支持很多扩展，本节软件安装涉及的软件包如示例 14-31 所示。

【示例 14-31】

```
apr-1.5.2.tar.gz
apr-util-1.5.4.tar.gz
jpegsrc.v9b.tar.gz
cmake-2.8.5.tar.gz
curl-7.48.0.tar.gz
freetype-2.6.3.tar.bz2
httpd-2.4.18.tar.gz
libgd-2.1.1.tar.bz2
libpng-1.6.21.tar.gz
libxml2-2.9.3.tar.gz
mariadb-5.5.44.tar.gz
openssl-1.0.1s.tar.gz
pcre-8.38.tar.gz
php-5.6.21.tar.gz
zlib-1.2.8.tar.gz
```

安装过程如示例 14-32 所示。

【示例 14-32】

```
#利用安装光盘安装依赖软件包
[root@localhost Packages]# rpm -ivh ncurses-devel-5.9-13.20130511.el7.x86_64.rpm
python-devel-2.7.5-34.el7.x86_64.rpm          gmp-devel-6.0.0-11.el7.x86_64.rpm
autoconf-2.69-11.el7.noarch.rpm                  m4-1.4.16-10.el7.x86_64.rpm
perl-Data-Dumper-2.145-3.el7.x86_64.rpm
#安装 cmake 和 MariaDB
[root@localhost soft]# tar xvf cmake-2.8.5.tar.gz
[root@localhost soft]# cd cmake-2.8.5/
[root@localhost cmake-2.8.5]# ./configure
[root@localhost cmake-2.8.5]# gmake
[root@localhost cmake-2.8.5]# make install
[root@localhost cmake-2.8.5]# cd ..
[root@localhost soft]# tar xvf mariadb-5.5.44.tar.gz
[root@localhost mariadb-5.5.44]# cmake -DDEFAULT_CHARSET=utf8 \
> -DDEFAULT_COLLATION=utf8_general_ci \
> -DWITH_EXTRA_CHARSETS:STRING=utf8,gbk \
> -DMYSQL_TCP_PORT=3306
[root@localhost mariadb-5.5.44]# make
[root@localhost mariadb-5.5.44]# make install
[root@localhost mariadb-5.5.44]# cd ..
#安装 SSL
```

```
#解压源码包
[root@localhost soft]# tar xvf openssl-1.0.1s.tar.gz
[root@localhost soft]# cd openssl-1.0.1s/
#配置编译选项
[root@localhost openssl-1.0.1s]# ./config --prefix=/usr/local/ssl --shared
#编译
[root@localhost openssl-1.0.1s]# make
[root@localhost openssl-1.0.1s]# make install
#将动态库路径加入系统路径中
[root@localhost openssl-1.0.1s]# echo /usr/local/ssl/lib >> /etc/ld.so.conf
[root@localhost openssl-1.0.1s]# echo /usr/local/mysql/lib >> /etc/ld.so.conf
#加载动态库以便系统共享
[root@localhost openssl-1.0.1s]# ldconfig
[root@localhost openssl-1.0.1s]# cd ..
#安装curl,以便可以在PHP中使用curl相关的功能
[root@localhost soft]# tar xvf curl-7.48.0.tar.gz
[root@localhost soft]# cd curl-7.48.0/
[root@localhost curl-7.48.0]# ./configure ./configure --prefix=/usr/local/curl --enable-shared
[root@localhost curl-7.48.0]# make
[root@localhost curl-7.48.0]# make install
[root@localhost curl-7.48.0]# cd ..
#安装libxml
[root@localhost soft]# tar xvf libxml2-2.9.3.tar.gz
[root@localhost soft]# cd libxml2-2.9.3/
[root@localhost libxml2-2.9.3]# ./ccnfigure --prefix=/usr/local/libxml2 --enable-shared
[root@localhost libxml2-2.9.3]# make
[root@localhost libxml2-2.9.3]# make install
[root@localhost libxml2-2.9.3]# cd ..
#安装zlib
[root@localhost soft]# tar xvf zlib-1.2.8.tar.gz
[root@localhost soft]# cd zlib-1.2.8
[root@localhost zlib-1.2.8]# ./configure --prefix=/usr/local/zlib --enable-shared
[root@localhost zlib-1.2.8]# make
[root@localhost zlib-1.2.8]# make install
[root@localhost zlib-1.2.8]# cd ..
#安装freetype
[root@localhost soft]# tar xvf freetype-2.6.3.tar.bz2
[root@localhost soft]# cd freetype-2.6.3
[root@localhost freetype-2.6.3]# ./configure --prefix=/usr/local/freetype --enable-shared
[root@localhost freetype-2.6.3]# make
[root@localhost freetype-2.6.3]# make install
[root@localhost freetype-2.6.3]# cd ..
#安装libpng
[root@localhost soft]# tar xvf libpng-1.6.21.tar.gz
[root@localhost soft]# cd libpng-1.6.21
[root@localhost libpng-1.6.21]# export LDFLAGS="-L/usr/local/zlib/lib"
[root@localhost libpng-1.6.21]# export CPPFLAGS="-I/usr/local/zlib/include"
```

```
[root@localhost libpng-1.6.21]#   ./configure   --prefix=/usr/local/libpng
--enable-shared
[root@localhost libpng-1.6.21]# make
[root@localhost libpng-1.6.21]# make install
[root@localhost libpng-1.6.21]# cd ..
#安装jpeg支持
[root@localhost soft]# tar xvf jpegsrc.v9b.tar.gz
[root@localhost soft]# cd jpeg-9b
[root@localhost jpeg-9b]# ./configure --prefix=/usr/local/jpeg --enable-shared
[root@localhost jpeg-9b]# make
[root@localhost jpeg-9b]# make install
[root@localhost jpeg-9b]# cd ..
#安装gd库支持
[root@localhost soft]# tar xvf libgd-2.1.1.tar.bz2
[root@localhost soft]# cd libgd-2.1.1
[root@localhost   libgd-2.1.1]#   ./configure   --prefix=/usr/local/gd
--with-jpeg=/usr/local/jpeg   --with-freetype=/usr/local/freetype
--with-png=/usr/local/libpng
[root@localhost libgd-2.1.1]# make
[root@localhost libgd-2.1.1]# make install
[root@localhost libgd-2.1.1]# cd ..
#安装完上述软件包后可以开始安装Apache
#安装apr
[root@localhost soft]# tar xvf apr-1.5.2.tar.gz
[root@localhost soft]# cd apr-1.5.2
[root@localhost apr-1.5.2]# ./configure --prefix=/usr/local/apr
[root@localhost apr-1.5.2]# make
[root@localhost apr-1.5.2]# make install
[root@localhost apr-1.5.2]# cd ..
#安装apr-util
[root@localhost soft]# tar xvf apr-util-1.5.4.tar.gz
[root@localhost soft]# cd apr-util-1.5.4
[root@localhost   apr-util-1.5.4]#   ./configure   --prefix=/usr/local/apr-util
--with-apr=/usr/local/apr
[root@localhost apr-util-1.5.4]# make
[root@localhost apr-util-1.5.4]# make install
[root@localhost apr-util-1.5.4]# cd ..
#安装pcre
[root@localhost soft]# tar xvf pcre-8.38.tar.gz
[root@localhost soft]# cd pcre-8.38
[root@localhost pcre-8.38]# ./configure --prefix=/usr/local/pcre
[root@localhost pcre-8.38]# make
[root@localhost pcre-8.38]# make install
[root@localhost pcre-8.38]# cd ..
#安装Apache
[root@localhost soft]# tar xvf httpd-2.4.18.tar.gz
[root@localhost soft]# cd httpd-2.4.18
[root@localhost httpd-2.4.18]# ./configure --prefix=/usr/local/apache2 \
> --enable-so \
> --enable-rewrite \
> --enable-ssl \
```

```
> --with-ssl=/usr/local/ssl \
> --with-apr=/usr/local/apr \
> --with-apr-util=/usr/local/apr-util \
> --with-pcre=/usr/local/pcre
[root@localhost httpd-2.4.18]# make
[root@localhost httpd-2.4.18]# make install
[root@localhost httpd-2.4.18]# cd ..
#按下来安装 PHP，PHP 会自动完成模块加载
#安装 PHP
[root@localhost soft]# tar xvf php-5.6.21.tar.gz
[root@localhost soft]# cd php-5.6.21
[root@localhost php-5.6.21]# ./configure --prefix=/usr/local/php \
> --with-config-file-scan-dir=/etc/php.d \
> --with-apxs2=/usr/local/apache2/bin/apxs \
> --with-mysql=/usr/local/mysql \
> --enable-mbstring --enable-sockets \
> --enable-soap --enable-ftp --enable-xml \
> --with-iconv --with-openssl \
> --with-gd=yes --with-freetype-dir=/usr/local/freetype \
> --with-jpeg-dir=/usr/local/jpeg \
> --with-png-dir=/usr/local/libpng --with-zlib-dir=/usr/local/zlib \
> --enable-cgi --with-gmp \
> --with-libxml-dir=/usr/local/libxml2 \
> --with-curl=/usr/local/curl
[root@localhost php-5.6.21]# make
[root@localhost php-5.6.21]# make install
#设置环境变量
[root@localhost ~]# echo "export PATH=/usr/local/php/bin:\$PATH:." >>/etc/profile
[root@localhost ~]# source /etc/profile
```

经过以上的步骤，Apache、MySQL 和 PHP 环境需要的软件已经安装完毕，如需 Apache 支持 PHP，还要做以下设置。修改 httpd.conf，加入以下配置，如示例 14-33 所示。

【示例 14-33】

```
#在 httpd.conf 文件最后加入以下行
Include conf/php.conf
#编辑 conf/php.conf
[root@localhost ~]# cat /usr/local/apache2/conf/php.conf
AddHandler php5-script .php
AddHandler php5-script .q
AddType text/html .php
AddType text/html .q
```

然后配置虚拟主机，如示例 14-34 所示。

【示例 14-34】

```
[root@localhost ~]# cat /usr/local/apache2/conf/vhost/www.testdomain.com.conf
<VirtualHost 0.0.0.0:80>
        ServerAdmin pettersong@tencent.com
        DocumentRoot  /data/www.testdomain.com
```

```
        ServerName www.testdomain.com
        <Directory "/data/www.testdomain.com">
            AllowOverride None
            Options None
            Require all granted
        </Directory>
</VirtualHost>
```

重启 Apache 服务，然后编辑测试脚本，如示例 14-35 所示。

【示例 14-35】
```
[root@localhost ~]# cat /data/www.testdomain.com/test.php
<?php
phpinfo();
?>
```

然后可以进行浏览器的测试了，输入 http://www.testdomain.com/test.php 并访问，如图 14.5 所示，说明 PHP 已经安装成功。

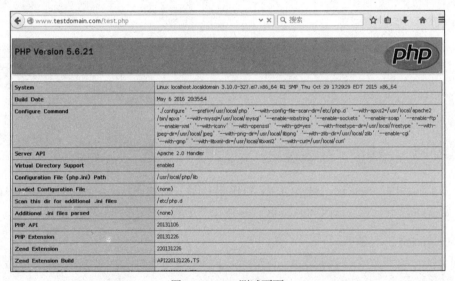

图 14.5　PHP 测试页面

14.3　习题

一、填空题

1. 常用的 HTTP 方法有_____、_____和_____。

2. Apache 配置虚拟主机支持 3 种方式：_____、_____和_____。

二、选择题

1. 关于 Apache 配置描述错误的是（　　）。

A. 使用基于域名的虚拟主机配置是比较流行的方式，可以在同一个 IP 上配置多个域名并且都通过 80 端口访问。

B. 如果同一台服务器有多个 IP，可以使用基于 IP 的虚拟主机配置，将不同的服务绑定在不同的 IP 上。

C. 如一台服务器只有一个 IP 或需要通过不同的端口访问不同的虚拟主机，可以使用基于端口的虚拟主机配置。

D. 如果使用多端口运行 SSL 则不需要在参数中指定端口号。

2. 以下哪一个不属于 PHP 的安装包（　　）。

A. gd-2.0.33.tar.gz　　　　B. curl-7.14.1.tar.gz
C. php-5.4.16.tar.gz　　　 D. httpd-2.2.24.tar.gz

第 15 章
◀Linux 路由▶

Linux 拥有强大的网络功能。除了能够发送自己产生的数据包之外，Linux 还能够在多个网络接口之间转发外界产生的数据包，因此 Linux 具有完整的路由功能。本章将介绍路由的基本概念、如何配置静态路由以及策略路由等。

本章主要涉及的知识点有：

- 认识 Linux 路由
- 配置 Linux 静态路由
- Linux 的策略路由

15.1 认识 Linux 路由

路由是 IP 协议中最重要的功能。由于互联网本质上是一个网状的结构，当数据包传递到 IP 协议层时，必然会面临路径选择的问题，即数据包从哪个路径传递是最优的，这就是路由的功能。本节将介绍 Linux 路由的基本概念。

15.1.1 路由的基本概念

在 TCP/IP 网络中，路由是一个非常重要的概念。所谓路由（routing），就是通过互联的网络把信息从源地址传输到目的地址的过程。

图 15.1 描述了路由的基本过程。在图 15.1 中，主机 A 想要传递数据给主机 B，从图中可以得知，共有两条路径，分别是主机 A→B→主机 B 和主机 A→B→C→D→E→主机 B，其中 B~E 都是一些网络设备，都具有路由功能。在数据传输的时候，这些设备会自动选择一个最优的路径来完成数据传输，这个过程就称为路由。

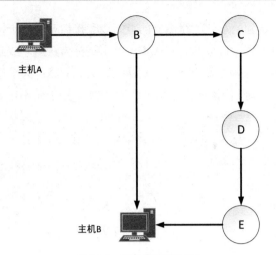

图 15.1　路由的基本过程

路由通常根据路由表来引导分组数据的转送，路由表是一个储存到各个目的地的最佳路径的表格。因此，为了有效率地转送分组数据，建立储存在主机和路由器中的路由表是非常重要的。

15.1.2　路由的原理

路由的原理非常复杂。一般情况下，网络中的主机、路由器和交换机都具有路由功能。这些设备收到数据包之后，要根据 IP 数据包的目的地址，决定选择哪个网络接口把数据包发送出去。如果路由器的某个网络接口与 IP 数据包的目的主机位于同一个局域网，则可以直接通过该接口把数据包传递给目的主机；如果目的主机与路由器不位于同一个局域网中，则路由器会根据目的地来选择另外一台合适的路由器，再从某个网络接口把数据包发送过去。

 由于路由是在网络层的功能，所以只有工作在网络层的交换机才具有路由功能，只能工作在数据链路层的交换机不具有路由功能。

15.1.3　路由表

路由表是位于主机或者路由器中的一个小型的数据库。路由表是路由转发的基础，不管是主机还是路由器，只要与外界交换 IP 数据包，平时都要维护着一张路由表，当发送 IP 数据包时，要根据目的地址和路由表来决定如何发送。

路由表通常包括目标、网络掩码、网关、接口以及跃点数等内容。其中，目标可以是目标主机、子网地址、网络地址或者默认路由。通常情况下，默认路由的目标为 0.0.0.0。当所有的路由都不匹配的时候，数据包将被转发给默认路由。

网络掩码与目标配合使用。例如，主机路由的掩码为 255.255.255.255，默认路由的掩码为 0.0.0.0，子网或者网络地址的掩码位于这两者之间。其中，掩码 255.255.255.255 表示只有精确匹配的目标才使用此路由；掩码 0.0.0.0 表示任何目标都可以使用此路由。

网关是数据包需要发送到的下一个路由器的 IP 地址。接口表明用于接通下一个路由器的网络接口。跃点数表明使用路由到达目标的相对成本。常用指标为跃点，或到达目标位置所通过的路由器数目。如果有多个相同目标位置的路由，则跃点数最低的路由为最佳路由。

在 RHEL 中，用户可以通过 route 命令来打印输出当前主机的路由表，如下所示：

```
[root@localhost ~]# route
Kernel IP routing table
Destination       Gateway          Genmask         Flags Metric Ref    Use Iface
default           192.168.10.100   0.0.0.0         UG    100    0        0 eno16777736
192.168.10.0      0.0.0.0          255.255.255.0   U     100    0        0 eno16777736
192.168.122.0     0.0.0.0          255.255.255.0   U     0      0        0 virbr0
```

在上面的输出中，Destination 表示目标，Gateway 表示网关，Genmask 表示网络掩码，Metric 表示跃点数，Iface 表示网络接口。

15.1.4 静态路由和动态路由

系统管理员可以通过两种方法配置路由表，分别为静态路由和动态路由。静态路由由系统管理员手工或者通过 route 命令对路由表进行配置，它不会随着未来网络结构的改变自动发生变化。动态路由由主机上面的某一进程通过与其他的主机或者路由器交换路由信息后再对路由表进行自动更新，它会根据网络系统的运行情况而自动调整。

一般来说，静态路由和动态路由各有自己的优缺点和适用范围。通常情况下，可以把动态路由作为静态路由的补充，其做法是当一个数据包在路由器中进行路由查找时，首先将数据包与静态路由条目匹配，如果能匹配其中的一条，就按照该静态路由转发数据包；如果所有的静态路由都不能匹配，则使用动态路由规则来转发。

15.2 配置 Linux 静态路由

静态路由具有简单、高效、可靠的特点，在一般的路由器和主机中，都要使用静态路由。Linux 系统除了需要在主机中配置路由外，还可以配置成路由器，以便能为其他主机提供路由服务。下面介绍使用 route 命令对 Linux 进行路由配置的方法。

15.2.1 配置网络接口地址

在 RHEL 中，系统管理员可以通过多种方式来配置网络接口，其中最为常用的有两种，分别是使用 ifconfig 命令和直接修改网络接口配置文件。下面分别介绍这两种方法。

ifconfig 命令是一个用来查看、配置、启动或者禁用网络接口的工具，这个工具极为常用。系统管理员可以使用该命令临时性地配置网卡的 IP 地址、子网掩码、广播地址以及网关等。其基本语法如下：

```
ifconfig interface options | address ...
```

在上面的命令中，interface 表示网络接口的名称，例如 eno16777736 等。如果修改了内核参数，网络接口名称也可以是 eth0、eth1 等。options 参数表示 ifconfig 命令的选项，常用的选项如下。

- up：启动某个网络接口。
- down：禁用某个网络接口。
- netmask：设置子网掩码。
- broadcast：广播地址。
- address：分配给网络接口的 IP 地址。

如果没有指定以上选项，则表示输出当前主机所有的网络接口，如示例 15-1 所示。

【示例 15-1】

```
[root@localhost ~]# ifconfig -a
eno16777736: flags=4163<UP,BROADCAST,RUNNING,MULTICAST>  mtu 1500
        inet 192.168.10.15  netmask 255.255.255.0  broadcast 192.168.10.255
        inet6 fe80::20c:29ff:fe8a:67ca  prefixlen 64  scopeid 0x20<link>
        ether 00:0c:29:8a:67:ca  txqueuelen 1000  (Ethernet)
        RX packets 119  bytes 11282 (11.0 KiB)
        RX errors 0  dropped 0  overruns 0  frame 0
        TX packets 142  bytes 17756 (17.3 KiB)
        TX errors 0  dropped 0  overruns 0  carrier 0  collisions 0

lo: flags=73<UP,LOOPBACK,RUNNING>  mtu 65536
        inet 127.0.0.1  netmask 255.0.0.0
        inet6 ::1  prefixlen 128  scopeid 0x10<host>
        loop  txqueuelen 0  (Local Loopback)
        RX packets 4  bytes 340 (340.0 B)
        RX errors 0  dropped 0  overruns 0  frame 0
        TX packets 4  bytes 340 (340.0 B)
        TX errors 0  dropped 0  overruns 0  carrier 0  collisions 0
……
```

从上面的命令可以得知，当前主机有两个网络接口，其名称分别为 eno16777736 和 lo，其中 eno16777736 表示第一个以太网网络接口。ether 表示当前接口的 MAC 地址，inet 表示分配给该网络接口的 IP 地址，broadcast 表示广播地址，netmask 表示子网掩码，inet6 则表示 IPv6 地址。UP

关键字表示该网络接口是启用状态。名称为 lo 的网络接口通常指本地环路接口，其 IP 地址为 127.0.0.1。

如果用户只想查看某个网络接口的信息，则可以将接口名称作为 ifconfig 命令的参数，如示例 15-2 所示。

【示例 15-2】

```
[root@localhost ~]# ifconfig eno16777736
eno16777736: flags=4163<UP,BROADCAST,RUNNING,MULTICAST>  mtu 1500
        inet 192.168.10.15  netmask 255.255.255.0  broadcast 192.168.10.255
        inet6 fe80::20c:29ff:fe8a:67ca  prefixlen 64  scopeid 0x20<link>
        ether 00:0c:29:8a:67:ca  txqueuelen 1000  (Ethernet)
        RX packets 156  bytes 14192 (13.8 KiB)
        RX errors 0  dropped 0  overruns 0  frame 0
        TX packets 170  bytes 23310 (22.7 KiB)
        TX errors 0  dropped 0  overruns 0  carrier 0  collisions 0
```

下面的命令将主机的 IP 地址修改为 192.168.10.19，子网掩码设置为 255.255.255.0，广播地址设置为 192.168.10.255：

```
[root@localhost ~]# ifconfig eno16777736 192.168.10.19 netmask 255.255.255.0 broadcast 192.168.10.255
```

在某些情况下，系统管理员可能需要为某个网络接口设置多个 IP 地址，此时，可以使用"网络接口：序号"的形式为 ifconfig 命令指定子接口。例如，下面的命令为网络接口 eno16777736 增加一个子接口并为其设置 IP 地址：

```
[root@localhost ~]# ifconfig eno16777736:0 192.168.10.16 netmask 255.255.255.0 up
```

执行完以上命令之后，用户可以使用 ifconfig 命令查看当前主机的网络接口，如示例 15-3 所示。

【示例 15-3】

```
eno16777736: flags=4163<UP,BROADCAST,RUNNING,MULTICAST>  mtu 1500
        inet 192.168.10.15  netmask 255.255.255.0  broadcast 192.168.10.255
        inet6 fe80::20c:29ff:fe8a:67ca  prefixlen 64  scopeid 0x20<link>
        ether 00:0c:29:8a:67:ca  txqueuelen 1000  (Ethernet)
        RX packets 492  bytes 42148 (41.1 KiB)
        RX errors 0  dropped 0  overruns 0  frame 0
        TX packets 442  bytes 55058 (53.7 KiB)
        TX errors 0  dropped 0  overruns 0  carrier 0  collisions 0

eno16777736:0: flags=4163<UP,BROADCAST,RUNNING,MULTICAST>  mtu 1500
```

```
        inet 192.168.10.16  netmask 255.255.255.0  broadcast 192.168.10.255
        ether 00:0c:29:8a:67:ca  txqueuelen 1000  (Ethernet)

lo: flags=73<UP,LOOPBACK,RUNNING>  mtu 65536
        inet 127.0.0.1  netmask 255.0.0.0
        inet6 ::1  prefixlen 128  scopeid 0x10<host>
        loop  txqueuelen 0  (Local Loopback)
        RX packets 16  bytes 1364 (1.3 KiB)
        RX errors 0  dropped 0  overruns 0  frame 0
        TX packets 16  bytes 1364 (1.3 KiB)
        TX errors 0  dropped 0  overruns 0  carrier 0  collisions 0
……
```

从上面的输出结果可以得知，网络接口 eno16777736 已经拥有了两个 IP 地址，分别为 192.168.10.15 和 192.168.10.16。

尽管 ifconfig 命令非常方便和灵活，但是使用该命令所做的修改只是临时性的，当主机重新启动之后，所有的改动都会丢失。为了能够永久地保存所做的配置，用户可以直接修改网络接口的配置文件。

在 RHEL 中，网络接口的配置文件位于/etc/sysconfig/network-scripts 目录中，其命名形式为网络接口的名称，并加以 ifcfg 前缀。例如，网络接口 eno16777736 的配置文件为 ifcfg-eno16777736。下面的代码是一台主机的网络接口 eno16777736 的配置文件的内容，如示例 15-4 所示。

【示例 15-4】

```
[root@localhost ~]# cat /etc/sysconfig/network-scripts/ifcfg-eno16777736
TYPE="Ethernet"
BOOTPROTO=none
DEFROUTE="yes"
IPV4_FAILURE_FATAL="no"
IPV6INIT="yes"
IPV6_AUTOCONF="yes"
IPV6_DEFROUTE="yes"
IPV6_FAILURE_FATAL="no"
NAME="eno16777736"
UUID="38292b0d-a97d-47a7-a024-3b58369074c6"
DEVICE="eno16777736"
ONBOOT="yes"
IPADDR=192.168.10.15
PREFIX=24
GATEWAY=192.168.10.100
```

```
DNS1=61.139.2.69
DNS2=202.98.96.68
IPV6_PEERDNS=yes
IPV6_PEERROUTES=yes
```

在上面的代码中，DEVICE 表示网络接口名称，BOOTPROTO 表示地址分配方式，即静态地址还是从 DHCP 服务器动态获取，ONBOOT 表示在主机启动的时候是否启动该接口，IPADDR 即网络接口的 IP 地址，GATEWAY 表示网关地址，DNS1、DNS2 表示 DNS 服务器的地址。

如果用户需要修改网络参数，可以使用文本编辑器，例如 vi 或者 vim，打开该文件，然后修改启动的选项，保存即可。

通过配置文件的方式来修改网络接口的参数并不会立即生效，用户需要重新启动网络服务才会使新的参数发挥作用，如示例 15-5 所示。

【示例 15-5】

```
[root@localhost ~]# systemctl restart network.service
```

15.2.2 测试网卡接口 IP 配置状况

当网络接口配置完成之后，用户需要测试该网络接口的状态，以验证所做的修改是否正确。其中，使用 ping 命令是一种最为简单有效的方式。ping 命令的语法非常简单，直接使用 IP 地址作为参数即可。例如，下面的命令测试为网络接口 eno16777736 所配置的 IP 地址 192.168.10.15 是否生效。

```
[root@localhost ~]# ping 192.168.10.15
PING 192.168.10.15 (192.168.10.15) 56(84) bytes of data.
64 bytes from 192.168.10.15: icmp_seq=1 ttl=64 time=0.054 ms
64 bytes from 192.168.10.15: icmp_seq=2 ttl=64 time=0.056 ms
64 bytes from 192.168.10.15: icmp_seq=3 ttl=64 time=0.072 ms
64 bytes from 192.168.10.15: icmp_seq=4 ttl=64 time=0.054 ms
…
```

以上信息表示 IP 地址 192.168.10.15 是连通的，如果 IP 地址不能连通，则会给出 Destination Host Unreachable 的错误信息，如下所示：

```
[root@localhost ~]# ping 192.168.10.14
PING 192.168.10.14 (192.168.10.14) 56(84) bytes of data.
From 192.168.10.15 icmp_seq=1 Destination Host Unreachable
From 192.168.10.15 icmp_seq=2 Destination Host Unreachable
From 192.168.10.15 icmp_seq=3 Destination Host Unreachable
From 192.168.10.15 icmp_seq=4 Destination Host Unreachable
```

15.2.3 route 命令介绍

route 命令用来查看系统中的路由表信息,以及添加、删除静态路由记录。直接执行 route 命令可以查看当前主机中的路由表信息,在 15.1.3 小节中,已经使用该命令输出当前系统的路由表。

route 命令不仅可以用于查看路由表的信息,还可以添加、删除静态的路由表条目,其中当然也包括设置默认网关地址。route 命令提供了许多子命令来完成这些功能,下面分别对其进行详细介绍。

在增加静态路由时,需要使用 add 子命令,其基本语法如下:

```
route add [-net | host] target [netmask mask] [gw Gw] [metric N] [dev if]
```

其中,-net 选项用来指定目标网段的地址,host 则用来指定目标主机的地址,target 表示目标网络或者主机。netmask 表示子网掩码,当 target 选项指定了一个目标网络时,需要使用子网掩码来配合使用。gw 选项表示网关地址,metric 表示要到达目标的路由代价,dev 选项表示将该路由条目与某个网络接口绑定在一起。

例如,示例 15-6 的命令是在当前系统的路由表中添加一项静态路由信息。

【示例 15-6】

```
[root@localhost ~]# route add -host 58.64.138.213 gw 192.168.10.101
[root@localhost ~]# route -n
Kernel IP routing table
Destination     Gateway         Genmask         Flags Metric Ref    Use Iface
0.0.0.0         192.168.10.100  0.0.0.0         UG    100    0        0 eno16777736
58.64.138.213   192.168.10.101  255.255.255.255 UGH   0      0        0 eno16777736
192.168.10.0    0.0.0.0         255.255.255.0   U     100    0        0 eno16777736
192.168.122.0   0.0.0.0         255.255.255.0   U     0      0        0 virbr0
```

在上面的命令中,首先使用 add 子命令增加一条目标为主机 58.64.138.213 的路由信息,与该主机通信需要通过网关 192.168.10.101。然后使用 route 命令输出系统路由表,从输出结果可以得知,该路由信息添加成功。

如果想要删除路由条目,则可以使用 del 子命令,其基本语法如下:

```
route del [-net|-host] target [gw Gw] [netmask Nm] [metric N] [[dev] If]
```

上面命令的参数与前面介绍的 add 子命令的参数完全相同,不再赘述。示例 15-7 的命令将刚才添加的路由条目删除。

【示例 15-7】

```
[root@localhost ~]# route del -host 58.64.138.213 gw 192.168.10.101
```

```
[root@localhost ~]# route -n
Kernel IP routing table
Destination     Gateway         Genmask         Flags Metric Ref    Use Iface
0.0.0.0         192.168.10.100  0.0.0.0         UG    100    0        0 eno16777736
192.168.10.0    0.0.0.0         255.255.255.0   U     100    0        0 eno16777736
192.168.122.0   0.0.0.0         255.255.255.0   U     0      0        0 virbr0
```

从上面的命令可以得知，通过 del 子命令，目标为 58.64.138.213 的路由条目已经成功删除。

 默认网关记录是一条特殊的静态路由条目。如果目标地址不匹配所有的路由条目，则通过默认网关发送。

15.2.4 普通客户机的路由设置

如果某台 Linux 主机并不充当路由器的功能，仅仅提供某些网络服务，则其路由配置非常简单。在这种情况下，一般只需要两条路由即可，其中一条是到本地子网的路由，另外一条是默认路由。前者用于与同一子网的主机通信，后者则负责处理所有不发送到本地子网的数据包。这也是用户在使用 route 命令查看本地路由表时经常见到的情况。关于这种情况，不再详细介绍。接下来，重点介绍一下 RHEL 在充当路由器角色时的配置方法。

15.2.5 Linux 路由器配置实例

在本小节中，以一个具体的例子来说明如何配置 RHEL 主机，实现网络之间的路由功能。图 15.2 描述了 3 个子网之间的连接，其中 RHEL 主机拥有 3 个网络接口，其 IP 地址分别为 192.168.1.2、10.10.1.1 和 10.10.2.1，同时，这 3 个网络接口分别与子网 192.168.1.0/24、10.10.1.0/24 和 10.10.2.0/24 相连接。

图 15.2 通过 RHEL 主机实现路由功能

尽管这 3 个子网在物理上是连通的，但是如果没有添加路由的话，仍然无法实现它们之间的数据交换。为了实现数据交换，系统管理员应该在 RHEL 主机中添加以下 3 个路由条目，如示例 15-8 所示。

【示例 15-8】

```
[root@localhost ~]# route add -net 192.168.1.0/24 eno33554992
[root@localhost ~]# route add -net 10.10.1.0/24 eno50332216
[root@localhost ~]# route add -net 10.10.2.0/24 eno67109440
```

增加完成之后，当前系统的路由表如下所示：

```
[root@localhost ~]# route -n
Kernel IP routing table
Destination     Gateway         Genmask         Flags Metric Ref    Use Iface
0.0.0.0         192.168.1.1     0.0.0.0         UG    100    0        0 eno33554992
10.10.1.0       0.0.0.0         255.255.255.0   U     0      0        0 eno50332216
10.10.2.0       0.0.0.0         255.255.255.0   U     0      0        0 eno67109440
192.168.1.0     0.0.0.0         255.255.255.0   U     0      0        0 eno33554992
192.168.122.0   0.0.0.0         255.255.255.0   U     0      0        0 virbr0
```

有了上面的静态路由，当有目标为网络 10.10.1.0/24 的数据包时，RHEL 主机就知道需要从网络接口 eno50332216 转发，同理目标为网络 10.10.2.0/24 的数据包需要从网络接口 eno67109440 转发，而目标为网络 192.168.1.0/24 的数据包需要从网络接口 eno33554992 转发。

15.3 Linux 的策略路由

传统的 IP 路由根据数据包的目的 IP 地址为其选择路径，在某些场合下，可能会对 IP 数据包的路由提更多的要求。例如，要求所有来自 A 网的数据包都路由到 X 路径，这些要求需要通过策略路由来达到。本节主要介绍在 Linux 系统下实现策略路由的方法。

15.3.1 策略路由的概念

在介绍策略路由的概念之前，先回顾一下前面介绍的 IP 路由。假设某台主机的路由表如下所示：

```
[root@localhost ~]# route -n
Kernel IP routing table
Destination     Gateway         Genmask         Flags Metric Ref    Use Iface
0.0.0.0         192.168.1.1     0.0.0.0         UG    100    0        0 eno33554992
10.10.1.0       0.0.0.0         255.255.255.0   U     0      0        0 eno50332216
10.10.2.0       0.0.0.0         255.255.255.0   U     0      0        0 eno67109440
192.168.1.0     0.0.0.0         255.255.255.0   U     0      0        0 eno33554992
```

```
        192.168.122.0      0.0.0.0         255.255.255.0   U       0       0        0 virbr0
```

前面已经讲过，路由表的功能是指导主机如何向外发送数据包。如果用户从上面的主机向 192.168.1.123 发送数据包时，这个数据包的目标地址将会被标记为 192.168.1.123。接着系统会以数据包的目的地为依据，和上面的路由表进行匹配，先和第 2 条规则 10.10.1.0/24 进行匹配，发现 10.10.1.123 并不在该网段内，接着和第 2 条规则 10.10.2.0/24 进行匹配，发现目标地址还不在该网段内。直至匹配到第 3 条 192.168.1.0/24 时，才发现目标地址就位于该网络中，于是该数据包将会通过 eno33554992 发送出去。

 如果在本机路由表上都没匹配到 192.168.1.123 所在网段的路由，就会从第一个路由条目，即默认路由指定的接口把该数据包发送出去。

从上面的过程可以看出，传统的 IP 路由是以目的地 IP 地址为依据和主机上的路由表进行匹配的。如果用户想要本机的 HTTP 协议的数据包经过 eno67109440 发送出去，FTP 协议的数据包经过 eno33554992 发送出去，或者根据目的地的 IP 地址来决定数据包从哪个网络接口发送出去，则传统的路由无法实现。

基于策略的路由比传统路由在功能上更强大，使用更灵活。通过策略路由，网络管理员不仅能够根据目的地址以及路径代价来进行路由选择，而且能够根据报文大小、应用或 IP 源地址来选择转发路径。通过制定不同的路由策略，将路由选择的依据扩大到 IP 数据包的源地址、上层协议甚至网络负载等方面，大大提高了网络的效率和灵活性。

15.3.2 路由表的管理

与传统的路由一样，策略路由的策略也保存在路由表中。RHEL 系统可以同时存在 256 个路由表，路由表的编号范围为 0~255。每个路由表都各自独立，互不相关。数据包传输时根据路由策略数据库内的策略决定数据包应该使用哪个路由表传输。

在 256 个路由表中，Linux 系统维护 4 个路由表，分别是 0、253、254 和 255。0 号表是系统保留表，253 号表为默认路由表，一般来说，默认的路由都放在这张表中。254 号表为主路由表，如果没有指明路由所属的表，所有的路由都默认放在这个表里。255 号为本地路由表，本地接口地址、广播地址以及 NAT 地址都放在这个表中，该路由表由系统自动维护，管理员不能直接修改。

除了表号之外，路由表还有名称，表号和表名的对应关系位于 /etc/iproute2/rt_tables 文件中。例如，示例 15-9 的代码就是某个 RHEL 系统中该文件的内容。

【示例 15-9】

```
[root@localhost ~]# cat /etc/iproute2/rt_tables
#
# reserved values
#
255     local
```

```
254     main
253     default
0       unspec
#
# local
#
#1      inr.ruhep
```

从上面的代码可以得知，255 号表的表名为 local，254 号表的表名为 main，253 号表的表名为 default，0 号表的表名为 unspec。

图 15.3 描述了策略路由的路由选择过程。从图中可以得知，RHEL 有一个路由策略数据库，存储着用户制订的各种策略。在进行路由选择的时候，系统会逐条匹配数据库中的策略。在匹配成功的情况下，会使用对应路由表中的路由信息；否则，继续匹配下一条策略。

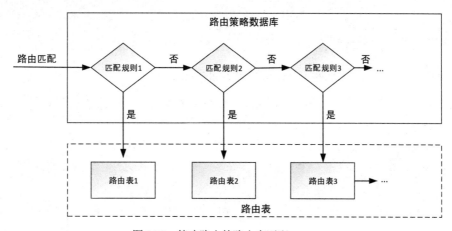

图 15.3　策略路由的路由表匹配

15.3.3　路由管理

与传统的路由管理不同，策略路由需要使用 ip route 命令来管理路由表中的条目。该命令的基本语法如下：

```
ip route list SELECTOR
```

或者

```
ip route { change | del| add | append | replace | monitor } ROUTE
```

其中，上面一条命令用来列出路由表中的路由信息，下面一条则用来修改、删除、增加、追加或者替换路由条目。SELECTOR 参数表示路由表名或者号码。

如果想查看所有路由表的内容，可以使用以下命令：

```
[root@localhost ~]# ip route list
default via 172.16.45.1 dev eno16777736  proto static  metric 100
172.16.45.0/24 dev eno16777736  proto kernel  scope link  src 172.16.45.39  metric 100
192.168.122.0/24 dev virbr0  proto kernel  scope link  src 192.168.122.1
```

示例 15-10 的命令用于在主路由表中增加一条路由信息。

【示例 15-10】

```
[root@localhost ~]# ip route add 192.168.1.0/24 dev eno16777736 table main
[root@localhost ~]# ip route list table main
default via 172.16.45.1 dev eno16777736  proto static  metric 100
172.16.45.0/24 dev eno16777736  proto kernel  scope link  src 172.16.45.39  metric 100
192.168.1.0/24 dev eno16777736  scope link
192.168.122.0/24 dev virbr0  proto kernel  scope link  src 192.168.122.1
```

下面的命令用于删除到网络 192.168.1.0/24 的路由：

```
[root@localhost ~]# ip route del 192.168.1.0/24
[root@localhost ~]# ip route list
default via 172.16.45.1 dev eno16777736  proto static  metric 100
172.16.45.0/24 dev eno16777736  proto kernel  scope link  src 172.16.45.39  metric 100
192.168.122.0/24 dev virbr0  proto kernel  scope link  src 192.168.122.1
```

在多路由表的路由体系里，所有的路由操作都需要指明要操作的路由表，例如添加路由或者在路由表里寻找特定的路由。如果没有指明路由表，默认是对主路由表（即 254 号路由表）进行操作。而在单表体系里，路由的操作是不用指明路由表的。

15.3.4 路由策略管理

RHEL 提供了一组命令来管理策略路由。其中，主命令是 ip rule，子命令主要包括 show、list、add、delete 以及 flush 等，其功能分别是列出、增加、删除路由策略以及清空本地路由策略数据库等。下面分别介绍这些命令的使用方法。

系统管理员可以通过 ip rule show 或者 ip rule list 命令来列出当前系统的路由策略，该命令没有参数。例如，下面的命令用于列出当前系统的路由策略：

```
[root@localhost ~]# ip rule list
0:      from all lookup local
32766:  from all lookup main
```

```
32767:  from all lookup default
```

从上面的输出结果可以得知，当前系统中有 3 条路由策略。每条路由策略都由 3 个字段构成，第 1 个字段位于冒号前面，是一个数字，表示该策略被匹配的优先顺序，数字越小，优先级越高。默认情况下，0、32766 和 32767 这 3 个优先级已经被占用。系统管理员在添加路由策略时，可以指定优先级，如果没有指定，则默认从 32766 开始递减。

第 2 个字段是匹配规则。用户可以使用 from、to、tos、fwmark 以及 dev 等关键字来表达规则，其中 from 表示从哪里来的数据包，to 表示要发送到哪里去的数据包，tos 表示 IP 数据包头的 TOS 域，dev 表示网络接口。

第 3 个字段是路由表名称，其中 local、main 以及 default 分别表示本地路由表、主路由表以及默认路由表。

 用户可以使用 ip rule list、ip rule lst 或 ip rule 来列出当前系统的路由策略，其效果是相同的。

除了 show 命令之外，其他子命令的基本语法相同，如下所示：

```
ip rule [ add | del | flush ] SELECTOR := [ from PREFIX ] [ to PREFIX ] [ tos TOS ]
[ fwmark FWMARK[/MASK] ] [ iif STRING ] [ oif STRING ] [ pref NUMBER ] ACTION := [ table
TABLE_ID ] [ nat ADDRESS ] [ prohibit | reject | unreachable ] [ realms
[SRCREALM/]DSTREALM ] TABLE_ID := [ local | main | default | NUMBER ]
```

下面分别举例说明这些命令的使用方法。

下面的命令用于添加一条路由策略，匹配规则是所有来自 192.168.10.0/24 子网的数据包。所使用的路由表是 12 号路由表，如示例 15-11 所示。

【示例 15-11】

```
[root@localhost ~]# ip rule add from 192.168.10/24 table 12
[root@localhost ~]# ip rule list
0:      from all lookup local
32765:  from 192.168.10.0/24 lookup 12
32766:  from all lookup main
32767:  from all lookup default
```

执行完 add 子命令之后，使用 list 子命令列出路由策略，可以发现新增加的策略出现在列表中。

下面的命令根据数据包的目的地匹配路由策略，所有发送到 192.168.10.0/24 这个子网的数据包都经由 13 号路由表。

```
[root@localhost ~]# ip rule add to 192.168.10.0/24 table 13
```

另外，系统管理员还可以根据网络接口来制订策略，如下所示：

```
[root@localhost ~]# ip rule add dev eno16777736 table 14
```

上面的命令表示所有通过网络接口 eno16777736 发送的数据包都使用 14 号路由表。

下面的命令使用 del 子命令删除某条策略：

```
[root@localhost ~]# ip rule list
0:      from all lookup local
32764:  from all to 192.168.101.0/24 lookup 13
32765:  from 192.168.10.0/24 lookup 12
32766:  from all lookup main
32767:  from all lookup default
[root@localhost ~]# ip rule del to 192.168.101.0/24
[root@localhost ~]# ip rule list
0:      from all lookup local
32765:  from 192.168.10.0/24 lookup 12
32766:  from all lookup main
32767:  from all lookup default
```

在上面的命令中，使用 to 关键字来删除为所有发送到 192.168.101.0/24 这个子网的数据包制订的路由策略。

如果想要清空路由策略数据库，则可以使用 flush 子命令，如下所示：

```
[root@localhost ~]# ip rule flush
[root@localhost ~]# ip rule
0:      from all lookup local
```

从上面命令的执行结果可以得知，在使用 ip rule flush 命令之后，当前系统的路由策略数据库只剩下一条本地策略。

15.3.5 策略路由应用实例

下面以一个具体的例子来说明如何使用策略路由实现灵活的路由功能。图 15.4 描述了一个网络结构，承担路由器功能的 RHEL 主机有 3 个网络接口，其中 eno33554992 与 CERNet 相连，eno50332216 与 ChinaNet 相连，eno16777736 与内网相连，eno33554992 的 IP 地址为 10.10.1.1，CERNet 分配的网关为 10.10.1.2；eno50332216 的 IP 地址为 10.10.2.1，ChinaNet 分配的网关为 10.10.2.2。CERNet 的网络 ID 为 10.10.1.0/24，ChinaNet 的网络 ID 为 10.10.2.0/24。

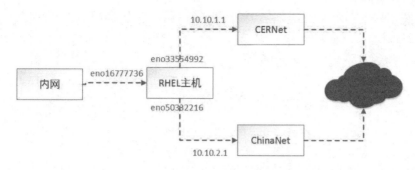

图 15.4 一个网络结构

当前的需求是所有发往 CERNet 的数据包都经由 eno33554992 发送，所有发送到 ChinaNet 的数据包都经过网络接口 eno50332216 发送。为了实现这个目的，需要使用策略路由。

首先创建两个路由表，其名称分别为 cernet 和 chinanet。使用 vi 命令打开/etc/iproute2/rt_tables，增加两行，分别为 cernet 和 chinanet 如示例 15-12 所示。

【示例 15-12】

```
[root@localhost ~]# cat /etc/iproute2/rt_tables
#
# reserved values
#
255     local
254     main
253     default
0       unspec
251     cernet
252     chinanet
#
# local
#
#1      inr.ruhep
```

接下来分别为 eno33554992 和 50332216 绑定对应的 IP 地址，命令如下：

```
[root@localhost ~]# ip addr add 10.10.1.1/24 dev eno33554992
[root@localhost ~]# ip addr add 10.10.2.1/24 dev eno50332216
```

修改后的网络接口及其 IP 地址如下：

```
[root@localhost ~]# ip addr
1: lo: <LOOPBACK,UP,LOWER_UP> mtu 65536 qdisc noqueue state UNKNOWN
    link/loopback 00:00:00:00:00:00 brd 00:00:00:00:00:00
    inet 127.0.0.1/8 scope host lo
```

```
            valid_lft forever preferred_lft forever
        inet6 ::1/128 scope host
            valid_lft forever preferred_lft forever
......
    3: eno33554992: <BROADCAST,MULTICAST,UP,LOWER_UP> mtu 1500 qdisc pfifo_fast state
UP qlen 1000
        link/ether 00:0c:29:39:34:bc brd ff:ff:ff:ff:ff:ff
        inet 10.10.1.1/24 scope global eno33554992
            valid_lft forever preferred_lft forever
        inet6 fe80::20c:29ff:fe39:34bc/64 scope link
            valid_lft forever preferred_lft forever
    4: eno50332216: <BROADCAST,MULTICAST,UP,LOWER_UP> mtu 1500 qdisc pfifo_fast state
UP qlen 1000
        link/ether 00:0c:29:39:34:c6 brd ff:ff:ff:ff:ff:ff
        inet 10.10.2.1/24 scope global eno50332216
            valid_lft forever preferred_lft forever
        inet6 fe80::20c:29ff:fe39:34c6/64 scope link
            valid_lft forever preferred_lft forever
......
```

下面的任务就是分别设置 CERNet 和 ChinaNet 路由表。其中 CERNet 的路由表设置如下：

```
[root@localhost ~]# ip route add 10.10.1.0/24 via 10.10.1.2 dev eno33554992 table cernet
[root@localhost ~]# ip route add 127.0.0.0/24 dev lo table cernet
[root@localhost ~]# ip route add default via 10.10.1.2 dev eno33554992 table cernet
```

上面的命令都是针对路由表 cernet 进行操作的，第 1 条增加到 CERNet 的路由，指定网关为 10.10.1.2，网络接口为 eno33554992。第 2 条增加一条本地环路的路由。第 3 条增加默认路由。

接下来，在路由表 chinanet 中进行同样的操作，命令如下：

```
[root@localhost ~]# ip route add 10.10.2.0/24 via 10.10.2.2 dev eno50332216 table chinanet
[root@localhost ~]# ip route add 127.0.0.0/24 dev lo table chinanet
[root@localhost ~]# ip route add default via 10.10.2.2 table chinanet
```

通过上面的操作，CERNet 和 ChinaNet 都有自己的路由表，下面需要制订策略，让 10.10.1.1 的回应数据包在 CERNet 路由表中路由，让 10.10.2.1 的回应数据包从 chinanet 路由表中路由，命令如下：

```
[root@localhost ~]# ip rule add from 10.10.1.1 table cernet
[root@localhost ~]# ip rule add from 10.10.2.1 table chinanet
```

15.4 小结

路由是网络层最基本的功能之一，只有通过正确的路由设置，数据包才能顺利地到达目的主机。本章首先讲述了路由的基本概念，包括路由原理、路由表、静态路由和动态路由等。然后介绍使用 route 命令进行路由配置的方法。最后介绍了有关策略路由的知识及配置方法。

15.5 习题

1. 下面哪条命令可以禁用网络接口 eno16777736？（　　）

   A. ifconfig eno16777736 up 　　　　B. ifconfig eno16777736 down

   C. ifconfig eno16777736　　　　　　 D. ifup eno16777736

2. 普通的客户机至少需要多少条路由才可以连通网络？（　　）

   A. 0 条　　　　　　　　　　　B. 1 条

   C. 2 条　　　　　　　　　　　D. 3 条

3. 下面哪条命令是添加到网络 192.168.1.0/24 的路由？（　　）

   A. route add -net 192.168.1.1 eno16777736

   B. route add 192.168.1.0/24 eno16777736

   C. route add –net 192.168.1.0/24 eno16777736

   D. route add 192.168.1.1/24 eno16777736

第 16 章
◀ 配置NAT上网 ▶

在 20 世纪 90 年代，随着互联网的飞速发展，连接到互联网的设备也急速增长，导致 IP 地址发生了完全枯竭的现象。为了应对这种情况，网络地址转换（Network Address Translation，NAT）作为一种解决方案逐渐流行起来。它在一定程度上缓解了 IPv4 地址不足的压力，另一方面也提高了内部网络的安全性。

本章主要涉及的知识点有：

- 认识 NAT
- Linux 下的 NAT 配置

16.1 认识 NAT

NAT 是一种广域网接入技术，是一种将私有地址转化为合法 IP 地址的转换技术，它被广泛应用于各种类型的 Internet 接入方式和各种类型的网络中。原因很简单，NAT 不仅完美地解决了 IP 地址不足的问题，而且还能够有效地避免来自网络外部的攻击，隐藏并保护网络内部的计算机。本节将介绍 NAT 的基础知识。

16.1.1 NAT 的类型

网络地址转换（Network Address Translation，NAT）是将 IP 数据包头中的 IP 地址转换为另外一个 IP 地址的过程。在实际应用中，NAT 主要用来实现私有网络中的主机访问公共网络的功能。通过网络地址转换，可以使用少量的公有 IP 地址代表较多的私有 IP 地址，有助于减缓公有 IP 地址空间的枯竭。

所谓私有 IP 地址，是指内部网络或者主机的 IP 地址，公有 IP 地址是指在国际互联网上全球唯一的 IP 地址。私有 IP 地址有以下 3 类。

A 类：10.0.0.0~10.255.255.255
B 类：172.16.0.0~172.31.255.255
C 类：192.168.0.0~192.168.255.255

上述 3 个范围内的地址不会在因特网上被分配，因此可以不必向 ISP 或注册中心申请而在公司或企业内部自由使用。

一般来说，NAT 的实现方式主要有 3 种，分别为静态转换、动态转换和端口多路复用。所谓静态转换，是指将内部网络的私有 IP 地址转换为公有 IP 地址，在这种情况下，私有 IP 地址和公有 IP 地址是一一对应的，也就是说，某个私有 IP 地址只转换为某个公有 IP 地址。动态转换指将内部网络的私有 IP 地址转换为公用 IP 地址时，IP 地址是不确定的，是随机的，也就是说，在进行动态转换时，系统会自动随机选择一个没有被使用的公有 IP 地址作为私有 IP 地址转换的对象。端口多路复用是指修改数据包的源端口并进行端口转换。在这种情况下，内部网络的多台主机可以共享一个合法公有 IP 地址，从而最大限度地节约 IP 地址资源。端口多路复用是目前应用最多的 NAT 类型。

 端口多路复用通常用来实现外部网络的主机访问私有网络内部的资源。当外部主机访问共享的公有 IP 的不同端口时，NAT 服务器会根据不同的端口将请求转发到不同的内部主机，从而为外部主机提供服务。

16.1.2　NAT 的功能

NAT 的主要功能是在数据包通过路由器的时候，将私有 IP 地址转换成合法的 IP 地址。这样，一个局域网只需要少量的公有 IP 地址，就可以实现网内所有的主机与互联网通信的需求，如图 16.1 所示。

从图 16.1 可以看出，NAT 会自动修改 IP 报文的源 IP 地址和目的 IP 地址，IP 地址校验在 NAT 处理过程中自动完成。但是，有些应用程序将源 IP 地址嵌入到 IP 报文的数据部分中，所以在这种情况下，还需要同时对报文的数据部分进行修改。

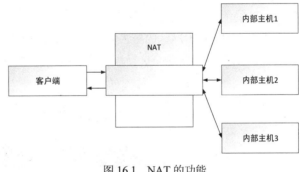

图 16.1　NAT 的功能

 NAT 不仅可以实现内部网络内的主机访问外部网络资源，还可以实现外部网络的主机访问内部网络的主机。通过 NAT 可以隐藏内部网络的主机，提高内部网络主机的安全性。

16.2　Linux 下的 NAT 服务配置

利用 RHEL，可以非常方便地实现 NAT 服务，使得内部网络的主机能够与互联网上面的主机进行通信。本节将对 NAT 的配置方法进行系统的介绍。

16.2.1 Firewalld 简介

在 RHEL 7 之前的版本中，防火墙管理工具使用的是 iptables 和 ip6tables。但在最新的 RHEL 7 中防火墙管理工具变成了 Firewalld，它是一个支持定义网络区域（zone）及接口安全等级的动态防火墙管理工具。利用 Firewalld，用户可以实现许多强大的网络功能，例如防火墙、代理服务器以及网络地址转换。

之前版本的 system-config-firewall 和 lokkit 防火墙模型是静态的，每次修改防火墙规则都需要完全重启，在此过程中包括提供防火墙功能的内核模块 netfilter 都需要卸载和重新加载。而卸载会破坏已经建立的连接和状态防火墙。与之前的静态模型不同，Firewalld 将动态的管理防火墙，不需要重新启动防火墙，也不需要重新加载内核模块。但 Firewalld 服务要求所有关于防火墙的变更都要通过守护进程来完成，从而确保守护进程中的状态与内核防火墙之间的一致性。

许多人都认为 RHEL 7 中的防火墙从 iptables 变成了 Firewalld，其实不然，无论是 iptables 还是 Firewalld 都无法提供防火墙功能。他们都只是 Linux 系统中的一个防火墙管理工具，负责生成防火墙规则并与内核模块 netfilter 进行"交流"，真正实现防火墙功能的是内核模块 netfilter。

Firewalld 提供了两种管理方式，其一是 firewall-cmd 命令行管理工具，其二是 firewall-config 图形化管理工具。在之前版本中的 iptables 将规则保存在文件/etc/sysconfig/iptables 中，现在 Firewalld 将配置文件存放在/usr/lib/firewalld 和/etc/firewalld 目录下的 XML 文件中。

虽然 RHEL 7 中默认的防火墙工具从 iptables 变成了 Firewalld，但在 RHEL 7 中仍然可以继续使用 iptables，红帽将这个选择权交给了用户。RHEL 7 的防火墙堆栈如图 16.2 所示。

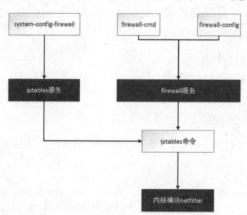

图 16.2　RHEL 7 防火墙堆栈

从图 16.2 中可以看出，无论使用的是 Firewalld 还是 iptables，最终都是由 iptables 命令来为内核模块 netfilter 提交防火墙规则。另外，如果决定使用 iptables，就应该将 Firewalld 禁用掉，以免出现混乱。

16.2.2　在 RHEL 上配置 NAT 服务

下面以一个具体的例子来说明如何在 RHEL 上配置 NAT 服务，使得内部网络的主机可以访问外部网络的资源。

图 16.3 描述了一个简单的网络拓扑结构。RHEL 主机有两个网络接口，其中 eno50332216 连接内部网络交换机，其 IP 地址为 192.168.0.1，子网掩码为 255.255.255.0；eno16777736 连接外部网络，其 IP 地址为运营商提供的公有 IP 地址 114.242.25.2，子网掩码为 255.255.255.0，网关为 114.242.25.1，DNS 服务器为 202.106.0.20。内部网络的 IP 地址段为 192.168.0.0/24。

图 16.3　网络拓扑结构

接下来的任务是配置 RHEL 主机，使其成为一台 NAT 服务器，供内部网络主机访问外部网络资源，步骤如下。

步骤 01 开启转发功能，命令如下：

```
[root@localhost ~]# echo 1 > /proc/sys/net/ipv4/ip_forward
[root@localhost ~]# cat /proc/sys/net/ipv4/ip_forward
1
```

第 1 条命令将字符串 1 写入/proc/sys/net/ipv4/ip_forward 文件，第 2 条命令验证是否写入成功。如果输出 1，则表示修改成功。开启 RHEL 转发功能之后，内部网络的主机就可以 ping 通 eno16777736 的 IP 地址、网关以及 DNS 了。

 上面第 1 条命令中的 ">" 为输出重定向符号。其功能是将 echo 命令的输出结果重定向到后面的磁盘文件中。

步骤 02 配置 NAT 规则。

经过上面配置后，虽然可以 ping 通 eno16777736 的 IP 地址，但是此时内部网络中的计算机还是无法上网。问题在于内网主机的 IP 地址是无法在公网上路由的。因此，需要通过 NAT 将内网办公终端的 IP 转换成 RHEL 主机 eno16777736 接口的 IP 地址。为了实现这个功能，首先需要将接口 eno16777736 加入到外部网络区域中。在 Firewalld 中，外部网络补定义为一个直接与外部网络相连接的区域，来自此区域中的主机连接将不被信任，关于区域的更多信息可以查阅本书第 20 章了解详情，此处不再赘述。

在开始配置之前，需要正确配置相关接口的 IP 地址等信息，接下来就可以使用命令的方法将接口 eno16777736 加入外部区域 external：

```
#查看接口 eno16777736 所属的区域
[root@localhost ~]# firewall-cmd --get-zone-of-interface=eno16777736
public
#改变区域为 external
[root@localhost ~]# firewall-cmd --permanent --zone=external --change-interface=eno16777736
success
#查看外部区域的配置
[root@localhost ~]# firewall-cmd --zone=external --list-all
external (active)
  interfaces: eno16777736
  sources:
  services: ssh
  ports:
  masquerade: no
  forward-ports:
  icmp-blocks:
  rich rules:
#由于需要使用 NAT 上网，因此还需要将外部区域的伪装打开
[root@localhost ~]# firewall-cmd --permanent --zone=external --add-masquerade
success
[root@localhost ~]# firewall-cmd --zone=external --list-all
external (active)
  interfaces: eno16777736
  sources:
  services: ssh
  ports:
  masquerade: yes
  forward-ports:
  icmp-blocks:
  rich rules:
```

完成外部接口的配置后，接下来将配置内部接口 eno50332216，具体做法是将内部接口加入到内部区域 internal 中：

```
#查看内部接口所属的区域
[root@localhost ~]# firewall-cmd --get-zone-of-interface=eno50332216
no zone
[root@localhost ~]# firewall-cmd --permanent --zone=internal --change-interface=eno50332216
success
```

到此为止，所有在 RHEL 主机上的配置都已经完成。接下来的任务是配置内部网络主机，使其可以访问外部网络。

16.2.3 局域网通过配置 NAT 上网

局域网内的主机配置比较简单，只要设置好网络参数即可。其中所有主机的网关都应该设置为 REHL 主机的网络接口 eno50332216 的 IP 地址，即 192.168.0.1。内部网络的主机的 DNS 服务器设置为运营商提供的 DNS 服务器的地址，即 202.106.0.20。通过以上设置，内部网络的主机就可以访问外部网络的资源了。

> 本例中的设置仅仅使得内部网络的主机可以访问外部网络资源，但是外部网络的主机却无法访问内部网络的主机。如果想要外部网络的主机可以访问内部网络资源，则需要进行相应的端口映射。

16.3 小结

本章详细介绍了如何在 RHEL 系统中实现 NAT 功能，主要内容包括 NAT 的类型、NAT 的功能等。最后以一个具体的例子说明如何通过 Firewalld 在 RHEL 上面配置 NAT 服务，以实现内部网络的多台主机访问外部网络的资源。本章的重点在于掌握好 NAT 的基本知识，以及学习如何使用 Firewalld 实现 NAT 服务。

16.4 习题

1. 列举出私有 IP 地址范围。

2. 使用 Firewalld 实现 NAT 功能，并完成以下任务：
（1）开启路由功能。
（2）使用 SNAT 实现共享上网。

第 17 章 Linux 性能检测与优化

Linux 是一个开源系统，其内核负责管理系统的进程、内存、设备驱动程序、文件和网络系统，决定着系统的性能和稳定性。由于内核源码很容易获取，任何人都可以将自己认为优秀的代码加入到其中。Linux 默认提供了很多服务，如何发挥 Linux 的最大性能，如何精简系统以便适合当前的业务需要，都需要对内核进行重新编译优化。影响 Linux 性能的因素有很多，从底层硬件到上层应用，每一部分都有可以优化的地方。本章主要介绍 Linux 性能优化方面的知识，首先介绍影响 Linux 服务器的各种因素，然后介绍 Linux 性能分析工具及内核优化。

本章主要涉及的知识点有：

- 影响 Linux 服务器性能的主要因素
- Linux 性能分析工具及命令
- Linux 内核编译与优化

Linux 系统性能优化常见的方法有使用更好的硬件或从操作系统层面、应用软件层面进行优化，本章主要介绍在同等硬件条件下如何尽最大可能发挥系统性能，使系统资源利用达到最大化。

17.1 Linux 性能评估与分析工具

影响 Linux 服务器性能的因素有很多，从底层的硬件到操作系统，从网络到上层应用。找到系统硬件和软件资源的平衡点是关键。如果访问量急剧增长时造成 CPU 利用率过高，由于不能及时得到响应，系统负载急剧上升，从而导致其他进程运行缓慢，系统中的进程越来越多，有可能导致物理内存耗尽，直至交换内存被耗尽，此时系统已经处于假死状态，从而导致系统不能登录，只能进行重启操作进行恢复。这虽然是比较极端的情况，但若要有效地避免此问题，做好系统性能优化和容量规划是非常有必要的。

系统性能优化绝不仅仅是系统管理员的责任，软件研发人员、软件架构人员都需参与其中。本节主要介绍 Linux 性能评估与分析常用的工具。

虽然大多数情况下系统性能瓶颈的原因是应用程序 BUG 或性能较差引起的，最终会表现为系统负载升高、程序响应缓慢或拒绝服务，因此如果要了解系统的当前性能，首先应该观察系统负载和 CPU 使用情况。

17.1.1 CPU 相关

查看监视 CPU 的命令工具有很多，常见的有 uptime、top、vmstat 等，以下分别介绍最常用的 uptime、vmstat 命令。

1．uptime

执行 uptime 命令后的结果如示例 17-1 所示。

【示例 17-1】

```
[root@localhost ~]# uptime
 14:53:56 up 1 min,  2 users,  load average: 3.82, 1.58, 0.58
```

uptime 的输出可以作为 Linux 系统整体性能评估的一个参考。这里主要关注的是 load average 参数，3 个值分别表示最近 1 分钟、5 分钟、15 分钟的系统负载值。此部分值可参考 CPU 的个数或核数，有关 CPU 的信息可以查看系统中的/proc/cpuinfo 文件。

如果 5 分钟的负载值或 15 分钟的负载值长期超过 CPU 个数的两倍，说明系统当前处于高负载，需要关注并优化；如果数值长期低于 CPU 个数或核数，说明系统运行正常；如果长期处于数值 1 以下则说明系统 CPU 资源没有得到有效利用，CPU 处于空闲状态。

2．vmstat

vmstat 是一个比较全面的性能分析工具，通过此工具可以观察进程状态、内存使用情况、swap 使用情况、磁盘的 IO、CPU 的使用等信息。vmstat 执行结果如示例 17-2 所示。

【示例 17-2】

```
[root@localhost ~]# vmstat 1
procs -----------memory---------- ---swap-- -----io---- -system-- ------cpu-----
 r  b   swpd   free   buff  cache   si   so    bi    bo   in   cs us sy id wa st
 2  0      0 317576   1260 350416    0    0  2329    52  466 1073  5 22 72  1  0
 0  0      0 317560   1260 350416    0    0     0     0   50   81  0  0 100  0  0
 0  0      0 317560   1260 350416    0    0     0     0   52   81  0  0 100  0  0
 0  0      0 317436   1260 350416    0    0     0     0   61  104  0  0 100  0  0
 0  0      0 317436   1260 350416    0    0     0     0   53   87  0  1  99  0  0
 0  0      0 317436   1260 350416    0    0     0     0   53   86  0  0 100  0  0
 1  0      0 317436   1260 350416    0    0     0     0   49   76  0  0 100  0  0
 0  0      0 317436   1260 350416    0    0     0     0   55   92  0  0 100  0  0
 0  0      0 317436   1260 350416    0    0     0     0   49   75  0  1  99  0  0
```

（1）procs 第 1 列 r 表示运行和等待 CPU 时间片的进程数，这个值如果长期大于系统 CPU 的个数，说明 CPU 不足，需要增加 CPU。第 2 列 b 表示在等待资源的进程数，等待的资源有 I/O 或内存交换等。其他参数说明如表 17.1 所示。

表 17.1 vmstat 输出结果参数说明

参数	说明
swpd	表示切换到内存交换区的内存数量，以 KB 为单位
free	表示当前空闲的物理内存数量，以 KB 为单位
buff	表示 buffers cache 的内存数量，一般对块设备的读写才需要缓冲
cache	表示 page cached 的内存数量
si	内存进入内存交换区的数量
so	内存交换区进入内存的数量
bi	表示从块设备读入数据的总量，以 KB 为单位
bo	表示写入到块设备的数据总量，以 KB 为单位
cs	表示每秒产生的上下文切换次数。值越大表示由内核消耗的 CPU 时间越多
in	表示在某一时间间隔中观测到的每秒设备中断数
us	表示用户进程消耗的 CPU 时间百分比。如果值比较高需考虑优化程序或算法
sy	表示内核进程消耗的 CPU 时间百分比。sy 的值较高时，说明内核消耗的 CPU 资源很多
id	表示 CPU 处在空闲状态的时间百分比
wa	表示 IO 等待所占用的 CPU 时间百分比。wa 值越高，说明 IO 等待越严重，参考值为 20%

（2）cpu 列显示了用户进程和内核进程所消耗的 CPU 时间百分比。us 的值比较高时，说明用户进程消耗的 cpu 时间多。us+sy 的参考值为 80%，如果 us+sy 长期大于 80%说明可能存在 CPU 资源不足的情况。

（3）memory 列表示系统内存资源使用情况。

（4）swap 列表示系统交换分区使用情况，一般情况下，si、so 的值都为 0，如果 si、so 的值长期不为 0，则表示系统内存不足，需要增加系统内存。

（5）io 列显示磁盘的读写状况，这里设置的 bi+bo 参考值为 1000，如果超过 1000，而且 wa 值较大，则表示系统磁盘 IO 有问题。

（6）system 项显示采集间隔内发生的中断数。in 和 cs 这 2 个值越大，会看到由内核消耗的 CPU 时间会越多。

17.1.2 内存相关

内存是考察系统性能的主要指标，比如内存使用情况超过 70%，表示系统内存资源紧张，需要及时优化。另外，swap 交换分区如果使用率较高，则说明系统频繁地进行硬盘与内存之间的换页，需要特别留意。监视系统内存常用的命令有 top、free、vmstat 等。

1．top

top 命令的显示结果如示例 17-3 所示。

【示例 17-3】

```
[root@localhost ~]# top
top - 14:56:47 up 4 min,  2 users,  load average: 0.24, 0.91, 0.50
Tasks: 485 total,   2 running, 483 sleeping,   0 stopped,   0 zombie
%Cpu(s):  0.0 us,  0.3 sy,  0.0 ni, 99.7 id,  0.0 wa,  0.0 hi,  0.0 si,  0.0 st
KiB Mem :  1001332 total,   315536 free,   333156 used,   352640 buff/cache
KiB Swap:  2097148 total,  2097148 free,        0 used.   486160 avail Mem
#部分结果省略
```

上述实例中，Mem 行依次表示总内存、空闲的内存、已经使用的内存、用于缓存文件系统的内存。swap 行表示交换空间总大小、空闲的交换空间、使用的交换内存空间、可用的内存空间。

默认情况下，top 命令每隔 5 秒钟刷新一次数据。执行完 top 命令后 top 进入命令等待模式。top 提供了丰富的参数用于查看当前系统的信息，比如按 m 键进入内存模式，并按内存占用百分比排序，如示例 17-4 所示。

【示例 17-4】

```
  KiB Mem : 52.5/1001332  [|||||||||||||||||||||||||||||                              ]
  KiB Swap:  0.0/2097148  [                                                           ]

   PID USER      PR  NI    VIRT    RES    SHR S %CPU %MEM     TIME+ COMMAND
  2549 root      20   0  146408   2376   1432 R  3.6  0.2   0:00.03 top
     1 root      20   0  126588   7336   2628 S  0.0  0.7   0:06.96 systemd
     2 root      20   0       0      0      0 S  0.0  0.0   0:00.02 kthreadd
     3 root      20   0       0      0      0 S  0.0  0.0   0:00.69 ksoftirqd/0
```

2．free

free 是查看 Linux 系统内存使用状况时最常用的指令，free 命令的显示结果如示例 17-5 所示。

【示例 17-5】

```
#以 M 为单位查看系统内存资源占用情况
[root@localhost ~]# free -m
              total        used        free      shared  buff/cache   available
Mem:            977         334         298           7         344         465
Swap:          2047           0        2047
```

以上示例显示系统总内存为 16040MB，如需计算应用程序占用内存，可以使用以下公式计算 total – free – buff/cache=997 – 298 – 344=335，内存使用百分比为 6535/16040= 33.6%，表示系统内存资源能满足应用程序需求。如果应用程序占用内存量超过 80%，则应该及时进行应用程序算法优化。

3．vmstat

使用 vmstat 命令监视系统内存，主要关注以下参数，如示例 17-6 所示。

【示例 17-6】

```
[root@localhost ~]# vmstat 2 4
procs -----------memory---------- ---swap-- -----io---- -system-- ------cpu-----
 r  b   swpd   free   buff  cache   si   so    bi    bo   in   cs us sy id wa st
 2  0      0 305228   1260 351712    0    0   336     8  104  212  1  3 96  0  0
 1  0      0 305072   1260 351728    0    0     0     0   48   60  0  0  2 99  0  0
 0  0      0 305072   1260 351728    0    0     0     7   32   44  0  1 100  0  0
 1  0      0 305072   1260 351728    0    0     0     0   45   76  0  0 100  0  0
```

swpd 列表示切换到内存交换区的内存数量，以 KB 为单位。此处 swpd 的值为 0，若不为 0 且磁盘调入内存的值 si 和由内存调入磁盘 so 的值均为 0，都表示系统暂时没有进行内存页交换，内存资源充足，系统性能暂时没有问题。

17.1.3　硬盘 I/O 相关

在涉及硬盘操作时，一般根据业务的具体情况选择合适的方案。比如读写频繁的应用尽可能用内存的读写代替直接硬盘操作，内存读写操作速度比硬盘直接读写的效率要高千倍。另外，对于数据量非常大的应用可以考虑数据的冷热分离，常使用、常访问的文件可以放入性能比较好的硬盘中，如 SSD；冷数据则可以考虑放入存储空间较大的普通硬盘上。使用裸设备代替文件系统也可节省系统资源开销。磁盘的性能评估可以使用 iostat 命令，该命令的输出如示例 17-7 所示。

【示例 17-7】

```
#使用 iostat 显示硬盘使用情况
[root@localhost ~]# iostat -d 2 4
Device:            tps    kB_read/s    kB_wrtn/s    kB_read    kB_wrtn
sda               6.65       254.45         6.14     286746       6917
scd0              0.01         0.04         0.00         44          0
dm-0              6.06       248.22         4.32     279723       4869
dm-1              0.13         1.13         0.00       1268          0
[root@localhost ~]# iostat -d 2 4
Device:            tps   Blk_read/s   Blk_wrtn/s   Blk_read   Blk_wrtn
hda              12.50       128.00       128.00        256        256
hda              55.00        12.00      2184.00         24       4368
hda              23.00        48.00       488.00         96        976
hda              26.00        24.00       380.00         48        760
```

上述示例中 tps 表示每秒钟发送到的 I/O 请求数，kB_read/s 表示每秒读取的数据块数，

kB_wrtn/s 表示每秒写入的数据块数，kB_read 表示读取的所有块数，kB_wrtn 表示写入的所有块数。上述示例说明该服务器 sda 分区读操作大于写操作，属于读操作比较多的应用。6.14 表示硬盘偶尔写操作频繁，其他数值相对较小，如存在长期的、超大的数据读写，说明系统不正常，需要进行优化。

iostat 常用的参数如表 17.2 所示。

表 17.2 iostat 常用参数说明

参数	说明
-c	仅显示 CPU 统计信息，与-d 选项互斥
-d	仅显示磁盘统计信息，与-c 选项互斥
-k	以 KB 为单位显示每秒的磁盘请求数，默认单位为块
-p	跟具体设备或参数 ALL，用于显示某块设备及系统分区的统计信息
-t	在输出数据时，打印搜集数据的时间
-V	打印版本号和帮助信息
-x	输出扩展信息

17.1.4 网络性能评估

对于 Linux 的网络性能主要可以参考系统网卡的流量、包量或丢包率、错误率等，可以按周期进行统计，如发现系统网卡流量过大，如当百兆网卡流量超过 80%时需要留意系统性能。Web 服务如请求量过大或短连接频繁建立释放的应用，需要关注系统每秒新增的 TCP 连接数，同时系统中各个 TCP 连接的状态可以作为系统性能的参考。如发现大量处于 TIME_WAIT 状态的 TCP 连接，则会影响网络性能，使应用响应缓慢或拒绝服务。网络性能常用的参数有 ping、netstat、ifconfig 或关注系统中的/proc/net/dev 文件输出等。

使用 netstat 命令查看当前 TCP 连接状态的可能结果，如示例 17-8 所示。

【示例 17-8】

```
[root@localhost ~]# netstat -plnta|awk '{print $6}'|sort|uniq -c
      5 CLOSING
     32 ESTABLISHED
     27 FIN_WAIT1
      2 FIN_WAIT2
      2 LAST_ACK
      9 LISTEN
      4 SYN_RECV
   6994 TIME_WAIT
```

根据 TCP 协议，以上每个 TCP 状态对应的含义如表 17.3 所示。

表 17.3 TCP 状态说明

参数	说明
CLOSED	无连接是活动的或正在进行
LISTEN	服务器在等待进入呼叫
SYN_RECV	一个连接请求已经到达，等待确认
SYN_SENT	应用已经开始，打开一个连接
ESTABLISHED	正常数据传输状态
FIN_WAIT1	应用说它已经完成
FIN_WAIT2	另一边已同意释放
CLOSING	两边同时尝试关闭
TIME_WAIT	另一边已初始化一个释放
LAST_ACK	等待所有分组死掉

根据 TCP 3 次握手协议的规定，发起 socket 主动关闭的一方连接将进入 TIME_WAIT 状态，TIME_WAIT 状态将持续两个 MSL（Max Segment Lifetime），TIME_WAIT 状态下的 socket 不能被回收使用，尤其是针对短连接较多的 Web 服务，如果存在大量处于 TIME_WAIT 状态的连接，则可能严重影响服务器的处理能力，导致 Web 应用耗时甚至引起系统瘫痪。

17.2 Linux 内核编译与优化

Linux 内核是操作系统的核心，负责管理系统的资源，内核的稳定性影响着系统的性能和稳定性。系统默认提供的内核有些功能可能不是当前系统应用需要的，重新编译内核可以达到精简内核、优化系统性能的目的。重新编译的内核和当前的硬件设备相匹配，能较大程度地发挥硬件性能。如果使用了最新的硬件设备，需要设备的最新驱动，当前内核无法支持，此时也需要重新编译内核。本节主要介绍 Linux 内核编译的相关知识。

17.2.1 编译并安装内核

内核编译之前需要了解当前设备的硬件信息并获取最新的内核源代码，需要了解编译内核需要内核支持的功能。最新的内核源代码可以在 https://www.kernel.org/获得，本节以 Linux 3.18.33 内核为例说明 Linux 内核的编译过程。内核编译一般经过以下几个步骤，如示例 17-9 所示。

【示例 17-9】

```
#安装依赖软件包
[root@localhost Packages]# rpm -ivh ncurses-devel-5.9-13.20130511.el7.x86_64.rpm
#下载内核源码
[root@localhost                          soft]#                          wget
```

```
https://www.kernel.org/pub/linux/kernel/v3.0/linux-3.18.33.tar.xz
#解压内核源码
[root@localhost soft]# tar xvf linux-3.18.33.tar.xz
[root@localhost soft]# cd linux-3.18.33
#在菜单模式下选择需要编译的内核模块,可以根据自己的需要进行选择
[root@localhost linux-3.18.33]# make menuconfig
  HOSTCC   scripts/basic/fixdep
  HOSTCC   scripts/basic/docproc
#清除旧的编译信息
[root@localhost linux-3.18.33]# make clean
#编译内核信息
[root@localhost linux-3.18.33]# make bzImage
  HOSTCC   scripts/basic/fixdep
  HOSTCC   scripts/basic/docproc
#编译内核模块
[root@localhost linux-3.18.33]# make modules
#安装模块
[root@localhost linux-3.18.33]# make modules_install
#安装内核
#安装时,安装脚本会自动生成内核影像文件
#并添加启动项"Red Hat Enterprise Linux Server (3.18.33) 7.2 (Maipo)"
[root@localhost linux-3.18.33]# make install
```

然后将文件保存,重启。进行系统引导时,选择 Red Hat Enterprise Linux Server (3.18.33) 7.2 (Maipo),即可使用编译好的内核。

17.2.2 常用内核参数的优化

Linux 内核的很多参数是可以动态修改的,为了使系统运行得更稳定、更快速,在此介绍一些常用的内核参数。

1. 文件句柄设置

文件句柄的设置表示在 Linux 系统上可以打开的文件数。在大型应用服务器,例如访问量较大的 Web 服务器或数据库服务器中,建议将整个系统的文件句柄值至少设置为 65535。设置方法如示例 17-10 所示。

【示例 17-10】

```
[root@localhost ~]# echo "65535" > /proc/sys/fs/file-max
#可以使用 sysctl 命令来更改 file-max 的值
```

```
[root@localhost ~]# sysctl -w fs.file-max=65536
fs.file-max = 65536
#可以通过将内核参数插入到/etc/sysctl.conf 启动文件中以使此更改永久有效
[root@localhost ~]# echo "fs.file-max=65536" >> /etc/sysctl.conf
[root@localhost ~]# echo "fs.file-max=65536" >> /etc/sysctl.conf
#可以通过使用以下命令查询文件句柄的当前使用情况
[root@localhost ~]# cat /proc/sys/fs/file-nr
1472    0       65536
```

file-nr 文件分别显示了已经分配的文件句柄总数、当前使用的文件句柄数以及可以分配的最大文件句柄数。

2．随机端口设置

Linux 随机端口默认为 32768~65535，在请求量较大的服务器上需要调整此参数显示，调整方法如示例 17-11 所示。

【实例 17-11】

```
[root@localhost ~]# sysctl -w net.ipv4.ip_local_port_range="1024 64000"
net.ipv4.ip_local_port_range = 1024 64000
```

3．TCP 连接优化

如果发现系统存在大量 TIME_WAIT 状态的连接，可通过调整内核参数解决，如示例 17-12 所示。

【示例 17-12】

```
#设置相关参数
[root@localhost ~]# cat  /etc/sysctl.conf
net.ipv4.tcp_tw_reuse = 1
net.ipv4.tcp_tw_recycle = 1
net.ipv4.tcp_max_tw_buckets = 1000
#使参数生效
[root@localhost ~]# sysctl -p
net.ipv4.tcp_tw_reuse = 1
net.ipv4.tcp_tw_recycle = 1
net.ipv4.tcp_max_tw_buckets = 1000
```

- net.ipv4.tcp_tw_reuse = 1 表示开启重用，允许将 TIME_WAIT 状态的连接重新用于新的 TCP 连接。
- net.ipv4.tcp_tw_recycle = 1 表示开启 TCP 连接中 TIME_WAIT 连接的快速回收。
- net.ipv4.tcp_max_tw_buckets = 10000 控制同时保持 TIME_WAIT 套接字的最大数量，如果超过 TIME_WAIT 连接将立刻被清除并打印警告信息。

对于 Apache、Nginx 等 Web 服务，通过以上优化能较好地减少 TIME_WAIT 套接字数量。

4．内存参数优化

如果需要确定系统对共享内存的限制，可以使用下面的命令。其中 shmmax 表示共享内存段的最大大小，以字节为单位，默认值一般为 32MB。通常对于大多数应用够用，但对于大型应用软件尤其是数据库等，需要修改此参数，如示例 17-13 所示。

【示例 17-13】

```
[root@localhost ~]# ipcs -lm

------ Shared Memory Limits --------
max number of segments = 4096
max seg size (kbytes) = 67108864
max total shared memory (kbytes) = 17179869184
min seg size (bytes) = 1
[root@localhost ~]# sysctl -w kernel.shmmax=2147483648
kernel.shmmax = 2147483648
[root@localhost ~]# cat /proc/sys/kernel/shmmax
2147483648
```

Linux 内核参数较多，本节主要介绍了几个常用的参数设置，如需进一步了解 Linux 内核参数的优化，可参考帮助文档或相关书籍。

17.3 小结

如果服务器出现异常，则需要定位错误的位置。此时，首先需要登录服务器，使用 top 命令查看 CPU 占用情况，然后查看内存占用情况、交换分区占用情况，然后定位异常进程，根据反映出的问题进行问题定位与优化。本章介绍了问题定位或者 Linux 性能优化过程中需要关注的几个方面，如 CPU、内存、硬盘、网络性能等。通过内核的编译与优化，可以使内核与当前硬件系统有更好的兼容度，最大程度发挥硬件性能。

17.4 习题

一、填空题

1．查看监视 CPU 的命令工具有很多，常见的有_____、_____和_____等。
2．监视系统内存常用的命令有_____、_____和_____等。
3．默认情况下，top 命令每隔_____秒钟刷新一次数据。

二、选择题

关于 Linux 内核参数描述错误的有（　　）。

A. Linux 随机端口默认为 32 768~65 535，不管服务器请求量的大小都不能调整此参数。

B. 如发现系统存在大量 TIME_WAIT 状态的连接，可通过调整内核参数解决。

C. 对于大型应用软件尤其是数据库来说，需要修改 shmmax 参数。

D. 在大型应用服务器，例如访问量较大的 Web 服务器或数据库服务器中，建议将整个系统的文件句柄值至少设置为 65535。

第 18 章

集群负载均衡LVS

电子商务已经成为生活中不可缺少的一部分，给用户带来了方便和效率。随着计算机硬件的发展，单台计算机的性能和可靠性越来越高，网络的飞速发展给网络带宽和服务器带来巨大的挑战，网络带宽的增长远高于处理器速度和内存访问速度的增长，急剧膨胀的用户请求已经使单台计算机难以达到用户的需求。为了满足急剧增长的需求，使用集群技术负载均衡迫在眉睫。

本章首先介绍什么是集群技术及集群的体系结构，然后介绍集群软件 LVS（Linux Virtual Server）的负载调度算法，结合各种调度算法给出实际案例，最后介绍了负载均衡常见问题。

本章主要涉及的知识点有：

- Linux 集群体系结构
- LVS 负载均衡调度算法
- LVS 负载均衡的安装与设置

本章介绍的 LVS 负载均衡管理主要针对 Linux 系统下的负载均衡，在 Windows 领域软件层面尚没有匹配的开源软件支持负载均衡。

18.1 集群技术简介

如今互联网应用尤其是 Web 服务越来越广泛。电子商务网站需要提供每天 24 小时不间断服务，如果发生硬件损坏导致服务中断将造成不可挽回的经济损失。越来越多的网站交互性不断增强，随着用户量的增长需要更强的 CPU 和 IO 处理能力。在数据挖掘领域，需要在大量数据中找出有价值的信息，时间是必须考虑的因素。集群技术的出现顺利解决了两个问题：高可用性集群和高性能集群。

集群通过一组相对廉价的设备实现服务的可伸缩性，当服务请求急剧增长时，服务依然可用，响应依然快速。集群允许部分硬件或软件发生故障，通过集群管理软件将故障屏蔽从而提供 24 小时不间断的服务。相对于高端服务器的昂贵成本，使用廉价的设备比组成集群，所花费的经济成本相对是可以承受的。

高可用性集群可以提供负载均衡，通过把任务轮流分给多台服务器完成，避免了某台服务器负载过高。同时，负载均衡是一种动态均衡，可以通过一些工具或软件实时地分析数据包，掌握网络中的数据流量状况，合理分配任务。

 在数据链路层可以根据数据包的 MAC 地址选择不同的路径。网络层则可以利用基于 IP 地址的分配方式将数据分配到多个节点。对于不同的应用环境，如计算负荷较大的电子商务网站、IP 读写频繁的数据库应用、网络传输量大的视频服务则有各自对应的负载均衡算法。

18.2 LVS 集群介绍

LVS 为 Linux 虚拟服务器（Linux Virtual Server），针对高可伸缩、高可用网络服务的需求，中国的章文嵩博士给出了基于 IP 层和基于内容请求分发的负载平衡调度解决方案，并在 Linux 内核实现，将一组服务器构成一个可伸缩的、高可用网络服务的虚拟服务器。虚拟服务器的体系结构如图 18.1 所示。

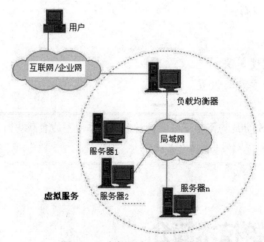

图 18.1　虚拟服务器体系结构

一组服务器通过高速的局域网或地理分布的广域网相互连接，前端有一个负载均衡器（Load Balancer），有时简称为 LD。负载均衡器负责将网络请求调度到真实服务器上，真实的服务器称作 real server，简称 rs，从而使得服务器集群的结构对应用是透明的。应用访问集群系统提供的网络服务就像访问一台高性能、高可用的服务器一样。集群的扩展性可以通过在服务机群中动态地加入和删除服务器节点完成。通过定期检测节点或服务进程状态可以动态地剔除故障的节点，从而使系统达到高可用性。

18.2.1　3 种负载均衡技术

在 LVS 框架中，提供了 IP 虚拟服务器软件 IPVS，它包含 3 种 IP 负载均衡技术，通过此软件可以快速搭建高可伸缩性的、高可用性的网络服务，管理也非常方便。

IPVS 软件实现了这 3 种 IP 负载均衡技术，每种技术的原理介绍如下。

1．Virtual Server via Network Address Translation（VS/NAT）

此种技术中前端负载均衡器通过重写请求报文的目的地址实现网络地址转换，根据设定的负载均衡算法将请求分配给后端的真实服务器。真实服务器的响应报文通过负载均衡器时，报文的源地址被重写，然后返回给客户端，从而完成整个负载调度过程。由于 NAT 的每次请求接收和返回都要经过负载均衡器，对前端负载均衡器性能要求较高，如果业务请求量较大，负载均衡器可能成为瓶颈。NAT 模式的体系结构如图 18.2 所示。

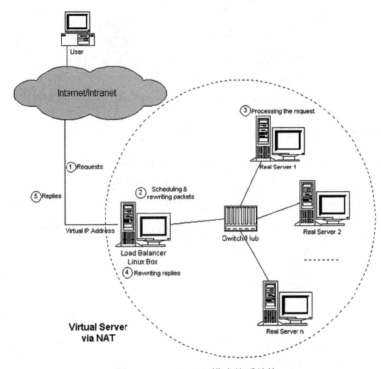

图 18.2　LVS NAT 模式体系结构

2．Virtual Server via IP Tunneling（VS/TUN）

TUN 模式如图 18.3 所示。采用 NAT 技术时，由于请求和响应报文都必须经过负载均衡器地址重写，当客户请求越来越多时，负载均衡器的处理能力可能成为瓶颈。为了解决这个问题，负载均衡器把请求报文通过 IP 隧道转发至真实服务器，而真实服务器将响应直接返回给客户，此种技术负载均衡器只处理请求报文。由于结果不需经过负载均衡器，采用此种技术的集群吞吐能力也更强大，同时 TUN 模式可以支持跨网段，并支持跨地域部署，使用非常灵活。

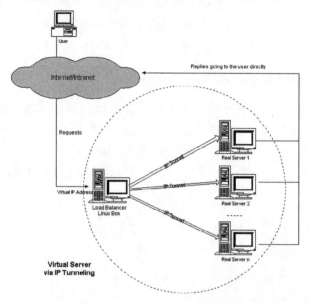

图 18.3　LVS TUN 模式体系结构

3．Virtual Server via Direct Routing（VS/DR）

VS/DR 模式如图 18.4 所示，该模式通过改写请求报文的 MAC 地址，将请求发送到真实服务器，类似于 TUN 模式，DR 模式下真实服务器将响应直接返回给客户端，因此 VS/DR 技术可极大地提高集群系统的伸缩性。这种方法没有 IP 隧道的开销，真实服务器也没有必须支持 IP 隧道协议的要求，但是此种模式要求负载均衡器与真实服务器都在同一物理网段上，由于同一网段机器数量有限，从而限制了其应用范围。

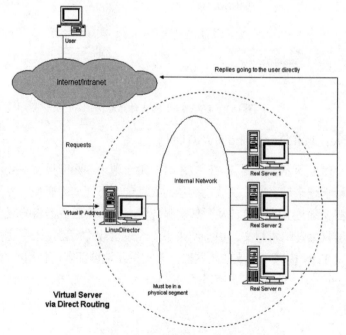

图 18.4　LVS DR 模式体系结构

18.2.2 负载均衡调度算法

针对不同的网络服务需求和服务器配置，IPVS 负载均衡器提供了以下几种负载调度算法。

（1）轮询（Round Robin）算法。轮询算法简称 RR，负载均衡器通过轮询调度算法将外部请求按顺序轮流分配到集群中的真实服务器上，每台后端的服务器都是平等无差别的，此种算法忽略了真实服务器的负载情况，需结合其他监控手段一起使用。

（2）加权轮询（Weighted Round Robin）算法。加权轮询算法简称 WRR。负载均衡器通过加权轮询调度算法根据真实服务器的不同处理能力来调度访问请求，从而使处理能力强的服务器处理更多的请求。负载均衡器可以自动问询真实服务器的负载情况，并动态地调整其权值，与轮询模式相比，有更大的灵活性。

（3）最少链接（Least Connections）算法。最少链接算法简称 LC。负载均衡器通过最少连接调度算法动态地将网络请求调度到已建立的链接数最少的服务器上。如果集群系统的真实服务器具有相近的系统性能，采用此种算法可以较好地均衡负载。

（4）加权最少链接（Weighted Least Connections）算法。加权最少链接算法简称 WLC。在集群系统中的服务器性能差异较大的情况下，负载均衡器采用加权最少链接调度算法优化负载均衡性能，具有较高权值的服务器将承受较大比例的活动连接负载。

（5）基于局部性的最少链接（Locality-Based Least Connections）算法。基于局部性的最少链接算法简称 LBLC。基于局部性的最少链接调度算法是针对目标 IP 地址的负载均衡，该算法根据请求的目标 IP 地址找出该目标 IP 地址最近使用的服务器，若该服务器是可用的且没有超载，将请求发送到该服务器；若服务器不存在或服务器超载，则用最少链接的原则选出一个可用的服务器，将请求发送到该服务器。

（6）带复制的基于局部性最少链接（Locality-Based Least Connections with Replication）算法。带复制的基于局部性最少链接算法简称 LBLCR。带复制的基于局部性最少链接调度算法也是针对目标 IP 地址的负载均衡，它与 LBLC 算法的不同之处是要维护从一个目标 IP 地址到一组服务器的映射。该算法根据请求的目标 IP 地址找出该目标 IP 地址对应的服务器组，按最小连接原则从服务器组中选出一台服务器，若服务器没有超载，将请求发送到该服务器；若服务器超载，则按最小连接原则从这个集群中选出一台服务器，将该服务器加入到服务器组中，将请求发送到该服务器。

（7）目标地址散列（Destination Hashing）算法。目标地址散列算法简称 DH。此调度算法根据请求的目的 IP 地址，作为散列键，从静态分配的散列表找出对应的真实服务器，若该服务器是可用的且未超载，将请求发送到该服务器，否则返回空。

（8）源地址散列（Source Hashing）算法。源地址散列算法简称 SH。源地址散列调度算法根据请求的源 IP 地址，作为散列键从静态分配的散列表中找出对应的服务器，若该服务器是可用的且未超载，将请求发送到该服务器，否则返回空。

18.3 LVS 集群的体系结构

LVS 集群采用 IP 负载均衡技术和基于内容请求分发技术。负载均衡器具有很好的吞吐率，将请求均衡地转移到不同的服务器上执行，且负载均衡器自动屏蔽掉服务器的故障，从而将一组服务器构成一个高性能的、高可用的、可伸缩的虚拟服务器。整个服务器集群的结构对客户是透明的，而且无须修改客户端和服务器端的程序。为此，在设计时需要考虑系统的透明性、可伸缩性、高可用性和易管理性。一般来说，LVS 集群采用三层结构，其体系结构如图 18.5 所示。

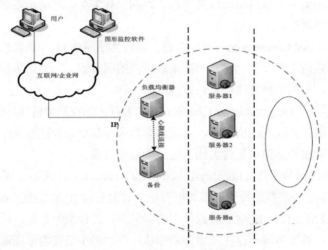

图 18.5　负载均衡通用体系结构

负载均衡集群的通用体系结构主要有 3 个组成部分，分别如下。

（1）负载均衡器（Load Balancer），简称 LD，是整个集群最外面的前端机，上面部署一个 Vip 服务，客户请求到达该 VIP 后 LD 负责将客户的请求发送到后端的真实服务器上执行，而客户认为服务来自一个 IP 地址。

（2）真实服务器池（Real Server Pool），是一组真正执行客户请求的服务器，负责处理用户请求并返回结果。

（3）共享存储（Shared Storage），可选组成部分，主要提供一个共享的存储区，从而使得服务器池拥有相同的内容，提供相同的服务。

18.4 LVS 负载均衡配置实例

如今 Web 应用已经非常广泛，本节主要以搭建一组 Web 服务器并实现 LVS 的负载均衡为例，说明 LVS 负载均衡的配置方法，搭建 LVS 相关的服务器信息如表 18.1 所示。

表 18.1　LVS 实例相关信息

参数	说明
负载均衡器	192.168.32.100、192.168.32.200
虚拟 IP	192.168.32.150
后端 RS	192.168.32.1、192.168.32.2
测试域名	www.test.com

用户访问 www.test.com 时，会解析到 192.168.32.150，然后负载均衡器通过算法将请求转到后端的真实服务器 192.168.32.1 或 192.168.32.2 上面，从而达到负载均衡的目的。

在开始之前，还需要特别注意，SELinux、防火墙、内核模块、内核参数设置（特别是参数 rp_filter，该参数会验证源地址，从而导致 LVS 失效）等都有可能会导致失败，因此需要做额外的处理。

18.4.1　基于 NAT 模式的 LVS 的安装与配置

NAT（Network Address Translation）技术的出现有效缓解了 IPv4 地址空间不足的问题。通过重写请求报文的 IP 地址（目标地址、源地址和端口等）将私有地址转换成合法的 IP 地址，从而实现一个局域网只需使用少量 IP 地址即可实现私有地址网络内所有计算机与互联网的通信需求。不同 IP 地址的服务器组也认为其是与客户直接相连的。由此可以用 NAT 方法将不同 IP 地址的并行网络服务变成在一个 IP 地址上的虚拟服务。下面根据上文提供的服务器信息说明基于 NAT 的 Web 集群配置。

1．ipvsadm 软件的安装

首先应该安装 LVS 管理工具 ipvsadm，本示例中 RPM 包安装的过程如示例 18-1 所示。安装之前首先确认当前系统是否支持 LVS，在内核编译时确认以下选项选中即可，内核编译方法可以参考其他章节的内容。

【示例 18-1】

```
#在光盘目录中进行安装
[root@localhost Packages]# rpm -ivh ipvsadm-1.27-7.el7.x86_64.rpm
#确认 ipvsadm 安装成功
[root@localhost Packages]# ipvsadm -v
ipvsadm v1.27 2008/5/15 (compiled with popt and IPVS v1.2.1)
```

安装完毕后主要的程序有 3 个：

- /sbin/ipvsadm 为 LVS 主管理程序，负责 RS 的添加、删除与修改。
- ipvsadm-save 用于备份 LVS 配置。
- ipvsadm-restore 用于恢复 LVS 配置。

ipvsadm 常用参数说明如表 18.2 所示。

表 18.2 ipvsadm 常用参数说明

参数	说明
-A	在内核的虚拟服务器表中添加一条新的虚拟服务器记录
-E	编辑内核虚拟服务器表中的一条虚拟服务器记录
-D	删除内核虚拟服务器表中的一条虚拟服务器记录
-C	清除内核虚拟服务器表中的所有记录
-R	恢复虚拟服务器规则
-S	保存虚拟服务器规则，输出为-R 选项可读的格式
-a	在内核虚拟服务器表的一条记录里添加一条新的真实服务器记录
-e	编辑一条虚拟服务器记录中的某条真实服务器记录
-d	删除一条虚拟服务器记录中的某条真实服务器记录
-L|-l	显示内核虚拟服务器表
-Z	虚拟服务器表计数器清零（清空当前的连接数量等）
-set	- tcp tcpfin udp 设置连接超时值
--start-daemon	启动同步守护进程
--stop-daemon	停止同步守护进程
-h	显示帮助信息
-t	说明虚拟服务器提供的是 tcp 的服务
-u	说明虚拟服务器提供的是 udp 的服务
-f	说明是经过 iptables 标记过的服务类型
-s	使用的调度算法，常见选项 rr|wrr|lc|wlc|lblc|lblcr|dh|sh|sed|nq
-p	持久服务
-r	真实的服务器
-g	指定 LVS 的工作模式为直接路由模式
-i	指定 LVS 的工作模式为隧道模式
-m	指定 LVS 的工作模式为 NAT 模式
-w	真实服务器的权值
-c	显示 LVS 目前的连接数
-timeout	显示 tcp tcpfin udp 的 timeout 值
--daemon	显示同步守护进程状态
--stats	显示统计信息
--rate	显示速率信息
--sort	对虚拟服务器和真实服务器排序输出
-n	输出 IP 地址和端口的数字形式

2．LVS 配置

首先在前端负载均衡器 192.168.32.100 上做相关设置，包括设置 VIP、添加 LVS 的虚拟服务器并添加真实服务器。操作步骤如示例 18-2 所示。

【示例 18-2】

```
#启用路由转发功能
[root@LD_192_168_32_100 ~]# echo "1" >/proc/sys/net/ipv4/ip_forward
#清除 ipvsadm 表
[root@LD_192_168_32_100 ~]# ipvsadm -C
#使用 ipvsadm 安装 LVS 服务
[root@LD_192_168_32_100 ~]# ipvsadm -A -t 192.168.32.150:80
#增加第1台 realserver
[root@LD_192_168_32_100 ~]# ipvsadm -a -t 192.168.32.150:80 -r 192.168.32.1:80 -m -w 1
#增加第2台 realserver
[root@LD_192_168_32_100 ~]# ipvsadm -a -t 192.168.32.150:80 -r 192.168.32.2:80 -m -w 1
```

上述示例首先清除 ipvsadm 表，然后添加 LVS 虚拟服务，并指定 NAT 模式添加真实的服务器，各个真实服务器权重指定为 1，其他参数说明可参考表 18.2。

3．Apache 服务的搭建

Apache 服务需要在真实服务器上部署，部署完毕后需要做一些设置并启动，如示例 18-3 所示。

【示例 18-3】

```
[root@RS_192_168_32_1 soft]# tar xvf httpd-2.2.18.tar.gz
[root@RS_192_168_32_1 soft]# cd httpd-2.2.17
[root@RS_192_168_32_1 httpd-2.2.17]# ./configure --prefix=/usr/local/apache2
[root@RS_192_168_32_1 httpd-2.2.17]# make
[root@RS_192_168_32_1 httpd-2.2.17]# make install
#编辑配置文件修改对应行并保存
[root@RS_192_168_32_1 httpd-2.2.17]# vim /usr/local/apache2/conf/httpd.conf
Listen 0.0.0.0:80
[root@RS_192_168_32_1 httpd-2.2.17]# cat /usr/local/apache2/htdocs/index.html
echo welcome to 192.168.32.1
#启动服务
[root@RS_192_168_32_1 httpd-2.2.17]# /usr/local/apache2/bin/apachectl -k start
#测试服务
[root@RS_192_168_32_1 httpd-2.2.17]# curl http://192.168.32.1
welcome to 192.168.32.1
```

另外一个节点 192.168.32.2 做类似设置，不同之处在于其首页内容为 welcome to 192.168.32.2，其他情况相同。

4．真实服务器设置

如需 LVS 代理到后端的真实服务器，后端真实服务器需要启动服务，并确认服务端口监听在 0.0.0.0 或 VIP 上，然后设置真实服务器的 VIP，设置 VIP 的网络接口时选择 eno16777736。步骤如示例 18-4 所示。

【示例 18-4】

```
[root@localhost ~]# cat -n tun.sh
1    # 设置IP转发
2    echo "0" >/proc/sys/net/ipv4/ip_forward
3    # 设置VIP
4    /usr/sbin/ifconfig eno16777736:0 up
5    /usr/sbin/ifconfig eno16777736:0 192.168.32.150/24 up
6    #避免arp广播问题
7    echo 1 > /proc/sys/net/ipv4/conf/tunl0/arp_ignore
8    echo 2 > /proc/sys/net/ipv4/conf/tunl0/arp_announce
9    echo 1 > /proc/sys/net/ipv4/conf/all/arp_ignore
10   echo 2 > /proc/sys/net/ipv4/conf/all/arp_announce
```

当客户端访问 VIP 时，会产生 arp 广播，由于前端负载均衡器 LD 和 Apache 真实的服务器 RS 都设置了 VIP，此时集群内的真实服务器 RS 会尝试回答来自客户端的请求，从而导致多台机器响应自己是 VIP。因此，为了达到负载均衡的目的，需让真实服务器忽略来自客户端计算机的 arp 广播请求，设置方法可参考示例 18-5。

5．LVS 测试

确认真实后端服务器已经启动并监听在 0.0.0.0，并且真实服务器上设置了 VIP，LVS 前端负载均衡器已经添加了虚拟服务，然后进行 LVS 的测试，测试过程如示例 18-5 所示。

【示例 18-5】

```
[root@LD_192_168_32_100 ~]# curl http://192.168.32.150
welcome to 192.168.32.1
[root@LD_192_168_32_100 ~]# curl http://192.168.32.150
welcome to 192.168.32.2
[root@LD_192_168_32_100 ~]#
```

使用浏览器或命令行测试，从上面的结果可以看出，LVS 服务器已经成功运行。

18.4.2　基于 DR 模式的 LVS 的安装与配置

在 VS/NAT 的集群系统中，请求和响应的数据报文都需要通过负载均衡器，当真实服务器的数目在 10 台和 20 台之间时，若请求量不高，则运行良好；若请求量突增或响应报文包含大量的数据,则负载均衡器将成为整个集群系统的瓶颈。VS/DR 利用大多数 Internet 服务的非对称特点,负载均衡器中只负责调度请求,而服务器直接将响应返回给客户,可以极大地提高整个集群系统的吞吐量。DR 模式需要将相应端口的内核参数 rp_filter 相关功能关闭,否则会导致失败。

1．ipvsadm 软件安装

首先可以按 18.4.1 节提供的方法安装 ipvsadm 软件。

2．LVS 配置

首先在前端负载均衡器 192.168.32.100 上做相关设置,包括设置 VIP、添加 LVS 的虚拟服务器并添加真实服务器。操作步骤如示例 18-6 所示。

【示例 18-6】

```
#启用路由转发功能
[root@LD_192_168_32_100 ~]# echo "1" >/proc/sys/net/ipv4/ip_forward
#清除 ipvsadm 表
[root@LD_192_168_32_100 ~]# ipvsadm -C
#使用 ipvsadm 安装 LVS 服务
[root@LD_192_168_32_100 ~]# ipvsadm -A -t 192.168.32.150:80
#增加第1台 realserver
[root@LD_192_168_32_100 ~]# ipvsadm -a -t 192.168.32.150:80 -r 192.168.32.1:80 -g -w 1
#增加第2台 realserver
[root@LD_192_168_32_100 ~]# ipvsadm -a -t 192.168.32.150:80 -r 192.168.32.2:80 -g -w 1
```

上述示例首先清除 ipvsadm 表,然后添加 LVS 虚拟服务,并指定直接路由 DR 模式添加真实的服务器,各个真实服务器权重指定为 1,其他参数说明可参考表 18.2。

3．Apache 服务搭建

Apache 服务需要在真实服务器上部署,部署完毕后需要做一些设置并启动,可以按前面介绍的方法安装和部署。

4．真实服务器的设置

如需 LVS 代理到后端的真实服务器,后端真实服务器需要启动服务,并确认服务端口监听在 0.0.0.0 或 VIP 上,然后设置真实服务器的 VIP。设置 VIP 的网络接口时可以选择 eno16777736 或 tunl0。步骤如示例 18-7 所示。

【示例 18-7】

```
[root@localhost ~]# cat -n tun.sh
     1  # 设置 IP 转发
```

```
2    echo "0" >/proc/sys/net/ipv4/ip_forward
3    # 设置VIP
4    ifconfig tun0 up
5    ifconfig tun0 192.168.32.150 broadcast 192.168.32.150 netmask 255.255.255.255 up
6    #避免arp广播问题
7    echo 1 > /proc/sys/net/ipv4/conf/tun0/arp_ignore
8    echo 2 > /proc/sys/net/ipv4/conf/tun0/arp_announce
9    echo 1 > /proc/sys/net/ipv4/conf/all/arp_ignore
10   echo 2 > /proc/sys/net/ipv4/conf/all/arp_announce
#设置路由
[root@localhost ~]# route add -host 192.168.32.150 dev tun0
```

当客户端访问 VIP 时，会产生 arp 广播，由于前端负载均衡器 LD 和 Apache 真实的服务器 RS 都设置了 VIP，此时集群内的真实服务器 RS 会尝试回答来自客户端的请求，从而导致多台机器响应自己是 VIP。因此，为了达到负载均衡的目的，需让真实服务器忽略来自客户端计算机的 arp 广播请求，设置方法可参考示例 18-8。

5．LVS 测试

确认真实后端服务器已经启动并监听在 0.0.0.0，并且真实服务器上设置了 VIP，LVS 前端负载均衡器已经添加了虚拟服务，然后进行 LVS 的测试，测试过程如示例 18-8 所示。

【示例 18-8】
```
[root@LD_192_168_32_100 ~]# curl http://192.168.32.150
welcome to 192.168.32.1
[root@LD_192_168_32_100 ~]# curl http://192.168.32.150
welcome to 192.168.32.2
[root@LD_192_168_32_100 ~]#
```

使用浏览器或命令行测试，从上面的结果可以看出，LVS 服务器已经成功运行。

VS/DR 的工作流程如图 18.6 所示，负载均衡器根据各个服务器的负载情况，动态地选择一台服务器，将数据帧的 MAC 地址改为选出服务器的 MAC 地址，再将修改后的数据帧在服务器组的局域网上发送。因为数据帧的 MAC 地址是选出的服务器，所以服务器肯定可以收到这个数据帧，从中可以获得该 IP 报文。当服务器发现报文的目标地址 VIP 在本地的网络设备上时，服务器处理这个报文，然后根据路由表将响应报文直接返回给客户。

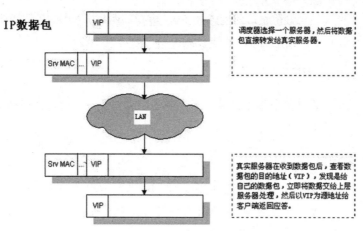

图 18.6 LVS DR 模式报文流程

18.4.3 基于 IP 隧道模式的 LVS 的安装与配置

IP 隧道（IP tunneling）是将一个 IP 报文封装在另一个 IP 报文中的技术，这可以使得目标为一个 IP 地址的数据报文能被封装和转发到另一个 IP 地址。IP 隧道技术亦称为 IP 封装技术（IP encapsulation）。IP 隧道主要用于移动主机和虚拟私有网络（Virtual Private Network），在其中隧道都是静态建立的，隧道一端有一个 IP 地址，另一端也有唯一的 IP 地址。IP 隧道模式需要额外修改相关接口的内核参数 rp_filter，否则不能正常工作。

1．ipvsadm 软件安装

首先可以按前面提供的方法安装 ipvsadm 软件。

2．LVS 配置

首先在前端负载均衡器 192.168.32.100 做相关设置，包含设置 VIP、添加 LVS 的虚拟服务器并添加真实服务器。操作步骤如示例 18-9 所示。

【示例 18-9】

```
#启用路由转发功能
[root@LD_192_168_32_100 ~]# echo "1" >/proc/sys/net/ipv4/ip_forward
#清除 ipvsadm 表
[root@LD_192_168_32_100 ~]# ipvsadm -C
#使用 ipvsadm 安装 LVS 服务
[root@LD_192_168_32_100 ~]# ipvsadm -A -t 192.168.32.150:80
#增加第1台 realserver
[root@LD_192_168_32_100 ~]# ipvsadm -a -t 192.168.32.150:80 -r 192.168.32.1:80 -i -w 1
#增加第2台 realserver
[root@LD_192_168_32_100 ~]# ipvsadm -a -t 192.168.32.150:80 -r 192.168.32.2:80 -i -w 1
```

上述示例首先清除 ipvsadm 表，然后添加 LVS 虚拟服务，并指定 IP 隧道模式添加真实的服务器，各个真实服务器权重指定为 1，其他参数说明可参考表 18.2。

3．Apache 服务的搭建

Apache 服务需要在真实服务器上部署，部署完毕后需要做一些设置并启动，可以按前面的方法安装和部署。

4．真实服务器设置

如需 LVS 代理到后端的真实服务器，后端真实服务器需要启动服务，并确认服务端口监听在 0.0.0.0 或 VIP 上，然后设置真实服务器的 VIP。设置 VIP 的网络接口时可以选择 eno16777736 或 tunl0。步骤如示例 18-10 所示。

【示例 18-10】

```
[root@localhost ~]# cat -n tun.sh
1    # 设置IP转发
2    echo "0" >/proc/sys/net/ipv4/ip_forward
3    # 设置VIP
4    ifconfig tunl0 up
5    ifconfig tunl0 192.168.32.150 broadcast 192.168.32.150 netmask 255.255.255.255 up
6    #避免arp广播问题
7    echo 1 > /proc/sys/net/ipv4/conf/tunl0/arp_ignore
8    echo 2 > /proc/sys/net/ipv4/conf/tunl0/arp_announce
9    echo 1 > /proc/sys/net/ipv4/conf/all/arp_ignore
10   echo 2 > /proc/sys/net/ipv4/conf/all/arp_announce
#设置路由
[root@localhost ~]# route add -host 192.168.32.150 dev tunl0
```

当客户端访问 VIP 时，会产生 arp 广播，由于前端负载均衡器 LD 和 Apache 真实的服务器 RS 都设置了 VIP，此时集群内的真实服务器 rs 会尝试回答来自客户端的请求，从而导致多台机器响应自己是 VIP，因此为了达到负载均衡的目的，需让真实服务器忽略来自客户端计算机的 arp 广播请求。

5．LVS 测试

确认真实后端服务器已经启动并监听在 0.0.0.0，并且真实服务器上设置了 VIP，LVS 前端负载均衡器已经添加了虚拟服务，然后进行 LVS 的测试，测试过程如示例 18-11 所示。

【示例 18-11】

```
[root@LD_192_168_32_100 ~]# curl http://192.168.32.150
welcome to 192.168.32.1
[root@LD_192_168_32_100 ~]# curl http://192.168.32.150
welcome to 192.168.32.2
[root@LD_192_168_32_100 ~]#
```

使用浏览器或命令行测试，从上面的结果可以看出，LVS 服务器已经成功运行。

VS/TUN 的工作流程如图 18.7 所示，负载均衡器根据各个服务器的负载情况，动态地选择一台服务器，将请求报文封装在另一个 IP 报文中，再将封装后的 IP 报文转发给选出的服务器；服务器收到报文后，先将报文解封获得原来目标地址为 VIP 的报文，服务器发现 VIP 地址被配置在本地的 IP 隧道设备上，就处理这个请求，然后根据路由表将响应报文直接返回给客户。

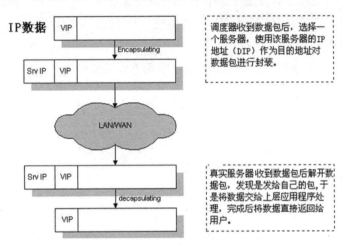

图 18.7　LVS TUN 模式报文流程

18.5　小结

集群技术，尤其是云服务已经成为目前应用的热点，本章主要介绍了传统的集群软件及集群的体系结构。本章以集群软件 LVS（Linux Virtual Server）及其负载调度算法为例，介绍了高可用集群的部署过程及其应用。LVS 提供了 3 种负载均衡方式，NAT 由于所有请求都需要经过前端的负载均衡器，限制了集群的扩展；DR 模式则需要集群中的真实服务器位于同一局域网，也同样限制了其使用范围；相比而言，隧道模式是最灵活的一种，可以跨网段甚至跨地域，需重点掌握。

18.6　习题

一、填空题

1. 负载均衡集群的通用体系结构主要有 3 个组成部分，即_____、_____和_____。

2. 内核参数 rp_filter 的主要作用是_____。

二、选择题

关于 LVS 负载均衡描述错误的是（　　）。

A. 由于 NAT 的每次请求接收和返回都要经过负载均衡器，对前端负载均衡器性能要求较高，如业务请求量较大，负载均衡器可能成为瓶颈。

B. 使用 VS/TUN 模式不支持跨网段，但支持跨地域部署。

C. 使用 VS/DR 模式要求负载均衡器与真实服务器都在同一物理网段上，由于同一网段机器数量有限，从而限制了其应用范围。

D. LVS 集群采用 IP 负载均衡技术和基于内容请求分发技术。

第 19 章
◀ 集群技术与双机热备软件 ▶

在互连网高速发展的今天,尤其是电子商务的发展,要求服务器能够提供不间断服务。在电子商务中,如果服务器宕机,造成的损失是不可估量的。要保证服务器不间断服务,就需要对服务器实现冗余。在众多的实现服务器冗余的解决方案中,Heartbeat 为我们提供了廉价的、可伸缩的高可用集群方案。

本章首先介绍高可用性集群技术,然后介绍高可用软件 Heartbeat 和 keepalived 的搭建与应用,最后对一些常见问题给出了解答。

本章主要涉及的知识点有:

- 高可用性集群技术
- 双机热备软件 Heartbeat 的应用
- 双机热备软件 keepalived 的应用

19.1 高可用性集群技术

随着互联网的发展,网络已经成为人们生活中的一部分,人们对网络的依赖不断增加,电子商务使得订单一周 24 小时不间断进行成为可能。如果服务器宕机,造成的损失是不可估量的。每一分钟的宕机都意味着收入、生产和利润的损失,甚至于市场地位的削弱。要保证服务器不间断服务,就需要对服务器实现冗余。新的网络应用使得各个服务的提供者对计算机的要求达到了空前的程度,电子商务需要越来越稳定可靠的服务系统。

19.1.1 可用性和集群

可用性是指一个系统保持在线并且可供访问,有很多因素会造成系统宕机,包括为了维护而有计划地宕机以及意外故障等,高可用性方案的目标就是使宕机时间和故障恢复时间最小化,高可用性集群,原义为 High Availability Cluster, 简称 HA Cluster,是指以减少服务中断(宕机)时间为目的的服务器集群技术。

所谓集群，是提供相同网络资源的一组计算机系统。其中每一台提供服务的计算机，可以称之为节点。当一个节点不可用或来不及处理客户的请求时，该请求将会转到另外的可用节点来处理。对于客户端应用来说，不必关心资源调度的细节，所有这些故障处理流程集群系统可以自动完成。

集群中的节点可以以不同的方式来运行，比如同时提供服务或只有其中一些节点提供服务，另外一些节点处于等待状态。同时提供服务的节点，所有服务器都处于活动状态，也就是在所有节点上同时运行应用程序，当一个节点出现故障时，监控程序可以自动剔除此节点，而客户端觉察不到这些变化。处于主备关系的节点在故障时由备节点随时接管，由于平时只有一些节点提供服务，可能会影响应用的性能。在正常操作时，另一个节点处于备用状态，只有当活动的节点出现故障时该备用节点才会接管工作，但这并不是一个很经济的方案，因为应用必须同时采用两个服务器来完成同样的事情。虽然当出现故障时不会对应用程序产生任何影响，但此种方案的性价比并不高。

19.1.2 集群的分类

从工作方式出发，集群分为下面 3 种。

（1）主/主。这是最常见的集群模型，提供了高可用性，这种集群必须保证在只有一个节点时可以提供服务，提供客户可以接受的性能。该模型最大程度利用服务器软硬件资源。每个节点都通过网络对客户机提供网络服务。每个节点都可以在故障转移时临时接管另一个节点的工作。所有的服务在故障转移后仍保持可用，而后端的实现客户端并不用关心，所有后端的工作对客户端是透明的。

（2）主/从。与主/主模型不同，限于业务特性，主/从模型需要一个节点处于正常服务状态，而另外一个节点处于备用状态。主节点处理客户机的请求，而备用节点处于空闲状态，当主节点出现故障时，备用节点会接管主节点的工作，继续为客户机提供服务，并且不会有任何性能上的影响。

（3）混合型。混合型是上面两种模型的结合，可以实现只针对关键应用进行故障转移，这样对这些应用实现可用性的同时让非关键的应用在正常运作时也可以在服务器上运行。当出现故障时，出现故障的服务器上不太关键的应用就不可用了，但是那些关键应用会转移到另一个可用的节点上，从而达到性能和容灾两方面的平衡。

19.2 双机热备开源软件 Pacemaker

随着应用的用户量增长，或在一些系统关键应用中，为提供不间断的服务保证系统的高可用是非常必要的。Pacemaker 就是一个用于保证服务高可用性的组件，在行业内得到了广泛应用的 Pacemaker 就是其中一个项目之一。本节将简要介绍 Pacemaker 的安装与使用。

19.2.1　Pacemaker 概述

Pacemaker 是一个集群资源管理器，他可以利用管理员喜欢的集群基础构件提供的消息和成员管理能力来探测节点或资源故障，并从故障中恢复，从而实现集群资源的高可用性。与之前广泛使用的 Heartbeat 相比，Pacemaker 配置更为简单，并且支持的集群模式多样、资源管理的方式更加灵活。

Pacemaker 是一个相当庞大的软件，其内部结构如图 19.1 所示。

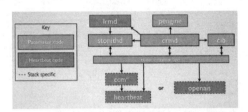

图 19.1　Pacemaker 内部结构

Pacemaker 的主要组件及作用如下所示。

- stonithd：心跳程序，主要用于处理与心跳相关的事件。
- lrmd：本地资源管理程序，直接调配系统资源。
- pengine：政策引擎，依据当前集群状态计算下一步应该执行的操作等。
- CIB：集群信息库，主要包含了当前集群中所有的资源，及资源之间的关系等。
- CRMD：集群资源管理守护进程。

Pacemaker 工作时会根据 CIB 中记录的资源，由 pengine 计算出集群的最佳状态，及如何达到这个最佳状态，最后建立一个 CRMD 实例，由 CRMD 实例来做出所有集群决策。这是 Pacemaker 简要工作过程，读者如需详细了解其工作过程，可参考相关文档了解。

19.2.2　Pacemaker 的安装与配置

为保证系统更高的可用性，常常需要对重要的关键业务做双机热备，比如一个简单的 Web 服务需要做双机热备。常见的方案有 keepalived、Pacemaker 等，本节以 Pacemaker 为例说明双机热备的部署过程。

在本示例中，Pacemaker 双机热备信息如表 19.1 所示。

表 19.1　Heartbeat 双机热备信息

参数	说明
172.16.45.53	主节点，主机名为 node1
172.16.45.54	备节点，主机名为 node2
172.16.45.50	虚拟 IP

示例实现的功能为：正常情况下由 172.16.45.53 提供服务，客户端可以根据主节点提供的 VIP

访问集群内的各种资源，当主节点故障时备节点可以自动接管主节点的 IP 资源，即 VIP 为 172.16.45.50。

HA 的部署要经过软件安装、环境配置、资源配置等几个步骤，本小节将简单介绍软件安装和环境配置。

步骤 01 Pacemaker 的安装方法有多种，建议通过 RPM 包的方式安装，RPM 包可以通过网站 http://rpm.pbone.net/进行搜索下载。环境配置和软件包安装过程如示例 19-1 所示。

【示例 19-1】

```
#配置集群时，通常都会使用主机名来标识集群中的节点，因此需要修改 hostname。如果使用 DNS 解析集群中的节点，解析延时会导致整个集群响应缓慢，因此任何集群都建议使用 hosts 文件解析而不是 DNS
#以 node1 为例修改主机名
#node2 需做同样设置
[root@localhost soft]# cat /etc/hostname
node1
#修改 hosts 文件添加解析
#hosts 文件在 node1和node2 上都需要做
[root@localhost soft]# cat /etc/hosts
#以下为添加的内容
172.16.45.53 node1
172.16.45.54 node2
#防火墙也需要处理，此示例中关闭防火墙
[root@localhost ~]# systemctl stop firewalld
[root@localhost ~]# systemctl disable firewalld
#关闭 SELinux
#修改为 disabled 重启即可
[root@localhost ~]# cat /etc/sysconfig/selinux
SELINUX=disabled
#完成上述设置后重启系统
#按下来在两个节点上安装依赖软件
#依赖软件包可以在光盘中找到
#此处以 node1 为例
[root@node1 Packages]# rpm -ivh ruby-2.0.0.598-25.el7_1.x86_64.rpm ruby-irb-2.0.0.598-25.el7_1.noarch.rpm ruby-libs-2.0.0.598-25.el7_1.x86_64.rpm rubygem-bigdecimal-1.2.0-25.el7_1.x86_64.rpm rubygem-io-console-0.4.2-25.el7_1.x86_64.rpm rubygem-json-1.7.7-25.el7_1.x86_64.rpm rubygem-psych-2.0.0-25.el7_1.x86_64.rpm rubygem-rdoc-4.0.0-25.el7_1.noarch.rpm rubygems-2.0.14-25.el7_1.noarch.rpm libyaml-0.1.4-11.el7_0.x86_64.rpm
```

第 19 章 集群技术与双机热备软件

```
[root@node1 Packages]# rpm -ivh perl-TimeDate-2.30-2.el7.noarch.rpm
#以下软件包需要通过网络下载安装
#两个节点都需要安装
#以 node1 为例
[root@node1 soft]# rpm -ivh corosync-2.3.4-7.el7_2.1.x86_64.rpm
corosynclib-2.3.4-7.el7_2.1.x86_64.rpm           libqb-0.17.1-2.el7.1.x86_64.rpm
pacemaker-1.1.13-10.el7_2.2.x86_64.rpm pacemaker-cli-1.1.13-10.el7_2.2.x86_64.rpm
pacemaker-cluster-libs-1.1.13-10.el7_2.2.x86_64.rpm
pacemaker-libs-1.1.13-10.el7_2.2.x86_64.rpm           pcs-0.9.143-15.el7.x86_64.rpm
python-clufter-0.50.4-1.el7.x86_64.rpm
resource-agents-3.9.5-54.el7_2.10.x86_64.rpm
```

经过以上步骤完成 Pacemaker 软件的安装，主要的软件包及作用如表 19.2 所示。

表 19.2　Pacemaker 软件包说明

参数	说明
pacemaker	集群资源管理器
corosync	集群引擎和应用程序接口
pcs	Pacemaker 配置工具

步骤 02　配置 httpd 服务。

接下来需要在两个节点中配置 httpd 服务，此处以 node1 为例，如示例 19-2 所示。

【示例 19-2】

```
#此处以node1为例，node2也应做相同设置
#httpd 服务的安装过程请参考14章的相关内容
[root@node1 ~]# cat /etc/httpd/conf/httpd.conf
#配置服务器名
ServerName www.test.com
#设置服务器状态页面，实际环境中需要注意此页面的访问权限
<Location /server-status>
    SetHandler server-status
    Require all granted
</Location>
[root@node1 ~]# echo "welcome to 172.16.45.53" >/var/www/html/index.html
#接下来可以测试httpd 服务
#不需要将httpd 设置为自启动，以便让集群自行决定
```

步骤 03　配置节点间的认证、创建集群。

集群之间的节点通信是通过 ssh 进行的，但 ssh 通信需要输入密码。使用密钥访问可以解决此问题，如示例 19-3 所示。

【示例 19-3】

```
#生成密钥
[root@node1 ~]# ssh-keygen -t rsa -P ''
Generating public/private rsa key pair.
Enter file in which to save the key (/root/.ssh/id_rsa):
Your identification has been saved in /root/.ssh/id_rsa.
Your public key has been saved in /root/.ssh/id_rsa.pub.
The key fingerprint is:
a4:7a:b3:dd:c3:9e:e7:be:65:e9:3e:11:3a:5f:f5:f5 root@node1
The key's randomart image is:
+--[ RSA 2048]----+
|                 |
|                 |
|     .           |
|    o   . o|
|   . S   . .=|
|    .   o ..E|
|   . o . o+o |
|    . + .o..+o |
|     . ..+=+oo. |
+-----------------+
#将node1生成的密钥拷贝到node2
#此过程需要输入node2节点的root用户密码
[root@node1 ~]# ssh-copy-id -i /root/.ssh/id_rsa.pub root@node2
The authenticity of host 'node2 (172.16.45.54)' can't be established.
ECDSA key fingerprint is 38:90:90:ee:13:4d:4e:7b:1f:33:fc:ca:43:f1:b9:42.
Are you sure you want to continue connecting (yes/no)? yes
/usr/bin/ssh-copy-id: INFO: attempting to log in with the new key(s), to filter out any that are already installed
/usr/bin/ssh-copy-id: INFO: 1 key(s) remain to be installed -- if you are prompted now it is to install the new keys
root@node2's password:

Number of key(s) added: 1

Now try logging into the machine, with:   "ssh 'root@node2'"
and check to make sure that only the key(s) you wanted were added.
#完成上述步骤后，需要node2上再生成密钥并拷贝到node1上
#pacemaker使用的用户名为hacluster，软件安装完成后此用户已添加
```

```
#此时需要设置此用户的密码，密码将在创建认证节点时使用
[root@node1 ~]# passwd hacluster
Changing password for user hacluster.
New password:
Retype new password:
passwd: all authentication tokens updated successfully.
#接下来在node2上设置密码
#node1、node2上的hacluster用户密码应该一致
```

完成上述操作之后，集群环境就已经完成了，接下来需要启动相关服务、认证节点及创建集群，如示例19-4所示。

【示例19-4】

```
#在节点node1、node2上启动pcsd服务
#此处仅以node1为例
[root@node1 ~]# systemctl start pcsd.service
[root@node1 ~]# systemctl enable pcsd.service
Created symlink from /etc/systemd/system/multi-user.target.wants/pcsd.service to /usr/lib/systemd/system/pcsd.service.
#以下步骤仅在node1上执行即可，所有操作会自动同步到node2
#认证节点
#此处需要输入之前设置的hacluster用户的密码
[root@node1 ~]# pcs cluster auth node1 node2
Username: hacluster
Password:
node1: Authorized
node2: Authorized
#创建一个名为mycluster的集群，并将node1和node2作为集群的节点
[root@node1 ~]# pcs cluster setup --name mycluster node1 node2
Shutting down pacemaker/corosync services...
Redirecting to /bin/systemctl stop  pacemaker.service
Redirecting to /bin/systemctl stop  corosync.service
Killing any remaining services...
Removing all cluster configuration files...
node1: Succeeded
node2: Succeeded
Synchronizing pcsd certificates on nodes node1, node2...
node1: Success
node2: Success
```

```
Restaring pcsd on the nodes in order to reload the certificates...
node1: Success
node2: Success
```
#集群创建后就可以使用以下命令启动集群
```
[root@node1 ~]# pcs cluster start --all
node2: Starting Cluster...
node1: Starting Cluster...
```
#以下命令可以让集群自动启动
```
[root@node1 ~]# pcs cluster enable --all
node1: Cluster Enabled
node2: Cluster Enabled
```
#查看集群的状态
```
[root@node1 ~]# pcs status
Cluster name: mycluster
WARNING: no stonith devices and stonith-enabled is not false
Last updated: Mon May 23 18:14:13 2016          Last change: Mon May 23 18:13:59 2016 by hacluster via crmd on node2
Stack: corosync
Current DC: node2 (version 1.1.13-10.el7_2.2-44eb2dd) - partition with quorum
2 nodes and 0 resources configured


Online: [ node1 node2 ]


Full list of resources:


PCSD Status:
  node1: Online
  node2: Online

Daemon Status:
  corosync: active/enabled
  pacemaker: active/enabled
  pcsd: active/enabled
```

完成上述步骤后，就已经成功创建集群，但集群中还没有任何资源及服务。

步骤04 配置集群资源。

Pacemaker 可以为多种服务提供支持，例如 Apache、MySQL、Xen 等，可使用的资源类型有

IP 地址、文件系统、服务、fence 设备（一种可以远程重启服务器的控制卡）等。在本例中需要添加的资源有虚拟 IP 地址，同时还要添加 httpd 服务，让 Pacemaker 自动检查 httpd 服务是否可用，并在 node1 和 node2 之间切换，如示例 19-5 所示。

【示例 19-5】

```
#以下步骤仅在node1上执行即可
#添加一个名为VIP的IP地址资源
#使用heartbeat作为心跳检测
#集群每隔30s检查该资源一次
[root@node1 ~]# pcs resource create VIP ocf:heartbeat:IPaddr2 ip=172.16.45.50 cidr_netmask=24 op monitor interval=30s
#添加一个名为Web的Apache资源
#检查该资源通过访问http://127.0.0.1/server-status来实现
[root@node1 ~]# pcs resource create Web ocf:heartbeat:apache configfile=/etc/httpd/conf/httpd.conf statusurl="http://127.0.0.1/server-status" op monitor interval=30s
#重新查看集群状态确认资源是否加入
[root@node1 ~]# pcs status
Cluster name: mycluster
WARNING: no stonith devices and stonith-enabled is not false
Last updated: Mon May 23 18:16:25 2016          Last change: Mon May 23 18:16:05 2016 by root via cibadmin on node1
......
Online: [ node1 node2 ]

Full list of resources:

 VIP    (ocf::heartbeat:IPaddr2):       Stopped
 Web    (ocf::heartbeat:apache):        Stopped
......
```

添加资源后还需要对资源进行调整，让 VIP 和 Web 这两个资源"捆绑"在一起，以免出现 VIP 在节点 node1 上，而 Apache 运行在 node2 上的情况。另一个情况则是有可能集群先启动 Apache，然后在启用 VIP，这是不正确的，如示例 19-6 所示。

【示例 19-6】

```
#以下配置在node1上执行即可
#方式一：使用组的方式"捆绑"资源
```

```
#将VIP和Web添加到myweb组中
[root@node1 ~]# pcs resource group add myweb VIP
[root@node1 ~]# pcs resource group add myweb Web
#方式二：使用托管约束
[root@node1 ~]# pcs constraint colocation add Web VIP INFINITY
#设置资源的启动停止顺序
#先启动VIP然后再启动Web
[root@node1 ~]# pcs constraint order start VIP then start Web
```

步骤 05　配置节点优先级。

配置完集群资源后，还需要对节点的优先级进行调整。可能的情况是node1 与 node2 的硬件配置不同，那么应该调整节点的优先级，让资源运行于硬件配置较好的服务器上，待其失效后再转移至低配置服务器上。这就需要配置优先级（Pacemaker 中称为 Location），此配置为可选，如示例 19-7 所示。

【示例 19-7】

```
#调整优先级
#数值越大表示优先级越高
#仅在node1上执行即可
[root@node1 ~]# pcs constraint location Web prefers node1=10
[root@node1 ~]# pcs constraint location Web prefers node2=5
[root@node1 ~]# crm_simulate -sL

Current cluster status:
Online: [ node1 node2 ]

 Resource Group: myweb
     VIP        (ocf::heartbeat:IPaddr2):       Started node1
     Web        (ocf::heartbeat:apache):        Started node1

Allocation scores:
group_color: myweb allocation score on node1: 0
group_color: myweb allocation score on node2: 0
group_color: VIP allocation score on node1: 0
group_color: VIP allocation score on node2: 0
```

```
group_color: Web allocation score on node1: 10
group_color: Web allocation score on node2: 5
native_color: VIP allocation score on node1: 20
native_color: VIP allocation score on node2: 10
native_color: Web allocation score on node1: 10
native_color: Web allocation score on node2: -INFINITY

Transition Summary:
```

这样就创建了一个名为 mycluster 的集群，同时调整了集群中资源之间的关系及节点间的优先级。

19.2.3 Pacemaker 测试

经过上面的配置，Pacemaker 集群已经配置完成，重新启动集群所有设置可以生效，启动过程如示例 19-8 所示。

【示例 19-8】

```
#停止所有集群
[root@node1 ~]# pcs cluster stop --all
node2: Stopping Cluster (pacemaker)...
node1: Stopping Cluster (pacemaker)...
node1: Stopping Cluster (corosync)...
node2: Stopping Cluster (corosync)...
#启动所有集群
[root@node1 ~]# pcs cluster start --all
node1: Starting Cluster...
node2: Starting Cluster...
#查看集群状态验证所有设置
[root@node1 ~]# pcs status
Cluster name: mycluster
Last updated: Mon May 30 16:54:39 2016          Last change: Mon May 30 15:39:31 2016 by root via cibadmin on node1
Stack: corosync
Current DC: node2 (version 1.1.13-10.el7_2.2-44eb2dd) - partition with quorum
2 nodes and 2 resources configured

Online: [ node1 node2 ]
```

```
Full list of resources:

 Resource Group: myweb
     VIP        (ocf::heartbeat:IPaddr2):      Started node1
     Web        (ocf::heartbeat:apache):       Started node1


PCSD Status:
  node1: Online
  node2: Online
……
#验证VIP是否正处于node1
[root@node1 ~]# ip addr show
……
2: eno16777736: <BROADCAST,MULTICAST,UP,LOWER_UP> mtu 1500 qdisc pfifo_fast state UP qlen 1000
    link/ether 00:0c:29:40:1f:dd brd ff:ff:ff:ff:ff:ff
    inet 172.16.45.53/24 brd 172.16.45.255 scope global eno16777736
       valid_lft forever preferred_lft forever
    inet 172.16.45.50/24 brd 172.16.45.255 scope global secondary eno16777736
       valid_lft forever preferred_lft forever
    inet6 fe80::20c:29ff:fe40:1fdd/64 scope link
       valid_lft forever preferred_lft forever
……
#验证httpd是否启动
[root@node1 ~]# ps -ef | grep httpd
root       23474       1  0 16:54 ?        00:00:00 /sbin/httpd -DSTATUS -f /etc/httpd/conf/httpd.conf -c PidFile /var/run//httpd.pid
apache     23475   23474  0 16:54 ?        00:00:00 /sbin/httpd -DSTATUS -f /etc/httpd/conf/httpd.conf -c PidFile /var/run//httpd.pid
……
#通过VIP访问进行验证
[root@node1 ~]# curl http://172.16.45.50
welcome to 172.16.45.53
```

启动后，正常情况下主节点node1优先级更高，因此所有资源都应该运行于node1上。若主节点故障，则备节点node2自动接管所有资源，方法是重启node1，然后观察备节点node2是否接管了主机的资源，测试过程示例19-9所示。

【示例 19-9】
```
#主节点执行重启操作
[root@node1 ~]# reboot
#到备节点查看资源接管情况
[root@node2 ~]# pcs status
Cluster name: mycluster
Last updated: Mon May 30 17:01:59 2016          Last change: Mon May 30 15:39:31 2016 by root via cibadmin on node1
Stack: corosync
Current DC: node2 (version 1.1.13-10.el7_2.2-44eb2dd) - partition with quorum
2 nodes and 2 resources configured


Online: [ node2 ]
OFFLINE: [ node1 ]


Full list of resources:

 Resource Group: myweb
     VIP        (ocf::heartbeat:IPaddr2):       Started node2
     Web        (ocf::heartbeat:apache):        Started node2

PCSD Status:
  node1: Offline
  node2: Online
......
#检查VIP
[root@node2 ~]# ip addr show
......
2: eno16777736: <BROADCAST,MULTICAST,UP,LOWER_UP> mtu 1500 qdisc pfifo_fast state UP qlen 1000
    link/ether 00:0c:29:2b:6c:e6 brd ff:ff:ff:ff:ff:ff
    inet 172.16.45.54/24 brd 172.16.45.255 scope global eno16777736
       valid_lft forever preferred_lft forever
    inet 172.16.45.50/24 brd 172.16.45.255 scope global secondary eno16777736
       valid_lft forever preferred_lft forever
    inet6 fe80::20c:29ff:fe2b:6ce6/64 scope link
       valid_lft forever preferred_lft forever
......
#检查httpd服务
```

```
[root@node2 ~]# ps -ef | grep httpd
root      11808      1  0 17:01 ?        00:00:00 /sbin/httpd -DSTATUS -f
/etc/httpd/conf/httpd.conf -c PidFile /var/run//httpd.pid
apache    11809  11808  0 17:01 ?        00:00:00 /sbin/httpd -DSTATUS -f
/etc/httpd/conf/httpd.conf -c PidFile /var/run//httpd.pid
……
#访问测试
[root@node2 ~]# curl http://172.16.45.50
welcome to 172.16.45.54
```

当节点 node1 故障时，节点 node2 收不到心跳请求，超过了设置的时间后节点 node2 启用资源接管程序，上述命令输出中说明 VIP 和 Web 已经被节点 node2 成功接管。如果节点 node1 恢复且设置的优先级更高，VIP 和 Web 又会重新被节点 node1 接管。

19.3 双机热备软件 keepalived

关于 HA 目前有多种解决方案，比如 Heartbeat、keepalived 等，两者各有优缺点。本节主要说明 keepalived 的使用方法。

19.3.1 认识 keepalived

keepalived 的作用是检测后端 TCP 服务的状态，如果有一台提供 TCP 服务的后端节点死机，或工作出现故障，keepalived 及时检测到，并将有故障的节点从系统中剔除，当提供 TCP 服务的节点恢复并且正常提供服务后，keepalived 自动将提供 TCP 服务的节点加入到集群中，这些工作全部由 keepalived 自动完成，不需要人工干涉，需要人工做的只是修复故障的服务器。

keepalived 可以工作在 TCP/IP 协议栈的 IP 层、TCP 层及应用层。

（1）IP 层。keepalived 使用 IP 的方式工作时，会定期向服务器群中的服务器发送一个 ICMP 的数据包，如果发现某台服务的 IP 地址没有被激活，keepalived 便报告这台服务器异常，并将其从集群中剔除。常见的场景为某台机器网卡损坏或服务器被非法关机。IP 层的工作方式是以服务器的 IP 地址是否有效作为服务器工作正常与否的标准。

（2）TCP 层。这种工作模式主要以 TCP 后台服务的状态来确定后端服务器是否工作正常。如 MySQL 服务默认端口一般为 3306，如果 keepalived 检测到 3306 无法登录或拒绝连接，则认为后端服务异常，keepalived 将把这台服务器从集群中剔除。

（3）应用层。如果 keepalived 工作在应用层，此时 keepalived 将根据用户的设定检查服务器程序的运行是否正常，如果与用户的设定不相符，则 keepalived 将把服务器从集群中剔除。

以上几种方式可以通过 keepalived 的配置文件实现。

19.3.2 keepalived 的安装与配置

本节实现的功能为访问 192.168.3.118 的 Web 服务时，自动代理到后端的真实服务器 192.168.3.1 和 192.168.3.2，keepalived 主机为 192.168.3.87，备机为 192.168.3.88。

最新的版本可以在 http://www.keepalived.org 获取，本示例采用的版本为 1.2.16，安装过程如示例 19-10 所示。

【示例 19-10】

```
[root@node1 ~]# tar xvf keepalived-1.2.16.tar.gz
[root@node1 ~]# cd keepalived-1.2.16
[root@node1 keepalived-1.2.16]# ./configure --prefix=/usr/local/keepalived
[root@node1 keepalived-1.2.16]# make
[root@node1 keepalived-1.2.16]# make install
[root@node1 keepalived-1.2.16]# ln -s /usr/local/keepalived/etc/keepalived /etc/
```

经过上面的步骤，keepalived 已经安装完成，安装路径为/usr/local/keepalived，备节点操作步骤同主节点。接下来进行配置文件的设置，如示例 19-11 所示。

【示例 19-11】

```
#主节点配置文件
[root@node1 ~]# cat -n /etc/keepalived/keepalived.conf
   1  ! Configuration File for keepalived
   2
   3  vrrp_instance VI_1 {
   4      #指定该节点为主节点 备用节点上需设置为BACKUP
   5      state MASTER
   6      #绑定虚拟IP的网络接口
   7      interface eno1677736
   8      #VRRP组名，两个节点须设置一样，以指明各个节点属于同一VRRP组
   9      virtual_router_id 51
  10      #主节点的优先级，数值在1-254之间，注意从节点必须比主节点优先级低
  11      priority 50
  12      ##组播信息发送间隔，两个节点须设置一样
  13      advert_int 1
  14      ##设置验证信息，两个节点须一致
  15      authentication {
  16          auth_type PASS
  17          auth_pass 1234
  18      }
  19      #指定虚拟IP，两个节点须设置一样
```

```
20      virtual_ipaddress {
21          192.168.3.118
22      }
23  }
24  #虚拟IP服务
25  virtual_server 192.168.3.118 80 {
26      #设定检查实际服务器的间隔
27      delay_loop 6
28      #指定LVS算法
29      lb_algo rr
30      #指定LVS模式
31      lb_kind nat
32
33      nat_mask 255.255.255.255
34      #持久连接设置,会话保持时间
35      persistence_timeout 50
36      #转发协议为TCP
37      protocol TCP
38      #后端实际TCP服务配置
39      real_server 192.168.3.1 80 {
40          weight 1
41      }
42      #后端实际TCP服务配置
43      real_server 192.168.3.2 80 {
44          weight 1
45      }
46  }
```

备节点的大部分配置与主节点相同,不同之处如示例19-12所示。

【示例19-12】

```
[root@node2 ~]# cat -n /etc/keepalived/keepalived.conf
    #不同于主节点,备机state设置为BACKUP
    4    state BACKUP
    #优先级低于主节点
    7    priority 50
    #其他配置和主节点相同
```

/etc/keepalived/keepalived.conf 为 keepalived 的主配置文件。以上配置 state 表示主节点为 192.168.3.87,备节点为 192.168.88。虚拟 IP 为 192.168.3.118,后端的真实服务器有 192.168.3.1

和 192.168.3.1，当通过 192.168.3.118 访问 Web 服务时，自动转到后端的真实节点，后端节点的权重相同，类似轮询的模式。Apache 服务的部署可参考其他章节，此处不再赘述。

19.3.3 keepalived 的启动与测试

经过上面的步骤，keepalived 已经部署完成，接下来进行 keepalived 的启动与故障模拟测试。

1．启动 keepalived

安装完毕后，keepalived 可以设置为系统服务启动，也可以直接通过命令行启动，命令行启动方式如示例 19-13 所示。

【示例 19-13】

```
#主节点启动 keepalived
[root@node1 ~]# export PATH=/usr/local/keepalived/sbin:$PATH:.
[root@node1 ~]# keepalived -D -f /etc/keepalived/keepalived.conf
#查看服务状态
[root@node1 ~]# ip addr list
   inet 192.168.3.87/24 brd 172.16.45.255 scope global dynamic eno16777736
      valid_lft 40807sec preferred_lft 40807sec
   inet 192.168.3.118/32 scope global eno16777736
      valid_lft forever preferred_lft forever
#备节点启动 keepalived
[root@node2   ~]#    /usr/local/keepalived/sbin/keepalived      -D   -f
/etc/keepalived/keepalived.conf
[root@node2 ~]# ip addr list
   inet 192.168.3.88/24 brd 172.16.45.255 scope global dynamic eno16777736
```

首先分别在主备节点上启动 keepalived，然后通过 ip 命令查看服务状态，在主节点 eno16777736 接口上绑定 192.168.3.118 这个 VIP，而备节点处于监听的状态。Web 服务可以通过 VIP 直接访问，如示例 19-14 所示。

【示例 19-14】

```
[root@node1 conf]# curl http://192.168.3.118
Hello 192.168.3.1
[root@node1 conf]# curl http://192.168.3.118
Hello 192.168.3.2
```

2．测试 keepalived

故障模拟主要分为主机点重启和服务恢复，此时备节点正常服务，当主节点恢复后，主节点重新接管资源正常服务。测试过程如示例 19-15 所示。

【示例 19-15】

```
#主节点服务终止
[root@node1 keepalived]# reboot
#备节点接管服务
[root@node1 conf]# ip addr list
#部分结果省略
    inet 192.168.3.118/32 scope global eno16777736
#查看备节点日志
[root@node2 conf]# tail -f /var/log/messages
    Jun 16 07:12:46 LD_192_168_3_88 keepalived_vrrp[54537]: VRRP_Instance(VI_1) Transition to MASTER STATE
    Jun 16 07:12:47 LD_192_168_3_88 keepalived_vrrp[54537]: VRRP_Instance(VI_1) Entering MASTER STATE
    Jun 16 07:12:47 LD_192_168_3_88 keepalived_vrrp[54537]: VRRP_Instance(VI_1) setting protocol VIPs.
    Jun 16 07:12:47 LD_192_168_3_88 keepalived_vrrp[54537]: VRRP_Instance(VI_1) Sending gratuitous ARPs on eno16777736 for 192.168.3.118
    Jun 16 07:12:47 LD_192_168_3_88 keepalived_healthcheckers[54536]: Netlink reflector reports IP 192.168.3.118 added
    Jun 16 07:12:52 LD_192_168_3_88 keepalived_vrrp[54537]: VRRP_Instance(VI_1) Sending gratuitous ARPs on eno16777736 for 192.168.3.118
#主节点恢复后查看服务情况
[root@node1 keepalived]# ip addr list
    inet 192.168.3.118/32 scope global eno16777736
#查看主节点日志
[root@node1 log]# tail /var/log/messages
    Jun 16 07:16:43 LD_192_168_3_87 keepalived_vrrp[26012]: VRRP_Instance(VI_1) Transition to MASTER STATE
    Jun 16 07:16:44 LD_192_168_3_87 keepalived_vrrp[26012]: VRRP_Instance(VI_1) Entering MASTER STATE
    Jun 16 07:16:44 LD_192_168_3_87 keepalived_vrrp[26012]: VRRP_Instance(VI_1) setting protocol VIPs.
    Jun 16 07:16:44 LD_192_168_3_87 keepalived_vrrp[26012]: VRRP_Instance(VI_1) Sending gratuitous ARPs on eno16777736 for 192.168.3.118
    Jun 16 07:16:49 LD_192_168_3_87 keepalived_vrrp[26012]: VRRP_Instance(VI_1) Sending gratuitous ARPs on eno16777736 for 192.168.3.118
```

当主节点故障时，备节点首先将自己设置为 MASTER 节点，然后接管资源并对外提供服务，主节点故障恢复时，备节点重新设置为 BACKUP 模式，主节点继续提供服务。keepalived 提供了其他丰富的功能，如故障检测、健康检查、故障后的预处理等，更多信息可以查阅帮助文档。

19.4 小结

互联网业务的发展要求服务器能够提供不间断服务，为避免服务器宕机而造成损失，需要对服务器实现冗余。在众多实现服务器冗余的解决方案中，开源高可用软件 Heartbeat 和 keepalived 是目前使用比较广泛的高可用集群软件。本章分别介绍了 Heartbeat 和 keepalived 的部署及应用。两者的共同点是都可以实现节点的故障探测及故障节点资源的接管，在使用方面并没有实质性的区别，读者可根据实际情况进行选择。

19.5 习题

一、填空题

1. 从工作方式出发，集群分为 3 种：_____、_____ 和 _____。

二、选择题

以下双机热备软件的描述哪个是错误的？（　　）

A. keepalived 可以工作在 TCP/IP 协议栈的 IP 层、TCP 层及应用层。

B. keepalived 的作用是检测前端 TCP 服务的状态。

C. 开源高可用软件 Heartbeat 和 keepalived 是目前使用比较广泛的高可用集群软件。

D. Heartbeat 实现了一个高可用集群系统，心跳检测和资源接管是高可用集群的两个关键组件。

第 20 章 Linux 防火墙管理

对于提供互联网应用的服务器，网络防火墙是其抵御攻击的安全屏障，如何在攻击时及时做出有效的措施是网络应用时时刻刻要面对的问题。高昂的硬件防火墙是一般开发者难以接受的。Linux 系统的出现，为开发者提供了一种可行的低成本解决安全问题的方案。

本章主要涉及的知识点有：

- Linux 内核防火墙的工作原理
- 高级网络管理工具

本章最后的示例演示了如何使用防火墙阻止异常请求。

20.1 防火墙管理工具 Firewalld

要熟练应用 Linux 防火墙，首先需要了解 TCP/IP 网络的基本原理，理解 Linux 防火墙的工作原理，并熟练掌握 Linux 系统下提供的各种工具。本节主要介绍 Linux 防火墙方面的知识。

20.1.1 Linux 内核防火墙的工作原理

Linux 内核提供的防火墙功能通过 netfiter 框架实现，并提供了 iptables、Firewalld 工具配置和修改防火墙的规则。

netfilter 的通用框架不依赖于具体的协议，而是为每种网络协议定义一套钩子函数。这些钩子函数在数据包经过协议栈的几个关键点时被调用，在这几个点中，协议栈将数据包及钩子函数作为参数，传递给 netfilter 框架。

对于每种网络协议定义的钩子函数，任何内核模块可以对每种协议的一个或多个钩子函数进行注册，实现挂接。这样当某个数据包被传递给 netfilter 框架时，内核能检测到是否有有关模块对该协议和钩子函数进行了注册。若发现注册信息则调用该模块注册时使用的回调函数，然后对应模块去检查、修改、丢弃该数据包及指示 netfilter 将该数据包传入用户空间的队列。

从以上描述可以得知钩子提供了一种方便的机制，以便在数据包通过 Linux 内核的不同位置时截获和操作处理数据包。

1．netfilter 的体系结构

网络数据包的通信主要经过以下相关步骤，对应 netfilter 定义的钩子函数，更多信息可以参考源代码。

- NF_IP_PRE_ROUTING：网络数据包进入系统，经过简单的检测后，数据包转交给该函数进行处理，然后根据系统设置的规则对数据包进行处理，如果数据包不被丢弃则交给路由函数进行处理。在该函数中可以替换 IP 包的目的地址，即 DNAT。
- NF_IP_LOCAL_IN：所有发送给本机的数据包都要通过该函数进行处理，该函数根据系统设置的规则对数据包进行处理，如果数据包不被丢弃则交给本地的应用程序。
- NF_IP_FORWARD：所有不是发送给本机的数据包都要通过该函数进行处理，该函数会根据系统设置的规则对数据包进行处理，若数据包不被丢弃则转 NF_IP_POST_ROUTING 进行处理。
- NF_IP_LOCAL_OUT：所有从本地应用程序出来的数据包必须通过该函数进行处理，该函数根据系统设置的规则对数据包进行处理，如果数据包不被丢弃则交给路由函数进行处理。
- NF_IP_POST_ROUTING：所有数据包在发送给其他主机之前需要通过该函数进行处理，该函数根据系统设置的规则对数据包进行处理，如果数据包不被丢弃，将数据包发给数据链路层。在该函数中可以替换 IP 包的源地址，即 SNAT。

图 20.1 显示了数据包在通过 Linux 防火墙时的处理过程。

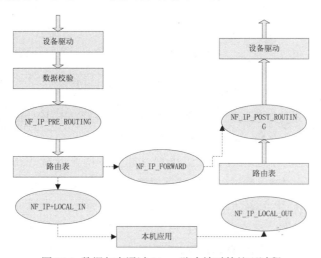

图 20.1　数据包在通过 Linux 防火墙时的处理过程

2．包过滤

每个函数都可以对数据包进行处理，最基本的操作是对数据包进行过滤。系统管理员可以通过 iptables 工具来向内核模块注册多个过滤规则，并且指明过滤规则的优先权。设置完以后每个

钩子按照规则进行匹配,如果与规则匹配,函数就会进行一些过滤操作,这些操作主要包含以下几个。

- NF_ACCEPT:继续正常的传递包。
- NF_DROP:丢弃包,停止传送。
- NF_STOLEN:已经接管了包,不要继续传送。
- NF_QUEUE:排列包。
- NF_REPEAT:再次使用该钩子。

3.包选择

在 netfilter 框架上已经创建了一个包选择系统,这个包选择工具默认注册了 3 个表,分别是过滤 filter 表、网络地址转换 NAT 表和 mangle 表。钩子函数与 IP 表同时注册的表情况如图 20.2 所示。

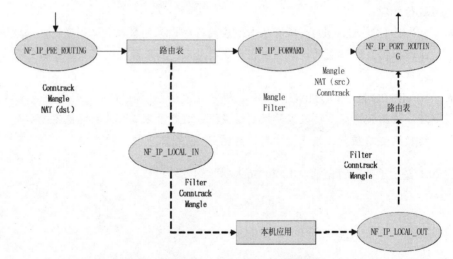

图 20.2 钩子与 IP Tables 同时注册的表情况

在调用钩子函数时是按照表的顺序来调用的。例如在执行 NF_IP_PRE_ROUTING 时,首先检查 Conntrack 表,然后检查 Mangle 表,最后检查 NAT 表。

包过滤表会过滤包而不会改变包,仅仅起过滤的作用,实际中由网络过滤框架来提供 NF_IP_FORWARD 钩子的输出和输入接口使得很多过滤工作变得非常简单。从图中可以看出,NF_IP_LOCAL_IN 和 NF_IP_LOCAL_OUT 也可以做过滤,但是只是针对本机。

网络地址转换(NAT)表分别服务于两套不同的网络过滤挂钩的包,对于非本地包,NF_IP_PRE_ROUTING 和 NF_IP_POST_ROUTING 挂钩可以完美地解决源地址和目的地址的变更问题。

这个表与 filter 表的区别在于只有新建连接的第一个包会在表中传送,结果将被用于以后所有来自这一连接的包。例如某一个连接的第一个数据包在这个表中被替换了源地址,那么以后这条连接的所有包都将被替换源地址。

mangle 表用于真正地改变包的信息,mangle 表和所有的 5 个网络过滤的钩子函数都有关。

20.1.2 Linux 软件防火墙配置工具 Firewalld

在本书的第 16 章中已经介绍过关于 Firewalld 的相关内容,此处将重要介绍 Firewalld 的 Zone 和配置工具。

1．防火墙区域 Zone

Firewalld 最大的不同是加入了 Zone 的概念,在红帽官方发布的 RHEL 7 安全性指南中将其定义为是一系列可以被快速执行到网络接口的预设置。Zone 的中文含义为防火墙区域,也常称为网络区域或简称为区域,其关系可参考图 20.3 所示。

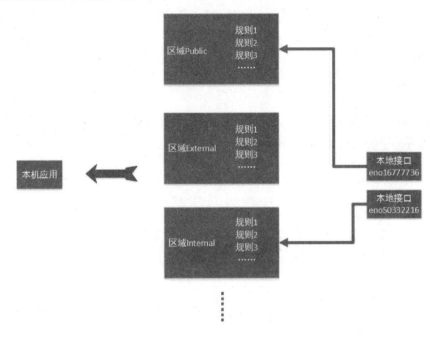

图 20.3　防火墙区域示意图

在图 20.3 所示的防火墙区域图中,数据包首先从本地接口中进入,接下来将进入接口所对应的区域中。注意一个网络接口只能与一个区域对应,即一个接口不能同时加入两个或以上的区域。当数据包进入区域后,防火墙会依据区域内的规则进行逐一过滤,只有符合规则的数据包才能通过区域到达本机应用。

在图 20.3 中列举出了 3 个网络区域:public、external 和 internal,在系统中实际上存在 9 个区域,这 9 个区域从信任到不信任分别是:
- trusted(信任):信任所有网络连接。
- internal(内部网络):用于企业等的内部网络,可基本信任内部网络中的计算机不会威胁计算机安全。
- home(家庭网络):可基本信任家庭网络中的计算机不会危害计算机的安全。
- work(工作网络):可基本信任工作网络中的计算机不会危害计算机的安全。
- dmz(非军事区):也称为隔离区,此区域内的电脑可以公开访问,可以有限的进入内部网络。
- external（外部网络）：通常是使用了伪装的外部网络，该区域内的计算机可能会危害计算机的安全。
- public（公共区域）：在公共区域使用，该区域内的计算机可能会危害计算机安全。
- block（阻塞）：或称为拒绝，任何进入的网络连接都将被拒绝，并返回 IPv4 或 IPv6 的拒绝报文。
- drop（丢弃）：任何进入的网络连接都将被丢弃，没有任何回复。

需要特别说明的是无论处于哪个区域，防火墙都不会拒绝由本机主动发起的网络连接，也就是说本地发起的数据包（包含对方响应或返回的数据包）将通过任何区域。另一个重要的问题，虽然对区域已经有一些描述，例如某个限制连接通行，但实际通行规则应该由区域中的规则决定，因为这些规则是可以被修改的，例如规则又决定放行。最终决定连接是否被放行是区域中的规则，而不是区域的描述。

2．配置工具

Firewalld 为用户提供了两个工具，其中一个是 firewall-cmd 命令，用于命令提示符下配置；另一个是图形界面下的工具 firewall-config，如图 20.4 所示。

图 20.4　图形配置工具 firewall-config

图形配置工具相对比较简单，只需在左侧区域中选择相应的区域，然后在右侧服务列表中选择即可。

20.1.3　Firewalld 配置实例

从 20.1.2 节中的介绍不难看出，Firewalld 的配置大致可以分为两项，第一是操作区域即将接口加入某个区域，第二是按实际需求修改区域中的规则。

1．区域选择

当操作系统安装完成后，防火墙会设置一个默认区域，将接口加入到默认区域中。用户修改防火墙的第一步是获取默认区域并修改，关于区域的操作如示例 20-1 所示。

【示例 20-1】

```
#查看当前系统中所有区域
[root@localhost ~]# firewall-cmd --get-zones
block dmz drop external home internal public trusted work
#查看当前的默认区域
[root@localhost ~]# firewall-cmd --get-default-zone
public
#查看当前已经激活的区域
[root@localhost ~]# firewall-cmd --get-active-zones
public
  interfaces: eno16777736
#可以看到当前接口 eno16777736 属于默认区域 public


#在做修改之前需要特别介绍一个参数--permanent
#此参数表示永久的修改防火墙规则，即将修改写入配置文件
#相反如果不使用--permanent 参数，修改将立即生效，但不会写入配置文件
#重启系统或重读配置后修改将失效


#获取接口 eno16777736 所属的区域
[root@localhost ~]# firewall-cmd --get-zone-of-interface=eno16777736
public
#修改接口所属的区域
[root@localhost ~]# firewall-cmd --permanent --zone=internal --change-interface=eno16777736
success
[root@localhost ~]# firewall-cmd --get-zone-of-interface=eno16777736
internal
#重新读取配置后验证
[root@localhost ~]# firewall-cmd --reload
success
[root@localhost ~]# firewall-cmd --get-zone-of-interface=eno16777736
internal
#可见配置已写入配置文件
```

在上述示例介绍了使用命令的方式修改接口所属的区域，但在图形界面中修改接口区域需要

使用 NetworkManager。修改方法是在图形界面中打开终端，执行命令 nm-connection-editor，在弹出的对话框中选中需要修改的接口，然后单击【编辑】按钮，在弹出的对话框中选择【常规】选项，如图 20.5 所示。

图 20.5　修改接口所属区域

在【防火墙区】后的下拉菜单中为接口选择新的区域，然后单击【保存】按钮即可完成修改。通过此方法修改将会立即生效并写入配置文件。

2．区域规则修改

当接口所属的区域修改完成后，就可以对区域的规则进行修改了。修改规则主要是修改允许连接的服务或端口，如示例 20-2 所示。

【示例 20-2】

```
#查看当前支持的所有服务列表
[root@localhost ~]# firewall-cmd --get-services
RH-Satellite-6 amanda-client bacula bacula-client dhcp dhcpv6 dhcpv6-client dns
freeipa-ldap freeipa-ldaps freeipa-replication ftp high-availability http https imaps
ipp ipp-client ipsec iscsi-target kerberos kpasswd ldap ldaps libvirt libvirt-tls mdns
mountd ms-wbt mysql nfs ntp openvpn pmcd pmproxy pmwebapi pmwebapis pop3s postgresql
proxy-dhcp radius rpc-bind rsyncd samba samba-client smtp ssh telnet tftp tftp-client
transmission-client vdsm vnc-server wbem-https
#列出区域的规则列表
[root@localhost ~]# firewall-cmd --zone=public --list-all
public (default, active)
  interfaces: eno16777736
  sources:
  services: dhcpv6-client ssh
  ports:
```

```
    masquerade: no
    forward-ports:
    icmp-blocks:
    rich rules:
#从规则可以看到目前允许 ssh 和 DHCPv6-Client 通过该区域

#注意使用--permanent 参数修改将不会立即生效
#需要使用 reload 参数重读配置才能生效

#向 public 区域添加一条规则，允许访问 httpd 服务
[root@localhost ~]# firewall-cmd --permanent --zone=internal --add-service=http
success
[root@localhost ~]# firewall-cmd --reload
success
#验证配置
[root@localhost ~]# firewall-cmd --zone=public --list-all
public (default, active)
    interfaces: eno16777736
    sources:
    services: dhcpv6-client http ssh
    ports:
    masquerade: no
    forward-ports:
    icmp-blocks:
    rich rules:
#向 public 区域添加一条规则，允许访问端口12345/tcp
[root@localhost ~]# firewall-cmd --permanent --zone=public --add-port=12345/tcp
success
[root@localhost ~]# firewall-cmd --reload
success
[root@localhost ~]# firewall-cmd --zone=public --list-all
public (default, active)
    interfaces: eno16777736
    sources:
    services: dhcpv6-client http ssh
    ports: 12345/tcp
    masquerade: no
    forward-ports:
    icmp-blocks:
```

```
    rich rules:
#移除服务和端口
[root@localhost ~]# firewall-cmd --permanent --zone=public --remove-service=http
success
[root@localhost ~]# firewall-cmd --permanent --zone=public --remove-port=12345/tcp
success
[root@localhost ~]# firewall-cmd --reload
success


#端口伪装配置
#添加端口伪装
[root@localhost ~]# firewall-cmd --permanent --zone=external --add-masquerade
success
[root@localhost ~]# firewall-cmd --reload
success
#查询伪装
[root@localhost ~]# firewall-cmd --permanent --zone=external --query-masquerade
yes
#移除伪装
[root@localhost ~]# firewall-cmd --permanent --zone=external --remove-masquerade
success
```

20.2 Linux 高级网络配置工具

目前很多 Linux 在使用之前的 arp、ifconfig 和 route 命令。虽然这些工具能够工作，但它们在 Linux 2.2 和更高版本的内核上显得有一些落伍。无论对于 Linux 开发者还是 Linux 系统管理员，网络程序调试时数据包的采集和分析是不可少的。tcpdump 是 Linux 中强大的数据包采集分析工具之一。本节主要介绍 iproute2 和 tcpdump 的相关知识。

20.2.1 高级网络管理工具 iproute2

相对于系统提供的 arp、ifconfig 和 route 等旧版本的命令，iproute2 工具包提供了更丰富的功能，除提供了网络参数设置、路由设置、带宽控制等功能之外，最新的 GRE 隧道也可以通过此工具进行配置。

现在大多数 Linux 发行版本都安装了 iproute2 软件包，如果没有安装可以从官方网站下载源码并安装，网址为 https://www.kernel.org/pub/linux/utils/net/iproute2。iproute2 工具包中主要管理工具为 ip 命令。下面将介绍 iproute2 工具包的安装与使用，安装过程如示例 20-3 所示。

【示例 20-3】

```
#使用光盘进行安装
[root@localhost Packages]# rpm -ivh iproute-3.10.0-54.el7.x86_64.rpm
warning: iproute-3.10.0-54.el7.x86_64.rpm: Header V3 RSA/SHA256 Signature, key ID fd431d51: NOKEY
Preparing...                          ################################# [100%]
Updating / installing...
   1:iproute-3.10.0-54.el7             ################################# [100%]
[root@localhost Packages]# rpm -aq | grep iproute
iproute-3.10.0-54.el7.x86_64
#检查安装情况
[root@localhost Packages]# ip -V
ip utility, iproute2-ss130716
```

ip 命令的语法如示例 20-4 所示。

【示例 20-4】

```
[root@localhost Packages]# ip help
Usage: ip [ OPTIONS ] OBJECT { COMMAND | help }
       ip [ -force ] -batch filename
where  OBJECT := { link | addr | addrlabel | route | rule | neigh | ntable |
                   tunnel | tuntap | maddr | mroute | mrule | monitor | xfrm |
                   netns | l2tp | tcp_metrics | token }
       OPTIONS := { -V[ersion] | -s[tatistics] | -d[etails] | -r[esolve] |
                    -h[uman-readable] | -iec |
                    -f[amily] { inet | inet6 | ipx | dnet | bridge | link } |
                    -4 | -6 | -I | -D | -B | -0 |
                    -l[oops] { maximum-addr-flush-attempts } |
                    -o[neline] | -t[imestamp] | -b[atch] [filename] |
                    -rc[vbuf] [size] | -n[etns] name | -a[ll] }
```

1．使用 ip 命令来查看网络配置

ip 命令是 iproute2 软件的命令工具，可以替代 ifconfig、route 等命令，查看网络配置的用法如示例 20-5 所示。

【示例 20-5】

```
#显示当前网卡参数，同 ipconfig
```

```
[root@localhost ~]# ip addr list
1: lo: <LOOPBACK,UP,LOWER_UP> mtu 65536 qdisc noqueue state UNKNOWN
    link/loopback 00:00:00:00:00:00 brd 00:00:00:00:00:00
    inet 127.0.0.1/8 scope host lo
       valid_lft forever preferred_lft forever
    inet6 ::1/128 scope host
       valid_lft forever preferred_lft forever
2: eno16777736: <BROADCAST,MULTICAST,UP,LOWER_UP> mtu 1500 qdisc pfifo_fast state UP qlen 1000
    link/ether 00:0c:29:b5:c7:76 brd ff:ff:ff:ff:ff:ff
    inet 172.16.45.102/24 brd 172.16.45.255 scope global dynamic eno16777736
       valid_lft 7092sec preferred_lft 7092sec
    inet6 fe80::20c:29ff:feb5:c776/64 scope link
       valid_lft forever preferred_lft forever
3: virbr0: <NO-CARRIER,BROADCAST,MULTICAST,UP> mtu 1500 qdisc noqueue state DOWN
    link/ether 52:54:00:f9:fb:c2 brd ff:ff:ff:ff:ff:ff
    inet 192.168.122.1/24 brd 192.168.122.255 scope global virbr0
       valid_lft forever preferred_lft forever
#添加新的网络地址
[root@localhost ~]# ip addr add 172.16.45.155/24 dev eno16777736
[root@localhost ~]# ip addr list
#部分结果省略
2: eno16777736: <BROADCAST,MULTICAST,UP,LOWER_UP> mtu 1500 qdisc pfifo_fast state UP qlen 1000
    link/ether 00:0c:29:b5:c7:76 brd ff:ff:ff:ff:ff:ff
    inet 172.16.45.102/24 brd 172.16.45.255 scope global dynamic eno16777736
       valid_lft 7008sec preferred_lft 7008sec
    inet 172.16.45.155/24 scope global secondary eno16777736
       valid_lft forever preferred_lft forever
    inet6 fe80::20c:29ff:feb5:c776/64 scope link
       valid_lft forever preferred_lft forever
#删除网络地址
[root@localhost ~]# ip addr del 172.16.45.155/24 dev eno16777736
```

上面的命令显示了机器上所有的地址以及这些地址属于哪些网络接口。"inet"表示 Internet（IPv4）。eno16777736 的 IP 地址与 172.16.45.102/24 相关联，"/24"表示网络地址的位数，"lo"则为本地回路信息，"virbr0"表示桥接网络，主要用于虚拟化。

2．显示路由信息

如需查看路由信息，可以使用"ip route list"命令，如示例 20-6 所示。

【示例 20-6】

```
#查看路由情况
[root@localhost ~]# ip route list
default via 172.16.45.1 dev eno16777736  proto static  metric 100
172.16.45.0/24 dev eno16777736  proto kernel  scope link  src 172.16.45.102
metric 100
192.168.122.0/24 dev virbr0 proto kernel  scope link  src 192.168.122.1
[root@localhost ~]# route -n
Kernel IP routing table
Destination     Gateway         Genmask         Flags Metric Ref    Use Iface
0.0.0.0         172.16.45.1     0.0.0.0         UG    100    0        0 eno16777736
172.16.45.0     0.0.0.0         255.255.255.0   U     100    0        0 eno16777736
192.168.122.0   0.0.0.0         255.255.255.0   U     0      0        0 virbr0
#添加路由
[root@localhost ~]# ip route add 192.168.3.1 dev eno16777736
```

上述示例首先查看系统中当前路由的情况，其功能和 route 命令类似。

以上只是初步介绍了 iproute2 的用法，更多信息可查看系统帮助。

20.2.2　网络数据采集与分析工具 tcpdump

tcpdump 即 dump traffic on a network，根据使用者的定义对网络上的数据包进行截获的包分析工具。无论对于网络开发者还是系统管理员，数据包的获取与分析是最重要的技术之一。对于系统管理员来说，在网络性能急剧下降的时候，可以通过 tcpdump 工具分析原因，找出造成网络阻塞的来源。对于程序开发者来说，可以通过 tcpdump 工具来调试程序。tcpdump 支持针对网络层、协议、主机、网络或端口的过滤，并提供 and、or、not 等逻辑语句过滤不必要的信息。

 Linux 系统下普通用户不能正常执行 tcpdump，一般通过 root 用户执行。

tcpdump 采用命令行方式，命令格式如下，参数说明如表 20.1 所示。

```
tcpdump [ -adeflnNOpqStvx ] [ -c 数量 ] [ -F 文件名 ]
     [ -i 网络接口 ] [ -r 文件名 ] [ -s snaplen ]
       [ -T 类型 ] [ -w 文件名 ] [表达式]
```

表 20.1 tcpdump 命令参数含义说明

参数	含义
-A	以 ASCII 码方式显示每一个数据包，在程序调试时可方便查看数据
-a	将网络地址和广播地址转变成名字
-c	tcpdump 将在接收到指定数目的数据包后退出
-d	将匹配信息包的代码以人们能够理解的汇编格式给出
-dd	将匹配信息包的代码以 C 语言程序段的格式给出
-ddd	将匹配信息包的代码以十进制的形式给出
-e	在输出行打印出数据链路层的头部信息
-f	将外部的 Internet 地址以数字的形式打印出来
-F	使用文件作为过滤条件表达式的输入，此时命令行上的输入将被忽略
-i	指定监听的网络接口
-l	使标准输出变为缓冲行形式
-n	不把网络地址转换成名字
-N	不打印出 host 的域名部分
-q	打印很少的协议相关信息，从而输出行都比较简短
-r	从文件 file 中读取包数据
-s	设置 tcpdump 的数据包抓取长度，如果不设置默认为 68 字节
-t	在输出的每一行不打印时间戳
-tt	不对每行输出的时间进行格式处理
-ttt	tcpdump 输出时，每两行打印之间会延迟一个段时间，以毫秒为单位
-tttt	在每行打印的时间戳之前添加日期的打印
-v	输出一个稍微详细的信息，例如在 ip 包中可以包括 ttl 和服务类型的信息
-vv	输出详细的报文信息
-vvv	产生比 -vv 更详细的输出
-x	当分析和打印时，tcpdump 会打印每个包的头部数据，同时会以十六进制打印出每个包的数据，但不包括连接层的头部
-xx	tcpdump 会打印每个包的头部数据，同时会以十六进制打印出每个包的数据，其中包括数据链路层的头部
-X	tcpdump 会打印每个包的头部数据，同时会以十六进制和 ASCII 码形式打印出每个包的数据，但不包括连接层的头部
-XX	tcpdump 会打印每个包的头部数据，同时会以十六进制和 ASCII 码形式打印出每个包的数据，其中包括数据链路层的头部

首先确认本机是否安装 tcpdump，如果没有安装，可以使用示例 20-7 中的方法安装。

【示例 20-7】

```
#安装tcpdump
[root@localhost Packages]# rpm -ivh tcpdump-4.5.1-3.el7.x86_64.rpm
warning: tcpdump-4.5.1-3.el7.x86_64.rpm: Header V3 RSA/SHA256 Signature, key ID fd431d51: NOKEY
Preparing...                          ################################# [100%]
```

```
Updating / installing...
  1:tcpdump-14:4.5.1-3.el7          ################################# [100%]
```

tcpdump 最简单的使用方法如示例 20-8 所示。

【示例 20-8】
```
[root@localhost Packages]# tcpdump -i any
tcpdump: verbose output suppressed, use -v or -vv for full protocol decode
listening on any, link-type LINUX_SLL (Linux cooked), capture size 65535 bytes
  15:33:20.414524 IP 192.168.19.101.ssh > 192.168.19.1.caids-sensor: Flags [P.], seq
697952143:697952339, ack 4268328847, win 557, length 196
  15:33:20.415065 IP 192.168.19.1.caids-sensor > 192.168.19.101.ssh: Flags [.], ack
196, win 15836, length 0
  15:33:20.419833 IP 192.168.19.101.ssh > 192.168.19.1.caids-sensor: Flags [P.], seq
196:488, ack 1, win 557, length 292
```

以上示例演示了 tcpdump 最简单的使用方式，如果不跟任何参数，tcpdump 会从系统接口列表中搜寻编号最小的已配置好的接口，不包括 loopback 接口，一旦找到第一个符合条件的接口，搜寻马上结束，并将获取的数据包打印出来。

tcpdump 利用表达式作为过滤数据包的条件，表达式可以是正则表达式。如果数据包符合表达式，则数据包被截获；如果没有给出任何条件，则接口上所有的信息包将会被截获。

表达式中一般有如下几种关键字。

（1）第 1 种是关于类型的关键字，如 host、net 和 port。例如 host 192.168.19.101 指明 192.168.19.101 为一台主机，而 net 192.168.19.101 则表示 192.168.19.101 为一个网络地址。如果没有指定类型，默认的类型是 host。

（2）第 2 种是确定数据包传输方向的关键字，包含 src、dst、dst or src 和 dst and src，这些关键字指明了数据包的传输方向。例如 src 192.168.19.101 指明数据包中的源地址是 192.168.19.101，而 dst 192.168.19.101 则指明数据包中的源地址是 192.168.19.101。如果没有指明方向关键字，则默认是 src or dst 关键字。

（3）第 3 种是协议的关键字，如指明是 TCP 还是 UDP 协议。

除了这 3 种类型的关键字之外，还有 3 种逻辑运算，取非运算是 not 或 "!"，与运算是 and 或 "&&"，或运算是 or 或 "||"。通过这些关键字的组合可以实现复杂强大的条件，如示例 20-9 所示。

【示例 20-9】
```
[root@localhost ~]# tcpdump -i any  tcp and dst host  192.168.19.101  and   dst
port 3306 -s100 -XX -n
tcpdump: verbose output suppressed, use -v or -vv for full protocol decode
listening on any, link-type LINUX_SLL (Linux cooked), capture size 100 bytes
  16:08:05.539893 IP 192.168.19.101.49702 > 192.168.19.101.mysql: Flags [P.], seq
79:108, ack 158, win 1024, options [nop,nop,TS val 17107592 ecr 17107591], length 29
        0x0000:  0000 0304 0006 0000 0000 0000 0000 0800  ................
        0x0010:  4508 0051 ffe8 4000 4006 929b c0a8 1365  E..Q..@.@......e
```

```
0x0020:  c0a8 1365 c226 0cea 32aa f5e0 c46e c925   ...e.&..2....n.%
0x0030:  8018 0400 a85e 0000 0101 080a 0105 0a88   .....^..........
0x0040:  0105 0a87 1900 0000 0373 656c 6563 7420   .........select.
0x0050:  2a20 6672 6f6d 206d 7973 716c             *.from.mysql
```

以上 tcpdump 表示抓取发往本机 3306 端口的请求。"-i any"表示截获本机所有网络接口的数据报，"tcp"表示 tcp 协议，"dst host"表示数据包地址为 192.168.19.101，"dst port"表示目的地址为 3306，"-XX"表示同时会以十六进制和 ASCII 码形式打印出每个包的数据，"-s100"表示设置 tcpdump 的数据包抓取长度为 100 个字节，如果不设置默认为 68 字节，"-n"表示不对地址（如主机地址或端口号）进行数字表示到名字表示的转换。输出部分"16:08:05"表示时间，然后是发起请求的源 IP 端口和目的 IP 和端口，"Flags[P.]"是 TCP 包中的标志信息：S 是 SYN 标志，F 表示 FIN，P 表示 PUSH，R 表示 RST，"."则表示没有标记，详细说明可进一步参考 TCP 各种状态之间的转换规则。

20.3 小结

Linux 防火墙配置是网络管理中的一个重要环节，Firewalld 简化了配置的复杂性，非常容易上手。Linux 高级网络管理工具 iproute2 提供了更加丰富的功能，本章介绍了其中的一部分。网络数据采集与分析工具 tcpdump 在网络程序的调试过程中具有非常重要的作用，需上机多加练习。本节的内容看似比较高深，但实际上应用非常广泛，是读者必须要掌握的。

20.4 习题

一、填空题

1．在 Firewalld 中 Zone 的作用是＿＿＿＿＿＿＿＿＿＿＿＿＿＿＿＿＿＿＿＿。

2．Firewalld 默认的 9 个 Zone 分别是＿＿＿＿＿＿、＿＿＿＿＿＿、＿＿＿＿＿＿、＿＿＿＿＿＿、＿＿＿＿＿＿、＿＿＿＿＿＿、＿＿＿＿＿＿、＿＿＿＿＿＿和＿＿＿＿＿＿。

二、选择题

以下关于 Zone 的描述不正确的是（　　）。

A．每个接口都对应了一个 Zone。

B．用户通过向接口所属 Zone 中添加规则的方式改变防火墙的规则。

C．Zone 的描述决定了哪些连接可以通过防火墙。

D．Zone 中的规则对象可以是服务、端口等。

第 21 章 KVM 虚拟化

RHEL 7 采用 KVM 作为虚拟化解决方案。通过虚拟化技术，可以充分利用服务器的硬件资源，实现资源的集中管理和共享。

本章主要涉及的知识点有：

- KVM 虚拟化技术概述
- 安装虚拟化软件包
- 安装虚拟机
- 管理虚拟机
- 存储管理
- KVM 的安全

21.1 KVM 虚拟化技术概述

在 20 世纪 60 年代，IBM 就提出了虚拟化技术。而 KVM 则是第一个集成到主流 Linux 内核中的虚拟化技术。虚拟化技术可以使基础架构发挥到最大的功能，为用户节约大量的成本。本节将对 RHEL 7 中的 KVM 虚拟化技术进行介绍。

21.1.1 基本概念

所谓 KVM，是指基于内核的虚拟系统（Kernel based Virtual Machine，KVM）。在 RHEL 7 中，KVM 已经成为系统内置的核心模块。

KVM 采用软件方式实现了虚拟机使用的许多核心硬件设备，并提供相应的驱动程序，这些仿真的硬件设备是实现虚拟化的关键技术。仿真的硬件设备是完全采用软件方式实现的虚拟设备，并不要求相应的设备一定真实存在。仿真的驱动程序既可以使用实际的设备，也可以使用虚拟设备。仿真的驱动程序是虚拟机和系统内核之间的一个中介，内核负责管理实际的物理设备，KVM 则负责设备级的指令。

用户可以通过 libvirt API 及其工具 virt-manager 和 virsh 管理虚拟机。

libvirt 是一组提供了多种语言接口的 API，为各种虚拟化技术提供一套方便、可靠的编程接口。它不仅支持 KVM，也支持 Xen、LXC、OpenVZ 以及 VirtualBox 等其他虚拟化技术。利用 libvirt API，用户可以创建、配置、监控、迁移或者关闭虚拟机。

RHEL 7 支持 libvirt 以及基于 libvirt 的各种管理工具，例如 virsh 和 virt-manager 等。

virsh 是一个基于 libvirt 的命令行工具。利用 virsh，用户可以完成所有的虚拟机管理任务，包括创建和管理虚拟机、查询虚拟机的配置和运行状态等。virsh 工具包含在 libvirt-client 软件包中。

尽管基于命令行的 virsh 的功能非常强大，但是在易用性上仍然比较差，用户需要记忆大量的参数和选项。为了解决这个问题，人们又开发出了 virt-manager。virt-manager 是一套基于图形界面的虚拟化管理工具。同样，virt-manager 也是基于 libvirt API 的，所以，用户可以使用 virt-manager 来完成虚拟机的创建、配置和迁移。此外，virt-manager 还支持管理远程虚拟机。

21.1.2　硬件要求

并不是所有的 CPU 都支持 KVM 虚拟化，表 21.1 列出了实现 KVM 技术的基本硬件要求。

表 21.1　支持 KVM 虚拟化的基本硬件要求

硬件	基本要求	建议配置
Intel 64 CPU	具有 Intel VT 和 Intel 64 扩展特性	多核 CPU 或者多个 CPU
AMD 64 CPU	具有 AMD-V 和 AMD 扩展特性	多核或者多个 CPU

用户可以通过以下命令检查当前的 CPU 是否支持 KVM 虚拟化：

```
[root@localhost ~]# egrep '(vmx|svm)' /proc/cpuinfo
    flags           : fpu vme de pse tsc msr pae mce cx8 apic sep mtrr pge mca cmov pat
pse36 clflush dts acpi mmx fxsr sse sse2 ss ht tm pbe syscall nx lm constant_tsc
arch_perfmon pebs bts rep_good nopl aperfmperf pni dtes64 monitor ds_cpl vmx est tm2
ssse3 cx16 xtpr pdcm xsave lahf_lm dtherm tpr_shadow vnmi flexpriority
    flags           : fpu vme de pse tsc msr pae mce cx8 apic sep mtrr pge mca cmov pat
pse36 clflush dts acpi mmx fxsr sse sse2 ss ht tm pbe syscall nx lm constant_tsc
arch_perfmon pebs bts rep_good nopl aperfmperf pni dtes64 monitor ds_cpl vmx est tm2
ssse3 cx16 xtpr pdcm xsave lahf_lm dtherm tpr_shadow vnmi flexpriority
```

如果输出的结果中包含 vmx，则表示采用 Intel 虚拟化技术；如果包含 svm，则表示采用 AMD 虚拟化技术；如果没有任何输出，表示当前的 CPU 不支持 KVM 虚拟化技术。

21.2 安装虚拟化软件包

KVM 虚拟化软件包中包含 KVM 内核模块、KVM 管理器以及虚拟化管理 API，用于管理虚拟机以及相关的硬件设备。本节介绍如何在 RHEL 7 中安装虚拟化软件包。

要在 RHEL 7 上面使用虚拟化，需要安装多个软件包，用户可以使用 yum 逐个安装所需要的软件包，也可以使用软件包组的方式来安装虚拟化组件。下面分别介绍这两种安装方法。

21.2.1 通过 yum 命令安装虚拟化软件包

在 RHEL7 安装完成后，系统会要求用户注册到红帽，注册完成后就可以使用 yum 工具安装软件包。如果 RHEL7 无法连接到互联网，也可以使用安装光盘建立 yum 源的方式使用 yum 工具安装软件包。使用安装光盘建立 yum 源的方法如示例 21-1 所示。

示例【21-1】

```
#本例假定光盘已经挂载到目录/media 下
#新建文件 rhel.repo
[root@localhost ~]# cat /etc/yum.repos.d/rhel.repo
[rhel-dvd]
#源名称
name=RHEL-7.2-DVD
#源路径指向/media
baseurl=file:///media
#启用源时指定参数1
enable=1
#启用软件包 gpg 验证及 gpg 密钥位置
gpgcheck=1
gpgkey=file:///media/RPM-GPG-KEY-redhat-release
```

但在注意使用光盘建立的 yum 源，无法获得最新的软件包，这仅仅是对 rpm 命令安装软件包的一种升级。

要在 RHEL 7 上面使用虚拟化，至少需要安装 qemu-kvm 和 qemu-img 这两个软件包。这两个软件包提供了 KVM 虚拟化环境以及磁盘镜像的管理功能。用户可以使用以下命令来安装这两个软件包：

```
[root@localhost ~]# yum install qemu-kvm qemu-img
```

21.2.2　以软件包组的方式安装虚拟化软件包

尽管通过 yum 命令安装虚拟化软件包非常方便，但是用户需要了解到底需要安装哪些软件包，如果漏掉一些软件包，则可能导致系统无法正常运行。因此，RHEL 7 提供了相关的软件包组，用户只要安装这些软件包组即可。表 21.2 列出了与虚拟化有关的软件包组。

表 21.2　虚拟化软件包组

软件包组	说明	必需软件包
Virtualization Client	安装和管理虚拟机的客户端工具	virt-install、virt-manager、virt-top、virt-viewer
Virtualization Platform	提供访问和控制虚拟机的接口	libvirt、virtwho
Virtualization Tools	提供离线管理虚拟机镜像的工具	libguestfs

用户可以通过以下命令安装软件包组：

```
yum groupinstall groupname
```

在上面的命令中，**groupinstall** 子命令表示安装软件包组，**groupname** 则是软件包组的名称。

例如，下面的命令安装 Virtualization Client、Virtualization Tools 以及 Virtualization Platform 这 4 个软件包组：

```
[root@localhost ~]# yum groupinstall "Virtualization Client" "Virtualization Platform" "Virtualization Tools"
```

在 RHEL 中，许多软件包组名称中都包含空格，在这种情况下，需要使用引号将软件包组名称引用起来。

安装完成之后，用户可以通过 lsmod 命令验证 KVM 模块是否成功加载：

```
[root@localhost ~]# lsmod | grep kvm
kvm_intel              162153  0
kvm                    525259  1 kvm_intel
```

如果得到以上输出结果，则表示 KVM 模块已经成功加载。

另外，用户还可以通过 virsh 命令来验证 libvirtd 服务是否正常启动：

```
[root@localhost ~]# virsh -c qemu:///system list
 Id    Name                           State
----------------------------------------------------
```

如果已经成功启动，则会输出以上结果；如果出现错误，则表示 libvirtd 服务没有成功启动。

21.3 安装虚拟机

KVM 支持多种操作系统类型的虚拟机。用户可以通过 virt-manager 图形界面或者 virt-install 命令行工具来创建、配置、安装或者维护虚拟机。本节将主要介绍通过图形界面来安装 Linux 以及 Windows 虚拟机。

21.3.1 安装 Linux 虚拟机

本节主要介绍通过图形界面来安装一台 CentOS 7.2 虚拟机，步骤如下。

步骤01 选择【应用程序】|【系统工具】|【虚拟系统管理器】命令，打开【虚拟系统管理器】窗口，如图 21.1 所示。

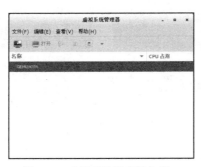

图 21.1　虚拟系统管理器主窗口

步骤02 单击工具栏上面的【创建新虚拟机】按钮，打开【新建虚拟机】对话框，如图 21.2 所示。首先选择新虚拟机的安装方式，本例中采用【本地安装介质】，选择完成后单击【前进】按钮。

步骤03 接下来创建新虚拟机向导会要求用户选择安装介质的位置，如图 21.3 所示。如果使用物理光驱进行安装，此时需要将光盘放入光驱，选择【使用 CD-ROM 或 DVD】即可，在本例中，选择使用 ISO 映像，手动输入 ISO 文件路径或单击【浏览】找到 ISO 文件。选择完 ISO 文件后，向导会自动检查 ISO 文件并选择合适的操作系统类型及版本。检查操作系统类型及版本没有问题后，单击【前进】按钮。

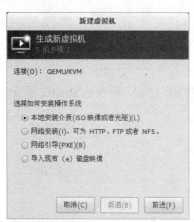
图 21.2 新虚拟机对话框

图 21.3 输入安装源路径

步骤 04　设置内存和 CPU。用户可以根据宿主机的内存和 CPU 情况，以及自己的需要来为虚拟机设置适当的内存大小和虚拟 CPU 的个数，如图 21.4 所示。设置完成之后，单击【前进】按钮，进入下一步。

步骤 05　设置虚拟机磁盘，如图 21.5 所示。用户可以为虚拟机创建一个新的虚拟磁盘，也可以使用现有的虚拟磁盘。在创建新的虚拟磁盘的时候，需要提供虚拟磁盘的大小。在本例中，选择创建一个新的虚拟磁盘，并且设置其大小为 15GB。设置完成之后，单击【前进】按钮，进入下一步。

图 21.4 设置内存和 CPU

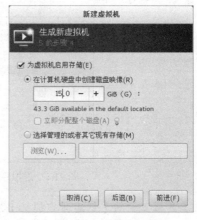
图 21.5 设置虚拟磁盘

步骤 06　接下来是一个安装概要，包含虚拟机名称、操作系统的类型、安装方式、内存大小、虚拟 CPU 个数以及虚拟磁盘的大小和路径等，如图 21.6 所示。此时可以按需要为虚拟机命名，也可以在【网络选择】中选择网络连接方式。如果用户需要在安装前修改虚拟机的配置，则可以勾选下面的复选框。配置完成直接单击【完成】按钮，开始安装。

步骤 07　接下来等待操作系统安装完成，如图 21.7 所示。

由于接下来的安装过程与在普通的物理机上面的安装过程完全相同，所以不再详细介绍。读者可以参考相关的书籍来了解如何安装各种操作系统。

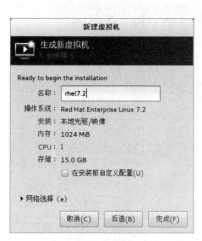
图 21.6 安装概要

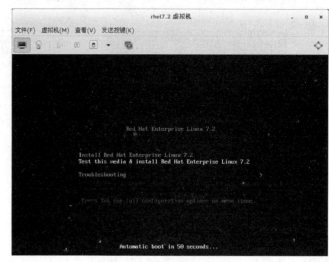
图 21.7 安装操作系统

21.3.2 安装 Windows 虚拟机

KVM 支持各种 Windows 操作系统，包括 Windows XP、Windows 2003、Windows 7、Windows 8 以及 Windows 2008 等。本节以 Windows XP 为例，来说明如何在 KVM 中安装 Windows 虚拟机。

步骤01 选择【应用程序】|【系统工具】|【虚拟系统管理器】命令，打开【虚拟系统管理器】窗口，如图 21.8 所示。

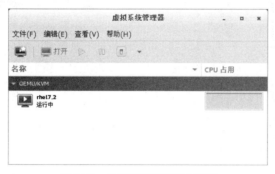
图 21.8 虚拟系统管理器主界面

步骤02 单击工具栏上面的【创建虚拟机】按钮，打开虚拟机创建向导，选择【本地安装介质】方式安装，如图 21.9 所示。单击【前进】按钮，进入下一步。

步骤03 安装介质选择【使用 ISO 映像】，如图 21.10 所示。输入安装光盘 ISO 映像路径或单击【浏览】按钮，从本地文件系统中查找 ISO 映像。

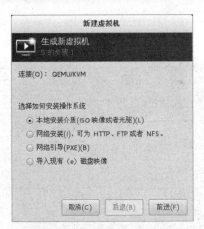

图 21.9　选择内存和 CPU 设置　　　　图 21.10　为新虚拟机添加硬盘

步骤 04 选择完 ISO 光盘映像后，注意向导可能无法正确侦测到操作系统类型及版本，此时可以在操作系统类型后面的下拉列表中选择【Windows】，版本中选择【Microsoft Windows XP】完成后单击【前进】按钮。

步骤 05 接下来向导会要求用户选择新虚拟机的内存大小及虚拟 CPU 数量，如图 21.11 所示。选择完成后单击【前进】按钮。

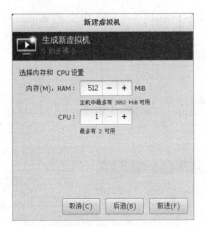
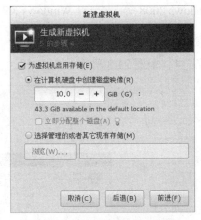

图 21.11　选择内存和 CPU 设置　　　　图 21.12　为新虚拟机添加硬盘

步骤 06 接下来向导会要求用户为新虚拟机添加硬盘，如图 21.12 所示。设置完成之后，单击【前进】按钮，进入下一步。

步骤 07 安装概要。为新虚拟机输入名称并检查安装概要列出的各项参数，如果确定没有问题，单击【完成】按钮，开始安装，如图 21.13 所示。

步骤 08 接下来同样是等待操作系统安装完成，如图 21.14 所示。

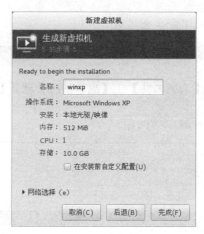

图 21.13　安装概要

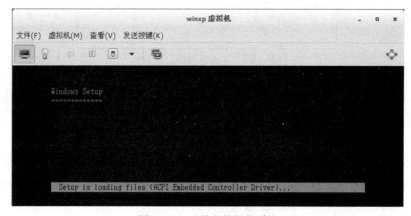

图 21.14　开始安装操作系统

21.4　管理虚拟机

通常情况下，系统管理员可以通过虚拟机管理器来完成虚拟机的日常管理，例如修改虚拟 CPU 的数量、重新分配内存以及更改硬件配置等。除此之外，系统管理员还可以使用命令行工具来完成虚拟机的维护。本节介绍如何通过这两种方式来管理虚拟机。

21.4.1　虚拟机管理器简介

在安装虚拟机的时候，我们已经使用过虚拟机管理器了。本节将对虚拟机管理器进行详细的介绍。

虚拟机管理器是一套图形界面的虚拟机管理工具。通过它，系统管理员可以非常方便地管理虚拟机。启动虚拟机管理器的方法有两种。

- 通过在命令行中输入以下命令来启动：

```
[root@localhost data]# virt-manager
```

- 通过【应用程序】|【系统工具】|【虚拟系统管理器】命令来启动。

虚拟机管理器的主界面如图 21.15 所示。

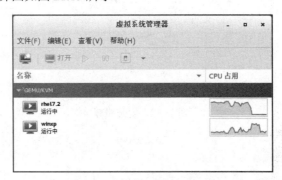

图 21.15　虚拟机管理器主界面

在图 21.15 中，顶部是菜单栏，接下来是工具栏，对于虚拟机的所有操作都可以通过菜单栏和工具栏来完成。窗口的下面以表格的形式列出了所有的虚拟机。表格分为两列，第 1 列是主机名称及其当前的状态，第 2 列以波幅的形式显示出当前虚拟主机的 CPU 利用率。

如果想要管理某个虚拟机，可以双击该主机所在的行；也可以右击该主机所在的行，然后选择【打开】命令。之后，就可以进入该主机的控制台界面。图 21.16 显示了一台 CentOS 虚拟机的控制台界面。图 21.17 显示了 Windows XP 虚拟机的控制台。

图 21.16　CentOS 虚拟机控制台

第 21 章　KVM 虚拟化

图 21.17　Windows XP 虚拟机控制台

21.4.2　查询或者修改虚拟机硬件配置

用户可以通过虚拟机控制台来查询和修改虚拟机的硬件配置。在虚拟机控制台的工具栏中选择【显示虚拟硬件详情】命令，打开虚拟机的硬件配置窗口，如图 21.18 所示。

图 21.18　虚拟机虚拟硬件详细信息

在图 21.18 中，窗口的左侧是虚拟硬件名称，右侧是该硬件的相关配置信息。虚拟机控制台列出了主要的虚拟硬件，如 CPU、内存、引导选项、磁盘、光驱、网卡、鼠标显卡以及 USB 口等。

单击左侧的【概况】选项，窗口右侧会列出该虚拟机的硬件配置概括，包括名称、状态以及管理程序的类型和硬件架构等。

单击左侧的【Performance】选项，右侧会显示出与性能有关的信息，包括 CPU 的利用率、内存的利用率、磁盘 I/O 以及网络 I/O 等，如图 21.19 所示。

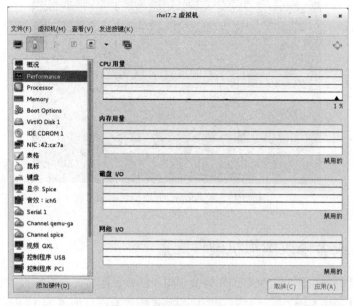

图 21.19　虚拟机性能图表

单击【Processor】选项，右侧显示出当前的虚拟处理器配置情况，如图 21.20 所示。用户可以修改虚拟 CPU 的个数。选择【Memory】选项，用户可以修改虚拟机的内存大小，如图 21.21 所示。

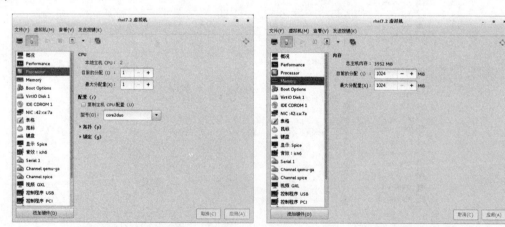

图 21.20　虚拟 CPU 配置　　　　　　　　　图 21.21　设置内存

选择【Boot Options】选项，用户可以修改与虚拟机引导有关的选项，例如修改引导顺序等，如图 21.22 所示。选择【VirtIO Disk 1】选项，可以设置磁盘有关的参数，如图 21.23 所示。其他选项的查看或者修改与上面介绍的基本相同，不再赘述。当用户修改了参数之后，需要单击右下角的【应用】按钮，使得修改生效。

如果用户需要添加其他的虚拟硬件，则可以右击左侧列表的下方选择【添加硬件】命令，打开【添加新虚拟硬件】窗口，如图 21.24 所示。选择所需的硬件类型，然后配置相关的参数，单击【完成】按钮即可完成添加操作。

图 21.22　修改引导选项

图 21.23　修改磁盘参数

图 21.24　添加新的虚拟硬件

21.4.3　管理虚拟网络

KVM 维护着一组虚拟网络，供虚拟机使用。虚拟机管理器提供了虚拟网络的管理功能。用户可以在虚拟机管理器的主界面中右击 KVM 服务器列表中相应的服务器，选择菜单中的【编辑】|【连接详情】Details 命令，即可打开该 KVM 服务器的详细信息窗口，如图 21.25 所示。

图 21.26 共包含 4 个选项卡，分别是【概述】、【虚拟网络】、【存储】和【网络接口】。其中【概述】选项卡显示了当前服务器的基本信息，并且以图表的形式显示其性能。

图 21.25　KVM 服务器详细信息　　　　图 21.26　虚拟网络选项

【虚拟网络】选项卡用来显示和配置当前服务器中的虚拟网络，如图 21.26 所示。【存储】选项卡用来管理存储池，此部分内容将在稍后介绍。【网络接口】选项卡用来管理服务器的网络接口。

下面详细介绍虚拟网络的管理。在窗口的左边列出了所有的虚拟网络，右边则显示了当前虚拟网络的配置信息，包括虚拟网络的名称、设备名称、状态、是否自动启动以及 IPv4 的相关参数，如网络 ID、DHCP IP 地址池的起点和终点等。除此之外，还可以在此界面中添加一个新的虚拟网络。

步骤 01 单击左下角的【添加网络】按钮，打开虚拟网络添加向导，如图 21.27 所示。在网络接口名称中为新网络输入名称，然后单击【前进】按钮。

步骤 02 选择 IPv4 地址空间。用户可以从私有 IP 地址中选择部分 IP 地址段作为虚拟机的 IP 地址空间，例如 10.0.0.0/8、172.16.0.0/12 或者 192.168.0.0/16。在本例中，选择 192.168.100.0/24 作为虚拟机的 IP 地址空间，如图 21.28 所示。同时还可以启用 DHCP，为 DHCP 设置可分配的 IP 地址范围。完成后单击【前进】按钮进入下一步。

 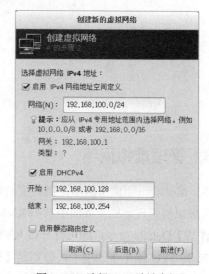

图 21.27　设置虚拟网络名称　　　　图 21.28　选择 IPv4 地址空间

步骤 03 接下来选择 IPv6 地址相关设置，目前大部分网络仍然采用 IPv4，IPv6 较少，因此可根据实际情况进行设置，如图 21.29 所示。单击【前进】按钮进入下一步。

步骤 04 选择虚拟网络与物理网络的连接方式，如图 21.30 所示。一共有两个选项，第一个为【隔离的虚拟网络】。如果选择该方式，则 KVM 服务器中连接到该虚拟网络的虚拟机将位于一个独立的虚拟网络中，虚拟机之间可以相互访问，但是不能访问外部网络。第二个选项为【转发到物理网络】。如果用户选择该方式，则需要指定转发的目的地，即任意物理设备或者某个特定的物理设备。另外，用户还需要指定转发的方式，即 NAT 或者路由方式。

图 21.29 IPv6 设置

图 21.30 网络连接与物理网络的连接方式

在本例中，选择转发到任意物理设备，采用 NAT 方式。单击【前进】按钮，进入下一步。

当创建完成之后，在当前 KVM 服务器的详细信息窗口的【虚拟网络】选项卡中，可以看到刚刚创建的虚拟网络，如图 21.31 所示。从图中可以看到，名称为 virt_net1 的虚拟网络已经处于活动状态。

图 21.31 查看虚拟网络状态

如果用户不需要某个虚拟网络了，就可以在图 21.31 所示的窗口中，选择该虚拟网络，然后单击下面的【停止网络】按钮，再单击【删除】按钮，即可将其删除。

21.4.4 管理远程虚拟机

除了访问和管理本地 KVM 系统中的虚拟机之外，利用虚拟机管理器，用户还可以管理远程 KVM 系统中的虚拟机。在虚拟机管理器的窗口中，选择【文件】|【添加连接】命令，打开【添加连接】对话框，如图 21.32 所示。从图中可以得知，虚拟机管理器可以连接 KVM、Xen 等虚拟化平台。

对于 RHEL 7.2 而言，需要选择 QEMU/KVM 选项。勾选【连接到远程主机】复选框，在【方法】下拉菜单中选择 SSH 选项，在【用户名】文本框中输入建立连接的用户名，一般为 root，在【主机名】文本框中输入远程 KVM 系统的 IP 地址，单击【连接】按钮，即可连接到远程的 KVM 系统，同时该 KVM 系统的虚拟机也会显示出来。

图 21.32　连接到远程 KVM 系统

21.4.5 使用命令行执行高级管理

尽管使用虚拟机管理器可以很方便地通过图形界面管理虚拟机，但是这需要 RHEL 7.2 支持图形界面才可以。实际上，在大部分情况下，RHEL 服务器并不一定安装桌面环境，另外，系统管理员通常是通过终端以 SSH 的方式连接到 RHEL 服务器进行管理。在这些场合下，都不可以通过虚拟机管理器来管理虚拟机。

virsh 软件包提供了一组基于命令行的工具来管理虚拟机。virsh 包含许多命令，用户可以通过 virsh help 命令查看这些命令。下面分别介绍如何通过命令行来完成常用的操作。

1．创建虚拟机

用户可以通过 virt-install 命令来创建一个新的虚拟机。该命令的基本语法如下：

```
virt-install --name NAME --ram RAM STORAGE INSTALL [options]
```

其中 --name 参数用来指定虚拟机的名称，--ram 参数用来指定虚拟机的内存大小，STORAGE 参数是指虚拟机的存储设备，INSTALL 参数代表安装的相关选项。virt-install 命令的选项非常多，下面把常用的一些选项列出来。

- --vcpus：指定虚拟机的虚拟 CPU 配置，例如 --vcpus 5 表示指定 5 个虚拟 CPU，--vcpus

5,maxcpus=10 表示指定当前默认虚拟 CPU 为 5 个，最大 10 个。通常虚拟 CPU 个数不能超过物理 CPU 个数。

- --cdrom：指定安装介质为光驱，例如--cdrom /dev/hda，表示指定安装介质位于光驱 /dev/hda。
- --location：指定其他的安装源，例如 nfs:host:/path\http://host/path 或者 ftp://host/path。
- --os-type：指定操作系统类型，例如 Linux、Unix 或者 Windows。
- --os-variant：指定操作系统的子类型，例如 fedora6、rhel5、solaris10、win2k 或者 winxp 等。
- --disk：指定虚拟机的磁盘，可以是一个已经存在的虚拟磁盘或者新的虚拟磁盘，例如 --disk path=/my/existing/disk。
- --network：指定虚拟机使用的虚拟网络，例如--network network=my_libvirt_virtual_net。
- --graphics：图形选项，例如--graphics vnc 表示使用 VNC 图形界面，--graphics none 表示不使用图形界面。

例如，使用示例 21-2 的命令创建一个名称为 winxp2 的虚拟机，其操作系统为 Windows XP。

【示例 21-2】

```
[root@localhost ~]# virt-install --name winxp2 --hvm --ram 1024 --disk /var/lib/libvirt/images/winxp2.img,size=10 --network network:default --os-variant winxp --cdrom /root/winxp.iso
  WARNING  Graphics requested but DISPLAY is not set. Not running virt-viewer.
  WARNING  No console to launch for the guest, defaulting to --wait -1


Starting install...
Allocating 'winxp2.img'                              |  10 GB     00:00
Creating domain...                                   |   0 B      00:00
Domain installation still in progress. Waiting for installation to complete.
```

图形安装界面会自动打开，如图 21.33 所示。

图 21.33　Windows XP 安装界面

2．查看虚拟机

用户可以通过 virsh 命令查看虚拟机的状态，如示例 21-3 所示。

【示例 21-3】

```
[root@localhost ~]# virsh -c qemu:///system list
 Id    Name                           State
----------------------------------------------------
 7     winxp2                         running
```

在上面的输出结果中，Name 表示虚拟机的名称，State 表示虚拟机的状态。

3．关闭虚拟机

virsh 命令的子命令 shutdown 可以关闭指定的虚拟机。例如，示例 21-4 的命令关闭名称为 winxp 的虚拟机。

【示例 21-4】

```
[root@localhost ~]# virsh shutdown winxp
Domain winxp is being shutdown
```

4．启动虚拟机

与 shutdown 子命令相对应，start 子命令可以启动某个虚拟机，如示例 21-5 所示。

【示例 21-5】

```
[root@localhost ~]# virsh start winxp
Domain winxp started
```

5．监控虚拟机

virt-top 命令类似于 top 命令，用来动态监控虚拟机的状态。在命令行中直接输入 virt-top 命令即可启动，其界面如图 21.34 所示。

图 21.34　virt-top 主界面

在图 21.34 所示的界面中，用户按 1 键，可以切换到 CPU 使用统计界面，如图 21.35 所示。

按 2 键，可以切换到网络接口状态界面，如图 21.36 所示。

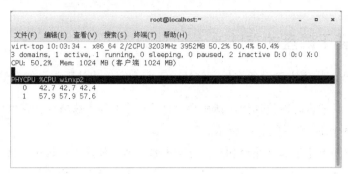

图 21.35　CPU 使用统计

图 21.36　网络接口状态

6．列出所有的虚拟机

virsh 的 list 子命令可以列出所有的虚拟机，无论是否启动，如示例 21-6 所示。

【示例 21-6】

```
[root@localhost ~]# virsh list --all
 Id    Name                           State
----------------------------------------------------
 7     winxp2                         paused
 -     rhel7.2                        shut off
 -     winxp                          shut off
```

21.5　存储管理

虚拟机可以安装在宿主机的本地存储设备中，例如本地磁盘、LVM 卷组或者文件系统中的目录等，这些称为本地存储池。另外，虚拟机还可以安装在网络存储设备中，例如 FC SAN、IP SAN 以及 NFS 等，这些称为网络存储池。本地存储池不支持虚拟机的迁移，而网络存储池支持。存储池由 libvirt 管理。默认情况下，libvirt 使用 /var/lib/libvirt/images 目录作为默认的存储池。本节将对

KVM 的存储管理进行介绍。

21.5.1 创建基于磁盘的存储池

KVM 可以将一个物理磁盘设备作为存储池。下面介绍创建基于磁盘的存储池的步骤。

步骤 01 在 KVM 服务器的连接详情对话框中，切换到【存储】选项卡，窗口的左边列出了当前所有的存储池，如图 21.37 所示。

步骤 02 单击左下角的【添加池】按钮 ，打开【添加新存储池】对话框，在【名称】文本框中输入存储池的名称，例如 newpool，在【类型】下拉菜单中选择【disk:网络硬盘设备】选项，如图 21.38 所示。单击【前进】按钮，进入下一步。

图 21.37　存储池管理　　　　　　图 21.38　选择存储池名称和类型

步骤 03 在【目标路径】文本框中输入磁盘设备所在的目录，默认为/dev，然后在【源路径】中输入使用的硬盘名称或单击【浏览】查找，最终选择磁盘设备。勾选【构建池】复选框，以格式化磁盘存储池，如图 21.39 所示。设置完成之后，单击【完成】按钮，完成存储池的创建。

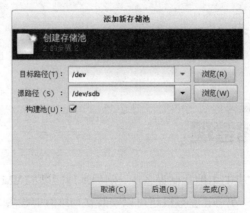

图 21.39　指定存储池目标路径和磁盘设备名

21.5.2 创建基于磁盘分区的存储池

KVM 的存储池可以创建在一个已经创建文件系统的磁盘分区上面。假设/dev/sdc1 是一个已经存在的磁盘分区，其文件系统为 ext4。下面介绍如何在该文件系统上创建一个存储池。

步骤 01 单击左下角的【添加池】按钮，打开【添加新存储池】对话框。在【名称】文本框中输入存储池名称，例如 sdc1，在【类型】下拉菜单中选择【fs:预先格式化的块设备】选项，如图 21.40 所示。单击【前进】按钮，进入下一步。

步骤 02 在弹出的对话框中，【目标路径】已由系统完成选择，接下来需要在【源路径】文本框中输入磁盘分区的路径/dev/sdc1，或者单击【浏览】按钮浏览并选择/dev/sdc1，如图 21.41 所示。单击【完成】按钮，完成存储池的创建。

图 21.40 创建基于分区的存储池

图 21.41 选择磁盘分区

21.5.3 创建基于目录的存储池

存储池还可以建立在某个目录上，假设存在一个名称为/data 的目录，下面介绍如何在该目录上面创建存储池。

步骤 01 单击左下角的【添加池】按钮，打开添加新存储池对话框。在【名称】文本框中输入存储池名称，例如 data，在【类型】下拉菜单中选择【dir:文件系统目录】选项，如图 21.42 所示。单击【前进】按钮，进入下一步。

步骤 02 在【目标路径】文本框中输入目标目录的路径，或者单击右边的【浏览】按钮，浏览并选择该目录，如图 21.43 所示。单击【完成】按钮，完成存储池的创建。

图 21.42　创建基于目录的存储池　　　　图 21.43　选择目标目录

21.5.4　创建基于 LVM 的存储池

RHEL 7.2 的 LVM 拥有非常大的灵活性，通过 LVM，用户可以动态扩展文件系统的大小。KVM 支持将存储池建立在 LVM 上。假设存在一个名称为 vg0 的逻辑卷组，如下所示：

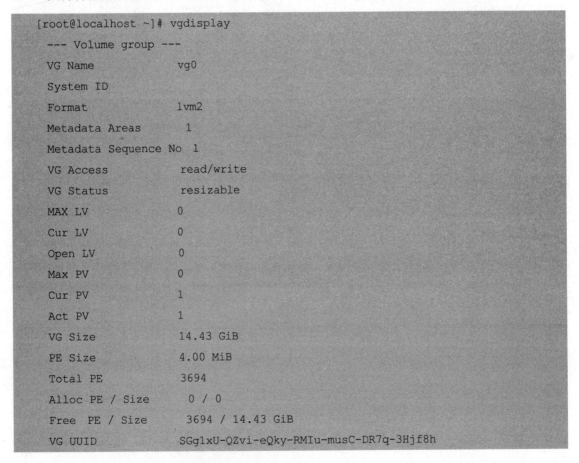

下面介绍在该卷组上面创建存储池的步骤。

步骤 01 单击左下角的【添加池】按钮，打开【添加新存储池】对话框。在【名称】文本框中输入存储池的名称，例如 lvm_vg0，在【类型】下拉菜单中选择【logical:LVM 卷组】选项，如图 21.44 所示。单击【前进】按钮，进入下一步。

步骤 02 在【目标路径】文本框中输入卷组名称/dev/vg0，或者单击【浏览】按钮，浏览文件系统并选择/dev/vg0，如图 21.45 所示。对于已经存在的卷组，可以忽略【源路径】选项。单击【完成】按钮，完成存储池的创建。

图 21.44　创建基于 LVM 的存储池

图 21.45　选择卷组作为目标路径

21.5.5　创建基于 NFS 的存储池

KVM 的存储不仅支持创建在本地存储上，还支持创建在一些网络存储上，例如 NFS 或者 IP SAN 等。下面介绍如何在 NFS 上创建 KVM 存储池。

步骤 01 单击左下角的【添加池】按钮，打开【添加新存储池】对话框。在【名称】文本框中输入存储池的名称，例如 nfs_data，在【类型】下拉菜单中选择【netfs:网络导出的目录】选项，如图 21.46 所示。单击【前进】按钮，进入下一步。

步骤 02【目标路径】已由系统自动填写，通常不必修改。在【主机名】文本框中输入 NFS 服务器的 IP 地址，在【源路径】文本框中输入共享目录的路径，如图 21.47 所示。单击【完成】按钮，完成存储池的创建。

图 21.46　创建基于 NFS 的存储池

图 21.47　选择 NFS 服务器和共享目录

21.6 KVM 安全管理

在 KVM 系统中，由于所有的虚拟机都位于宿主机中，所以宿主机的安全非常重要。如果宿主机的安全措施比较薄弱，则所有的虚拟机的安全性无论怎么加强，都将是薄弱的。所以，KVM 系统的安全管理非常重要。本节将从 SELinux 和防火墙两个方面来介绍 KVM 的安全管理。

21.6.1 SELinux

默认情况下，SELinux 要求所有的虚拟机的镜像文本都必须位于/var/lib/libvirt/images/及其下级目录中。如果用户将虚拟机镜像文件放到了文件系统的其他位置，SELinux 会禁止宿主系统加载该镜像文件。同样，如果使用了 LVM 逻辑卷、磁盘、分区以及 IP SAN 等存储池，也需要适当地设置 SELinux 上下文属性才可以正常使用。

前面已经介绍过，用户可以通过好几种方式来创建存储池。下面以目录为例，来说明如何设置 SELinux 上下文。

（1）建立存储池的目录。

```
[root@localhost Desktop]# mkdir -p /data/kvm/images
```

（2）为了安全性，更改目录的所有者，并设置权限。

```
[root@localhost Desktop]# chown -R root:root /data/kvm/images/
[root@localhost Desktop]# chmod 700 /data/kvm/images/
```

（3）配置 SELinux 上下文。

```
[root@localhost Desktop]# semanage fcontext -a -t virt_image_t /data/kvm/images/
```

以上命令主要是打开 SELinux 设定，不然虚拟机无法访问存储文件。

 如果没有 semanage，需要安装 policycoreutils-python 软件包。

设置完成之后，用户就可以在/data/kvm/images 目录中创建存储池了。

21.6.2 防火墙

防火墙是另外一个影响系统安全的因素。在宿主机系统中，必须根据虚拟机中启用的网络服务，适当地设置防火墙；否则，外部网络无法访问虚拟机。在设置防火墙的时候，应该注意以下端口。

- 确保 SSH 的服务端口 22 是开放的，便于利用 SSH 连接到远程主机进行管理。

- KVM 虚拟机在迁移的时候，会使用 49152~49216 这一段 TCP/UPD 端口。因此，如果需要迁移虚拟机，这些端口也必须开放。

21.7 小结

本节详细介绍了 RHEL 7.2 中的虚拟化技术及其安装和使用方法。主要包括虚拟化技术的概况、如何安装虚拟化软件包、如何管理虚拟机、如何管理存储设备以及 KVM 系统的安全等。本章重点在于掌握好虚拟机的管理以及存储设备的管理。

21.8 习题

一、填空题

1. 启动虚拟机管理器的方法有两种：_____ 和 _____。
2. 要在 RHEL 7.2 上使用虚拟化，至少需要安装 _____ 和 _____ 这两个软件包。

二、选择题

以下描述不正确的是（　　）。

A. 要在 RHEL 7.2 上使用虚拟化，需要安装多个软件包，用户可以使用 yum 逐个安装所需要的软件包，也可以使用软件包组的方式来安装虚拟化组件。

B. 在 KVM 系统中，并不是所有的虚拟机都位于宿主机中。

C. 除了访问和管理本地 KVM 系统中的虚拟机之外，利用虚拟机管理器，用户还可以管理远程的 KVM 系统中的虚拟机。

第 22 章
在RHEL 7.2上安装OpenStack

> OpenStack 既是一个社区，也是一个项目和开源软件，它提供了一个部署云的操作平台或工具集。其宗旨在于帮助组织和运行为虚拟计算或存储服务的云，为公有云、私有云，也为大云、小云提供可扩展的、灵活的云计算。

本章主要涉及的知识点有：

- OpenStack 概况
- OpenStack 系统架构
- OpenStack 主要部署工具
- 通过 RDO 部署 OpenStack
- 管理 OpenStack

22.1 OpenStack 概况

OpenStack 是一个免费的开放源代码的云计算平台，用户可以将其部署成为一个基础设施即服务（IaaS）的解决方案。OpenStack 不是一个单一的项目，而是由多个相关的项目组成，包括 Nova、Swift、Glance、Keystone 以及 Horizon 等。这些项目分别实现不同的功能，例如弹性计算服务、对象存储服务、虚拟机磁盘镜像服务、安全统一认证服务以及管理平台等。OpenStack 以 Apache 许可授权。

OpenStack 最早开始于 2010 年，是美国国家航空航天局和 Rackspace 合作研发的云端运算软件项目。目前，OpenStack 由 OpenStack 基金会管理，该基金会是一个非营利组织，创立于 2012 年。现在已经有超过 200 家公司参与了该项目，包括 Arista Networks、AT&T、AMD、Cisco、Dell、EMC、HP、IBM、Intel、NEC、NetApp 以及 Red Hat 等大型公司。

OpenStack 发展非常迅速，已经发布了 13 个版本，每个版本都有代号，分别为 Austin、Bexar、Cactus、Diablo、Essex、Folsom、Grizzly、Havana、Icehouse、Juno、Kilo、Liberty 以及 Mitaka。其中，最后一个版本 Mitaka 发布于 2016 年 4 月 8 日。

除了 OpenStack 之外，还有其他的一些云计算平台，例如 Eucalyptus、AbiCloud、OpenNebula 等，这些云计算平台都有自己的特点，关于它们之间具体的区别，请读者参考相关书籍，这里不再赘述。

22.2 OpenStack 系统架构

由于 OpenStack 由多个组件组成，所以其系统架构相对比较复杂。但是，只有了解 OpenStack 的系统架构，才能够成功地部署和管理 OpenStack。本节将对 OpenStack 的整体系统架构进行介绍。

22.2.1 OpenStack 体系架构

OpenStack 由多个服务模块构成，表 22.1~22.4 列出了这些服务模块。

表 22.1 基本模块

项目名称	说明
Horizon	提供了基于 Web 的控制台，以此来展示 OpenStack 的功能
Nova	OpenStack 云计算架构的基础项目，是基础架构即服务（IaaS）中的核心模块。它负责管理在多种 Hypervisor 上的虚拟机的生命周期
Neutron	提供云计算环境下的虚拟网络功能

表 22.2 存储模块

项目名称	说明
Swift	提供了弹性可伸缩、高可用的分布式对象存储服务，适合存储大规模非结构化数据
Cinder	提供块存储服务

表 22.3 共享服务

名称	说明
Keystone	为其他的模块提供认证和授权
Glance	存储和访问虚拟机磁盘镜像文件
Ceilometer	为计费和监控以及其他服务提供数据支撑

表 22.4 其他的服务

名称	说明
Heat	实现弹性扩展，自动部署
Trove	提供数据库即服务功能

图 22.1 描述了 OpenStack 中各子项目与其功能之间的关系。

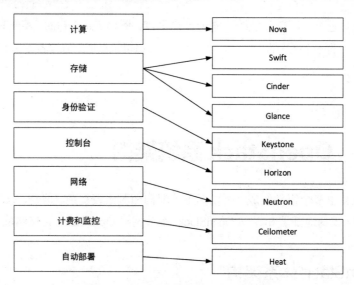

图 22.1　各子项目与其功能之间的关系

图 22.2 则描述了 OpenStack 各功能模块之间的关系。

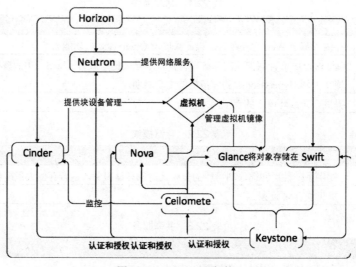

图 22.2　OpenStack 架构

22.2.2　OpenStack 部署方式

针对不同的计算、网络和存储环境，用户可以非常灵活地配置 OpenStack 来满足自己的需求。图 22.3 显示了含有 3 个节点的 OpenStack 部署方案。

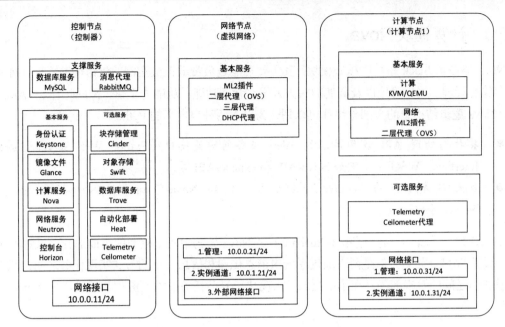

图 22.3 含有 3 个节点的 OpenStack 部署方案

在图 22.3 中，使用 Neutron 作为虚拟网络的管理模块，包含控制节点、网络节点和计算节点，这 3 个节点的功能分别描述如下。

1．控制节点

基本控制节点运行身份认证服务、镜像文件服务、计算节点和网络接口的管理服务、虚拟网络插件以及控制台等。另外，还运行一些基础服务，例如 OpenStack 数据库、消息代理以及网络时间 NTP 服务等。

控制节点还可以运行某些可选服务，例如部分的块存储管理、对象存储管理、数据库服务、自动部署（Orchestration）以及 Telemetry（Ceilometer）。

2．网络节点

网络节点运行虚拟网络插件、二层网络代理以及三层网络代理。其中，二层网络服务包括虚拟网络和隧道技术，三层网络服务包括路由、网络地址转换（NAT）以及 DHCP 等。此外，网络节点还负责虚拟机与外部网络的连接。

3．计算节点

计算节点运行虚拟化监控程序（Hypervisor）、管理虚拟机或者实例。默认情况下，计算节点采用 KVM 作为虚拟化平台。除此之外，计算节点还可以运行网络插件以及二层网络代理。通常情况下，计算节点会有多个。

22.2.3 计算模块 Nova

Nova 是 OpenStack 系统的核心模块，其主要功能是负责虚拟机实例的生命周期管理、网络管理、存储卷管理、用户管理以及其他的相关云平台管理功能。从能力上讲，Nova 类似于 Amazon EC2。Nova 逻辑结构中的大部分组件可以划分为以下两种自定义的 Python 守护进程：

- 接收与处理 API 调用请求的 Web 服务器网关接口（Python Web Server Gateway Interface，WSGI），例如 Nova-API 和 Glance-API 等。
- 执行部署任务的 Worker 守护进程，例如 Nova-Compute、Nova-Network 以及 Nova-Schedule 等。

消息队列（Queue）与数据库（Database）是 Nova 架构中两个重要的组成部分，虽然不属于 WSGI 或者 Worker 进程，但是两者通过系统内消息传递和信息共享的方式实现任务之间、模块之间以及接口之间的异步部署，在系统层面大大简化了复杂任务的调度流程与模式，是 Nova 的核心模块。

由于 Nova 采用无共享和基于消息的灵活架构，所以 Nova 的 7 个组件有多种部署方式。用户可以将每个组件单独部署到一台服务器上，也可以根据实际情况，将多个组件部署到一台服务器上。

下面给出了几种常见的部署方式。

1．单节点

在这种方式下，所有的 Nova 服务都集中在一台服务器上，同时也包含虚拟机实例。由于这种方式的性能不高，所以不适合生产环境，但是部署起来相对比较简单，所以非常适合初学者练习或者做相关开发。

2．双节点

这种部署方式由两台服务器构成，其中一台作为控制节点，另外一台作为计算节点。控制节点运行除 Nova-Compute 服务之外的所有其他的服务，计算节点运行 Nova-Compute 服务。双节点部署方式适合规模较小的生产环境或者开发环境。

3．多节点

这种部署方式由用户根据业务性能需求，实现多个功能模块的灵活安装，包括控制节点的层次化部署和计算节点规模的扩大。多节点部署方式适合各种对于性能要求较高的生产环境。

22.2.4 分布式对象存储模块 Swift

Swift 是 OpenStack 系统中的对象存储模块，其目标是使用标准化的服务器来创建冗余的、可扩展且存储空间达到 PB 级的对象存储系统。简单地讲，Swift 非常类似于 AWS 的 S3 服务。它并不是传统意义上的文件系统或者实时数据存储系统，而是长期静态数据存储系统。

Swift 主要由以下 3 种服务组成。

- 代理服务：提供数据定位功能，充当对象存储系统中的元数据服务器的角色，维护账户、容器以及对象在环（Ring）中的位置信息，并且向外提供 API，处理用户访问请求。
- 对象存储：作为对象存储设备，实现用户对象数据的存储功能。
- 身份认证：提供用户身份鉴定认证功能。

OpenStack 中的对象由存储实体和元数据组成，相当于文件的概念。当向 Swift 对象存储系统上传文件的时候，文件并不经过压缩或者加密，而是和文件存放的容器名、对象名以及文件的元数据组成对象，存储在服务器上。

22.2.5 虚拟机镜像管理模块 Glance

Glance 项目主要提供虚拟机镜像服务，其功能包括虚拟机镜像、存储和获取关于虚拟机镜像的元数据、将虚拟机镜像从一种格式转换为另外一种格式。

Glance 主要包括两个组成部分，分别是 Glance API 以及 Glance Registry。Glance API 主要提供接口，处理来自 Nova 的各种请求。Glance Registry 用来和 MySQL 数据库进行交互，存储或者获取镜像的元数据。这个模块本身不存储大量的数据，需要挂载后台存储 Swift 来存放实际的镜像数据。

22.2.6 身份认证模块 Keystone

Keystone 是 OpenStack 中负责身份验证和授权的功能模块。Keystone 类似于一个服务总线，或者说是整个 OpenStack 框架的注册表，其他服务通过 Keystone 来注册其服务的端点（Endpoint），任何服务之间的相互调用，都需要经过 Keystone 的身份验证，来获得目标服务的端点来找到目标服务。

Keystone 包含以下基本概念。

1．用户

用户（User）代表可以通过 Keystone 进行访问的人或程序。用户通过认证信息如密码、API Keys 等进行验证。

2．租户

租户（Tenant）是各个服务中一些可以访问的资源集合。例如，在 Nova 中一个租户可以是一些机器，在 Swift 和 Glance 中一个租户可以是一些镜像存储，在 Quantum 中一个租户可以是一些网络资源。默认情况下，用户总是绑定到某些租户上面。

3．角色

角色（Role）代表一组用户可以访问的资源权限，例如 Nova 中的虚拟机、Glance 中的镜像。用户可以被添加到任意一个全局的或租户内的角色中。在全局的角色中，用户的角色权限作用于所有的租户，即可以对所有的租户执行角色规定的权限；在租户内的角色中，用户仅能在当前租户内执行角色规定的权限。

4．服务

OpenStack 中包含许多服务（Service），如 Nova、Glance 和 Swift。根据前三个概念，即用户、租户和角色，一个服务可以确认当前用户是否具有访问其资源的权限。但是当一个用户尝试着访问其租户内的服务时，该用户必须知道这个服务是否存在，以及如何访问这个服务，这里通常使用一些不同的名称表示不同的服务。

5．端点

所谓端点（Endpoint），是指某个服务的 URL。如果需要访问一个服务，则必须知道该服务的端点。因此，在 Keystone 中包含一个端点模板，这个模板提供了所有存在的服务的端点信息。一个端点模版包含一个 URL 列表，列表中的每个 URL 都对应一个服务实例的访问地址，并且具有 public、private 和 admin 这 3 种权限。其中 public 类型的端点可以被全局访问，私有 URL 只能被局域网访问，admin 类型的 URL 被从常规的访问中分离。

22.2.7　控制台 Horizon

Horizon 为用户提供了一个管理 OpenStack 的控制面板，使得用户可以通过浏览器，以图形界面的方式进行相应的管理任务，避免了记忆烦琐、复杂的命令。Horizon 几乎提供了所有的操作功能，包括 Nova 虚拟机实例的管理和 Swift 存储管理等。图 22.4 显示了 Horizon 的主界面，关于 Horzon 的详细功能，将在后面的内容中介绍。

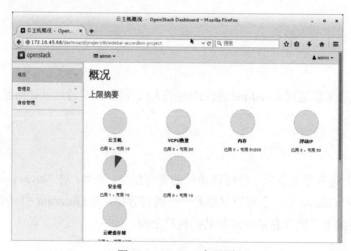

图 22.4　Horizon 主界面

22.3 Openstack 的主要部署工具

前面已经介绍过，OpenStack 的体系架构比较复杂，对于初学者来说，逐个使用命令来安装各个组件是一件非常困难的事情。幸运的是，为了简化 OpenStack 的安装操作，许多部署工具已经被开发出来。通过这些工具，用户可以快速搭建出一个 OpenStack 的学习环境。本节将对主要的 OpenStack 部署工具进行介绍。

22.3.1 Fuel

Fuel 是一个端到端一键部署 OpenStack 设计的工具，主要包括裸机部署、配置管理、OpenStack 组件以及图形界面等几个部分，下面分别对其进行简单介绍。

1．裸机部署

Fuel 支持裸机部署，该项功能由 HP 的 Cobbler 提供。Cobbler 是一个快速网络安装 Linux 的服务，该工具使用 python 开发，小巧轻便，使用简单的命令即可完成 PXE 网络安装环境的配置，同时还可以管理 DHCP、DNS 以及 yum 包镜像。

packstack 不包括此功能。

2．配置管理

配置管理采用 Puppet 实现。Puppet 是一个非常有名的云环境自动化配置管理工具，采用 XML 语言定义配置。Puppet 提供了一个强大的框架，简化了常见的系统管理任务，它将大量细节交给 Puppet 去完成，只要管理员集中精力在业务配置上。系统管理员使用 Puppet 的描述语言来配置，这些配置便于共享。Puppet 伸缩性强，可以管理成千上万台机器。

3．OpenStack 组件

除了可灵活选择安装 OpenStack 核心组件以外，还可以安装 Monitoring 和 HA 组件。Fuel 还支持心跳检查。

4．图形界面

Fuel 提供了基于 Web 的管理界面 Fuel Web，可以使用户非常方便地部署和管理 OpenStack 的各个组件。

22.3.2 TripleO

TripleO 是另外一套 OpenStack 部署工具，TripleO 又称为 OpenStack 的 OpenStack（OpenStack Over OpenStack）。通过使用 OpenStack 运行在裸机上自有设施作为该平台的基础，这个项目可以

实现 OpenStack 的安装、升级和操作流程的自动化。

在使用 TripleO 的时候，需要先准备一个 OpenStack 控制器的镜像，然后用这个镜像通过 OpenStack 的 Ironic 功能去部署裸机，再通过 HEAT 在裸机上部署 OpenStack。

22.3.3 RDO

RDO（Red Hat Distribution of OpenStack）是由 RedHat 公司推出的部署 OpenStack 集群的一个基于 Puppet 的部署工具，可以很快地通过 RDO 部署一套复杂的 OpenStack 环境。如果用户想在 REHL 上面部署 OpenStack，最便捷的方式就是使用 RDO。在本书中，就是采用 RDO 来介绍 OpenStack 的安装。

22.3.4 DevStack

DevStack 实际上是个 Shell 脚本，可以用来快速搭建 OpenStack 的运行和开发环境，特别适合 OpenStack 开发者在下载最新的 OpenStack 代码后迅速在自己的笔记本上搭建一个开发环境。正如 DevStack 官方所强调的，devstack 不适合用于生产环境。

22.4 通过 RDO 部署 OpenStack

尽管 OpenStack 已经拥有许多部署工具，但是在 RHEL 或者 CentOS 等操作系统上面部署 OpenStack，RDO 仍然是首选的方案。尤其对于初学者来说，使用 RDO 可以大大降低部署的难度。本节将对使用 RDO 部署 OpenStack 进行详细介绍。

22.4.1 部署前的准备

OpenStack 对于软硬件环境都有一定的要求，其中 RHEL 7.2 是官方推荐的版本。另外，用户也可以选择其他的基于 RHEL 的发行版，例如 CentOS 6.5、Scientific Linux 6.5 或者 Fedora 20 以上。为了避免 Packstack 域名解析出现问题，需要把主机名设置为完整的域名，来代替短主机名。

硬件方面，OpenStack 至少需要 2GB 的内存，CPU 也需要支持硬件虚拟化。此外，至少有一块网卡。

22.4.2 配置安装源

为了保证当前系统的所有软件包都是最新的，需要使用 yum 命令进行更新操作，命令如下：

```
#此命令仅当注册到红帽官方源方可使用
#注意如果操作系统未注册到红帽官方源，将无法继续安装
```

```
#除OpenStack之外还需要许多其他软件包,这些软件包位于官方源中
[root@localhost ~]# yum -y update
```

执行以上命令之后,yum 软件包管理器会查询安装源,以验证当前系统中的软件包是否有更新;如果存在更新,则会自动进行安装。由于系统中的软件包通常非常多,所以上面的更新操作可能会花费较长的时间。

接下来配置 OpenStack 安装源,RedHat 提供了一个 RPM 软件包来帮助用户设置 RDO 安装源,其 URL 为:

```
http://rdo.fedorapeople.org/rdo-release.rpm
```

用户只要安装以上软件包即可,命令如下:

```
yum install -y http://rdo.fedorapeople.org/rdo-release.rpm
```

执行以上命令之后,会为当前系统添加 Foreman、Puppet Labs 和 RDO 安装源,如下所示:

```
[root@localhost ~]# cd /etc/yum.repos.d/
[root@localhost yum.repos.d]# ls
rdo-release.repo  rdo-testing.repo  ……
```

22.4.3 安装 Packstack

在使用 RDO 安装 OpenStack 的过程中,需要 Packstack 来部署 OpenStack。所以,必须提前安装 Packstack 软件包。Packstack 的底层也基于 Puppet,通过 Puppet 部署 OpenStack 各组件。Packstack 的安装命令如下:

```
[root@localhost ~]# yum -y install openstack-packstack
```

22.4.4 安装 OpenStack

Packstack 提供了多种方式来部署 OpenStack,包括单节点和多节点等,其中单节点部署最简单。单节点部署方式中,OpenStack 所有的组件都被安装在同一台服务器上面。用户还可以选择控制器加多个计算节点的方式或者其他的部署方式。为了简化操作,本节将选择单节点部署方式。

Packstack 提供了一个名称为 packstack 的命令来执行部署操作。该命令支持非常多的选项,用户可以通过以下命令来查看这些选项及其含义:

```
[root@localhost ~]# packstack --help
```

从大的方面来说,packstack 命令的选项主要分为全局选项、vCenter 选项、MySQL 选项、AMQP 选项、Keystone 选项、Glance 选项、Cinder 选项、Nova 选项、Neutron 选项、Horizon 选项、Swift 选项、Heat 选项、Ceilometer 选项以及 Nagios 选项等。可以看出 packstack 命令非常灵活,几乎

为所有的 OpenStack 都提供了相应的选项。下面对常用的选项进行介绍。

1．--gen-answer-file

该选项用来创建一个应答文件（answer file），应答文件是一个普通的纯文本文件，包含 packstack 部署 OpenStack 所需的各种选项。

2．--answer-file

该选项用来指定一个已经存在的应答文件，packstack 命令将从该文件中读取各选项的值。

3．--install-hosts

该选项用来指定一批主机，主机之间用逗号隔开。列表中的第一台主机将被部署为控制节点，其余的部署为计算节点。如果只提供了一台主机，则所有的组件都将被部署在该主机上面。

4．--allinone

该选项用来执行单节点部署。

5．--os-mysql-install

该选项的值为 y 或者 n，用来指定是否安装 MySQL 服务器。

6．--os-glance-install

该选项的值为 y 或者 n，用来指定是否安装 Glance 组件。

7．--os-cinder-install

该选项的值为 y 或者 n，用来指定是否安装 Cinder 组件。

8．--os-nova-install

该选项的值为 y 或者 n，用来指定是否安装 Nova 组件。

9．--os-neutron-install

该选项的值为 y 或者 n，用来指定是否安装 Neutron 组件。

10．--os-horizon-install

该选项的值为 y 或者 n，用来指定是否安装 Horizon 组件。

11．--os-swift-install

该选项的值为 y 或者 n，用来指定是否安装 Swift 组件。

12．--os-ceilometer-install

该组件的值为 y 或者 n，用来指定是否安装 Ceilometer 组件。

除了以上选项之外，对于每个具体的组件，packstack 也提供了许多选项，这里不再赘述。如果用户想在一个节点上快速部署 OpenStack，可以使用--allinone 选项，命令如下：

```
[root@localhost ~]# packstack --allinone
```

如果想要单独指定其中的某个选项，例如下面的命令将采用单节点部署，并且虚拟网络采用 Neutron：

```
[root@localhost ~]# packstack --allinone --os-neutron-install=y
```

由于 packstack 的选项非常多，为了便于使用，packstack 命令还支持将选项及其值写入一个应答文件中。用户可以通过--gen-answer-file 选项来创建应答文件，如下所示：

```
[root@localhost ~]# packstack --gen-answer-file openstack.txt
```

应答文件是一个普通的纯文本文件，包含 packstack 部署 OpenStack 所需的各种选项，如下所示：

```
[root@localhost ~]# cat openstack.txt | more
[general]

# Path to a public key to install on servers. If a usable key has not
# been installed on the remote servers, the user is prompted for a
# password and this key is installed so the password will not be
# required again.
CONFIG_SSH_KEY=/root/.ssh/id_rsa.pub


# Default password to be used everywhere (overridden by passwords set
# for individual services or users).
CONFIG_DEFAULT_PASSWORD=


# The amount of service workers/threads to use for each service.
# Useful to tweak when you have memory constraints. Defaults to the
# amount of cores on the system.
CONFIG_SERVICE_WORKERS=%{::processorcount}


# Specify 'y' to install MariaDB. ['y', 'n']
CONFIG_MARIADB_INSTALL=y


# Specify 'y' to install OpenStack Image Service (glance). ['y', 'n']
CONFIG_GLANCE_INSTALL=y
```

```
# Specify 'y' to install OpenStack Block Storage (cinder). ['y', 'n']
CONFIG_CINDER_INSTALL=y
……
```

用户可以根据自己的需要来修改生成的应答文件，以确定是否需要安装某个组件，以及相应的安装选项。修改完成之后，使用以下命令进行安装部署：

```
[root@localhost ~]# packstack --answer-file openstack.txt
```

如果没有设置 SSH 密钥，在部署之前，packstack 会询问参与部署的各主机的 root 用户的密码，用户输入相应的密码即可。下面的代码是部分安装过程：

```
[root@localhost ~]# packstack --answer-file openstack.txt
Welcome to the Packstack setup utility

The         installation       log       file       is       available       at:
/var/tmp/packstack/20160714-124132-HerunJ/openstack-setup.log

Installing:
Clean Up                                                    [ DONE ]
Discovering ip protocol version                             [ DONE ]
Setting up ssh keys                                         [ DONE ]
Preparing servers                                           [ DONE ]
Pre installing Puppet and discovering hosts' details        [ DONE ]
Adding pre install manifest entries                         [ DONE ]
Setting up CACERT                                           [ DONE ]
Adding AMQP manifest entries                                [ DONE ]
Adding MariaDB manifest entries                             [ DONE ]
Adding Apache manifest entries                              [ DONE ]
Fixing Keystone LDAP config parameters to be undef if empty [ DONE ]
Adding Keystone manifest entries                            [ DONE ]
……
```

> 整个安装过程需要花费较长的时间，与用户选择的组件、网络和主机的硬件配置情况密切相关，一般为 20~50 分钟。如果在安装的过程中，由于网络原因导致安装失败，可以再次执行以上命令重新安装部署。

笔者在安装过程中，安装的 MariaDB 版本为 mariadb-server-10.1.12-4.el7.x86_64，此版本会阻止密码过长的用户登录（关于此问题笔者还没有查到问题的根源，暂且认为是一个未知的 Bug）。OpenStack 默认使用的密码为 16 位，安装后会出现用户无法登录的现象（主要是 nova 用户），继而导致服务不可用。解决的方法是修改应答文件中关于 MariaDB 用户密码的配置项，这些配置项形如 "CONFIG_NOVA_DB_PW"。经过验证只要密码长度未达 16 位都不会触发此问题，但通常我们使用的密码在 10~13 之间，因此修改密码后通常不会出现问题。

当出现以下信息时，表示安装完成：

```
…
Applying Puppet manifests                          [ DONE ]
Finalizing                                         [ DONE ]

 **** Installation completed successfully ******

Additional information:
 * Time synchronization installation was skipped. Please note that unsynchronized time on server instances might be problem for some OpenStack components.
 * File /root/keystonerc_admin has been created on OpenStack client host 172.16.45.68. To use the command line tools you need to source the file.
 * To access the OpenStack Dashboard browse to http://172.16.45.68/dashboard .
 Please, find your login credentials stored in the keystonerc_admin in your home directory.
 * To use Nagios, browse to http://172.16.45.68/nagios username: nagiosadmin, password: 631eb560638a4938
 *     The    installation    log    file    is    available    at: /var/tmp/packstack/20160714-124132-HerunJ/openstack-setup.log
 *    The    generated    manifests    are    available    at: /var/tmp/packstack/20160714-124132-HerunJ/manifests
```

在上面的信息中，除了告诉用户已经安装部署完成之外，还有其他的一些附加信息，这些信息包括提醒用户当前主机上没有安装时间同步服务，因此，时间同步的相关配置被跳过去了；脚本文件/root/keystonerc_admin 已经被创建了；用户可以通过 http://172.16.45.68/dashboard 来访问 Dashboard，即控制台，登录信息存储在用户主目录中的 keystonerc_admin 文件里面；用户可以通过 http://172.16.45.68/nagios 来访问 Nagios，并给出了用户名和密码。此外还有一些安装日志文件的位置信息。

每次使用--allinone 选项来安装 OpenStack 都会自动创建一个应答文件。因此如果在安装过程中出现了问题，重新执行单节点安装时，应该使用--answer-file 指定自动创建的应答文件。

22.5 管理 OpenStack

OpenStack 提供了许多命令行的工具来管理配置各项功能，但是这需要记忆大量的命令和选项，对于初学者来说，难度非常大。通过 Horizon 控制台，可以非常方便地管理 OpenStack 的各项功能，对于初学者来说，这是一个便捷的途径。本节主要介绍通过控制台管理 OpenStack。

22.5.1 登录控制台

安装成功之后,用户就可以通过浏览器来访问控制台,其地址为主机的 IP 地址加上 dashboard。例如,在本例中,主机的 IP 地址为 172.16.45.68,所以其默认的控制台网址为:

```
http://172.16.45.68/dashboard
```

如果设置了防火墙规则,也可以通过其他主机远程登录控制台。如果使用基于 IE 内核的浏览器访问,页面可能会比较乱,建议使用 Mozilla Firefox 等非 IE 浏览器。控制台登录界面如图 22.5 所示。

图 22.5　控制台登录界面

在上一节中,OpenStack 部署的最后,告诉用户控制台的登录信息位于用户主目录的 keystonerc_admin 文件中,所以可以使用以下命令查看该文件的内容:

```
[root@www ~]# cat keystonerc_admin
unset OS_SERVICE_TOKEN
export OS_USERNAME=admin
export OS_PASSWORD=0709ad19ac5446a9
export OS_AUTH_URL=http://172.16.45.68:5000/v2.0
export PS1='[\u@\h \W(keystone_admin)]\$ '

export OS_TENANT_NAME=admin
export OS_REGION_NAME=RegionOne
```

在上面的代码中,OS_USERNAME 就是控制台的用户名,而 OS_PASSWORD 则是控制台的登录密码,这个命名由 Packstack 自动生成,所以比较复杂。

登录成功之后,会出现控制台主界面,如图 22.6 所示。左侧为导航栏,有【项目】、【管理员】和【身份管理】三大菜单项。如果使用普通用户登录,则只出现【项目】菜单项。

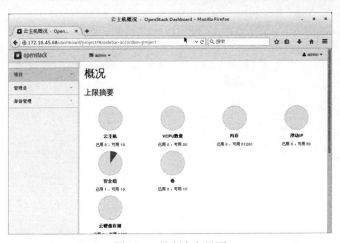

图 22.6 控制台主界面

【项目】菜单项中包含用户安装的各个组件，二级菜单根据用户选择的组件有所变化。在本例中，包含计算、网络和对象存储 3 个菜单项。其中【计算】菜单项中包含与计算节点有关的功能，例如实例、云硬盘、镜像以及访问和安全等。【网络】则包含网络拓扑、虚拟网络以及路由等。【对象存储】主要包含容器的管理。

【管理员】菜单项包含与系统管理有关的操作，有【系统面板】菜单项，【系统面板】包含【虚拟机管理器】、【主机聚合】、【云主机】以及【卷】等菜单项。其中，用户可以通过【系统信息】菜单项来查看当前安装的服务及其主机，如图 22.7 所示。

图 22.7 安装的 OpenStack 服务信息

22.5.2 用户设置

单击主界面右上角的用户名对应的下拉菜单，选择【设置】命令，打开【用户设置】窗口，如图 22.8 所示。

图 22.8　用户设置

用户可以设置【语言】和【时区】等选项。单击左侧的【修改密码】菜单项，打开【修改密码】窗口，输入当前的密码，就可以修改用户密码，如图 22.9 所示。

图 22.9　修改密码

22.5.3　管理用户

在【身份管理】菜单中，选择【用户】菜单项，窗口的右侧列出了当前系统的各个用户，如图 22.10 所示。

第 22 章　在 RHEL 7.2 上安装 OpenStack

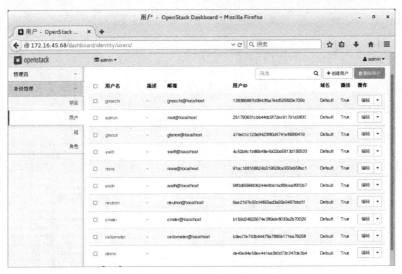

图 22.10　系统用户

单击右侧的【编辑】按钮，可以修改当前的用户。选择某个用户左侧的复选框，然后单击【删除用户】按钮，可以将选中的用户删除。单击【创建用户】按钮，可以打开【创建用户】对话框，如图 22.11 所示。在【用户名】、【邮箱】、【密码】以及【确认密码】文本框中输入相应的信息，选择【主项目】和【角色】之后，单击【创建用户】按钮即可完成用户的创建。

图 22.11　创建用户

22.5.4　管理镜像

用户可以管理当前 OpenStack 中的镜像文件。前面已经介绍过，Glance 支持很多格式，但是对于企业来说，其实用不了那么多格式。用户可以自己制作镜像文件，也可以从网络上下载已经制作好的镜像文件。以下网址列出了常用的操作系统的镜像文件：

471

http://openstack.redhat.com/Image_resources

下面以 CentOS 7 为例，说明如何创建一个镜像。

步骤 01 打开【管理员】|【系统】面板，选择【镜像】菜单项，右侧列出了当前系统中的镜像，如图 22.12 所示。

图 22.12 镜像列表

步骤 02 单击右上侧的【创建镜像】按钮，打开【创建镜像】窗口，如图 22.13 所示。

图 22.13 创建镜像

在【名称】文本框中输入镜像的名称，例如 CentOS 7，在【描述】文本框中输入相应的描述信息，在【镜像源】下拉菜单中选择【镜像地址】选项，在【镜像地址】文本框中输入 CentOS 7 镜像文件的地址：

http://cloud.centos.org/centos/7/images/CentOS-7-x86_64-GenericCloud.qcow2

在【格式化】下拉菜单中选择相应的文件格式，在本例中选择【QCOW2 - QEMU 模拟器】

选项。选中【公有】复选框，如果不是生产环境，其他的选项可以保留默认值。

步骤 03 单击【创建镜像】按钮，关闭窗口。在镜像列表中列出了刚才创建的镜像，其状态为保存中。

步骤 04 由于要把整个镜像文件下载下来，所以需要较长的时间。镜像的状态变成运行中时，表示镜像已经创建成功，处于可用状态，如图 22.14 所示。

图 22.14　镜像创建成功

对于其他的镜像文件，用户可以采用类似的步骤来完成创建操作。另外一个问题，有时镜像文件非常大，例如本例中的 CentOS 7 的镜像，下载需要很长的时间，可以通过事先下载然后再上传的方式。

如果用户想要修改某个镜像的信息，可以单击相应行右侧的【编辑】按钮，打开【上传镜像】对话框，如图 22.15 所示。

图 22.15　修改镜像信息

修改完成之后，单击右下角的【编辑镜像】按钮关闭对话框。

如果用户不再需要某个镜像文件，可以选中镜像左侧的复选框，然后选择右上角的【删除镜像】命令，即可将该镜像文件删除。

22.5.5　管理云主机类型

云主机类型（Flavors）实际上对云主机的硬件配置进行了限定。进入【管理员】菜单中的【系统面板】，单击【云主机类型】菜单项，窗口的右侧列出了当前已经预定义好的主机类型，如图 22.16 所示，从图中可以得知，系统默认已经内置了 5 个云主机类型，分别是 m1.tiny、m1.small、m1.medium、m1.large 和 m1.xlarge。从表格中可以看出，这 5 个内置的类型的硬件配置是从低到高的，主要体现在 CPU 的个数、内存以及根硬盘这 3 个方面。

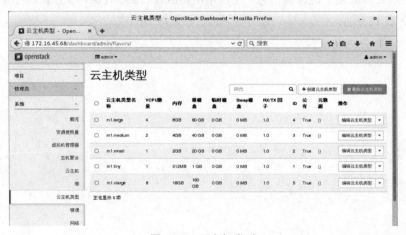

图 22.16　云主机类型

这 5 个类型可基本满足用户的需求。如果用户需要其他配置的主机类型，则可以创建新的主机类型。下面介绍创建新的主机类型的步骤。

第 22 章 在 RHEL 7.2 上安装 OpenStack

步骤 01 单击图 22.16 中右上角的【创建云主机类型】按钮，打开【创建云主机类型】窗口。在【名称】对话框中输入主机类型的名称，如 m1.1g，ID 文本框保留原来的 auto，表示自动生成 ID。VCPU 数量实际上指的是云主机 CPU 的个数，在本例中输入 2。内存以 MB 为单位，在本例中输入 1024，根磁盘的容量以 GB 为单位，在本例中输入 10。临时磁盘和交换盘空间都为 0，其他选项保持默认，如图 22.17 所示。

图 22.17 创建主机类型

步骤 02 单击窗口上面的【云主机类型使用权】，切换到【云主机类型使用权】选项卡。在窗口的左侧列出了当前系统中所有的租户，右侧列出了可以访问该主机类型的租户。单击某个租户右侧的■按钮，将该租户添加到右侧，赋予该租户使用该类型的权限，如图 22.18 所示。

图 22.18 指定云主机类型的访问权限

475

步骤 03 设置完成之后,单击右下角的【创建云主机类型】按钮,完成主机类型的创建。

除了添加主机类型之外,用户还可以修改主机类型的信息、修改使用权以及删除主机类型。这些操作都比较简单,不再赘述。

22.5.6 管理网络

Neutron 是 OpenStack 核心项目之一,提供云计算环境下的虚拟网络功能。Neutron 的功能日益强大,在 Horizon 面板中已经集成该模块。为了使读者更好地掌握网络的管理,下面首先介绍一下 Neutron 的几个基本概念。

1．网络

在普通人的眼里,网络就是网线和供网线插入的端口,一个盒子会提供这些端口。对于网络工程师来说,网络的盒子指的是交换机和路由器。所以在物理世界中,网络可以简单地被认为包括网线、交换机和路由器。当然,除了物理设备之外,还有软件方面的组成部分,如 IP 地址、交换机、路由器的配置、管理软件以及各种网络协议。要管理好一个物理网络需要非常深的网络专业知识和经验。

Neutron 网络的目的是划分物理网络,在多租户环境下提供给每个租户独立的网络环境。另外,Neutron 提供 API 来实现这种目标。Neutron 中"网络"是一个可以被用户创建的对象,如果要和物理环境下的概念映射,这个对象相当于一个巨大的交换机,可以拥有无限多个动态可创建和销毁的虚拟端口。

2．端口

在物理网络环境中,端口是连接设备进入网络的地方。Neutron 中的端口起着类似的功能,它是路由器和虚拟机挂接网络的着附点。

3．路由器

和物理环境下的路由器类似,Neutron 中的路由器也是一个路由选择和转发部件。只不过在 Neutron 中,它是可以创建和销毁的软部件。

4．子网

简单地说,子网是由一组 IP 地址组成的地址池。不同子网之间的通信需要路由器的支持,这个 Neutron 和物理网络是一致的。Neutron 中子网隶属于网络。图 22.19 描述了一个典型的 Neutron 网络结构。

在图 22.19 中,存在一个和互联网连接的 Neutron 外部网络。这个外部网络是租户虚拟机访问互联网或者互联网访问虚拟机的途径。外部网络中有一个子网 A,它是一组在互联网上可寻址的 IP 地址。一般情况下,外部网络只有一个,且由管理员创建和管理。租户网络可由租户任意创建。当一个租户的网络上的虚拟机需要和外部网络以及互联网通信时,这个租户就需要一个路由器。路由器有两种臂，一种是网关（gateway）臂，另一种是网络接口臂。网关臂只有一个，连接外部网。接口臂可以有多个，连接租户网络的子网。

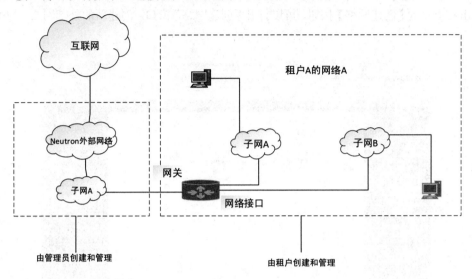

图 22.19　典型的 Neutron 网络结构

对于图 22.19 所示的网络结构，用户可以通过以下步骤来实施：

步骤 01　首先管理员拿到一组可以在互联网上寻址的 IP 地址，并且创建一个外部网络和子网。
步骤 02　租户创建一个网络和子网。
步骤 03　租户创建一个路由器并且连接租户子网和外部网络。
步骤 04　租户创建虚拟机。

接下来介绍如何在控制台中实现以上网络。以管理员身份登录控制台，选择【管理员】|【系统】面板，单击【网络】菜单项后显示当前网络列表，如图 22.20 所示。

图 22.20　网络列表

从图 22.20 中可以得知，OpenStack 已经默认创建了一个名称为 public 的外部网络，并且已经拥有了一个名称为 public_subnet、网络地址为 172.24.4.224/28 的子网。

单击右上角的【创建网络】按钮，可以打开"创建网络"窗口，创建新的外部网络，如图 22.21 所示。

图 22.21　创建网络

尽管 Neutron 支持多个外部网络，但是在多个外部网络存在的情况下，其配置会非常复杂，所以不再介绍创建新的外部网络的步骤，而是直接使用已有的名称为 public 的外部网络。在网络列表窗口中，单击网络名称就可以查看相应网络的详细信息，如图 22.22 所示。

图 22.22　public 的网络详情

可以看到，网络详情主要包含 4 个部分，即网络概况、子网、端口和 DHCP Agents。网络概况部分描述了外部网络的重要属性，例如名称、ID、项目 ID 以及状态等。子网部分列出了该网络划分的子网，包含子网名称、网络地址以及网关等信息。用户可以添加或者删除子网。端口部分列出了网络中的网络接口，包括名称、固定 IP、连接设备以及状态等信息。管理员可以修改端口的名称，但是不能删除端口。DHCP Agents 主要用来为子网创建 DHCP 代理。

前面已经介绍过，除了外部网络之外，还有租户网络。租户网络主要包括子网、路由器等，租户可以创建、删除属于自己的网络、子网以及路由器。下面介绍如何管理租户网络。

步骤 01 以普通用户 demo 登录控制台，在左侧的菜单中选择【项目】|【网络】，在网络菜单项的页面右侧列出了当前系统中可用的网络列表，如图 22.23 所示。

图 22.23 demo 用户可用的网络

步骤 02 单击【创建网络】按钮，打开【创建网络】窗口，如图 22.24 所示，在【网络名称】文本框中输入网络的名称，例如 private3，其他项保持默认，单击【前进】按钮，进入下一个界面。

图 22.24 设置网络名称

步骤 03 在【子网名称】文本框中输入子网的名称，例如 private_subnet2，在【网络地址】文本框中输入子网的 ID，例如 192.168.21.0/24，在【IP 版本】下拉菜单中选择【IPv4】选项，在【网关 IP】文本框中输入子网网关的 IP 地址，例如 192.168.21.1，如图 22.25 所示。单击【前进】按钮，进入下一个界面。

图 22.25　设置子网

步骤 04　选中【激活 DHCP】复选框，在【分配地址池】文本框中输入 DHCP 地址池的范围，例如 192.168.21.2~192.168.21.128，在【DNS 服务器】文本框中输入 DNS 服务器的 IP 地址，如图 22.26 所示。单击【已创建】按钮，完成网络的创建。

图 22.26　设置 DHCP 服务

通过上面的操作，租户已经创建了一个新的网络，但是这个网络还不能与外部网络连通。为了连通外部网络，租户还需要创建和设置路由器。下面介绍如何通过设置路由器将新创建的网络连接到外部网络。

步骤 01　以 demo 用户登录控制台，选择【网络】|【路由】菜单，窗口右侧列出当前租户可用的路由器，如图 22.27 所示。

图 22.27　租户路由器列表

在图 22.27 中列出了一个名称为 router1 的路由器，该路由器为安装 OpenStack 时自动创建的路由器。从图中可以得知，该路由器已经连接到名称为 public 的外部网络。

步骤 02　单击路由器名称，打开【路由详情】窗口，如图 22.28 所示。该窗口主要包括路由概览和接口两个部分，路由概览部分列出了路由器的名称、ID、状态和外部网关等信息。接口部分列出了该路由器所拥有的连接到内部网络的接口。

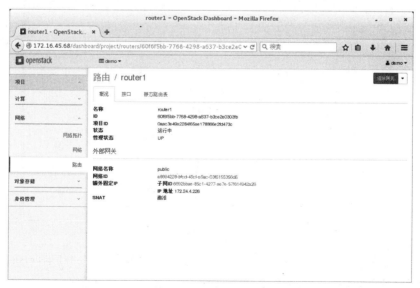

图 22.28　路由详情页面

步骤 03　在接口页面中单击【增加接口】按钮，打开【增加接口】对话框，如图 22.29 所示。在

【子网】下拉菜单中选择刚刚创建的网络 private3 的子网 private_subnet2，在【IP 地址】文本框中输入接口的 IP 地址，即之前设置的网关地址 192.168.21.1，单击【提交】按钮，关闭对话框。

图 22.29　增加接口

现在这个租户的路由器已经连接了外网和租户的子网，接下来这个租户可以创建虚拟机，这个虚拟机借助路由器就可以访问外部网络甚至互联网。选择【网络】|【网络拓扑】菜单，可以查看当前租户的网络拓扑结构，如图 22.30 所示。

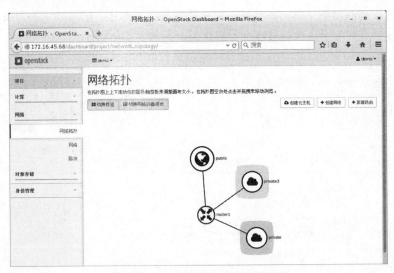

图 22.30　demo 租户的网络拓扑结构

从图 22.30 可以得知，路由器 router1 上已经连接了 3 个网络，第一个是刚刚建立的 private3，另一个是由系统建立的 private，public 则是系统建立的连接到外部的网络。

22.5.7 管理实例

所谓实例（instance），实际上指的就是虚拟机，现在的版本中更多的称之为云主机。之所以称为实例，是因为在 OpenStack 中，虚拟机总是从一个镜像创建而来。下面介绍如何管理实例。

以 demo 用户登录控制台，进入【计算】|【云主机】菜单，窗口右侧列出当前租户所拥有的云主机，如图 22.31 所示。

图 22.31　云主机列表

新安装的 OpenStack 还没有任何云主机。单击右上角的【创建云主机】按钮，打开【启动实例】对话框，如图 22.32 所示。在【Instance Name】文本框中输入主机名称，例如 webserver。在【Count】文本框中输入 1，即只创建一个虚拟机。单击【下一步】按钮进入下一个设置项源，如图 22.33 所示。

在源选择界面中选择需要使用的镜像，此处单击源 cirros 后面的 ，单击【下一步】按钮进入下一个选项选择云主机类型界面，即 flavor 界面，如图 22.34 所示。

图 22.32　创建云主机

图 22.33　选择源

图 22.34　选择云主机类型

在云主机类型界面中单击 m1.small 后面的 + 按钮，选择创建一个 2GB 内存，硬盘容量 20GB，VCPU 数量为 1 的虚拟机。选择完成后单击【下一步】按钮，进入网络选择界面，如图 22.35 所示。

第 22 章 在 RHEL 7.2 上安装 OpenStack

图 22.35 选择网络

在本例中选择网络为 private3，单击 private3 后面的 + 按钮添加网络，将之前自定义的网络添加到新实例中。网络选择完成后，在左侧菜单中选择【安全组】，如图 22.36 所示。

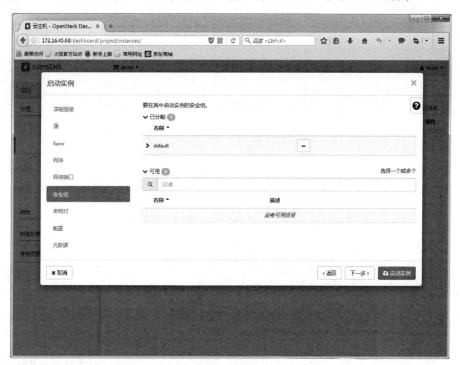

图 22.36 安全组选择

安全组将决定新实例的防火墙规则，此处选择默认安全组【default】。然后单击左侧的密钥对，为新实例添加密钥。密钥将被用来访问新的实例，因此有必要添加，可以选择创建密钥对，也可以选择导入密钥对。如果选择创建密钥对，生成完成后系统将提醒下载密钥对，密钥对是访问实例的重要凭证，因此需要妥善保管。在本例中选择导入密钥对，如图22.37所示。

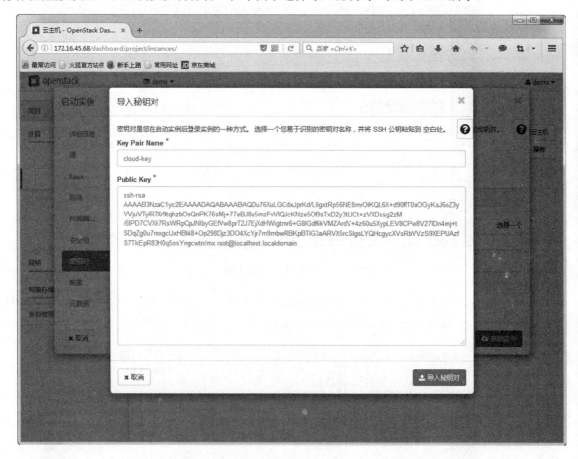

图 22.37　导入密钥对

在【Key Pair Name】文本框中输入密钥对的标识，例如 cloud-key。然后在 RHEL 终端窗口中执行以下命令生成一个密钥对：

```
[root@localhost ~]# ssh-keygen -t rsa -f cloud.key
Generating public/private rsa key pair.
Enter passphrase (empty for no passphrase):
Enter same passphrase again:
Your identification has been saved in cloud.key.
Your public key has been saved in cloud.key.pub.
The key fingerprint is:
1c:4f:eb:2e:cb:2d:ef:a1:f8:12:de:34:ea:04:cf:6e root@localhost.localdomain
The key's randomart image is:
+--[ RSA 2048]----+
|                 |
```

```
|                 |
|      . .        |
|      . + .      |
|     . S o       |
|    +. o.        |
|    .+= .o       |
|    oEo++ .      |
|    o+o=*=       |
+-----------------+
```

以上命令会创建一个名称为 cloud.key 的私钥文件以及名称为 cloud.key.pub 的公钥文件。然后使用以下命令打开公钥文件：

```
[root@localhost ~]# cat cloud.key.pub
ssh-rsa
AAAAB3NzaC1yc2EAAAADAQABAAABAQDu76XuLGCdxJprKd/L0gxtRp56NE8mrOlKQL6X+d90fIT0aOGyK
sJ6oZ3yVVjuVTyIR7Xr9tqhzbOsQnPK76sMj+77eBJ8u5mzFvVlQJcKNze5Of9sTxD2y3tLICt+zVXDss
g2zM/5IPD7CVXk7RsWRpCpJNlbyGEfVw8prT2J7EjXdHWigtmr6+G8IGdf6kVMZArdV+4z60u5XypLEV8
CPw8V27lDn4mj+tSDqZg0u7mxgcUxHBI48+Op298Djz3DO4XcYjr7m9mbwRBKpBTlG3aARVX5rcSIgsLY
QHcgycXVsRbVVzS9XEPUAzfS7TkEpR83H0q5osYngcwtn/mx root@localhost.localdomain
```

将其内容粘贴到图 22.37 所示的【Public Key】文本框中。单击【导入密钥对】按钮，完成密钥对的创建。

完成上述步骤后实例就已经配置完成了，单击右下角的【启动实例】，接下来系统会自动分配实例所需要的资源，分配完成后系统会自动启动实例。此过程需要一定的时间，用户可以通过刷新云主机网页的方式来确认，如图 22.38 所示。

图 22.38　云主机列表

从图 22.38 中可以看到，刚刚创建的实例 webserver 已经出现在云主机列表中，并且已经为其分配了一个地址 192.168.21.4。单击实例名称，打开云主机详情窗口。切换到"控制台"选项卡，可以看到该虚拟机已经启动，如图 22.39 所示。

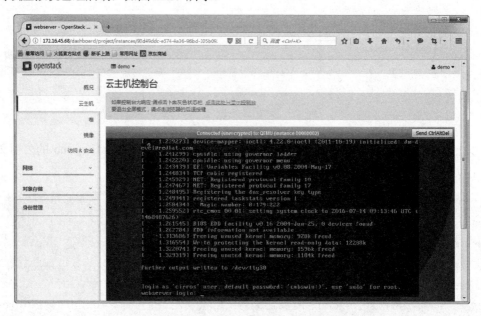

图 22.39　实例控制台

尽管实例已经成功创建，但是此时仍然无法通过 SSH 访问虚拟机，也无法 ping 通该虚拟机。这主要是因为安全组规则所限，所以需要修改其中的规则。

选择【项目】|【计算】|【访问&安全】菜单，窗口右侧列出了所有的安全组，如图 22.40 所示。

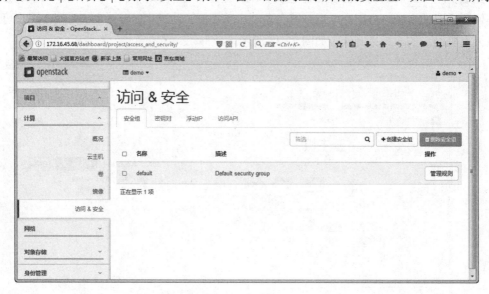

图 22.40　安全组列表

由于前面在创建实例时使用了 default 安全组，所以单击对应行中的【管理规则】按钮，可打开【安全组规则】窗口，如图 22.41 所示。

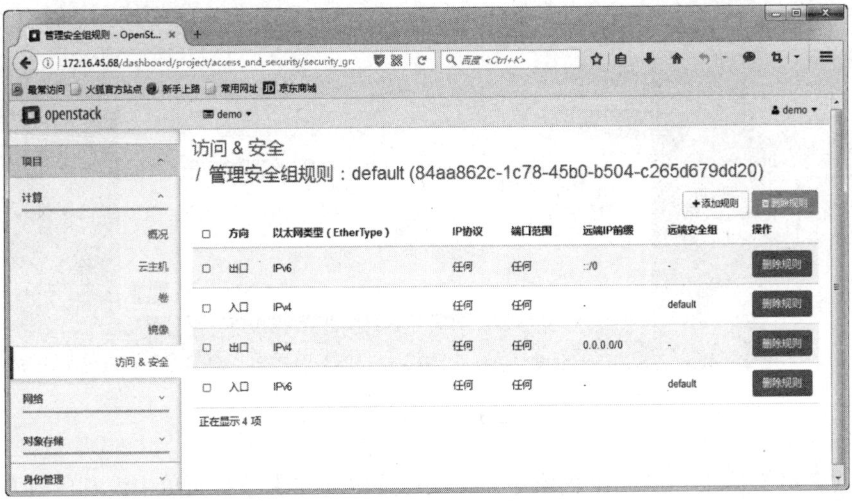

图 22.41　default 安全组规则

单击【添加规则】按钮，打开【添加规则】对话框，如图 22.42 所示。在【规则】下拉菜单中选择 ALL ICMP 选项，单击【添加】按钮将该项规则添加到列表中。再通过相同的步骤，将 SSH 规则添加进去。前者使用户可以 ping 通虚拟机，后者可以使用户通过 SSH 客户端连接虚拟机。

图 22.42　添加规则

为了使外部网络中的主机可以访问虚拟机，还需要为虚拟机绑定浮动 IP。在实例列表中，单击 webserver 虚拟机所在行的最右边的创建快照后边的 按钮，选择【绑定浮动 IP】命令，打开【管理浮动 IP 的关联】对话框，在【IP 地址】下拉菜单中选择一个外部网络的 IP 地址，如图 22.43 所示。

图 22.43 绑定浮动 IP

单击【关联】按钮，完成 IP 的绑定。如果在【IP 地址】下拉菜单中没有任何 IP 地址，则单击列表后的 + 按钮，弹出【分配浮动 IP】对话框，如图 22.44 所示。

图 22.44 分配浮动 IP

在资源池中选择【Public】，然后单击【分配 IP】按钮即可生成一个 IP 地址。

对于已经绑定浮动 IP 的虚拟机来说，其 IP 地址会有两个，分别为租户网络的 IP 地址和外部网络地址，这地址都可以通过云主机列表查看。在本例中，虚拟机 webserver 的 IP 地址分别为 192.168.21.4 和 172.24.4.227。然后在终端窗口中输入 ping 命令，以验证是否可以访问虚拟机，如下所示：

```
[root@localhost ~]# ping 172.24.4.227
PING 172.24.4.227 (172.24.4.227) 56(84) bytes of data.
64 bytes from 172.24.4.227: icmp_seq=1 ttl=63 time=39.2 ms
64 bytes from 172.24.4.227: icmp_seq=2 ttl=63 time=0.239 ms
64 bytes from 172.24.4.227: icmp_seq=3 ttl=63 time=0.261 ms
```

```
64 bytes from 172.24.4.227: icmp_seq=4 ttl=63 time=2.14 ms
…
```

从上面的命令可以得知，外部网络中的主机可以访问虚拟机。接下来使用 SSH 命令配合密钥来访问虚拟机，如下所示：

```
[root@localhost ~]# ssh -i cloud.key cirros@172.24.4.227
The authenticity of host '172.24.4.227 (172.24.4.227)' can't be established.
RSA key fingerprint is 54:49:bb:38:07:ab:ed:66:4e:4a:68:d2:69:b2:d2:02.
Are you sure you want to continue connecting (yes/no)? yes
Warning: Permanently added '172.24.4.227' (RSA) to the list of known hosts.
$
```

可以发现，上面的命令已经成功登录虚拟机，并且出现了虚拟机的命令提示符——$符号。下面验证虚拟机能否访问互联网，输入以下命令：

```
[root@localhost ~]# ssh -i cloud.key cirros@172.24.4.227
$ ping www.baidu.com
PING www.baidu.com (180.97.33.107): 56 data bytes
64 bytes from 180.97.33.107: seq=0 ttl=51 time=80.730 ms
64 bytes from 180.97.33.107: seq=1 ttl=51 time=40.730 ms
64 bytes from 180.97.33.107: seq=2 ttl=51 time=40.733 ms
64 bytes from 180.97.33.107: seq=3 ttl=51 time=83.592 ms
……
```

可以发现，虚拟机可以访问互联网上的资源。

如果用户想要重新启动某台虚拟机，则可以单击对应行的右侧的【更多】按钮，选择【软重启云主机】或者【硬重启云主机】命令，来实现虚拟机的重新启动。

此外，用户还可以删除虚拟机、创建快照以及关闭虚拟机。这些操作都比较简单，不再详细说明。

22.6 小结

本章详细介绍了在 RHEL 7.2 上安装和部署 OpenStack 的方法，主要内容包括 OpenStack 的基础知识、OpenStack 的体系架构、OpenStack 的部署工具、使用 RDO 部署 OpenStack 以及管理 OpenStack 等。重点在于掌握好 OpenStack 的体系架构，使用 RDO 部署 OpenStack 的方法以及镜像、虚拟网络和实例的管理。

22.7 习题

一、填空题

1. Glance 主要包括两个组成部分，分别是_____和_____。
2. _____是 OpenStack 中负责身份验证和授权的功能模块。
3. Packstack 提供了多种方式来部署 OpenStack，包括_____和_____等。

二、选择题

以下哪种不是 Swift 的服务（　　）。
A. 提供数据定位功能，充当对象存储系统中的元数据服务器的角色。
B. 提供用户身份鉴定认证功能。
C. 提供虚拟机镜像服务，包括虚拟机镜像、存储和获取关于虚拟机镜像的元数据。
D. 作为对象存储设备，实现用户对象数据的存储功能。

第 23 章

◀配置Hadoop▶

> Hadoop 是由 Apache 基金会所开发的分布式处理的基础架构。在过去几年里，Hadoop 在各种场合引发了激烈的讨论，其原因在于 Hadoop 解决了大数据时代数据存储和分散计算的问题。全球的许多著名厂商包括 IBM、微软、Oracle、EMC 等都开始研究 Hadoop。而在国内包括阿里在内的 IT 巨头也在使用 Hadoop。本章将简要介绍 Hadoop 及大数据方面的知识。

本章主要涉及的知识点有：

- 认识大数据
- Hadoop 是如何存储和计算的
- Hadoop 架构
- 安装和配置 Hadoop

23.1 认识大数据和 Hadoop

本节主要让读者认识大数据时代 IT 界面临的困境，Hadoop 是如何解决大时代数据的计算难题，以及 Hadoop 内部结构等知识。

23.1.1 大数据时代

在 IT 深入每个家庭、每个行业的今天，我们很难精确计算全世界目前有多少数据存放在计算机中。据互联网数据中心（Internet Data Center，IDC）估算报告称，2013 年全球数据量为 4.4ZB，而且以每年 40%左右的速度增长，到 2020 年全球数据总量将达到40ZB。更有人指出这些数据量若等同于音频文件，即使连续不断的播放，直到地球灭亡也无法播放完全。

在个人方面，2000 年前个人计算机使用的主流硬盘容量在 30GB 左右，而在 10 多年后的今天，个人计算机使用的主流硬盘容量已使用 T 作为单位。由此可以预见我们已经进入一个数据量急剧增加的时代。

目前还没有人能给出关于大数据的准确定义，但 IT 界普遍认为大数据的意义不在于掌握庞大的数据信息，其意义在于如何处理这些数据。对这些数据进行"加工"，进行数据挖掘才是大数据时代的关键。

23.1.2 大数据时代的困境和思路

在针对大量数据的处理方面，人类很早就发明了一些数学方法，例如抽样统计，这种方法在实际生产生活中应用十分广泛。但这种方法并不适用于所有领域，计算机数据方面的数据挖掘就是其中之一。其原因大致有两点，其一是用户可能需要更加全面的数据分析。例如当用户在搜索引擎输入某个关键词时，最好的方法是将所有与此关键词匹配的内容都罗列出来，然后让用户自行选择内容，当用户在浏览了某个网页后不再继续浏览，很大的可能是用户已经找到需要的内容。这时搜索引擎将会记录用户最后浏览的网页，以便另一个用户搜索时能提高命中率。在整个搜索过程中，搜索引擎并不是实时的去互联网上搜寻关键词，而是依赖于事先已经做好的网页缓存。在此过程中，数据的全面性就很重要，否则用户可能无法从搜索结果列表中找到需要的内容。

另一个原因就是数据的准确性，抽样分析的方法虽然可以节省大量的时间，但得出的结果却不是很精确，只有对数据逐一进行处理得出的结果才是最精确的。例如在对气象采集数据的处理中就需要做到精确。只有对数据进行逐一处理才能确保数据的全面性和准确性，但这其中存在一些问题，主要集中在存储和计算方法上。

1．存储瓶颈

现在的主流硬盘虽然容量已达数 T，但速度上却并没有发生太多变化。读取一个容量为 2T 的硬盘需要花费数小时时间。而在实际生产环境中，数据量可能远远大于 2T。据淘宝员工接受采访时透露，淘宝内部数据量已超过 100PB，要读取如此巨大的数据花费的时间可想而知，更遑论还要计算、写入数据所花费的时间。

为了解决硬盘读写速度问题，早在 20 世纪 80 年代就已经想出 RAID（磁盘阵列）的解决方法，将数据分散存储在许多硬盘中同时读写，这就大大加快了硬盘读写速度。但 RAID 受制于硬件设备，目前还无法解决 PB 级数据，因为如此巨大的数据量读写速度并不理想。现在的方法是对 RAID 进行升级，将整个存储分布化。将数据存放在节点中，通过高速网络在节点中存储数据，这就使得数据读写速度大大提升。当节点数量足够多时，同时读取数据时的速度是十分惊人的。但这也存在其他的一些问题，例如数据的正确性如何保证，单点故障问题如何解决等。

2．计算模型

在解决了数据读写问题后，另一个重大的难题是即使有办法读取数量巨大的数据，数据应该如何计算。当数据量十分巨大时，可想而知计算规模也十分巨大。幸好在这之前计算机界已经存在这方面的研究，其中以网格计算和志愿计算为代表的分布式计算系统。网格计算采用的方法是将作业发送到集群的各计算节点上，计算节点再访问存储区域网络（Storage Area Network，SAN）文件系统获取数据进行计算。网格计算适用于计算密集型环境，但如果计算节点足够多且需要的数据量十分巨大时，网络带宽就成为瓶颈。志愿计算是志愿者将自己的空闲 CPU 贡献出来用于分析天文望远镜数据。这种计算模型数据量十分小，但计算量却十分巨大。

虽然这两种计算模型都不太适用于计算分布于各节点中的数据，但却提供了重要思想。于是人们开始研究如何让节点自己计算，让节点同时具备存储和计算功能。

23.1.3 Hadoop 简介

2002 年 Apache 决定实现一个新的开源项目 Nutch，该项目的主要目的是实现一个搜索引擎，其中包括网页爬虫和索引系统。Nutch 的设计者希望其能支持 10 亿网页，但困难重重，存储和索引系统都遇到十分巨大的困难。

2003 年 Google 发表了一篇论文，论文中介绍了 Google 专为存储海量搜索数据而设计的专用文件系统 GFS（Google File System）。受此启发，Nutch 创始人 Doug Cutting 实现了分布式文件存储系统并命名为 NDFS（Nutch Distributed File System）。

2004 年 Google 又发表一篇学术论文，其中介绍了一个名为 MapReduce 的计算框架，该框架主要用于大规模数据集的并行分析运算。随后的 2005 年，Doug Cutting 又基于 MapReduce 在 Nutch 搜索引擎上实现了该功能。

2006 年 Doug Cutting 成为雅虎雇员，并将 NDFS 和 MapReduce 命名为 Hadoop，形象照如图 23.1 所示。雅虎还专门建立了一个独立的团队给 Doug Cutting，以专门研究和发展 Hadoop。在之后的数年中，Hadoop 不断打破记录，成为世界上最快的 TB 级数据排序系统，也因此获得了越来越多企业的关注。

图 23.1 Hadoop 形象照

发展至今天，Hadoop 除了最核心的 HDFS 和 MapReduce 之外，还有许多经典的子项目，如 HBase、Hive 等。

23.2 Hadoop 架构

Hadoop 是由核心子项目 HDFS 和 MapReduce，及一些其他的子项目组成的，这些子项目构成了 Hadoop 生态圈。其中 HDFS 是分布式文件系统，主要用于大规模数据的分布式存储。分布式计算框架 MapReduce 则构建在分布式文件系统之上，主要用于对存储在分布式文件系统上的数据进行分布式运算。而其他一些子项目，如 HBase、Hive 等，基本都是在 HDFS 和 MapReduce 的基础上发展而来的。本节将介绍 Hadoop 的整体架构。

23.2.1　分布式文件系统 HDFS

NDFS（Nutch Distributed File System）在项目正式更名为 Hadoop 之后，其名称正式更名为 HDFS（Hadoop Distributed File System）。HDFS 是一个高度容错性系统，在设计之初就定位于廉价的机器上。HDFS 的结构如图 23.2 所示，总体而言采用了 master/slave 结构。

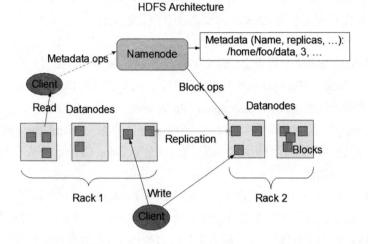

图 23.2　HDFS 结构图

HDFS 主要由 Namenode、Datanode 和 Client 三个组件组成：

（1）Client。Client 相当于用户，需要从 HDFS 中读取和写入数据，实际上这个过程是通过与 Namenode 和 Datanode 交互完成的。

（2）Namenode。Namenode 是整个 HDFS 的核心，通常在一个集群中只有一个。Namenode 负责管理整个 HDFS 的名称空间及客户端的访问，如打开、关闭、删除、重命名文件和目录都由 Namenode 负责。同时 Namenode 还保存着数据块与 Datanode 之间的映射关系，数据块的创建、删除和复制等操作都是在 Namenode 的统一调度下完成的。Namenode 还负责通过心跳来监视 Datanode 的状态，如果发现某个 Datanode 没有响应就会将其移出集群，并重新备份上面的数据。

（3）Datanode。Datanode 是安装在 slave 节点上的，主要负责数据的存储，通常 Datanode 都不止一个。当用户向 HDFS 传输一个文件时，会将文件分割为若干个大小固定的块，然后再存放在多个 Datanode 中。默认情况下，Datanode 中存放的块是 64MB。

当 Client 需要读取和写入数据时，首先向 Namenode 提出申请，Namenode 会返回应该从哪些 Datanode 读写数据，最后 Client 在与 Datanode 联系读取或写入相应数据块即可。可以看到这个过程与大多数分布式文件系统相似，但还有一个问题，HDFS 是如何保证数据的容错性的。HDFS 采用块复制的方式来保证数据的容错性，如图 23.3 所示。

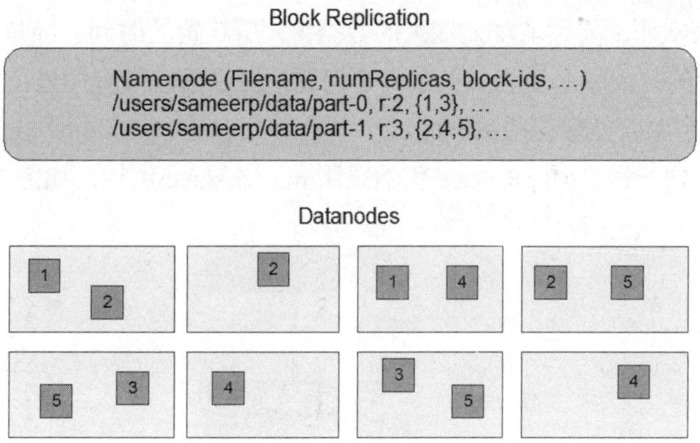

图 23.3　HDFS 块复制

当 HDFS 存储一个数据块时，会将数据块复制并存放到不同的 Datanode 中存放，通常是一个数据块保存 3 份。这样就保证了即使一个 Datanode 出问题，数据依然可读取。这样做的好处还在于当用户来读取数据块时，Namenode 会根据 Datanode 与用户的距离、Datanode 是否繁忙等因素来确定用户应该从哪些 Datanode 中读取数据。

从 HDFS 的架构可以看到，HDFS 从设计之初就已经赋予了其许多特性。

（1）大规模数据集：HDFS 上的一个典型文件一般是 GB 至 TB 甚至更大，在此基础上 HDFS 能极大地提高速度的传输速度。

（2）流式数据访问：在设计之初就已经确定 HDFS 是一次存储多次访问，关键在于数据的高吞吐量即更注重批量的处理数据能力，而不注重交互式的处理数据。因此那些存储之后需要大量修改数据的情况可能并不适合 HDFS。这种设计简化了数据一致性问题，使得高吞吐的数据量访问成为可能。

（3）文件分块存储：将一个大文件分块存储在不同的 Datanode 中，在读取时可以从多个 Datanode 并行读取，并且还能根据 Datanode 的繁忙程度实施负载均衡策略。

（4）廉价硬件：HDFS 可以应用在廉价的 PC 机上，这使得小型企业使用几十台计算机撑起一个大规模数据集成为可能。

（5）单点故障：HDFS 认为所有计算机都是不可靠的，因此将数据块的几个副本分散存放，这样即使某个计算机出问题，仍然可以从其他副本中快速读取数据。

（6）可移植性：HDFS 从一开始就考虑到平台的可移植性，事实上 HDFS 采用 Java 编写，可在任何运行 JDK 的计算机上运行。

除以上特性之外，HDFS 还具备一些其他特性，如移动计算等，感兴趣的读者可以阅读相关文档了解。

23.2.2　MapReduce 计算框架

一个很明显的问题，HDFS 已经将大规模数据集存放在众多的节点中，如果仍然采用传统的读取/计算就不太现实了。要读取如此庞大的数据量，所花费的时间已经是个天文数字，如果还需要进行计算所花费的时间将会更多。关于这个问题，在之前已经介绍过，此处不再详述，此处我们将讨论 Hadoop 是如何处理这些数据的。

同 HDFS 的架构一样，MapReduce 仍然采用 master/slave 结构，如图 23.4 所示。

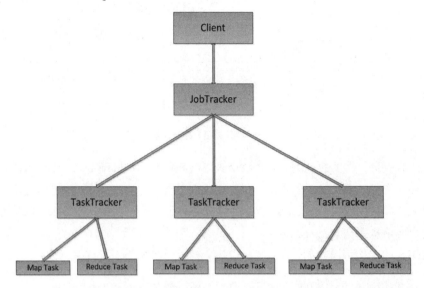

图 23.4　MapReduce 架构

在 MapReduce 的主/从构架中，由 4 个部分组成。

（1）Client：相当于用户，主要用来提交任务并接收计算结果等。

（2）JobTracker：JobTracker 是主节点，一般只有一个。主要工作是接收用户提交的任务、资源监控和作业调度等。JobTracker 从 Client 接收到任务后，会将作业分配给 TaskTracker 执行，同时还会监控所有 TaskTracker 和作业的健康状态。如果发现失败，就会将任务转移到其他节点上执行。在整个任务执行过程中，JobTracker 会跟踪任务的执行进度以及资源使用等信息，并将这些任务传送给任务调度器。任务调度器会综合这些信息做出选择，让合适的任务使用空闲的资源，以达到资源利用最大化的目的。

（3）TaskTracker：TaskTracker 是从节点，通常会有很多个。TaskTracker 的主要任务是接收并执行由 JobTracker 分配的作业。TaskTracker 会周期性的通过 Heartbeat 将本节点上的资源使用情况、作业运行进度等汇报给 JobTracker，同时接收作业信息、执行命令（如杀死一个未结束的作业）等。TaskTracker 会将本节点的资源进行等量划分，划分完成后称为 slot，一个作业只有在获得 slot 的情况下才能被执行，而这个过程受任务高度器控制。

（4）Task：Task 可以理解为作业，可以分为 Map Task 和 Reduce Task，都是由 TaskTracker 发起的。

从 MapReduce 的 4 个基本组件可以大致看出其对任务的处理流程，但到目前为止仍然没有涉及到 MapReduce 是如何进行计算的这个问题。这个问题相对比较复杂，但在这之前还有一个概念需要明确。MapReduce 通常被称为是一个计算框架，那什么是计算框架？在网络上许多人将其称为一个模式，一种解决分布式计算的编程模式。这种模式取决于解决问题的程序开发模型，通俗地讲就是如何对问题进行拆解。其处理过程大致如图 23.5 所示。

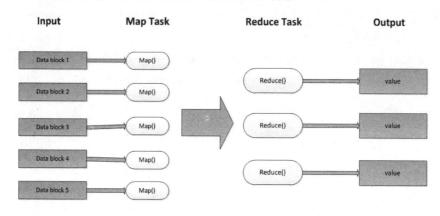

图 23.5　MapReduce 处理简图

在图 23.5 所示的处理简图中，数据会首先被分割为不同的数据块，然后通过 Map 函数进行映射运算，达到分布式运算的效果。最后在由 Reduce 函数对所有的结果进行汇总处理，最终得出程序开发者想要的结果。在整个过程中 Map 和 Reduce 函数都是由程序开发者提前开发出的，具体功能也由开发者按具体情况进行定义。

如果你还不能理解 Map 和 Reduce 的工作过程，我们可以借鉴网络上对此最简洁的解析：如果我们要数图书馆中所有的书，你数 1 号书架，我数 2 号书架……这就是 Map，我们人数越多，数书就更快。最后我们到一起，把所有人的统计数加在一起，这就是 Reduce。笔者曾试图查找此解释的出处，但很遗憾并没有找到，感谢如此简明的解析让我们能如此深入理解 MapReduce 的工作过程。

本节简单讨论了 MapReduce 的架构及其处理数据的过程，但这并不是全部细节，在实际处理过程中要复杂很多，具体可以参考相关文档了解。

目前 Hadoop 已有多个版本，不同的版本在计算流程等方面会有所不同，具体可参考 Hadoop 官方文档了解。

23.2.3　Hadoop 架构特点

在前面的小节中，我们介绍了 Hadoop 的两个核心组件 HDFS 和 MapReduce 的构架及工作过程。从其架构中可以看到其具备以下几个特点。

（1）低成本：Hadoop 对节点计算机的配置无特殊要求，甚至可以使用普通计算机来组成集群存储及处理大规模数据集。节点数量目前可以达到数千个之多，这对需要处理大规模数据的中小企业无疑是最好的消息。

（2）可靠性：HDFS 在存储数据时会自动维护数据的多个副本，在数据上可以带来容错性。

MapReduce 在处理计算任务时，JobTracker 能监视作业在各节点上的运行情况，一旦发现有节点作业失败，JobTracker 能自动地重新部署计算任务。

（3）高效率：与以往的计算模型不同，Hadoop 通过 HDFS 在所有节点上存储数据，处理数据时可以就近地获取数据，并在所有节点上并行的运算，这使得 Hadoop 在处理计算任务时非常迅速。

（4）扩容能力：在企业中随时间的推移，数据往往也会逐渐增多。Hadoop 能在现有集群的基础之上快速并可靠地扩展。企业通过不断的扩展，能可靠地存储并处理 PB 级以上的数据。

值得注意的是在较早期的 Hadoop 版本中仍然存在一些不可靠因素，例如 Namenode、JobTracker 存在单点故障风险等，随着新版本的发布，这些问题被一一解决。可以预期不在久的未来 Hadoop 会比现在更强大、更加可靠。

23.3 安装 Hadoop

Hadoop 通常有三种运行模式：单机模式也称非分布式模式，伪分布运行模式和集群模式。集群模式通常应用于生产环境，由若干计算机组成的分布式系统，可以提供存储和计算任务。单机模式没有分布式文件系统，即 HDFS，所有读写操作都发生在本地操作系统中。伪分布模式是在单机上采用 Java 进程的方式模拟分布式。在本节中将介绍如何搭建 Hadoop 集群。

23.3.1 环境配置

在本例中将搭建一个具有两个节点的 Hadoop 集群，其信息如表 23.1 所示。

表 23.1　Hadoop 集群

主机名	IP 地址	集群角色
master	172.16.45.60	Namenode、JobTracker
slave1	172.16.45.61	Datanode、TaskTracker
slave2	172.16.45.62	Datanode、TaskTracker

Hadoop 建议将 Namenode 和 JobTracker 分别配置在不同的计算机上，以减轻 master 的压力。在本示例中为方便将其放在同一计算机上，在实际生产环境中应将其放置在不同的计算机上。另一个问题是，在目前的版本中新增了 SecondaryNameNode 节点，这个节点是 Namenode 的备份结点，当 Namenode 宕机后，SecondaryNameNode 将接替 Namenode 继续工作。在本例中将 SecondaryNameNode 与 Namenode 设置在一台计算机上，但在生产环境中不建议如此。

在开始配置之前，还应该设置 SELinux、防火墙、IP 地址等，可参考之前章节的相关设置，此处不再赘述。除以上这些设置之外，还需要设置计算机名及 hosts 文件，如示例 23-1 所示。

【示例 23-1】

```
#在master上设置主机名
[root@localhost ~]# cat /etc/hostname
master
#slave1
[root@localhost ~]# cat /etc/hostname
slave1
#slave2
[root@localhost ~]# cat /etc/hostname
slave1
#在三台计算上设置hosts解析
[root@localhost ~]# cat /etc/hosts
127.0.0.1    localhost localhost.localdomain localhost4 localhost4.localdomain4
::1          localhost localhost.localdomain localhost6 localhost6.localdomain6
#以下为新添加的内容
172.16.45.60    master
172.16.45.61    slave1
172.16.45.62    slave2
```

在设置完计算机名后，重新启动计算机让设置生效。

由于 master 使用 SSH 与 slave 通信、发送指令等，因此需要让 master 与 slave 之间无须密码也能访问。其设置过程如示例 23-2 所示。

【示例 23-2】

```
#在master生成Key
[root@master ~]# ssh-keygen -t rsa -P ""
Generating public/private rsa key pair.
Enter file in which to save the key (/root/.ssh/id_rsa):
Your identification has been saved in /root/.ssh/id_rsa.
Your public key has been saved in /root/.ssh/id_rsa.pub.
The key fingerprint is:
f1:8e:b0:43:42:48:94:33:7c:2f:8a:af:2f:a5:eb:73 root@master
The key's randomart image is:
+--[ RSA 2048]----+
|  oo.            |
|  .=..           |
|  .+.. .         |
|  ... o          |
```

```
|. ...o S .     |
|. o  o o o     |
| +   o . .     |
|o..E    .      |
|+*+            |
+-----------------+
```
#将公钥复制到本地，以便能无密码访问自己
```
[root@master ~]# cd .ssh
[root@master .ssh]# cat id_rsa.pub >> ~/.ssh/authorized_keys
```
#测试是否需要密码
```
[root@master ~]# ssh root@master
The authenticity of host 'master (172.16.45.60)' can't be established.
ECDSA key fingerprint is 38:90:90:ee:13:4d:4e:7b:1f:33:fc:ca:43:f1:b9:42.
Are you sure you want to continue connecting (yes/no)? yes
Warning: Permanently added 'master,172.16.45.60' (ECDSA) to the list of known hosts.
Last login: Tue Jun 14 19:49:28 2016 from 172.16.45.11
[root@master ~]# exit
logout
Connection to master closed.
```
#建议同时将Key分发到slave1和slave2
#以分发到slave1为例
```
[root@master ~]# ssh-copy-id -i .ssh/id_rsa.pub root@slave1
The authenticity of host 'slave1 (172.16.45.61)' can't be established.
ECDSA key fingerprint is 38:90:90:ee:13:4d:4e:7b:1f:33:fc:ca:43:f1:b9:42.
Are you sure you want to continue connecting (yes/no)? yes
/usr/bin/ssh-copy-id: INFO: attempting to log in with the new key(s), to filter out any that are already installed
/usr/bin/ssh-copy-id: INFO: 1 key(s) remain to be installed -- if you are prompted now it is to install the new keys
root@slave1's password:

Number of key(s) added: 1

Now try logging into the machine, with:   "ssh 'root@slave1'"
and check to make sure that only the key(s) you wanted were added.
```
#为了能无密码访问slave1、slave2
#还需要在slave1、slave2上生成Key
#以slave1为例，slave2上还需重复以下步骤
```
[root@slave1 ~]# ssh-keygen -t rsa -P ""
```

```
Generating public/private rsa key pair.
Enter file in which to save the key (/root/.ssh/id_rsa):
Your identification has been saved in /root/.ssh/id_rsa.
Your public key has been saved in /root/.ssh/id_rsa.pub.
The key fingerprint is:
d8:0d:bc:3e:68:b2:9f:3f:28:d0:2b:e6:79:9d:93:fe root@slave1
The key's randomart image is:
+--[ RSA 2048]----+
|                 |
|       .         |
|      o          |
|     o +         |
|    . . S .      |
|     . . o       |
|     ..oo+o      |
|    o.++*...     |
|    ooo.+++E.    |
+-----------------+
#将 Key 分发到 master 上
[root@slave1 ~]# ssh-copy-id -i .ssh/id_rsa.pub root@master
The authenticity of host 'master (172.16.45.60)' can't be established.
ECDSA key fingerprint is 38:90:90:ee:13:4d:4e:7b:1f:33:fc:ca:43:f1:b9:42.
Are you sure you want to continue connecting (yes/no)? yes
/usr/bin/ssh-copy-id: INFO: attempting to log in with the new key(s), to filter out any that are already installed
/usr/bin/ssh-copy-id: INFO: 1 key(s) remain to be installed -- if you are prompted now it is to install the new keys
root@master's password:

Number of key(s) added: 1

Now try logging into the machine, with:   "ssh 'root@master'"
and check to make sure that only the key(s) you wanted were added.
#完成 Key 分发之后进行访问测试
#在 master 上访问 slave1 和 slave2
[root@master ~]# ssh root@slave1
Last login: Tue Jun 14 20:21:01 2016 from 172.16.45.11
[root@slave1 ~]# exit
logout
```

```
Connection to slave1 closed.
[root@master ~]# ssh root@slave2
Last login: Tue Jun 14 20:22:48 2016 from 172.16.45.11
[root@slave2 ~]# exit
logout
Connection to slave2 closed.
```

23.3.2 安装 JDK

Hadoop 使用 Java 语言编写，因此必须要安装 JDK 才能运行 Hadoop 程序。安装之前需要注意，Hadoop 官方要求 JDK 版本在 1.5 以上，但在本示例中安装的 Hadoop 2.7.1 要求 JDK 版本为 1.7 以上。JDK 安装过程如示例 23-3 所示。

【示例 23-3】

```
#下载JDK 安装文件
[root@master ~]# wget http://download.oracle.com/otn-pub/java/jdk/8u91-b14/jdk-8u91-linux-x64.rpm?AuthParam=1465905196_7a36947beeea31528541a3c15a3c1f75
--2016-06-14 19:51:45--  http://download.oracle.com/otn-pub/java/jdk/8u91-b14/jdk-8u91-linux-x64.rpm?AuthParam=1465905196_7a36947beeea31528541a3c15a3c1f75
Resolving download.oracle.com (download.oracle.com)... 65.200.22.88, 65.200.22.83
Connecting to download.oracle.com (download.oracle.com)|65.200.22.88|:80... connected.
HTTP request sent, awaiting response... 200 OK
Length: 160162581 (153M) [application/x-redhat-package-manager]
Saving to: 'jdk-8u91-linux-x64.rpm?AuthParam=1465905196_7a36947beeea31528541a3c15a3c1f75'

100%[======================================>] 160,162,581  1.56MB/s   in 1m 45s

2016-06-14 19:53:31 (1.46 MB/s) - 'jdk-8u91-linux-x64.rpm?AuthParam=1465905196_7a36947beeea31528541a3c15a3c1f75' saved [160162581/160162581]

#重命名下载的文件名
[root@master ~]# mv jdk-8u91-linux-x64.rpm\?AuthParam\=1465905196_7a36947beeea31528541a3c15a3c1f75
```

```
jdk-8u91-linux-x64.rpm
    #下载JKD的运行环境包
    [root@master                                          ~]#                       wget
http://download.oracle.com/otn-pub/java/jdk/8u91-b14/jdk-8u91-linux-x64.tar.gz?Au
thParam=1465905426_87bcb2ca7dfaf46eeb4d4d6f166f1ab9
    --2016-06-14                                                          19:55:18--
http://download.oracle.com/otn-pub/java/jdk/8u91-b14/jdk-8u91-linux-x64.tar.gz?Au
thParam=1465905426_87bcb2ca7dfaf46eeb4d4d6f166f1ab9
    Resolving       download.oracle.com       (download.oracle.com)...       65.200.22.88,
65.200.22.83
    Connecting    to   download.oracle.com   (download.oracle.com)|65.200.22.88|:80...
connected.
    HTTP request sent, awaiting response... 200 OK
    Length: 181367942 (173M) [application/x-gzip]
    Saving                                                                         to:
'jdk-8u91-linux-x64.tar.gz?AuthParam=1465905426_87bcb2ca7dfaf46eeb4d4d6f166f1ab9'

    100%[=====================================>] 181,367,942 1006KB/s    in 1m 54s

    2016-06-14              19:57:12             (1.52            MB/s)            -
'jdk-8u91-linux-x64.tar.gz?AuthParam=1465905426_87bcb2ca7dfaf46eeb4d4d6f166f1ab9'
saved [181367942/181367942]
    #重命名运行环境包
    [root@master                                          ~]#                         mv
jdk-8u91-linux-x64.tar.gz\?AuthParam\=1465905426_87bcb2ca7dfaf46eeb4d4d6f166f1ab9
jdk-8u91-linux-x64.tar.gz
    #安装JDK包
    [root@master ~]# rpm -ivh jdk-8u91-linux-x64.rpm
    Preparing...                        ################################# [100%]
    Updating / installing...
      1:jdk1.8.0_91-2000:1.8.0_91-fcs  ################################# [100%]
    Unpacking JAR files...
        tools.jar...
        plugin.jar...
        javaws.jar...
        deploy.jar...
        rt.jar...
        jsse.jar...
        charsets.jar...
```

```
            localedata.jar...
        Jfxrt.jar...
#安装JDK运行环境
[root@master ~]# mkdir -p /opt/java
[root@master ~]# cp jdk-8u91-linux-x64.tar.gz /opt/java/
[root@master ~]# cd /opt/java/
#恢复运行环境
[root@master java]# tar xvf jdk-8u91-linux-x64.tar.gz
jdk1.8.0_91/
jdk1.8.0_91/javafx-src.zip
jdk1.8.0_91/bin/
jdk1.8.0_91/bin/jmc
jdk1.8.0_91/bin/serialver
……
jdk1.8.0_91/jre/THIRDPARTYLICENSEREADME-JAVAFX.txt
jdk1.8.0_91/jre/Welcome.html
jdk1.8.0_91/jre/README
jdk1.8.0_91/README.html
#设置/etc/profile 将环境变量写入其中
[root@master ~]# vim /etc/profile
#将以下内容写入文件结尾
JAVA_HOME=/opt/java/jdk1.8.0_91
CLASSPATH=.:$JAVA_HOME/jre/lib/rt.jar:$JAVA_HOME/lib/dt.jar:$JAVA_HOME/lib/tools.jar
PATH=$PATH:$JAVA_HOME/bin
export JAVA_HOME
export CLASSPATH
export PATH
#重新读取文件，让设置的环境变量生效
[root@master ~]# source /etc/profile
#验证安装结果
[root@master ~]# java -version
openjdk version "1.8.0_65"
OpenJDK Runtime Environment (build 1.8.0_65-b17)
OpenJDK 64-Bit Server VM (build 25.65-b01, mixed mode)
[root@master ~]# javac -version
javac 1.8.0_91
#slave1和slave2也需要安装JDK
#使用以下命令将JDK分发至slave1和slave2
```

```
[root@master    ~]#    scp    jdk-8u91-linux-x64.rpm    jdk-8u91-linux-x64.tar.gz
root@slave1:~/
    jdk-8u91-linux-x64.rpm                    100%  153MB  12.7MB/s   00:12
    jdk-8u91-linux-x64.tar.gz                 100%  173MB  17.3MB/s   00:10
    [root@master    ~]#    scp    jdk-8u91-linux-x64.rpm    jdk-8u91-linux-x64.tar.gz
root@slave2:~/
    jdk-8u91-linux-x64.rpm                    100%  153MB  17.0MB/s   00:09
    jdk-8u91-linux-x64.tar.gz                 100%  173MB  17.3MB/s   00:10
    #安装过程与上面的步骤相同，此处不再赘述
```

23.3.3 Hadoop 配置

完成 JDK 安装之后，就可以下载 Hadoop 开始安装过程。安装过程可以简单地分为配置、分发、初始化三步，如示例 23-4 所示。

【示例 23-4】

```
#以下操作只在 master 上进行
#从 Hadoop 官方网站下载安装包
[root@master                    soft]#                               wget
http://mirrors.tuna.tsinghua.edu.cn/apache/hadoop/common/hadoop-2.7.1/hadoop-2.7.
1.tar.gz
    --2016-06-14                                                    14:39:20--
http://mirrors.tuna.tsinghua.edu.cn/apache/hadoop/common/hadoop-2.7.1/hadoop-2.7.
1.tar.gz
    Resolving    mirrors.tuna.tsinghua.edu.cn    (mirrors.tuna.tsinghua.edu.cn)...
166.111.206.63
    Connecting                    to                    mirrors.tuna.tsinghua.edu.cn
(mirrors.tuna.tsinghua.edu.cn)|166.111.206.63|:80... connected.
    HTTP request sent, awaiting response... 200 OK
    Length: 210606807 (201M) [application/octet-stream]
    Saving to: 'hadoop-2.7.1.tar.gz'

    100%[======================================>] 210,606,807  7.79MB/s   in 32s

    2016-06-14    14:39:52    (6.24    MB/s)    -    'hadoop-2.7.1.tar.gz'    saved
[210606807/210606807]
    [root@master soft]# tar xvf hadoop-2.7.1.tar.gz
    hadoop-2.7.1/
```

```
hadoop-2.7.1/bin/
hadoop-2.7.1/bin/hadoop
hadoop-2.7.1/bin/hdfs
hadoop-2.7.1/bin/mapred
hadoop-2.7.1/bin/yarn.cmd
hadoop-2.7.1/bin/hadoop.cmd
hadoop-2.7.1/bin/hdfs.cmd
hadoop-2.7.1/bin/mapred.cmd
……
#创建 Hadoop 工作所需的目录，在配置时将会用到这些目录
[root@master soft]# cd hadoop-2.7.1/
[root@master hadoop-2.7.1]# mkdir tmp
[root@master hadoop-2.7.1]# mkdir hdfs
[root@master hadoop-2.7.1]# mkdir hdfs/data
[root@master hadoop-2.7.1]# mkdir hdfs/name
#在本例中将 Hadoop 安装到/Hadoop
[root@master hadoop-2.7.1]# mkdir /hadoop
#将所有文件复制到安装目录
[root@master hadoop-2.7.1]# cp -R ./* /hadoop/
#接下来就要配置 Hadoop
#Hadoop 的配置文件在 etc/hadoop 目录中
[root@master hadoop-2.7.1]# cd /hadoop/
[root@master hadoop]# cd etc/hadoop/
#Hadoop 配置文件是 xml
#直接使用 vim 编辑器修改内容即可
[root@master hadoop]# cat core-site.xml
#注意在 xml 文件中注释不再是以#号开头
#xml 使用的注释为块注释："<!--"、"-->"之间的所有内容都是注释
<!--配置文件开头是声明部分和相关说明，不要修改此部分 -->
<?xml version="1.0" encoding="UTF-8"?>
<?xml-stylesheet type="text/xsl" href="configuration.xsl"?>
<!--
  Licensed under the Apache License, Version 2.0 (the "License");
  you may not use this file except in compliance with the License.
  You may obtain a copy of the License at

    http://www.apache.org/licenses/LICENSE-2.0

  Unless required by applicable law or agreed to in writing, software
```

```xml
    distributed under the License is distributed on an "AS IS" BASIS,
    WITHOUT WARRANTIES OR CONDITIONS OF ANY KIND, either express or implied.
    See the License for the specific language governing permissions and
    limitations under the License. See accompanying LICENSE file.
-->

<!-- Put site-specific property overrides in this file. -->
<!-- 配置文件可修改的部分在文件结尾 -->
<!-- 将新的配置项加入<configuration></configuration>中间 -->
<!-- 注意不要修改此文件的其他部分 -->
<configuration>
    <!-- fs.trash.interval 配置选项表示开启 HDFS 的文件回收站功能，用户删除文件后 HDFS 并不
会立即删除，而是保留一段时间再删除，在本例中保留的时间为1天 -->
    <property>
        <name>fs.trash.interval</name>
        <value>1440</value>
    </property>
    <!--NameNode 的 URI。格式:hdfs://主机名:端口号/-->
    <property>
        <name>fs.defaultFS</name>
        <value>hdfs://master:9000</value>
    </property>
    <!-- hadoop.tmp.dir 是 hadoop 文件系统依赖的基础配置，很多路径都依赖它 -->
    <property>
        <name>hadoop.tmp.dir</name>
        <value>file:/hadoop/tmp</value>
    </property>
    <!-- io.file.buffer.size 都被用来设置 SequenceFile 中用到的读/写缓存大小。不论是对硬盘
或者是网络操作来讲，较大的缓存都可以提供更高的数据传输，但这也就意味着更大的内存消耗和延迟。这个参
数要设置为系统页面大小的倍数，以 byte 为单位，默认值是4KB，一般情况下，可以设置为64KB(65536byte)，
这里设置128K-->
    <property>
        <name>io.file.buffer.size</name>
        <value>131702</value>
    </property>
</configuration>
#设置 HDFS
[root@master hadoop]# cat hdfs-site.xml
<?xml version="1.0" encoding="UTF-8"?>
```

```xml
<?xml-stylesheet type="text/xsl" href="configuration.xsl"?>
<!-- 此处省略部分注释,只给出可配置部分 -->
<configuration>
    <!--dfs.namenode.name.dir 是 NameNode 结点存储 hadoop 文件系统信息的目录,此配置项只
对 NameNode 有效,DataNode 并不需要 -->
    <property>
        <name>dfs.namenode.name.dir</name>
        <value>file:/hadoop/hdfs/name</value>
    </property>
    <!--dfs.datanode.data.dir 是 DataNode 结点被指定要存储数据的本地文件系统路径,
DataNode 结点上的这个路径没有必要完全相同,因为每台机器的环境可能不一样 -->
    <property>
        <name>dfs.datanode.data.dir</name>
        <value>file:/hadoop/hdfs/data</value>
    </property>
    <!-- dfs.replication 表示 HDFS 存储时数据块的备份个数,此值应该小于等于 Datanode 节点数,
在生产环境中为不影响数据的可靠性建议设置为3,由于在本例中只有两个节点,因此设置为2 -->
    <property>
        <name>dfs.replication</name>
        <value>2</value>
    </property>
    <!-- dfs.namenode.secondary.http-address 用于设置 secondaryNamenode,
secondaryName 是 Namenode 的备份节点,当 Namenode 出现故障无法工作时 secondaryNamenode 将接替
Namenode 继续工作。在本例中将其与 Namenode 配置在同一节点,在生产环境中应该将 secondaryNamenode
与 Namenode 分别配置在不同的计算机上。在本例中将二者都配置到 master 上。 -->
    <property>
        <name>dfs.namenode.secondary.http-address</name>
        <value>master:9001</value>
    </property>
    <!--namenode 的 hdfs-site.xml 是必须将 dfs.webhdfs.enabled 属性设置为 true,否则就不
能使用 webhdfs 的 LISTSTATUS、LISTFILESTATUS 等需要列出文件、文件夹状态的命令。访问 namenode
的 hdfs 使用端口50070,访问 datanode 的 webhdfs 使用端口50075。访问文件、文件夹信息使用 namenode
的 IP 和端口50070,访问文件内容或者进行打开、上传、修改、下载等操作使用 datanode 的 IP 和50075端口。
要想不区分端口,直接使用 namenode 的 IP 和端口进行所有的 webhdfs 操作,就需要在所有的 datanode 上
都设置 hefs-site.xml 中的 dfs.webhdfs.enabled 为 true。 -->
    <property>
        <name>dfs.webhdfs.enabled</name>
        <value>true</value>
    </property>
```

```xml
<!-- 客户端最大超时时间，建议将此值设置得大一些 -->
    <property>
        <name>dfs.client.socket-timeout</name>
        <value>600000</value>
    </property>
    <!-- HDFS 允许打开最大文件数，默认为4096,建议设置得大一些 -->
    <property>
        <name>dfs.datanode.max.transfer.threads</name>
        <value>409600</value>
    </property>
</configuration>
```
#接下来配置mapred-site.xml
#此配置文件默认不存在，需要从模板中复制
[root@master hadoop]# cp mapred-site.xml.template mapred-site.xml
#mapred-site.xml 内容如下
[root@master hadoop]# cat mapred-site.xml
```xml
<?xml version="1.0"?>
<?xml-stylesheet type="text/xsl" href="configuration.xsl"?>
<!-- 注释部分省略 -->
<configuration>
    <!--新框架支持第三方 MapReduce 开发框架以支持如 SmartTalk/DGSG 等非 Yarn 架构,注意通常情况下这个配置的值都设置为 Yarn,如果没有配置这项,那么提交的 Yarn job 只会运行在 locale 模式,而不是分布式模式-->
    <property>
        <name>mapreduce.framework.name</name>
        <value>yarn</value>
    </property>
    <!-- Hadoop 自带了历史服务功能,通过历史服务可以查看作业记录,使用的资源等情况,默认情况下历史功能没有开启。可以设置 mapreduce.jobhistory.address 和 mapreduce.jobhistory.webapp.address 参数可以开启此功能 -->
    <property>
        <name>mapreduce.jobhistory.address</name>
        <value>master:10020</value>
    </property>
    <property>
        <name>mapreduce.jobhistory.webapp.address</name>
        <value>master:19888</value>
    </property>
</configuration>
```

```
#修改配置文件 yarn-site.xml
[root@master hadoop]# cat yarn-site.xml
<?xml version="1.0"?>
<!-- 部分注释省略 -->
<configuration>
    <!-- NodeManager 上运行的附属服务，需要配置为 mapreduce_shuffle 才能运行 MapReduce 程序 -->
    <property>
        <name>yarn.nodemanager.aux-services</name>
        <value>mapreduce_shuffle</value>
    </property>
    <property>
        <name>yarn.nodemanager.auxservices.mapreduce.shuffle.class</name>
        <value>org.apache.hadoop.mapred.ShuffleHandler</value>
    </property>
    <!-- ResouceManager 对外的地址，客户端通过此地址提交应用程序、杀死应用程序等 -->
    <property>
        <name>yarn.resourcemanager.address</name>
        <value>master:8032</value>
    </property>
    <!-- 启用资源高度器主类 -->
    <property>
        <name>yarn.resourcemanager.scheduler.address</name>
        <value>master:8030</value>
    </property>
    <!-- ResourceManager 与 NodeManager 通信地址，NodeManager 通过该地址汇报心跳、接受任务等 -->
    <property>
        <name>yarn.resourcemanager.resource-tracker.address</name>
        <value>master:8031</value>
    </property>
    <!-- ResourceManager 的管理员访问地址，管理员可以通过该地址发送管理命令 -->
    <property>
        <name>yarn.resourcemanager.admin.address</name>
        <value>master:8033</value>
    </property>
    <!-- ResourceManager 对外的 Web 地址，用户可以通过此地址查看集群信息 -->
    <property>
        <name>yarn.resourcemanager.webapp.address</name>
```

```xml
        <value>master:8088</value>
    </property>
    <!-- NodeManager 可用的物理内存,该值不可在运行过程中动态修改 -->
    <property>
        <name>yarn.nodemanager.resource.memory-mb</name>
        <value>1024</value>
    </property>
</configuration>
```
```
#配置 slaves 文件,将 slave1 和 slave2 添加到集群中
[root@master hadoop]# cat slaves
slave1
slave2
#接下来需要修改 hadoop-env.sh
#将 Java 的环境变量写入其中
[root@master hadoop]# cat hadoop-env.sh
#部分内容省略
……
# set JAVA_HOME in this file, so that it is correctly defined on
# remote nodes.
#找到以下行,修改为正确的值
# The java implementation to use.
export JAVA_HOME=/opt/java/jdk1.8.0_91


# The jsvc implementation to use. Jsvc is required to run secure datanodes
# that bind to privileged ports to provide authentication of data transfer
# protocol. Jsvc is not required if SASL is configured for authentication of
# data transfer protocol using non-privileged ports.
#export JSVC_HOME=${JSVC_HOME}
……
#修改 yarn-env.sh 文件,将 Java 环境变量写入其中
[root@master hadoop]# cat yarn-env.sh
#部分内容省略
……
# resolve links - $0 may be a softlink
export YARN_CONF_DIR="${YARN_CONF_DIR:-$HADOOP_YARN_HOME/conf}"
#默认情况下该配置为注释
#取消注释并修改为正确的值
# some Java parameters
export JAVA_HOME=/opt/java/jdk1.8.0_91
```

```
if [ "$JAVA_HOME" != "" ]; then
  #echo "run java in $JAVA_HOME"
  JAVA_HOME=$JAVA_HOME
fi
……
```

做完以上配置之后，Hadoop 就已经配置完成了，接下来就可以将配置好的 Hadoop 分发至 slave1 和 slave2 上。但需要注意，在本例中 master、slave1、slave2 的环境相同，例如 Java 环境变量、存储路径、Hadoop 目录等，但实际上 Hadoop 允许各个节点的配置可以不同，因此如果不同就需要修改相关的配置文件和 Java 的环境变量等。分发过程如示例 23-5 所示。

【示例 23-5】

```
#使用 scp 将配置好的 Hadoop 分发至 slave1
[root@master ~]# scp -r /hadoop root@slave1:/
hadoop                          100%  6488     6.3KB/s   00:00
hdfs                            100%   12KB   11.9KB/s   00:00
mapred                          100%  5953     5.8KB/s   00:00
yarn.cmd                        100%   11KB   11.1KB/s   00:00
hadoop.cmd                      100%  8786     8.6KB/s   00:00
hdfs.cmd                        100%  7327     7.2KB/s   00:00
……
libhadooppipes.a                100% 1596KB    1.6MB/s   00:00
libhdfs.so.0.0.0                100%  276KB  275.8KB/s   00:00
libhadooputils.a                100%  465KB  465.5KB/s   00:00
libhdfs.a                       100%  437KB  436.9KB/s   00:00
libhdfs.so                      100%  276KB  275.8KB/s   00:00
libhadoop.so.1.0.0              100%  789KB  789.0KB/s   00:00
LICENSE.txt                     100%   15KB   15.1KB/s   00:00
#使用 scp 将 Hadoop 分发至 slave2
[root@master ~]# scp -r /hadoop root@slave2:/
```

23.3.4 启动 Hadoop

将 Hadoop 分发到所有节点后，就可以初始化 Hadoop 并启动 Hadoop，其过程如示例 23-6 所示。

【示例 23-6】

```
#以下步骤在 master 上进行
#初始化 Hadoop
[root@master ~]# cd /hadoop/bin/
```

```
[root@master bin]# ./hdfs namenode -format
......
   16/06/15 10:22:13 INFO util.GSet: 0.029999999329447746% max memory 966.7 MB = 297.0 KB
   16/06/15 10:22:13 INFO util.GSet: capacity     = 2^15 = 32768 entries
   16/06/15 10:22:14 INFO namenode.FSImage: Allocated new BlockPoolId: BP-32788807-172.16.45.60-1465957334028
   16/06/15 10:22:14 INFO common.Storage: Storage directory /hadoop/hdfs/name has been successfully formatted.
   16/06/15 10:22:14 INFO namenode.NNStorageRetentionManager: Going to retain 1 images with txid >= 0
   16/06/15 10:22:14 INFO util.ExitUtil: Exiting with status 0
   16/06/15 10:22:14 INFO namenode.NameNode: SHUTDOWN_MSG:
   /************************************************************
   SHUTDOWN_MSG: Shutting down NameNode at master/172.16.45.60
   ************************************************************/
   #启动 Hadoop
   [root@master bin]# cd ../sbin/
   [root@master sbin]# ./start-all.sh
   This script is Deprecated. Instead use start-dfs.sh and start-yarn.sh
   Starting namenodes on [master]
   master:   starting   namenode,   logging   to /hadoop/logs/hadoop-root-namenode-master.out
   slave1:   starting   datanode,   logging   to /hadoop/logs/hadoop-root-datanode-slave1.out
   slave2:   starting   datanode,   logging   to /hadoop/logs/hadoop-root-datanode-slave2.out
   Starting secondary namenodes [master]
   master:   starting   secondarynamenode,   logging   to /hadoop/logs/hadoop-root-secondarynamenode-master.out
   starting yarn daemons
   starting   resourcemanager,   logging   to /hadoop/logs/yarn-root-resourcemanager-master.out
   slave2:   starting   nodemanager,   logging   to /hadoop/logs/yarn-root-nodemanager-slave2.out
   slave1:   starting   nodemanager,   logging   to /hadoop/logs/yarn-root-nodemanager-slave1.out
   #可以通过查看 Java 虚拟机进程的方式
   #在 slave1、slave2 上也可以通过此方法查看
```

```
[root@master sbin]# jps
2531 SecondaryNameNode
2676 ResourceManager
2973 Jps
2350 NameNode
#如果要停止 Hadoop 可以执行 stop-all.sh
[root@master sbin]# ./stop-all.sh
This script is Deprecated. Instead use stop-dfs.sh and stop-yarn.sh
Stopping namenodes on [master]
master: stopping namenode
slave1: stopping datanode
slave2: stopping datanode
Stopping secondary namenodes [master]
master: stopping secondarynamenode
stopping yarn daemons
stopping resourcemanager
slave2: no nodemanager to stop
slave1: no nodemanager to stop
no proxyserver to stop
```

在 Hadoop 启动之后，就可以通过浏览器访问 172.16.45.60:8088 查看 ResourceManager 页面，如图 23.6 所示。

图 23.6　ResourceManager 信息页面

通过访问 172.16.45.60:50070 查看 Namenode 及各节点情况，如图 23.7 所示。

第 23 章 配置 Hadoop

图 23.7　Namenode 信息页面

通过 Namenode 的信息页面可以看到 Namenode 当前处于激活状态。

通过访问 172.16.45.60:9001 查看第二个 Namenode 的信息即 SecondaryNameNode，如图 23.8 所示。

图 23.8　SecondaryNamenode 信息页面

至此，Hadoop 环境就搭建完成了，接下就可以配置 Datanode 添加磁盘空间、将 HDFS 挂载并存储数据及编写程序调用 Hadoop 的接口对数据进行计算了。

23.4 小结

本章简单介绍了时下最流行的名词大数据的含义，以及大数据时代面临的困境，初步介绍了大数据缘何会被如此重视。Hadoop 是目前较为流行的大数据平台之一，本章介绍了其存储结构、计算框架及部署等知识。从目前的情况而言大数据是未来 IT 的主流方向之一，值得花时间和精力学习。

23.5 习题

一、填空题

1. 总结大数据时代的问题可以大致概括为两点，分别是_____和_____。
2. Hadoop 实际上可以拆分为两部分，分别是_____和_____，其主要作用分别是_____和_____。
3. Hadoop 的计算框架实际将计算过程拆分为两个步骤进行，分别是_____和_____。

二、选择题

以下关于 MapReduce 计算框架描述不正确的是（　　）。

A. 当作业失败后，JobTracker 会尝试重启作业。
B. JobTracker 在分配作业完成后，有可能有些节点并没有分配到任务。
C. MapReduce 的计算过程可以简单概括为节点计算和汇总统计两个过程。
D. 当某个 TaskTracker 的作业计算失败后，整个任务将失败。

第 24 章 配置 Spark

Spark 是一个开源的类 Hadoop MapReduce 通用并行框架,本章将主要介绍 Spark 的基本知识和安装等内容。

本章主要涉及的知识点有:

- Spark 简介
- Spark 计算框架的特点
- Spark 架构
- 整合安装 HDFS 和 Spark

24.1　Spark 基础知识

Spark 是由加州大学伯克利分校的 AMP（Algorithms，Machines，and People Lab）实验室开发，主要针对的是大型的、低延迟的数据分析。Spark 不再使用 Java 作为开发语言，而采用 Scala 语言。Scala 是一种多范式的编程语言，类似 Java 语言。虽然 Spark 可以在分布式数据集上作业，但实际上 Spark 是对 Hadoop 的补充，可以在 Hadoop 分布式文件系统（HDFS）中并行运行。

24.1.1　Spark 概述

Spark 是目前广大 IT 厂商追捧的大数据框架之一，将其与 Hadoop 相比，Hadoop 实质上是一个分布式的数据存储设施，它将巨大的数据集分布式的存储在普通计算机组成的集群节点中。同时 Hadoop 还会索引和跟踪存储的数据，让大数据的处理和分析效率得到前所未有的提高。Spark 与此不同，它并不提供像 HDFS 那样的分布式数据存储功能，Spark 仅提供了一个大数据集的计算框架。

在第 23 章中我们已经讨论过 Hadoop，在 Hadoop 中提供了 MapReduce 以完成数据的处理工作，可以说 MapReduce 是依附 Hadoop 存在的。虽然 Spark 是 Hadoop 的重要补充，但 Spark 不同，Spark 不必非要依附于 Hadoop 而存在，也可以将 Spark 与其他分布式文件系统进行集成并完成计算工作。但就目前的情况而言，普遍认为 Spark 还是与 Hadoop 结合使用才是最好的选择。

那么问题是现在我们已经有了 MapReduce，为什么还需要 Spark？要回答这个问题，我们必须重新解释 MapReduce 的工作流程：MapReduce 对数据的处理过程总是分步进行的，先从集群中读取数据，进行一次处理，将结果写到集群，再从集群中读取更新后的数据进行下一步处理，将结果写入集群……如此周而复始，直到数据处理完成。纵观整个过程，MapReduce 的处理过程比较繁琐，处理的延时相对较高。

Spark 的处理过程完全不同，它会在内存中以极快的速度完成所有的数据分析，这是因为内存的读取速度要远大于硬盘等存储设备的速度。其处理过程用一句话概括：从集群中读取数据，完成所有的数据处理工作，将结果写回集群，处理完成。以上解释出自数据科学家 Kirk Borne，据 Borne 分析，Spark 的批处理速度比 MapReduce 快近 10 倍，而对内存中的数据分析速度则快近 100 倍。

通过以上简洁的分析可以看到，如果要处理的数据在大部分情况下是静态的，而且也不介意 MapReduce 的高延迟，那么 MapReduce 还是可以接受的。但如果要处理的是流数据，例如网络安全分析、日志监控、实时市场活动等随时变更的数据，或需要进行多重数据处理时，使用 Spark 效果会更佳。

24.1.2　Spark、MapReduce 运行框架

在之前的小节中我们简单介绍了 Spark 与 MapReduce 的区别，为了更形象的解释，在本小节中仍以二者进行对比介绍 Spark 的运行框架。

1．MapReduce 运行框架

用户使用 MapReduce 时，需要按实际需求先编写一个 MapReduce 程序。运行用户 MapReduce 程序时，一个程序就是一个 Job，而一个 Job 又有一个或多个 Task。Task 又可以分为 Map Task 和 Reduce Task，这在第 23 章我们已经介绍过，如图 24.1 所示。

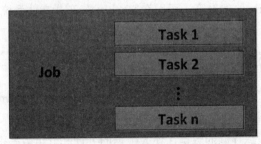

图 24.1　MapReduce 运行框架

在 MapReduce 中，每个 Task 都分别在自己的进程中运行，当 Task 运行完成后，整个进程也就结束了。

2．Spark 运行框架

MapReduce 的运行框架相对比较简单，但 Spark 的运行框架要更复杂一些，如图 24.2 所示。

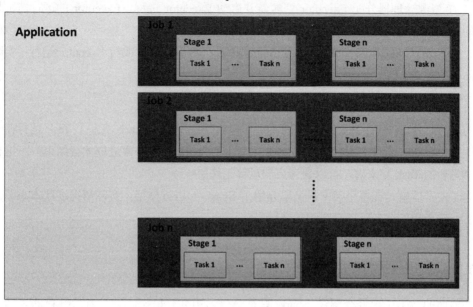

图 24.2 Spark 运行框架

在 Spark 中有许多概念。

（1）Application：Spark Application 相当于 MapReduce 程序，它是用户编写的 Spark 应用程序。通常 Application 由一个 Driver 功能代码和在集群中多个节点上运行的 Executor 代码组成。

（2）Driver：运行 Driver 时会运行 Application 程序中的 main()函数，同时还会创建 SparkContext。SparkContext 就是 Spark 的运行环境，它负责同 ClusterManager 通信，整个任务的资源申请、任务监控、任务分配等也由 SparkContext 完成。当 Executor 运行完成后，Driver 会将 SparkContext 关闭。

（3）Cluster Manager：集群上获取资源的外部节点（可以认为是资源管理器），通常是 Master 或 Yarn 中的 ResourceManager 节点负责资源分配。

（4）Executor：Spark 程序运行在 Worker 节点上的进程，负责运行 Task、将数据存储在内存或磁盘上。每个 Spark 程序都有各自独立的 Executor。

（5）Worker：集群中的运算节点，类似于 Yarn 中的 NodeManager 节点。

（6）Task：送到 Executor 上的工作任务。

（7）Job：包含多个 Task 组成的并行或串行计算，一个 Job 往往可以分为多个 Stage 阶段。

（8）Stage：每个 Job 会被拆分成很多组 Task 任务，一组 Task 任务称为 Stage。

从上面的介绍中可以看到，Spark 处理的过程还是非常复杂的，我们可以将 Spark 程序的运行过程进行简单分步：

（1）Spark 程序运行一开始将建立运行环境（即 SparkContext），SparkContext 会向资源管理器申请 Executor 资源。

（2）资源管理器分配 Executor 资源，并启动 Executor 进程，Executor 的运行情况将会采用心跳的方式发送组资源管理器。

（3）SparkContext 将 Job 分为多个 Stage 阶段，并将 Task 发放给 Executor 运行（实际处理时 Executor 先向 SparkContext 申请 Task）。

（4）Executor 运行 Task，运行完成后释放所有资源。

与 MapReduce 中的 Task 运行完成，进程也就结束不同，Spark 将多个 Task 运行在一个进程中，即使没有 Job 运行，进程仍然不会结束（只有 Spark 程序结束进程才会结束）。这样做的好处是，当新的 Task 到来时，可以快速启动运算工作。

为了便于理解，在本小节中只简单介绍了 Spark 的运行框架，实际情况远比本小节的内容复杂得多，感兴趣的读者可以查阅相关文档了解。

24.1.3　Spark 的模式

在前面的章节中已经介绍过 Spark 只是一个通用并行框架，并没有数据存储等功能，因此 Spark 必须与其他分布式文件系统结合使用，不同的环境采用不同的模式。在本小节中将简单介绍 Spark 的主要模式。

（1）Local：本地模式，顾名思义本地模式下 Spark 只运行于一台计算机上。Spark 采用线程的方式进行模拟运行，没有分布式文件系统，所以存储都在本地完成。此模式通常用作验证代码、跟踪调试等。

（2）伪分布模式：与本地模式相似，也运行在一台计算机上，不同的是采用线程等方式来模拟运行一个集群。

（3）Standalone：在此模式下，Spark 本身将构建一个 Master/Slaves 模式，节点的主备切换主要采用 Zookeeper 来完成。

（4）Spark on Yarn：Yarn 是 Hadoop 中的一个资源管理器，Spark 借用 Yarn 来管理整个集群。Spark on Yarn 有两种运行模式：Yarn Cluster 和 Yarn Client。在 Yarn Cluster 模式下，Spark Driver 作为一个 ApplicationMaster 在 Yarn 集群中启动，客户端提交给 ResourceManager 的每一个 Job 都会在集群的 Worker 节点上分配一个唯一的 ApplicationMaster，由其负责管理整个生命周期。Yarn Client 模式下，Driver 运行在 Client 上，通过 AppplicationMaster 向 ResourceManager 获取资源。本地 Driver 负责与所有的 Executor 容器交互，最后将结果汇总。通俗地讲 Yarn Client 是将任务调度功能放在客户端，而 Yarn Cluster 则使用资源管理器来完成。

在以上模式中，无疑 Spark on Yarn 应用的比较多，至于 Yarn Cluster 还是 Yarn Client 则需要按实际需求来进行选择。

24.2 安装 Spark

由于 Spark 只是并行计算框架，因此 Spark 必须要结合其他分布式存储系统才能使用。目前较为主流的是 Spark 与 Hadoop 和 HDC（Cloudera's Distribution Including Apache Hadoop，由 Cloudera 公司发行的 Hadoop 版本）结合使用。在本节中，将采用与 Hadoop 结合的方式即 Spark on Yarn 的方式安装。

24.2.1 环境准备

在本例中将搭建一个具有两个节点的 Spark 集群，其信息如表 24.1 所示。

表 24.1 Spark 集群

主机名	IP 地址	集群角色
master	172.16.45.65	Namenode、Master
slave1	172.16.45.66	Datanode、Worker
slave2	172.16.45.67	Datanode、Worker

在安装之前需要特别注意的是，Spark 对内存要求比 Hadoop 要求要高，建议 Master 内存 2GB 以上，Worker 建议 1.5GB 以上。这在真实计算机中并不存在太大问题，但在虚拟机中模拟时需要特别注意，虚拟机内存太小会导致 Spark 集群无法正常启动。

在开始设置之前，应该使用命令 yum update -y 更新系统、正确设置相关计算机的 IP 地址、妥善处理 SELinux、防火墙等可能会妨碍安装的系统设置。

环境设置的第一步是配置各计算机的主机名，设置过程如示例 24-1 所示。

【示例 24-1】

```
#以 master 为例
#修改 hostname 文件
[root@localhost ~]# cat /etc/hostname
master
#为保证各节点能快速解析，还需要修改 hosts 文件
#三个节点都应添加所有节点解析
[root@localhost ~]# cat /etc/hosts
127.0.0.1    localhost localhost.localdomain localhost4 localhost4.localdomain4
::1          localhost localhost.localdomain localhost6 localhost6.localdomain6
#添加三个节点的解析
172.16.45.65    master
172.16.45.66    slave1
```

```
172.16.45.67    slave2
#三个节点都修改完成后，重启计算机
```

由于 master 使用 SSH 进行控制各节点、发送相关指令等，因此必须要配置 SSH 无密码登录，配置过程如示例 24-2 所示。

【示例 24-2】

```
#在master节点生成密钥
[root@master ~]# ssh-keygen -t rsa -P ""
Generating public/private rsa key pair.
Enter file in which to save the key (/root/.ssh/id_rsa):
Created directory '/root/.ssh'.
Your identification has been saved in /root/.ssh/id_rsa.
Your public key has been saved in /root/.ssh/id_rsa.pub.
The key fingerprint is:
cc:3f:70:77:73:11:38:5a:2f:6c:a7:96:73:b9:31:6d root@master
The key's randomart image is:
+--[ RSA 2048]----+
|            ..   |
|           + .   |
|          + o.   |
|       o . + o.  |
|        S . o B +|
|         + . * BE|
|          o . o.+|
|           . .   |
|                 |
+-----------------+
#将密钥加入密钥列表文件
[root@master ~]# cd .ssh
[root@master .ssh]# cat id_rsa.pub >> ~/.ssh/authorized_keys
#验证免密码登录
[root@master .ssh]# ssh root@master
The authenticity of host 'master (172.16.45.65)' can't be established.
ECDSA key fingerprint is 8f:a2:e9:61:45:87:e1:64:3d:2a:22:06:5d:af:76:0e.
Are you sure you want to continue connecting (yes/no)? yes
Warning: Permanently added 'master,172.16.45.65' (ECDSA) to the list of known hosts.
Last login: Sat Jul  2 15:43:21 2016 from 172.16.45.11
[root@master ~]# exit
```

```
logout
Connection to master closed.
#将密钥复制到slave1、slave2
[root@master .ssh]# ssh-copy-id -i id_rsa.pub root@slave1
The authenticity of host 'slave1 (172.16.45.66)' can't be established.
ECDSA key fingerprint is 38:90:90:ee:13:4d:4e:7b:1f:33:fc:ca:43:f1:b9:42.
Are you sure you want to continue connecting (yes/no)? yes
/usr/bin/ssh-copy-id: INFO: attempting to log in with the new key(s), to filter out any that are already installed
/usr/bin/ssh-copy-id: INFO: 1 key(s) remain to be installed -- if you are prompted now it is to install the new keys
root@slave1's password:

Number of key(s) added: 1

Now try logging into the machine, with:   "ssh 'root@slave1'"
and check to make sure that only the key(s) you wanted were added.
[root@master .ssh]# ssh-copy-id -i id_rsa.pub root@slave2
......
#然后在slave1和slave2节点重复上述步骤,并将密钥复制到master
#测试各节点间的免密码登录
[root@master ~]# ssh root@slave1
Last login: Sat Jul  2 15:44:14 2016 from 172.16.45.11
[root@slave1 ~]# exit
logout
Connection to slave1 closed.
[root@master ~]# ssh root@slave2
Last login: Sat Jul  2 15:44:46 2016 from 172.16.45.11
[root@slave2 ~]# exit
logout
Connection to slave2 closed.
[root@master ~]# ssh root@master
Last login: Sat Jul  2 15:58:42 2016 from master
[root@master ~]# exit
logout
Connection to master closed.
```

完成 SSH 免密码登录后环境设置就已经完成了。

24.2.2　安装 JDK 和 Scala

由于 Hadoop 使用 Java 语言开发，因此需要在各节点上安装 JDK 才能正常运行，JDK 下载网址为：http://www.oracle.com/technetwork/java/javase/downloads/index.html，其安装过程如示例 24-3 所示。

【示例 24-3】

```
#先安装 JDK 包
[root@master ~]# rpm -ivh jdk-8u91-linux-x64.rpm
Preparing...                          ################################# [100%]
Updating / installing...
   1:jdk1.8.0_91-2000:1.8.0_91-fcs    ################################# [100%]
Unpacking JAR files...
        tools.jar...
        plugin.jar...
        javaws.jar...
        deploy.jar...
        rt.jar...
        jsse.jar...
        charsets.jar...
        localedata.jar...
        jfxrt.jar...
#恢复 JDK 环境文件至/opt/java
[root@master ~]# mkdir -p /opt/java
[root@master ~]# cp jdk-8u91-linux-x64.gz /opt/java/
[root@master java]# tar xvf jdk-8u91-linux-x64.gz
……
#将环境变量添加到/etc/profile 文件
[root@master ~]# vim /etc/profile
#在文件结尾加入以下内容
JAVA_HOME=/opt/java/jdk1.8.0_91
CLASSPATH=.:$JAVA_HOME/jre/lib/rt.jar:$JAVA_HOME/lib/dt.jar:$JAVA_HOME/lib/tools.jar
PATH=$PATH:$JAVA_HOME/bin
export JAVA_HOME
export CLASSPATH
export PATH
#让环境变量生效
[root@master ~]# source /etc/profile
```

```
#验证java和javac的版本
[root@master ~]# java -version
openjdk version "1.8.0_65"
OpenJDK Runtime Environment (build 1.8.0_65-b17)
OpenJDK 64-Bit Server VM (build 25.65-b01, mixed mode)
[root@master ~]# javac -version
javac 1.8.0_91
#将安装包和环境包分发到slave1和slave2,重复上述安装步骤
[root@master ~]# scp jdk-8u91-linux-x64.rpm jdk-8u91-linux-x64.gz root@slave1:~/
jdk-8u91-linux-x64.rpm              100%  153MB   9.0MB/s   00:17
jdk-8u91-linux-x64.gz               100%  173MB   3.0MB/s   00:57
[root@master ~]# scp jdk-8u91-linux-x64.rpm jdk-8u91-linux-x64.gz root@slave2:~/
jdk-8u91-linux-x64.rpm              100%  153MB   9.0MB/s   00:17
jdk-8u91-linux-x64.gz               100%  173MB   2.0MB/s   01:28
```

Spark 使用 Scala 语言开发,如果要运行 Spark 还需要在所有节点上安装对应版本的 Scala。安装过程如示例 24-4 所示。

【示例 24-4】

```
#下载Scala
[root@master ~]# wget http://www.scala-lang.org/files/archive/scala-2.10.3.tgz
--2016-07-02                                                         16:32:51--
http://www.scala-lang.org/files/archive/scala-2.10.3.tgz
  Resolving www.scala-lang.org (www.scala-lang.org)... 128.178.154.159
  Connecting to www.scala-lang.org (www.scala-lang.org)|128.178.154.159|:80...
connected.
  HTTP request sent, awaiting response... 200 OK
  Length: 30531249 (29M) [application/x-gzip]
  Saving to: 'scala-2.10.3.tgz'

100%[++++++++++++++++++++++++++================>] 30,531,249  37.4KB/s   in 10m 39s

2016-07-02 17:31:05 (18.5 KB/s) - 'scala-2.10.3.tgz' saved [30531249/30531249]
#恢复文件至/usr/local
[root@master ~]# tar xvf scala-2.10.3.tgz -C /usr/local
scala-2.10.3/
scala-2.10.3/man/
scala-2.10.3/man/man1/
scala-2.10.3/man/man1/scaladoc.1
scala-2.10.3/man/man1/scalap.1
```

```
……
scala-2.10.3/bin/fsc.bat
scala-2.10.3/bin/fsc
scala-2.10.3/bin/scalac
scala-2.10.3/bin/scalap.bat
scala-2.10.3/bin/scalap
#链接目录
[root@master ~]# cd /usr/local
[root@master local]# ln -s scala-2.10.3 scala
#修改/etc/profile 文件加入 Scala 环境变量
[root@master local]# vim /etc/profile
#在文件结尾加入以下内容
export SCALA_HOME=/usr/local/scala
export PATH=$PATH:$SCALA_HOME/bin
#重新读取/etc/profile
[root@master local]# source /etc/profile
#验证 Scala 版本
[root@master local]# scala -version
Scala code runner version 2.10.3 -- Copyright 2002-2013, LAMP/EPFL
#将 Scala 安装包分发到 slave1、slave2 重复上述安装步骤
[root@master ~]# scp scala-2.10.3.tgz root@slave1:~/
scala-2.10.3.tgz                     100%   29MB   7.3MB/s   00:04
[root@master ~]# scp scala-2.10.3.tgz root@slave2:~/
scala-2.10.3.tgz                     100%   29MB   5.8MB/s   00:05
```

无论是安装 JDK 还是 Scala，都建议所有节点的安装配置都保持一致，以免出现 Hadoop 和 Spark 包分发后无法使用的情况。

24.2.3 安装配置 Hadoop

在安装 Hadoop 之前，需要先确认安装 Spark 的版本，只有正确安装对应版本的 Hadoop 和 Spark，二者才能配合在一起使用。关于版本问题可以在 Spark 下载页面确认，网址为：http://spark.apache.org/downloads.html，如图 24.1 所示。

第 24 章 配置 Spark

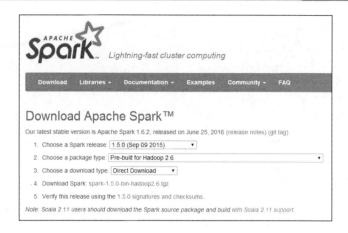

图 24.1 Spark 下载页面

在 Spark 下载页面中，先选择使用的 Spark 版本，然后选择 Hadoop 或 CDH 的版本，最后再下载对应的版本即可。

在本例中采用的 Spark 版本为 1.5.0，对应的 Hadoop 版本为 2.6.0。版本选择完成后，就可以开始安装对应版本的 Hadoop 了，安装过程如示例 24-5 所示。

【示例 24-5】

```
#下载Hadoop 2.6.0
[root@master ~]# wget http://mirror.bit.edu.cn/apache/hadoop/common/hadoop-2.6.0/hadoop-2.6.0.tar.gz
--2016-07-03 09:23:21--  http://mirror.bit.edu.cn/apache/hadoop/common/hadoop-2.6.0/hadoop-2.6.0.tar.gz
Resolving mirror.bit.edu.cn (mirror.bit.edu.cn)... 202.204.80.77
Connecting to mirror.bit.edu.cn (mirror.bit.edu.cn)|202.204.80.77|:80... connected.
HTTP request sent, awaiting response... 200 OK
Length: 195257604 (186M) [application/octet-stream]
Saving to: 'hadoop-2.6.0.tar.gz'

100%[======================================>] 195,257,604 1022KB/s   in 3m 17s

2016-07-03 09:26:39 (967 KB/s) - 'hadoop-2.6.0.tar.gz' saved [195257604/195257604]
#在本例安装位置为/app
#将下载的Hadoop恢复至安装目录
[root@master ~]# mkdir /app
[root@master ~]# tar xvf hadoop-2.6.0.tar.gz -C /app
hadoop-2.6.0/
hadoop-2.6.0/etc/
```

```
hadoop-2.6.0/etc/hadoop/
hadoop-2.6.0/etc/hadoop/hdfs-site.xml
hadoop-2.6.0/etc/hadoop/hadoop-metrics2.properties
hadoop-2.6.0/etc/hadoop/container-executor.cfg
……
hadoop-2.6.0/include/TemplateFactory.hh
hadoop-2.6.0/include/StringUtils.hh
hadoop-2.6.0/include/hdfs.h
hadoop-2.6.0/include/Pipes.hh
hadoop-2.6.0/include/SerialUtils.hh
#进入安装目录,创建 Hadoop 工作需要的目录
[root@master ~]# cd /app/hadoop-2.6.0
[root@master hadoop-2.6.0]# mkdir tmp
[root@master hadoop-2.6.0]# mkdir hdfs
[root@master hadoop-2.6.0]# mkdir hdfs/data
[root@master hadoop-2.6.0]# mkdir hdfs/name
#进入配置文件目录配置 Hadoop
[root@master hadoop-2.6.0]# cd etc/hadoop
#在配置文件 hadoop-env.sh 中加入 JAVA 环境变量
[root@master hadoop]# vim hadoop-env.sh
#部分内容省略
……
#加入以下内容(原文第25行)
# The java implementation to use.
export JAVA_HOME=/opt/java/jdk1.8.0_91
……
#修改配置文件 yarn-env.sh
[root@master hadoop]# vim yarn-env.sh
 ……
#修改原文第23行如24行所示内容
 22 # some Java parameters
 23 # export JAVA_HOME=/home/y/libexec/jdk1.6.0/
 24 export JAVA_HOME=/opt/java/jdk1.8.0_91
 25 if [ "$JAVA_HOME" != "" ]; then
 26   #echo "run java in $JAVA_HOME"
 27   JAVA_HOME=$JAVA_HOME
 28 fi
……
#修改配置文件 core-site.xml
```

```
[root@master hadoop]# cat core-site.xml
<?xml version="1.0" encoding="UTF-8"?>
<?xml-stylesheet type="text/xsl" href="configuration.xsl"?>
<!--
  Licensed under the Apache License, Version 2.0 (the "License");
……
  limitations under the License. See accompanying LICENSE file.
-->

<!-- Put site-specific property overrides in this file. -->

<configuration>
<!-- 以下为新添加内容 -->
    <property>
        <!-- fs.defaultFS 设置了 Namenode 的 URL -->
        <name>fs.defaultFS</name>
        <value>hdfs://master:9000/</value>
    </property>
    <property>
        <!-- hadoop.tmp.dir 是 hadoop 文件系统依赖的基础配置，很多路径都依赖它 -->
        <name>hadoop.tmp.dir</name>
        <value>file:/app/hadoop-2.6.0/tmp</value>
    </property>
</configuration>
#修改 hdfs-site.xml
[root@master hadoop]# cat hdfs-site.xml
<?xml version="1.0" encoding="UTF-8"?>
<?xml-stylesheet type="text/xsl" href="configuration.xsl"?>
<!--
  Licensed under the Apache License, Version 2.0 (the "License");
……
<configuration>
<!-- 以下为添加的配置项 -->
    <property>
    <!-- dfs.namenode.secondary.http-address 用于设置 secondaryNamenode，
secondaryName 是 Namenode 的备份节点，当 Namenode 出现故障无法工作时 secondaryNamenode 将接替
Namenode 继续工作。在本例中将其与 Namenode 配置在同一节点，在生产环境中应该将 secondaryNamenode
与 Namenode 分别配置在不同的计算机上。在本例中将二者都配置到 master 上。 -->
        <name>dfs.namenode.secondary.http-address</name>
```

```xml
        <value>master:9001</value>
    </property>
    <property>
    <!--dfs.namenode.name.dir 是 NameNode 结点存储 hadoop 文件系统信息的目录，此配置项只对 NameNode 有效，DataNode 并不需要 -->
        <name>dfs.namenode.name.dir</name>
        <value>file:/app/hadoop-2.6.0/dfs/name</value>
    </property>
    <property>
    <!--dfs.datanode.data.dir 是 DataNode 结点被指定要存储数据的本地文件系统路径，DataNode 结点上的这个路径没有必要完全相同，因为每台机器的环境可能不一样 -->
        <name>dfs.datanode.data.dir</name>
        <value>file:/app/hadoop-2.6.0/dfs/data</value>
    </property>
    <property>
    <!-- dfs.replication 表示 HDFS 存储时数据块的备份个数，此值应该小于等于 Datanode 节点数，在生产环境中为不影响数据的可靠性建议设置为3，由于在本例中只有两个节点，因此设置为2 -->
        <name>dfs.replication</name>
        <value>2</value>
    </property>
</configuration>
#接下来修改 mapred-site.xml
#原目录中并没有此配置文件，需要手动从模板中复制
[root@master hadoop]# cp mapred-site.xml.template mapred-site.xml
[root@master hadoop]# cat mapred-site.xml
<?xml version="1.0"?>
<?xml-stylesheet type="text/xsl" href="configuration.xsl"?>
<!--
  ......
<!-- Put site-specific property overrides in this file. -->

<configuration>
    <!-- 以下为新添加内容 -->
    <property>
    <!--由于本例中采用 Spark on Yarn，因此此处需要使用 Yarn 框架-->
        <name>mapreduce.framework.name</name>
        <value>yarn</value>
    </property>
</configuration>
```

```xml
#修改配置文件yarn-site.xml
[root@master hadoop]# cat yarn-site.xml
<?xml version="1.0"?>
<!--
……
<configuration>
<!-- 以下为新添加内容 -->
<!-- Site specific YARN configuration properties -->
   <property>
     <!-- NodeManager 上运行的附属服务，需要配置为 mapreduce_shuffle 才能为 Spark 提供支持 -->
        <name>yarn.nodemanager.aux-services</name>
        <value>mapreduce_shuffle</value>
   </property>
   <property>
        <name>yarn.nodemanager.aux-services.mapreduce.shuffle.class</name>
        <value>org.apache.hadoop.mapred.ShuffleHandler</value>
   </property>
   <property>
     <!-- ResouceManager 对外的地址，客户端通过此地址提交应用程序、杀死应用程序等 -->
        <name>yarn.resourcemanager.address</name>
        <value>master:8032</value>
   </property>
   <property>
     <!-- 启用资源高度器主类 -->
        <name>yarn.resourcemanager.scheduler.address</name>
        <value>master:8030</value>
   </property>
   <property>
     <!-- ResourceManager 与 NodeManager 通信地址 -->
        <name>yarn.resourcemanager.resource-tracker.address</name>
        <value>master:8035</value>
   </property>
   <property>
     <!-- ResourceManager 的管理员访问地址，管理员可以通过该地址发送管理命令 -->
        <name>yarn.resourcemanager.admin.address</name>
        <value>master:8033</value>
   </property>
   <property>
```

```
        <!-- ResourceManager 对外的 Web 地址，用户可以通过此地址查看集群信息 -->
        <name>yarn.resourcemanager.webapp.address</name>
        <value>master:8088</value>
    </property>
</configuration>
#配置 slaves 文件，将 slave1 和 slave2 添加到集群中
[root@master hadoop]# cat slaves
slave1
slave2
#接下来将配置好的 Hadoop 分发到 slave1、slave2
[root@master ~]# scp -r /app root@slave1:/
[root@master ~]# scp -r /app root@slave2:/
#分发完成后 Hadoop 就配置完成了
#接下就可以初始化并启动 Hadoop 的 HDFS 和 Yarn 了
#初始化
[root@master ~]# cd /app/hadoop-2.6.0/bin/
[root@master bin]# ./hadoop namenode -format
……
16/07/03 13:48:58 INFO namenode.FSImage: Allocated new BlockPoolId: BP-1921888206-172.16.45.65-1467524938566
16/07/03 13:48:59 INFO common.Storage: Storage directory /app/hadoop-2.6.0/dfs/name has been successfully formatted.
16/07/03 13:48:59 INFO namenode.NNStorageRetentionManager: Going to retain 1 images with txid >= 0
16/07/03 13:48:59 INFO util.ExitUtil: Exiting with status 0
16/07/03 13:48:59 INFO namenode.NameNode: SHUTDOWN_MSG:
/************************************************************
SHUTDOWN_MSG: Shutting down NameNode at master/172.16.45.65
************************************************************/
#接下来就可以启动 HDFS 和 Yarn 了
#注意命令顺序
#先启动 HDFS
[root@master bin]# cd ../sbin/
[root@master sbin]# ./start-dfs.sh
Starting namenodes on [master]
master: starting namenode, logging to /app/hadoop-2.6.0/logs/hadoop-root-namenode-master.out
slave2: starting datanode, logging to /app/hadoop-2.6.0/logs/hadoop-root-datanode-slave2.out
```

```
slave1:         starting         datanode,         logging         to
/app/hadoop-2.6.0/logs/hadoop-root-datanode-slave1.out
Starting secondary namenodes [master]
master:         starting         secondarynamenode,         logging         to
/app/hadoop-2.6.0/logs/hadoop-root-secondarynamenode-master.out
#再启动 Yarn
[root@master sbin]# ./start-yarn.sh
starting yarn daemons
starting         resourcemanager,         logging         to
/app/hadoop-2.6.0/logs/yarn-root-resourcemanager-master.out
slave1:         starting         nodemanager,         logging         to
/app/hadoop-2.6.0/logs/yarn-root-nodemanager-slave1.out
slave2:         starting         nodemanager,         logging         to
/app/hadoop-2.6.0/logs/yarn-root-nodemanager-slave2.out
#可以通过查看master和slave上的Java进程的方式确认是否启动成功
#master
[root@master sbin]# jps
15315 SecondaryNameNode
15479 ResourceManager
15719 Jps
15148 NameNode
#slave
[root@slave1 ~]# jps
14673 NodeManager
14785 Jps
14567 DataNode
```

至此 Hadoop 就已经配置完成了，接下来就可以关闭 Yarn 和 HDFS 配置 Spark 了，关闭时可以在目录/app/hadoop-2.6.0/sbin/中找到 stop-dfs.sh 和 stop-yarn.sh 并分别执行即可。注意关闭时应该先关闭 Yarn，再关闭 HDFS。

24.2.4 安装 Spark

在之前的几个小节中，我们已经将 Spark 所需的全部组件配置完成，接下来就可以配置安装 Spark 了，安装过程如示例 24-6 所示。

【示例 24-6】

```
#以下操作只需要在Master上操作即可
#下载Spark 1.5.0针对Hadoop的版本
```

```
[root@master ~]# wget http://d3kbcqa49mib13.cloudfront.net/spark-1.5.0-bin-hadoop2.6.tgz
--2016-07-03 14:03:08--  http://d3kbcqa49mib13.cloudfront.net/spark-1.5.0-bin-hadoop2.6.tgz
Resolving d3kbcqa49mib13.cloudfront.net (d3kbcqa49mib13.cloudfront.net)... 54.182.2.146, 54.182.2.10, 54.182.2.221, ...
Connecting to d3kbcqa49mib13.cloudfront.net (d3kbcqa49mib13.cloudfront.net)|54.182.2.146|:80... connected.
HTTP request sent, awaiting response... 200 OK
Length: 280869269 (268M) [application/x-compressed]
Saving to: 'spark-1.5.0-bin-hadoop2.6.tgz'

100%[======================================>] 280,869,269 3.23MB/s   in 13m 11s

2016-07-03 14:16:54 (347 KB/s) - 'spark-1.5.0-bin-hadoop2.6.tgz' saved [280869269/280869269]
```

#将下载的文件恢复至安装目录/app

```
[root@master ~]# tar xvf spark-1.5.0-bin-hadoop2.6.tgz -C /app
spark-1.5.0-bin-hadoop2.6/
spark-1.5.0-bin-hadoop2.6/NOTICE
spark-1.5.0-bin-hadoop2.6/CHANGES.txt
spark-1.5.0-bin-hadoop2.6/python/
spark-1.5.0-bin-hadoop2.6/python/run-tests.py
……
spark-1.5.0-bin-hadoop2.6/lib/datanucleus-api-jdo-3.2.6.jar
spark-1.5.0-bin-hadoop2.6/lib/datanucleus-rdbms-3.2.9.jar
spark-1.5.0-bin-hadoop2.6/lib/spark-examples-1.5.0-hadoop2.6.0.jar
spark-1.5.0-bin-hadoop2.6/lib/spark-assembly-1.5.0-hadoop2.6.0.jar
spark-1.5.0-bin-hadoop2.6/lib/spark-1.5.0-yarn-shuffle.jar
spark-1.5.0-bin-hadoop2.6/README.md
[root@master ~]# cd /app/
[root@master app]# ls
hadoop-2.6.0  spark-1.5.0-bin-hadoop2.6
```

#将Spark目录重命名

```
[root@master app]# mv spark-1.5.0-bin-hadoop2.6 spark-1.5.0
[root@master app]# cd spark-1.5.0/
[root@master spark-1.5.0]# cd conf/
```

#需要进行配置的只有spark-env.sh

#从模板中将配置文件复制出来编辑即可

```
[root@master conf]# cp spark-env.sh.template spark-env.sh
[root@master conf]# vim spark-env.sh
#在文件结尾加入以下内容
#配置的主要任务是加入各类目录的位置及相关的环境变量
export SCALA_HOME=/usr/local/scala
export JAVA_HOME=/opt/java/jdk1.8.0_91
export HADOOP_HOME=/app/hadoop-2.6.0
export HADOOP_CONF_DIR=$HADOOP_HOME/etc/hadoop
SPARK_MASTER_IP=master
SPARK_LOCAL_DIRS=/app/spark-1.5.0
SPARK_DRIVER_MEMORY=1G
#接下来还需要配置Worker主机
#从模板中复制配置文件
[root@master conf]# cp slaves.template slaves
[root@master conf]# vim slaves
#将Worker主机名加入文件中
# A Spark Worker will be started on each of the machines listed below.
slave1
slave2
#现在Master上的Spark就已经配置完成了
#接下来将配置好的Spark分发到Worker主机即可
[root@master ~]# scp -r /app/spark-1.5.0 root@slave1:/app/
part-r-00000-829af031-b970-49d6-ad39-30460a0b 100%  168     0.2KB/s   00:00
.part-r-00000-829af031-b970-49d6-ad39-30460a0 100%   12     0.0KB/s   00:00
part-r-00000-829af031-b970-49d6-ad39-30460a0b 100%  168     0.2KB/s   00:00
……
CHANGES.txt                                   100%  920KB 920.2KB/s   00:00
RELEASE                                       100%  120    0.1KB/s    00:00
LICENSE                                       100%   50KB  49.8KB/s   00:00
README.md                                     100% 3590    3.5KB/s    00:00
[root@master ~]# scp -r /app/spark-1.5.0 root@slave2:/app/
#接下来就可以启动Spark了
#在启动之前需要先启动HDFS和Yarn
#最后再启动Spark
[root@master ~]# cd /app/spark-1.5.0/sbin/
[root@master sbin]# ./start-all.sh
starting org.apache.spark.deploy.master.Master, logging to /app/spark-1.5.0/sbin/../logs/spark-root-org.apache.spark.deploy.master.Master-1-master.out
```

```
    slave1:    starting    org.apache.spark.deploy.worker.Worker,    logging    to
/app/spark-1.5.0/sbin/../logs/spark-root-org.apache.spark.deploy.worker.Worker-1-
slave1.out
    slave2:    starting    org.apache.spark.deploy.worker.Worker,    logging    to
/app/spark-1.5.0/sbin/../logs/spark-root-org.apache.spark.deploy.worker.Worker-1-
slave2.out
#仍然可以通过查看 Java 进程的方式确定 Spark 是否启动成功
#master 主机上新增加了 Master 进程
[root@master sbin]# jps
17463 Master
16984 SecondaryNameNode
16810 NameNode
17546 Jps
17131 ResourceManager
#slave 主机上新增加了 Worker 进程
[root@slave1 ~]# jps
15393 DataNode
15963 Worker
16012 Jps
15501 NodeManager
#在此一并说明关闭 Spark 集群执行的命令
```

至此 Spark 就启动完成了，接下来可以通过浏览器访问 master:8080 来查看 Spark 集群的相关信息了，如图 24.2 所示。

图 24.2　Spark 集群信息

至此 Spark 就已经安装完成了，还需要特别说明的是，如果要完全关闭 Spark，还是应该特别注意关闭的顺序，如示例 24-7 所示。

【示例 24-7】

```
#首先在目录/app/spark-1.5.0/sbin/中执行 stop-all.sh 关闭 Spark
[root@master sbin]# ./stop-all.sh
slave2: stopping org.apache.spark.deploy.worker.Worker
slave1: stopping org.apache.spark.deploy.worker.Worker
stopping org.apache.spark.deploy.master.Master
#然后在进行 Hadoop 目录
[root@master sbin]# cd ../../hadoop-2.6.0/sbin/
#关闭 Yarn
[root@master sbin]# ./stop-yarn.sh
stopping yarn daemons
stopping resourcemanager
slave2: stopping nodemanager
slave1: stopping nodemanager
no proxyserver to stop
#最后关闭 HDFS
[root@master sbin]# ./stop-dfs.sh
Stopping namenodes on [master]
master: stopping namenode
slave1: stopping datanode
slave2: stopping datanode
Stopping secondary namenodes [master]
master: stopping secondarynamenode
```

至此 Spark 的安装配置就已经完成了，接下来就可以按照需求对 Spark 进行编程，然后在 Spark 集群上运行得出结果。

24.3 小结

本章对比介绍了 Spark 与 Hadoop 的异同，以及 Spark 优势等内容。从运行框架层面分析了为何有人断言 Spark 必将取代 Hadoop 的缘由。从前景看 Spark 未来必将越来越受重视，可谓前景广阔，值得花时间认真研究学习。

24.4 习题

一、填空题

1. 从架构上与 Hadoop 进行对比,二者之间最大的区别是 Spark 没有_____。
2. 与 Hadoop 相比,Spark 更适合对_____进行计算。

二、选择题

以下关于 Spark 计算框架描述不正确的是（   ）。

A. Spark 会尽量在内存中完成数据分析。

B. Spark 计算速度很快,其原因是 Spark 不使用硬盘。

C. 在 Spark 中,主从节点分别称为 Master 和 Worker。

D. Spark on Yarn 是目前主流的模式。